Elektromagnetische Verträglichkeit

Grundlagen, Analysen, Maßnahmen

Herausgegeben von
Prof. Dr.-Ing. Karl Heinz Gonschorek und
Prof. Dr.-Ing. Hermann Singer,
Technische Universität Hamburg-Harburg

Verfasser:

Prof. Dr.-Ing. D. Anke, FH Regensburg
Dr.-Ing. H.-D. Brüns, Technische Universität Hamburg-Harburg
Dipl.-Phys. B. Deserno, Siemens AG, Erlangen
Dr.-Ing. H. Garbe, EMC Baden AG, Baden-Dättwil
Prof. Dr.-Ing. K.-H. Gonschorek, Technische Universität Hamburg-Harburg
Dr.-Ing. D. Hansen, Euro EMC Service, Berikon
Dipl.-Ing. P. Harms, Telefunken Systemtechnik GmbH, Wedel
Prof. Dr.-Ing. J. L. ter Haseborg, Technische Universität Hamburg-Harburg
Dipl.-Ing. S. Keim, Siemens AG, München
Dipl.-Ing. A. Kohling, Siemens AG, Erlangen
Dipl.-Ing. K. Rippl, MBB Apparate GmbH, München
Dipl.-Ing. V. Schmidt, MTG Marinetechnik GmbH, Hamburg
Prof. Dr.-Ing. H. Singer, Technische Universität Hamburg-Harburg

ᛒ B. G. Teubner Stuttgart 1992

Die Deutsche Bibliothek – CIP-Einheitsaufnahme

Elektromagnetische Verträglichkeit : Grundlagen, Analysen,
Maßnahmen / hrsg. von Karl Heinz Gonschorek und Hermann Singer.
Verf.: D. Anke ... – Stuttgart : Teubner, 1992
   ISBN 3-519-06144-9
NE: Gonschorek, Karl Heinz [Hrsg.]; Anke, Dieter

© B. G. Teubner, Stuttgart 1992
Printed in Germany
Gesamtherstellung: Präzis-Druck GmbH, Karlsruhe

Vorwort

Zunehmende Packungsdichten, elektrisches Schalten immer höherer Leistungen und die räumliche Konzentration von Leistungs- und Informationselektronik führen zunehmend auf Probleme elektromagnetischer Unverträglichkeiten. Die vorbeugende Berücksichtigung der elektromagnetischen Verträglichkeit ist damit für den ungestörten Betrieb von elektrischen Systemen und Anlagen zu einer Notwendigkeit geworden.

Historisch gesehen gründet sich die EMV auf die klassische Funkentstörtechnik, die den ungestörten Betrieb von Kommunikationsanlagen sicherstellen sollte. Die einseitige Betrachtungsweise der Ursachenbekämpfung ist durch das Verträglichkeitsprinzip ersetzt worden. Besondere Aktualität gewinnt das Gebiet der EMV durch die neue Gesetzgebung in der europäischen Gemeinschaft. In der Richtlinie des Rats vom 3. Mai 1989 ist die EMV zum Schutzziel erklärt worden, das sich sowohl auf die Störaussendungen als auch auf die Störfestigkeit bezieht.

Seit Jahren laufen Anstrengungen, Ausbildung auf dem Gebiet der EMV sowohl für angehende Ingenieure als auch für bereits im Berufsleben stehende Ingenieure und Physiker durchzuführen. Die EMV-Ausbildung hat in den Hochschulbereich Einzug gehalten mit Spezialvorlesungen, an einigen Hochschulen sind sogar Schwerpunkte entstanden. Daneben werden in mehreren Zentren außerhalb des Hochschulbereichs Kurse zur EMV angeboten.

Das vorliegende Buch ist entstanden aus einem Lehrgang über Elektromagnetische Verträglichkeit (EMV), der seit mehreren Jahren bei der Carl-Cranz-Gesellschaft in Oberpfaffenhofen gehalten wird. Bei der Zusammenstellung des Lehrgangs wurde darauf geachtet, sowohl die Breite der EMV darzustellen als auch dem Ingenieur in der Entwicklung Hilfestellung bei der Bewältigung von Unverträglichkeiten zu bieten und damit auch eine gewisse Tiefe zu erreichen. Es wurde darauf abgezielt, einerseits theoretische und physikalische Zusammenhänge zu vermitteln, andererseits aber dem Leser auch praxisnahe Beispiele vorzuführen. Die Grundprinzipien der vorbeugenden Berücksichtigung in einer EMV-Planung werden ausführlich dargestellt.

Die Beiträge stammen von einer Reihe von Autoren, die auf dem Gebiet der EMV aktiv arbeiten. Aufgrund der Breite des Gebiets können mehrere Autoren natürlich mehr Erfahrung und Detailwissen in ein solches Werk einbringen als ein einziger Verfasser. Daß deshalb einige Aspekte der EMV von verschiedenen Seiten beleuchtet werden, zwangsläufig einige kleine Überschneidungen auftreten und in Details verschiedene Ansichten dieser Spezialisten erkennbar werden, ist nicht unbedingt von Nachteil.

Die Herausgeber des Werkes sind sich dessen bewußt, daß auf dem Gebiet der EMV keine komplette Darstellung möglich ist. So vielfältig wie die Teildisziplinen der Elektrotechnik sind, so vielschichtig sind auch die auf dem

IV

Gebiet des elektrischen und elektronischen Miteinander zu lösenden Probleme. Sie reichen von der Farbverfälschung auf Bildschirmgeräten durch hohe magnetische Gleichfelder bis hin zu Funkstörungen im Kurzwellenbereich durch Radarsignale im X-Band.

Die große Gefahr bei der Behandlung von Fragen der Elektromagnetischen Verträglichkeit ist es, einmal gemachte leidvolle Erfahrungen und die zur Problemlösung führenden Maßnahmen als *die* EMV mit *der* Lösung hinzustellen. Jede Maßnahme zum Erreichen der EMV muß am Gesamtkonzept zur Erzielung der System-EMV gespiegelt werden. So ist die einseitige Kabelschirmauflegung ein probates Mittel, um niederfrequente Beeinflussung auf Leitungen zu verhindern oder zu verringern. Hochfrequenzmäßig aber muß unter "worst case"-Betrachtungen der einseitig aufgelegte Schirm als nicht vorhanden betrachtet werden.

Im vorliegenden Werk ist dem Themenkreis der Feldanalyse ein Schwerpunkt gewidmet, wogegen in vielen Büchern über EMV dieses Thema nur kurz gestreift wird. Während der vergangenen Jahre ist die Feldanalyse in EMV-Abteilungen der Industrie zu einem häufig benutzten Hilfsmittel geworden und wird sicher in Zukunft mit der weiteren Entwicklung der Rechnertechnik noch mehr Bedeutung erhalten, da immer komplexere Strukturen untersucht werden können. Vor allem die Momentenmethode liefert dazu vielseitige Möglichkeiten, und deshalb wird sie hier erläutert und ihr Einsatz in der EMV mit Beispielen unterlegt.

Moderne EMV geht von dem Ansatz aus, parallel zu jeder Geräte- und Systementwicklung eine EMV-Planung durchzuführen. Dabei muß jedes Gerät, das in das System integriert werden soll, EMV-Forderungen (Verantwortungsbereich des Gerätelieferanten) erfüllen. Diese EMV-Forderungen sind neben Festlegungen über das Gehäuse, die Anordnung von Kabelein- und -ausgängen sowie Masseanschlüsse die Erfüllung von Grenzwerten für die Störaussendung und die Störfestigkeit. Die Integration dieser geprüften und abgenommenen Geräte zu einem System oder in ein System hat nach spezifizierten Regeln für Massung, Schirmung und Verkabelung zu erfolgen (Verantwortungsbereich des Systemerstellers). Auch diesen Gesichtspunkten ist in dem vorliegenden Buch Rechnung getragen.

Die Herausgeber danken den Autoren für ihre Bereitschaft, ihr Wissen und ihre Erfahrungen weiterzugeben und an dem Buch mitzuwirken. Trotz starker beruflicher Belastung haben sie in ihrer Freizeit die Manuskripte in eine publikationsreife Form gebracht und sind den Wünschen der Herausgeber nachgekommen. Dank gebührt auch Frau Ch. Haeske, die große Teile des Gesamtmanuskripts geschrieben hat. Herrn Dr. J. Schlembach vom Teubner-Verlag danken wir schließlich für die vertrauensvolle Zusammenarbeit.

Hamburg, im Januar 1992

Karl Heinz Gonschorek
Hermann Singer

Inhaltsverzeichnis

VI

VIII

1. Grundlagen

Das Spektrum der elektromagnetischen Unverträglichkeiten ist so groß wie die Elektrotechnik selbst. Es beginnt bei der Farbverfälschung auf Fernsehmonitoren durch hohe magnetische Gleichfelder und endet kaum bei der Informationsverfälschung in digitalen Kreisen durch die demodulierten Pulse eines Rundsuchradars im GHz-Bereich.

Die elektromagnetischen Vorgänge in einer elektrischen und elektronischen Schaltung dürfen nie losgelöst von der elektromagnetischen Umwelt betrachtet werden. Auf Schaltkreisebene sind es die Versorgungsbahnen eines niederohmigen Lastkreises, die in unzulässiger Weise auf die hochohmigen Eingangskreise zurückwirken können, auf der Geräteebene sind es unterschiedliche Signalpegel oder ungeschickte Leitungsführungen, die zu nichttolerierbaren Verkopplungen führen können, und schließlich auf der Systemebene sind es die unterschiedlichen Geräte selbst, die durch ihr aktives und passives Störverhalten möglicherweise einen gemeinsamen Betrieb in enger Nachbarschaft ausschließen.

Zu den Grundlagen der elektromagnetischen Verträglichkeit gehören nun alle Maßnahmen, die dazu führen, einen störungsfreien Betrieb auf allen Ebenen zu garantieren. Um diese Maßnahmen planen und in wirtschaftlicher Weise verwirklichen zu können, benötigt der EMV-Ingenieur ein sehr breites Grundlagenwissen, das zumindest ein tieferes Verständnis der Netzwerk-, Leitungs- und der Feldtheorie umfaßt.

In den nachfolgenden vier Teilkapiteln wird versucht, in die Vielfalt der möglichen Kopplungen ein Schema zu bringen und die Grundprinzipien für die Erreichung der EMV auf der Geräte- und der Systemebene darzustellen. Dabei wird sich zeigen, daß nicht nur technische, sondern auch organisatorische Maßnahmen in Betracht gezogen werden müssen, um Unverträglichkeiten auszuschließen, also die elektromagnetische Verträglichkeit zu erreichen.

1.1 Grundlagen der EMV

K. H. Gonschorek

Die vorbeugende Berücksichtigung der elektromagnetischen Verträglichkeit (EMV) ist für den ungestörten Betrieb von elektrischen und elektronischen Geräten, Systemen und Anlagen zu einer Notwendigkeit geworden.

Zur Einstimmung auf das Thema EMV werden häufig die spektakulären Fälle elektromagnetischer Unverträglichkeit:

- Absturz von Flugzeugen durch starke elektromagnetische Felder
  oder Blitzeinschläge,

- Vollbremsung von Kraftfahrzeugen mit elektronischen ABS-Systemen durch RF-Signale von Funkamateuren und CB-Funkern,

- unmotivierte Handlungen eines Industrieroboters durch die HF-Signale eines Sprechfunkgerätes,

dargestellt, die vielen kleinen Unverträglichkeiten, wie zum Beispiel das Knackgeräusch im Rundfunkempfänger, wenn die Geschirrspülmaschine in Betrieb gesetzt wird, werden nur am Rande beleuchtet.

Die nachfolgende Aufstellung gibt einen kleinen Überblick über die vom Autor selbst erlebten Beeinflussungen:

* Aus einem EEG-Gerät (EEG = Elektroenzephalogramm) war eindeutig das demodulierte Sendesignal eines Mittelwellensenders zu hören.

Am Ort des EEG-Geräts herrschte eine elektrische Feldstärke von ca. 1 V/m bei 1 MHz durch einen nahen Mittelwellensender vor.

* In einer Warte zur Überwachung und Steuerung des Stadtbahnbetriebes zeigten die Bildschirme nur verschwommene und wackelnde Bilder.

Unterhalb der Warte befanden sich die Schaltanlagen, in denen Ströme von bis zu 4 kA bei 16 2/3 Hz flossen.

* In einer Heizungssteuerung (Gas) schaltete ein Relais im Takt der Morsezeichen eines Funkamateurs.

Der Übergang von einer unsymmetrischen Antenne (Stab gegen Masse) auf eine symmetrische Antenne (Yagi) löste das Problem.

* In einer Horchfunkstation traten anfangs nicht identifizierbare Störsignale im überwachten Frequenzband auf.

Eine ungenügend entstörte Elektronik mit internem Takt von 4 MHz konnte nach längerem Suchen als Störquelle ausgemacht werden.

* In einem Rechenzentrum traten leichte, aber nicht mehr akzeptable Bewegungen auf einer Reihe von Monitoren auf.

In einer Heizungsanlage unterhalb des Rechenzentrums war ein Defekt aufgetreten, der zu einem Massestrom von ca. 30 A führte.

* In einer Warte zur Überwachung einer Aluminiumschmelze traten sporadisch Ausfälle eines Tischrechnersystems auf.

Unterhalb der Warte waren die Stromschienen für die Schmelze mit Strömen von bis zu 120 kA.

* In einer Verkaufsstelle für Rundfunk- und Fernsehgeräte traten an einer bestimmten Wand sehr starke Verzerrungen der Fernsehbilder auf.

Als Störquelle konnte sehr schnell das Diathermiegerät einer nahen Arztpraxis ausgemacht werden. Das Problem wurde organisatorisch gelöst.

Zunehmende Packungsdichten, das Zusammenrücken von Leistungselektronik und Informationselektronik, das Schalten immer höherer Leistungen durch immer geringere Ansteuerleistungen führen zunehmend auf Probleme der EMV.

In einer hochtechnisierten elektromagnetischen Umwelt ist es nicht mehr angebracht, auf die gegenseitigen Beeinflussungen zu warten und diese dann mit teilweise hohem Aufwand zu beseitigen, sondern es ist erforderlich, im Vorfeld Maßnahmen zu planen und durchzuführen, die das Risiko von Beeinflussungen wesentlich herabsetzen.

Die EMV ist heutzutage zu einem Qualitätsmerkmal eines elektrischen Gerätes oder einer Anlage geworden. Unverträglichkeiten, denken wir an den Stillstand einer Rechenanlage oder einer Produktionsstraße, können den wirtschaftlichen Nerv eines Unternehmens treffen. In der Zukunft wird die Konkurrenzfähigkeit eines Produkts nicht nur durch die bessere Technik, sondern zunehmend auch durch seine Verträglichkeit nach innen und zur Umwelt hin bestimmt.

1.1.1 Definition der EMV

Die EMV ist die Fähigkeit einer elektrischen Einrichtung, in ihrer elektromagnetischen Umgebung zufriedenstellend zu funktionieren, ohne diese Umgebung, zu der auch andere Einrichtungen gehören, unzulässig zu beeinflussen [2].

Erweitert man diese Definition noch in der Weise, daß jegliche Aussendung der elektrischen Einrichtung kontrolliert werden soll und die Einrichtung in jeder denkbaren elektromagnetischen Umgebung funktionieren muß, mindestens aber nicht zerstört werden darf, so erfaßt man die gesamte Bandbreite der zu lösenden EMV-Aufgaben.

Die Definition EMV macht deutlich, daß man vom Verursacherprinzip abgegangen ist und es durch das Verträglichkeitsprinzip ersetzt hat. Das Verursacherprinzip sagt aus, daß derjenige Maßnahmen an seinen Anlagen und Geräten zu ergreifen hat, der einen bislang ungestörten Betrieb durch sein Dazukommen stört. Das Verträglichkeitsprinzip dagegen sorgt für eine Interessenabwägung. Durch Limitierung der Störaussendungen und Forderungen an die Festigkeit soll ein Interessenausgleich erzielt werden. So ist für den Bereich der Bundesrepublik durch Vorschriften eindeutig geregelt, unter welchen Bedingungen z. B. nur ein störungsfreier Rundfunk- und Fernsehempfang garantiert wird.

Diese Bedingungen lauten:

1. Die Empfangsantennen (-anlagen) müssen oberhalb der Dachhaut und nach den anerkannten Regeln des Antennenbaus errichtet sein.

2. Die Empfangsgeräte müssen eine ausreichende Störfestigkeit besitzen (10 V/m).

3. Das gewünschte Rundfunksignal muß am Ort der Antenne in ausreichender Stärke vorliegen. Siehe hierzu Bild 1.1-1 [10].

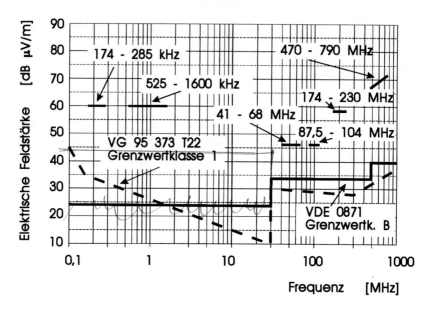

Bild 1.1-1: Vergleich von minimalen Nutzfeldstärken öffentlicher Rundfunksender für einen störungsfreien Empfang mit Ströraussendungsgrenzwerten
Bis 30 MHz gelten die Grenzwerte für die umgerechnete magnetische Komponente. Die Grenzwerte sind mit 1/r auf einen Meßabstand von 10 m umgerechnet.

Unter der Störaussendung versteht man die gewollte und die ungewollte Aussendung von elektromagnetischer Energie, die in anderen Geräten und Systemen eine Störung erzeugen kann. So kann die gewollte Aussendung eines Funkamateurs für die Fernsehanlage des Nachbarn zu einer Störung werden. Auf der anderen Seite kann das Schalten eines Relais in einer Waschmaschine mit den dadurch erzeugten Wanderwellen für den eigenen Rundfunkempfang eine Störung bedeuten.

Unter der Störfestigkeit versteht man die Widerstandsfähigkeit gegen die Einwirkung elektromagnetischer Energie, die in der Unterhaltungselektronik auch als

Einstrahl- bzw. als Einströmfestigkeit bezeichnet wird.

Da sich elektromagnetische Energie längs Leitern und über den Raum ausbreiten kann, unterscheidet man zwischen

leitungsgebundener Störaussendung
bzw. Störfestigkeit gegen leitungsgebundene Größen

und

strahlungsgebundener Störaussendung bzw.
Störfestigkeit gegen strahlungsgebundene Größen.

1.1.2 Störquellen

Vom Prinzip her ist jedes elektrische und elektronische Gerät eine potentielle Störsenke. In diesen Geräten wird elektrische Energie verarbeitet. Koppelt nun Fremdenergie (Störenergie) ein, die die gleiche Größe hat wie die intern benutzte Energie, so können sich Störungen und Fehlfunktionen einstellen. Wann ein elektromagnetisches Signal zu einer Störung wird, hängt also nicht nur vom Signal selbst, sondern auch von der Art und der Höhe der im beeinflußten System benutzten Signale ab.

Im allgemeinen unterscheidet man zwischen den natürlichen Störquellen und den vom Menschen erzeugten Störungen ("man-made noise").

1.1.2.1 Natürliche Störquellen und "man-made noise"

Natürliche Störungen entstehen als zufällige Überlagerung einer Vielzahl einzelner atmosphärischer und galaktischer Störungen.

Atmosphärische Störungen werden im wesentlichen verursacht durch Gewitter, aber auch durch sonstige Entladungsvorgänge wie Korona, Funken. Bei typischen Blitzstrom-Anstiegszeiten von wenigen Mikrosekunden erstreckt sich das relevante Spektrum des Einzelblitzes von 0 bis über 300 kHz. Folgeblitze mit Anstiegszeiten von 250 ns und weniger erzeugen Störspektren bis in den MHz-Bereich hinein. Noch schnellere Vorgänge und damit ausgedehntere Spektren sind bei elektrostatischen Entladungen zu beobachten.

Das beobachtbare Störspektrum an einer beliebigen Stelle wird geprägt durch die Häufigkeit statischer Entladungen und Blitze und den Abstand und damit die frequenzabhängigen Dämpfungseigenschaften des Weges zwischen Entstehungs- und Beobachtungsort. So treten aufgrund der frequenzabhängigen Dämpfungs- und Brechungseigenschaften der Ionosphäre in 60 bis 300 km Höhe über dem Erdboden im Bereich tiefer Frequenzen ($f < 3$ MHz) geringere Gesamtdämpfungen und somit große Reichweiten auf. Da die Äquatorialzone eine besonders hohe Gewitterhäufigkeit aufweist, wird das atmosphärische Rauschen im tiefen Frequenzbereich besonders stark von dieser Zone geprägt. Atmosphärische Störungen im höheren Frequenzbereich hingegen werden infolge der stärkeren Dämpfung durch die Atmosphäre stärker geprägt von Gewittern und Entladungen im Nahbereich.

Bedingt durch Entstehungsursache und Ausbreitungsmechanismus ist das atmosphärische Rauschen starken tageszeitlichen Schwankungen mit Minima in den Vormittags- und Maxima in den Abend- und Nachtstunden unterworfen. Darüber hinaus sind starke jahreszeitliche und geographische Einflüsse zu beobachten. Siehe hierzu CCIR-Report No. 322 [11].

Das galaktische Rauschen wird durch die Sonnenaktivität sowie durch Aktivitäten anderer Gestirne des Kosmos verursacht.

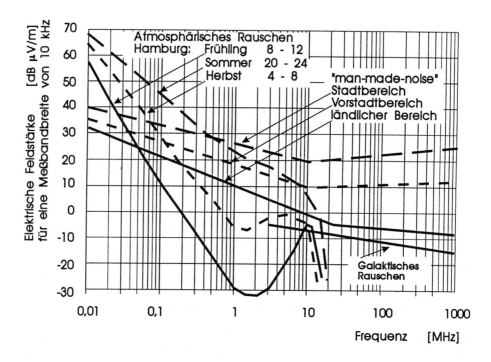

Bild 1.1-2: Störungen natürlicher und vom Menschen geschaffener Störquellen

Zu diesen natürlichen Störquellen kommen die ungewollten, vom Menschen erzeugten Störungen bzw. deren Störquellen. Dazu gehören schaltende Haushaltsgeräte, elektronisch geregelte Werkzeugmaschinen, Schalthandlungen in der öffentlichen Stromversorgung, Koronaerscheinungen an Hochspannungsleitungen, Stromabrisse an Stromabnehmern von Bahnen, Straßenbahnen und Oberleitungsbussen, Gasentladungslampen der öffentlichen Beleuchtung usw. Ohne auf die einzelne Störung zu schauen, sei doch vermerkt, daß diese Störquellen Störungen erzeugen, die in ihrer Überlagerung einen Störnebel, ähnlich dem atmosphärischen Rauschen, bilden. Die Reichweite dieser Störungen ist im allgemeinen nicht so hoch, so daß signifikante Unterschiede zwischen städtischen und ländlichen Regionen bestehen. Im Bild 1.1-2 ist eine Darstellung der Signale der natürlichen Störquellen wiedergegeben. Ebenfalls eingetragen ist der vom Menschen erzeugte Störnebel.

Bild 1.1-3 stellt die elektromagnetische Umwelt dar, wie sie an einem Nachmittag in einer westdeutschen Kleinstadt aufgenommen wurde.

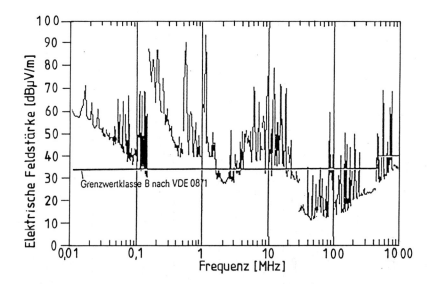

Bild 1.1-3: Elektromagnetische Umwelt in einer Kleinstadt

1.1.2.2 Beabsichtigte HF-Erzeugung: Funkdienste

Der Störnebel der natürlichen und der vom Menschen gemachten Störungen ("man-made noise") hat eine Auswirkung auf Empfangssysteme. Er gibt an, welche Nutzfeldstärke vorliegen muß, damit ein Nutzsignal ohne besondere Maßnahmen auch empfangen und ausgewertet werden kann. Eine Gefährdung einer elektronischen Schaltung ist daraus nicht abzuleiten.

Eine natürliche Störquelle mit zerstörerischer Wirkung, der Blitzeinschlag (nah oder direkt), wird im Kapitel 1.1.6 noch kurz angesprochen.

Betrachtet man nochmals das Bild 1.1-3, so erkennt man einzelne Spektrallinien, die auf Signale der Funkdienste zurückzuführen sind. Die Amplituden dieser Signale können im Nahbereich der Sendeanlagen beträchtliche Werte annehmen und damit auch eine Gefährdung der elektronischen Systeme darstellen. An dieser

Stelle sei erwähnt, daß die Automobilindustrie ihre Systeme auf eine Festigkeit von 100 V/m im Bereich von 10 kHz bis 1 GHz testet.

Der gesamte HF-technisch nutzbare Frequenzbereich ist nahezu vollständig mit Funkdiensten unterschiedlichster Zweckbestimmung und Modulationsart belegt.

Bei der Planung eines Systems sind drei Problembereiche durch die Funkdienste zu unterscheiden.

1. Ortsfeste Sendeanlagen

Ortsfeste Sendeanlagen sind insofern nicht kritisch, da ihr Standort bekannt und die Feldstärken am Ort des zu errichtenden Systems durch Messung festgestellt werden können. So empfiehlt es sich immer, in der Planungsphase sich beim Funkamt der Bundespost über die nahegelegenen Sender, deren Frequenzen und Sendeleistungen zu informieren und am Ort der zu errichtenden Anlage eine Messung durchzuführen.

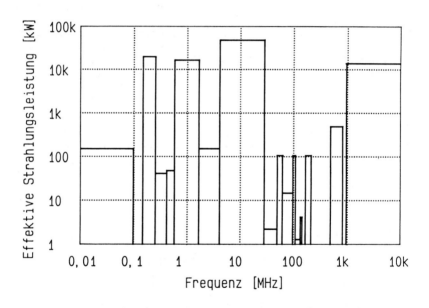

Bild 1.1-4: Verteilung der wirksamen Strahlungsleistungen ERP in der Bundesrepublik Deutschland

Im Bild 1.1-4 ist eine Übersicht für Deutschland über die Sendeleistungen in den verschiedensten Frequenzbereichen bei teilweiser Ausklammerung der öffentlich nicht zugänglichen Leistungen militärischer Systeme [12] dargestellt. Angegeben sind jeweils die wirksamen - effektiven - Sendeleistungen ERP (effective radiated power) unter Einbeziehung des Antennengewinns.

Aus   diesen   effektiven Sendeleistungen läßt sich über

$$E(r) = \sqrt{\frac{\Gamma_0 \cdot ERP}{4\,\pi\,r^2}}$$

sehr schnell die zu erwartende Feldstärke für einen Aufpunktabstand r abschätzen. $\Gamma_0 = 377\ \Omega$ ist der Wellenwiderstand des freien Raumes.

2. Systemeigene Sendeanlagen

Systemeigene Sendeanlagen erzeugen für das eigene System im allgemeinen Feldstärken, die wesentlich über den Werten liegen, die durch ortsfeste Funkdienste erzeugt werden. Systemeigene Sendeanlagen haben bezüglich der EMV-Planung den Vorzug, daß ihre Daten einschließlich Antennenstandort in der Regel genauestens bekannt sind. Durch die Anwendung moderner Rechenprogramme (NEC, CONCEPT) lassen sich im allgemeinen die Strahlungsverhältnisse unter Einbeziehung der Aufbauten als Sekundärstrahler sehr genau vorherbestimmen.

In Tabelle 1.1-1 sind elektrische Feldstärken aufgelistet, die im Frequenzbereich 1,5 bis 30 MHz auf den verschiedenen mobilen Systemen auftreten können. Tabelle 1.1-2 enthält die entsprechenden Werte für den Bereich 30 MHz bis 1 GHz. Die Werte wurden zum Teil der Norm VG 95 374 Teil 5 entnommen.

System	Feldstärke in V/m	HF-Quelle
Flugzeug, Metall	100	Antenne des internen HF-Senders (400 W) in 3 m Abstand
Überwasserschiff	100	Antenne des internen HF-Senders (1 kW) in 4 m Abstand
U-Boot	200	Antenne des internen HF-Senders (100 W) in 1 m Abstand
Fernmeldekabine	20	Externer HF-Sender (100 kW) in 150 m Entfernung
Kfz, außen	20	Externer HF-Sender (100 kW) in 150 m Entfernung
Kfz, innen	3	Externer HF-Sender, nur geringe Schirmdämpfung

Tabelle 1.1-1:   Feldstärkewerte für den Frequenzbereich 1,5 bis 30 MHz

System	Feldstärke in V/m	HF-Quelle
Flugzeug	100	Externer TV-Sender, Vorbeiflug im Hauptstrahl, Antenne des internen UHF-Senders (20 W) in 1 m Abstand
Überwasserschiff	20	Antenne des internen UHF-Senders (100 W) in 4 m Abstand
U-Boot	100	Antenne des internen UHF-Senders (100 W) in 1 m Abstand
Fernmeldekabine	20	Antenne des internen UHF-Senders (100 W) in 4 m Abstand
Kfz, außen	20	Antenne des internen VHF-Senders (20 W)
Kfz, innen	20	Systemeigene Antenne, kaum Schirmdämpfung

Tabelle 1.1-2:   Feldstärkewerte für den Frequenzbereich 30 MHz bis 1 GHz

3. Mobile Funkanlagen

Die Gefährdung durch mobile Funkanlagen ist nur schwer zu fassen und kann im allgemeinen nur durch eine Grundfestigkeit gegen strahlungsgebundene Größen abgefangen werden. Wie hoch der Wert der Grundfestigkeit sein muß, kann nur durch eine Risikoabschätzung festgelegt werden.

Dazu einige Fakten und Aspekte:

1. Ein Funkamateur, der über eine Stabantenne vom Dach seines Autos eine Leistung von 100 W abstrahlt, erzeugt noch in 50 m Entfernung eine Feldstärke von 2 V/m.

2. Für Pkw's, die den Wagen des Funkamateurs passieren, können die Werte bei 20 - 50 V/m liegen.

3. Vollkommen unübersichtlich werden die Verhältnisse durch Abstrahlungen von Handsprechfunkgeräten (CB-Funk, Betriebsfunk). Hier sind so ziemlich alle Situationen denkbar. Feldstärken von 100 V/m, wenn auch örtlich sehr begrenzt, sind nicht auszuschließen.

1.1.2.3 Störspektren

Vom Menschen gemachte Störungen werden im Abschnitt 1.1.2.1 in ihrer
Auswirkung für große Abstände betrachtet (Erhöhung des "Störnebels").

Es fehlt noch die Betrachtung dieser Störungen in ihrer Auswirkung im Nahbereich. Hier muß zwischen einer Störung und einer unzulässigen Beeinflussung
unterschieden werden. Stellen wir uns das Schalten eines Relais in einer Waschmaschine vor. Es erzeugt im Rundfunkempfänger ein Knackgeräusch. Die Störung
ist sicherlich nicht tragisch. Schaltet ein Relais oder ein elektronischer Schalter
hörbar mit 50 Hz, bleibt vom Rundfunkempfang möglicherweise nichts übrig.

Verändert das Schalten eines Schützes in einer Niederspannungsschaltanlage den
Speicherinhalt eines Elektronenrechners, so tritt eine unzulässige Beeinflussung
auf.

Betrachten wir einen Einzelimpuls, der sich durch eine Zeitabhängigkeit f(t)
beschreiben läßt. Dieser Einzelimpuls läßt sich über das Fourierintegral in ein
Amplitudendichtespektrum umrechnen:

$$F(\omega) = \int_{-\infty}^{\infty} f(t) \cdot e^{-j\omega t} \; dt \; .$$

Im Bild 1.1-5 ist eine Zeitfunktion mit der dazu gehörenden Amplitudendichte
dargestellt.

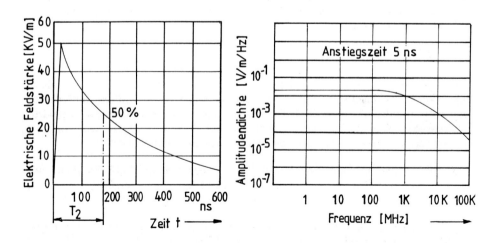

Bild 1.1-5: Doppeltexponentielle Zeitfunktion mit zugehöriger Amplitudendichte

Ein Empfänger mit der Impulsbandbreite B wird sich aus diesem Amplitudendichte-spektrum nun einen Teil herausnehmen und zur Anzeige bringen. Streng mathematisch muß das komplexe Amplitudendichtespektrum mit der komplexen Übertragungsfunktion des Empfängers multipliziert werden und auf das Produkt das inverse Fourierintegral angewendet werden.

Für die Betrachtungen der EMV genügt es im allgemeinen, das Amplitudendichte-spektrum durch einen konstanten Wert bei der Empfangsfrequenz zu ersetzen und diesen Wert dann mit der Impulsbandbreite und der Verstärkung zu multiplizie-ren, um auf die Empfängeramplitude zu kommen.

Tritt ein Impuls nicht nur einmal auf, sondern regelmäßig mit festem Zeitabstand, geht das Amplitudendichtespektrum in das Amplitudenspektrum mit diskreten Spektrallinien über. Im Bild 1.1-6 ist eine Zeitfunktion mit ihrem Amplituden-spektrum dargestellt.

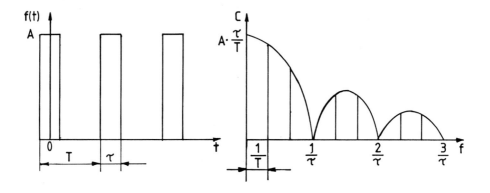

Bild 1.1-6: Zeitfunktion mit ihrem Amplitudenspektrun

Betrachten wir nun einen Empfänger mit einer Bandbreite, die kleiner ist als die Impulsfrequenz (Kehrwert des Abstandes zwischen zwei zeitlich aufeinander-folgenden Impulsen), so wird sich der Empfänger aus dem Amplitudenspektrum maximal eine Spektrallinie herausfiltern und zur Anzeige bringen. Man spricht in diesem Fall von einem Schmalbandsignal oder einer Schmalbandstörung.

Besitzt der Empfänger eine Bandbreite, die größer ist als die Impulsfrequenz, wird das Ergebnis der Überlagerung mehrerer Spektrallinien angezeigt. Man spricht in diesem Fall von einem Breitbandsignal oder einer Breitbandstörung.

Hat man ein extrem breitbandiges Empfangssystem vorliegen, z. B. eine Leiter schleife in einer elektronischen Schaltung, empfiehlt es sich nur bedingt, die Auswirkung einer Impulseinkopplung über den Frequenzbereich vorzunehmen.

1.1.3 Störsignalausbreitung

Im Bild 1.1-7 ist abstrakt ein elektronisches Gerät mit seinen Schnittstellen zur Umwelt dargestellt.

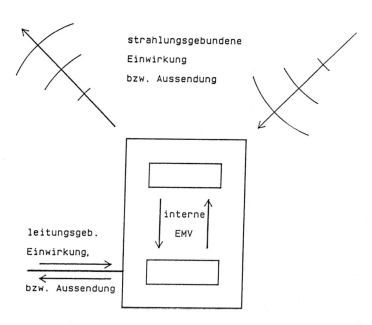

Bild 1.1-7: Elektrische Einrichtung in ihrer elektromagnetischen Umgebung

Man erkennt strahlungsgebundene Einwirkungen und strahlungsgebundene Aussendungen sowie leitungsgebundene Einwirkungen und leitungsgebundene Aussendungen.

Betrachtet man zwei Geräte, so läßt sich mit ihnen ein Störmodell aufbauen, in dem das eine Gerät die Störquelle, das andere Gerät die Störsenke ist und bei dem auf dem Übertragungsweg die Störenergie von einem Gerät zum anderen gelangt.

Dieses Störmodell sollte man immer vor Augen haben, wenn

* eine aktuelle Störung zu analysieren ist,

* wenn in einer Planung mögliche Beeinflussungen vorhergesagt werden müssen

  oder

* wenn Maßnahmen zur Beseitigung von Störungen ergriffen werden müssen.

1.1.3.1 Leitungsgebundene Störsignalübertragung - strahlungsgebundene Störsignalübertragung

Von einer leitungsgebundenen Störsignalübertragung spricht man, wenn das Störsignal auf einer Leitung von der Störquelle zur Störsenke übertragen wird.

Von einer strahlungsgebundenen Störsignalübertragung spricht man, wenn das Störsignal über den Raum von der Störquelle zur Störsenke übertragen wird.

Diese Schematisierung ist für die meßtechnische Überprüfung von EMV-Grenzwerten gut geeignet, für die EMV-Analyse von möglichen Beeinflussungen dagegen eignet sie sich nur bedingt, denn Geräte und Verbindungsleitungen erzeugen elektromagnetische Felder, die dann wiederum in Geräte und Kabel einkoppeln.

Hier ist es besser zu unterscheiden in

> galvanische Kopplung,
> kapazitive Kopplung,
> induktive Kopplung,
> elektromagnetische Kopplung.

1.1.3.2 Galvanische Kopplung

Eine galvanische Kopplung zwischen zwei Stromkreisen tritt auf, wenn ihre Ströme über eine gemeinsame Impedanz fließen. Diese Impedanz kann in unsymmetrischen Systemen durch die gemeinsam genutzte Masse gebildet werden.

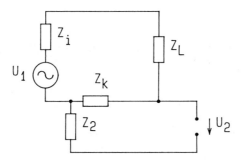

Bild 1.1-8: Galvanische Kopplung

Nach Bild 1.1-8 ergibt sich die Störspannung im beeinflußten Kreis zu

$$U_2 = \frac{U_1}{Z_i + Z_L} \cdot Z_k$$

für $Z_k \ll Z_i + Z_L$.

In der Praxis zeigt die Kopplungsimpedanz das Verhalten der Serienschaltung einer Induktivität mit einem ohmschen Widerstand. Bei tiefen Frequenzen, im Kilohertzbereich, ist der Gleichstromwiderstand R_0 wirksam. Mit steigender Frequenz überwiegt dann der induktive Anteil, so daß sich ein linearer Anstieg des Kopplungswiderstandes mit der Frequenz ergibt.

1.1.3.3 Kapazitive Kopplung

Mit der kapazitiven Kopplung wird die Signalübertragung von einem System auf ein zweites aufgrund des elektrischen Feldes beschrieben. Ausgangspunkt ist also die Spannung einer Elektrode gegen Masse oder gegen eine zweite Elektrode, die ein elektrisches Feld erzeugt.

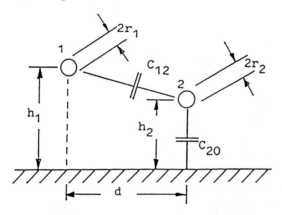

Bild 1.1-9: Kapazitive Kopplung

Betrachtet man ein System aus 2 Leitern, einem beeinflussenden Leiter 1 und einem beeinflußten Leiter 2, wie in Bild 1.1-9 dargestellt, so ergibt sich als kapazitiv eingekoppelte Spannung für den Leiter 2:

$$U_2 \approx U_1 \cdot \frac{\ln \dfrac{r'_{12}}{r_{12}}}{\ln \dfrac{2h_1}{r_1}} \approx U_1 \cdot \frac{C_{12}}{C_{12} + C_{20}},$$

$$\text{mit } r_{12} = \sqrt{(h_1 - h_2)^2 + d^2},$$

$$r'_{12} = \sqrt{(h_1 + h_2)^2 + d^2},$$

$$C_{20} \approx \frac{2\,\pi\,\varepsilon\,l}{\ln \dfrac{2h_2}{r_2}} \quad ,$$

$$C_{12} \approx 2\,\pi\,\varepsilon\,l \; \frac{\ln \dfrac{r'_{12}}{r_{12}}}{\ln \dfrac{2h_2}{r_2} \cdot \ln \dfrac{2h_1}{r_1} - \ln \dfrac{2h_2}{r_2} \cdot \ln \dfrac{r'_{12}}{r_{12}}} \quad .$$

Schließt man den Leiter 2 gegen Masse kurz, so fließt über die Kurzschlußstelle ein Strom gegen Masse, der in erster Näherung durch die Impedanz

$$Z_i \approx \frac{1}{j\omega C_{12}}$$

begrenzt wird.

Beispiel: $U_1 = 1$ V, $f = 1$ kHz
$h_1 = 10$ cm, $h_2 = 10$ cm, $l = 10$ m
$r_1 = r_2 = 6$ mm
$d = 25$ cm

$\Rightarrow U_2 = 70$ mV

$$a_k = 20 \cdot \log \frac{U_1}{U_2} = 23 \text{ dB}$$
$= = = = = = = = = = = = = = =$

$C_{20} = 158$ pF
$C_{12} = 12$ pF

$Z_i = -j\,13$ MΩ
$= = = = = = = = =$

1.1.3.4 Induktive Kopplung

Mit der induktiven Kopplung wird die Signalübertragung von einem System auf ein zweites aufgrund des magnetischen Feldes beschrieben. Ausgangspunkt ist hier der Strom in einem geschlossenen Stromkreis, der auch über Masse geschlossen sein kann.

In Bild 1.1-10 sei die Schleife 1 das beeinflussende und die offene Schleife 2 das beeinflußte System.

Die übergekoppelte (induzierte) Leerlaufspannung in der Schleife 2 läßt sich über

$$U_2 = j\omega M \, I_1$$

mit

$$M = \frac{\mu}{2\pi} \cdot \ln \sqrt{\frac{(d - r_2)^2 + (h_2 + h_1)^2}{(d - r_2)^2 + (h_2 - h_1)^2}}$$

berechnen.

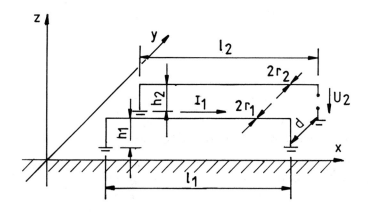

Bild 1.1-10: Induktive Kopplung

Schließt man die beeinflußte Schleife beidseitig kurz, so fließt unter Vernachlässigung der Rückwirkung von der Schleife 2 auf die Schleife 1 in der Schleife 2 ein Kurzschlußstrom von

$$I_2 = \frac{U_2}{R + j\omega L_2} \; .$$

$Z_2 = R + j\omega L_2$ ist der komplexe Widerstand der beeinflußten Schleife, L_2 ist ihre Eigeninduktivität.

Im unteren Frequenzbereich überwiegt der ohmsche Anteil R; mit zunehmender Frequenz wird der induktive Anteil immer größer, bis er schließlich dominiert (bei üblichen Anordnungen ab ca. 1 kHz).

Setzt man voraus, daß $R < j\omega L_2$ ist, erhält man

$$I_2 = I_1 \cdot \frac{M}{L_2} = I_1 \cdot \frac{\ln \sqrt{\dfrac{(d - r_2)^2 + (h_2 + h_1)^2}{(d - r_2)^2 + (h_2 - h_1)^2}}}{\ln \dfrac{2h_2}{r_2}} \,.$$

Beispiel: $I_1 = 1$ A, $f = 1$ kHz
$h_1 = h_2 = 10$ cm, $l = 10$ m
$r_1 = r_2 = 6$ mm
$d = 25$ cm

$\Rightarrow U_2 = 323 \; \mu V$

$I_2 = 73$ mA

$a_k = 20 \cdot \log \dfrac{I_1}{I_2} = 22{,}7$ dB
= = = = = = = = = = = = = = = = =

1.1.3.5 Elektromagnetische Strahlungskopplung

Die kapazitive und induktive Kopplung sind geeignet für die Abschätzung der Einkopplungen im Niederfrequenzbereich. Nicht berücksichtigt wird die Rückwirkung der eingekoppelten Störgröße auf das störende System.

Im höheren Frequenzbereich läßt sich die Unterscheidung nach kapazitiv und induktiv nicht mehr machen. Hier tritt eine Kopplung über das elektromagnetische Feld mit Wechsel- und Rückwirkung zwischen Quelle und Senke auf.

Mit einem Programm zur Berechnung elektromagnetischer Kopplungen wurde die Anordnung nach Bild 1.1-11 untersucht.

Im Bild 1.1-12 ist der Verlauf der Koppeldämpfung

$$a_{KM} = 20 \cdot \log \frac{I_{1max}}{I_{2max}}$$

dargestellt.

I_{1max} ist die maximale Stromamplitude auf dem beeinflussenden Kabel, I_{2max} die maximale Stromamplitude auf dem beeinflußten Kabel.

Die Anordnung nach Bild 1.1-11 kann als Modell zur Nachbildung der Kopplung zwischen zwei parallel, über Grund verlegten Kabeln mit Schirm betrachtet werden, deren Schirme beidseitig mit Masse verbunden sind. Berechnet wurde die Überkopplung des Stromes von einem Kabelschirm auf einen zweiten.

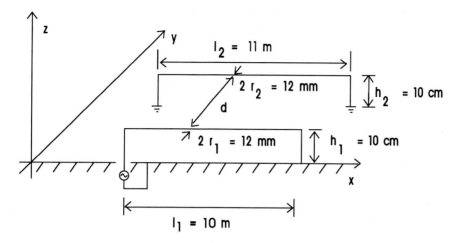

Bild 1.1-11: Untersuchte Anordnung

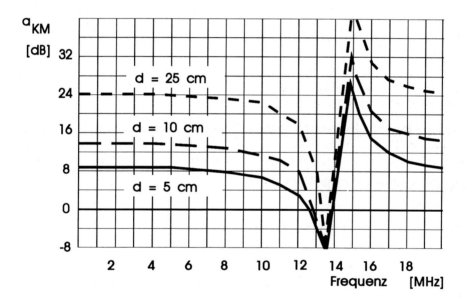

Bild 1.1-12: Verlauf der Koppeldämpfung a_{KM} für h_1 = 10 cm

Aus dem Diagramm 1.1-12 sind folgende Ergebnisse zu entnehmen:

1. Im unteren Frequenzbereich (f < 6 MHz) ist die induktive Kopplung dominierend. Der Wert der Koppeldämpfung entspricht in erster Näherung dem, der sich nach Kap. 1.1.3.4 errechnen läßt.

2. Im Bereich um 14 MHz erreicht die Koppeldämpfung den Wert Null und wird nach dem angesetzten Modell sogar negativ.

1.1.3.6 Felder von Elementarstrahlern

Elektromagnetische Kopplungen lassen sich heute mit modernen Rechnerprogrammen sehr genau berechnen. Im Kapitel 2. wird noch eingehend auf die zur Verfügung stehenden Werkzeuge eingegangen. Viele elektromagnetische Strahlungs-, Einkopplungs- und auch Schirmungsvorgänge lassen sich aber auch sehr gut über die Felder von Elementarstrahlern erklären.

Der elektrische Elementarstrahler (Hertzscher Dipol) zeichnet sich dadurch aus, daß seine Länge l in bezug auf die Wellenlänge sehr klein ist und daß über seiner gesamten Länge eine konstante Strombelegung vorliegt, die sich zeitlich mit der Frequenz ändert. Der magnetische Elementarstrahler (kleine Schleife) zeichnet sich dadurch aus, daß der Durchmesser der Schleife 2R klein ist in bezug auf die Wellenlänge und daß auf der gesamten Schleife eine konstante Strombelegung vorliegt, die sich zeitlich mit der Frequenz ändert. Ordnet man die Elementarstrahler in einem Koordinatensystem so an, wie im Bild 1.1-13 geschehen, erhält man für Aufpunktabstände r >> l bzw. r >> R die nachfolgenden Feldstärkekomponenten.

Für den elektrischen Dipol gilt:

$$E_{\vartheta}(t) = \frac{\hat{I}\, l\, \pi}{\lambda^2} \sqrt{\frac{\mu}{\varepsilon}}\, \sin\vartheta \left\{ \left[(\frac{\lambda}{2\pi r})^3 - \frac{\lambda}{2\pi r} \right] \sin(\omega(t - \frac{r}{v})) + (\frac{\lambda}{2\pi r})^2 \cos(\omega(t - \frac{r}{v})) \right\},$$

für den magnetischen Dipol gilt:

$$H_{\vartheta}(t) = I\, R^2\, \frac{2\pi^3}{\lambda^3}\, \sin\vartheta \left\{ \left[(\frac{\lambda}{2\pi r})^3 - \frac{\lambda}{2\pi r} \right] \cos(\omega(t - \frac{r}{v})) - (\frac{\lambda}{2\pi r})^2 \sin(\omega(t - \frac{r}{v})) \right\}.$$

Man erkennt, daß die entsprechenden Feldstärkekomponenten gleiche Abstandsabhängigkeiten haben.

Drei Bereiche lassen sich unterscheiden:

1. <u>Nahfeld</u>: In diesem Bereich nimmt das Feld mit $1/r^3$ ab,

2. <u>Übergangsbereich</u>: In diesem Bereich nimmt das Feld mit $1/r^2$ ab,

3. <u>Fernfeld</u>: Abnahme des Feldes mit $1/r$.

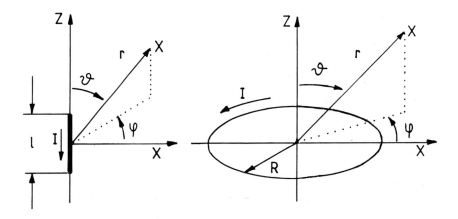

Bild 1.1-13: Orientierungen des elektrischen und des magnetischen Dipols

Im allgemeinen vernachlässigt man den Übergangsbereich und setzt bis zu einer Grenze eine Abhängigkeit von $1/r^3$ und ab diesem Punkt $1/r$ an.

Der Punkt, an dem dieser abrupte Übergang stattfindet, liegt bei einem Abstand von

$$r = \frac{\lambda}{2\pi} \quad .$$

Nehmen wir eine Frequenz von f = 1 MHz, so liegt dieser Übergangspunkt bei

$$r = \frac{c_0}{2\cdot\pi\cdot f} = \frac{3\cdot 10^8 \text{ m}}{2\cdot\pi\cdot 10^6} = 47 \text{ m}.$$

Worin liegt nun der Wert dieser Elementarstrahler?

In erster Näherung verhalten sich die Felder von Linearantennen wie die der Elementarstrahler, sieht man einmal von einem Radius gleich der Antennenlänge um den Linearstrahler herum ab. Hat man z. B. die Feldstärke einer Antenne für einen bestimmten Abstand, so läßt sich über die Abstandsgesetze $1/r^3$ für den Nahbereich und $1/r$ für das Fernfeld die Feldstärke auf einen anderen Abstand umrechnen. Betrachten wir ein Beispiel:

Eine Stabantenne erzeugt bei f = 2 MHz in r_1 = 100 m Abstand eine Feldstärke von 1 V/m. Wie groß ist die Feldstärke bei r_2 = 10 m?

Als erstes berechnet man den Übergangspunkt. Es ergibt sich r = 23 m.

Von r_1 = 100 m bis r = 23 m nimmt das Feld linear zu,

$$E(23\ m) \approx E(100\ m) \cdot \frac{100}{23}\ ,$$

von r = 23 m bis r = 10 m nimmt das Feld mit r^3 zu,

$$E(10\ m) \approx E(23\ m) \cdot (\frac{23}{10})^3\ ,$$

daraus folgt

$$E(10\ m) \approx E(100\ m) \cdot \frac{100}{23} \cdot (\frac{23}{10})^3 = 53\ V/m.$$

Weitere Vorzüge der Elementarstrahler werden sichtbar, wenn man nach dem Wellenwiderstand, dem Verhältnis von E zu H in Hauptstrahlrichtung, fragt. Im Bild 1.1-14 sind die Wellenwiderstände der beiden Elementarstrahler dargestellt. Die Wellenwiderstände zeigen das nachfolgende Verhalten.

Hertzscher Dipol: Nahfeld: $\Gamma_W = -j\ \dfrac{\lambda}{2\pi r}\ \sqrt{\dfrac{\mu}{\varepsilon}}$ (Hochimpedanzfeld)

Fernfeld: $\Gamma_W \equiv \Gamma_0 = \sqrt{\dfrac{\mu}{\varepsilon}}$

Stromschleife: Nahfeld: $\Gamma_W = j\ \dfrac{2\pi r}{\lambda}\ \sqrt{\dfrac{\mu}{\varepsilon}}$ (Niederimpedanzfeld)

Fernfeld: $\Gamma_W \equiv \Gamma_0 = \sqrt{\dfrac{\mu}{\varepsilon}}$

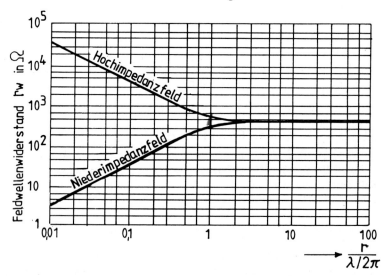

Bild 1.1-14: Feldwellenwiderstände der Elementarstrahler

Die felderzeugende Größe des elektrischen Dipols ist das elektrische Feld (die schwingende Ladung), entsprechend ist das Verhältnis von E/H in seinem Nahbereich sehr groß. Man spricht beim Feld des elektrischen Dipols auch von einem Hochimpedanzfeld.

Die felderzeugende Größe des magnetischen Dipols ist das magnetische Feld (der schwingende Strom), entsprechend ist das Verhältnis von E/H in seinem Nahbereich sehr klein. Man spricht beim Feld des magnetischen Dipols auch von einem Niederimpedanzfeld.

Hat man also die elektrische Feldstärke einer Stabantenne in einem bestimmten Abstand, läßt sich über das Diagramm des Bildes 1.1-14 die magnetische Feldstärke abschätzen. Ein weiterer Vorzug der Betrachtung der Elementarstrahler macht sich in der Schirmungstheorie bemerkbar, die in einem besonderen Beitrag abgehandelt wird.

Nur ein Aspekt soll hier schon kurz aufgezeigt werden. Der Wellenwiderstad eines Metalls ist definiert durch

$$\Gamma_M = \sqrt{\frac{j\omega\mu}{\kappa + j\omega\varepsilon}} \quad .$$

Für den EMV-relevanten Frequenzbereich ist $j\omega\varepsilon << \kappa$, so daß sich für den Wellenwiderstand der Ausdruck

$$\Gamma_M = (1 + j) \cdot \sqrt{\frac{\omega\mu}{2\kappa}}$$

ergibt.

Wertet man die Gleichung für gut leitfähige Materialien und technisch relevante Frequenzen aus, so kommt man auf recht kleine Werte. Für Kupfer und f = 10 kHz erhält man z. B. einen Wert von

$$\Gamma_M = (1 + j) \cdot 26 \cdot 10^{-6} \ \Omega \ .$$

Vergleicht man diesen Wert mit dem Wellenwiderstand des zu schirmenden Feldes, so wird klar, daß niederimpedante Felder schlechter zu schirmen sind als hochimpedante, die Anpassung des Feldes an den Wellenwiderstand des Materials ist wesentlich besser.

1.1.3.7 Verschiedene Antennen

Für eine "worst case"-Abschätzung, welche Feldstärke von einem HF-Strom oder aber welche Leerlaufspannung durch eine angenommene Feldstärke erzeugt wird, setzt man sehr häufig den $\lambda/2$-Dipol als Antenne zur Nachbildung der

betrachteten Struktur an. In der nachfolgenden Tabelle 1.1-3 sind die Antennenkennwerte des $\lambda/2$-Dipols im freien Raum und des $\lambda/4$-Strahlers über Grund [7]
zusammengestellt.

Antenne	Wirksame Antennen-fläche	Effektive Antennen-höhe	Strahlungs-widerstand in Ohm	Feldstärke in Hauptstrahl-richtung in V/m
$\lambda/2$ - Dipol	$1,64 \; \dfrac{\lambda^2}{4\pi}$	$\dfrac{\lambda}{\pi}$	73,1	$\dfrac{7\sqrt{P[W]}}{r}$
$\lambda/4$ - Monopol	$3,28 \; \dfrac{\lambda^2}{16\pi}$	$\dfrac{\lambda}{2\pi}$	36,6	$\dfrac{10\sqrt{P[W]}}{r}$

Tabelle 1.1-3: Antennenkennwerte des $\lambda/2$-Dipols und des $\lambda/4$-Monopols

1.1.4 Maßnahmen zur Erreichung der EMV

Hat man in einer EMV-Planung eine vermeintliche Unverträglichkeit festgestellt
oder eine aktuelle Beeinflussung analysiert, so stellt sich die Frage nach der
Abhilfemaßnahme.

Eine billige Abhilfemaßnahme, die aber zumeist nur in der Planungsphase greift,
ist der Abstand.

Eine Schirmung niederfrequenter Magnetfelder, das wird in einem späteren
Beitrag noch gezeigt, ist nur unter Einsatz von dicken Blechen hoher Permeabilität
möglich. Niederfrequente Magnetfelder nehmen in der Regel mit einer $1/r^2$-
Abhängigkeit mit dem Abstand von der Quelle ab. Eine Verdoppelung des
Abstandes bringt also, in dB ausgedrückt, schon eine Reduzierung des Feldes um
12 dB, was in bezug auf niederfrequente Magnetfelder schon beträchtlich ist.

Sieht man einmal von der Abstandsvergrößerung zwischen Störquelle und
Störsenke ab, so lassen sich die Maßnahmen zur Erreichung der EMV in zwei
Gruppen unterteilen, in die Gruppe der Grundmaßnahmen und die Gruppe der
angepaßten Zusatzmaßnahmen.

1.1.4.1 Grundmaßnahmen

Zu den Grundmaßnahmen zur Erreichung der EMV gehören

- Vorgabe von EMV-Grenzwerten,

- Massung,
- Schirmung,
- Filterung,
- Verkabelung.

Durch die Vorgabe von EMV-Grenzwerten sowohl für die Störaussendung als auch die Störfestigkeit und natürlich deren Einhaltung durch die Geräte wird die Systemverträglichkeit in großem Maße sichergestellt.

Durch eine Massung, hier sei nur die hochfrequent wirksame Massung gemeint, werden Potentialdifferenzen zwischen verschiedenen Geräten bzw. einzelnen Geräten und der Masse vermieden.

Die Schirmung beschreibt die feldmäßige Entkopplung zweier unterschiedlicher EMV-Bereiche (Geräteinneres und Umgebung).

Die Filterung beschreibt die leitungsmäßige Entkopplung zweier unterschiedlicher EMV-Bereiche.

Die Verkabelung, als Bindeglied zwischen verschiedenen Geräten oder Anlageteilen, ist unter den Gesichtspunkten des Transports von Störungen und der Abstrahlung sowie dem Empfang von Störsignalen zu betrachten und entsprechend sorgfältig zu planen und auszuführen.

Die Grundmaßnahmen werden in ihrer Bedeutung und Ausführung noch ausführlich abgehandelt, so daß sich an dieser Stelle eine weitere Betrachtung erübrigt.

1.1.4.2 Zusatzmaßnahmen

Die Palette der angepaßten Zusatzmaßnahmen ist so weit wie die Palette der möglichen Unverträglichkeiten.

Die nachfolgende Liste spiegelt das Spektrum der möglichen Maßnahmen wieder:

- Verlegung von besonders empfindlichen Kabeln in Strahlrohren,
- Einbau von Überspannungsschutzelementen,
- Übergang von einer unsymmetrischen Signalübertragung auf eine symmetrische,
- Wahl einer potentialfreien Signalübertragung,
- Verwendung von optischen Übertragungssystemen,
- Einbau von Mitlauffiltern in Sendeanlagen bei geringem Frequenzversatz,
- Übergang von einer Logikfamilie auf eine andere,
- Einbau einer USV-Anlage, vielleicht sogar die Verwendung von rotierenden Energieübertragern mit mechanischen Energiespeichern,
- Festschreibung von betrieblichen Einschränkungen,
- Änderung des Systemkonzeptes.

1.1.5 Problemfelder

Fragt man nach den Problembereichen der elektromagnetischen Verträglichkeit, so lassen sich vier Bereiche nennen:

- Impulse auf Netzleitungen,
- direkte und indirekte Wirkungen niederfrequenter Magnetfelder,
- Störung des Funkempfangs durch Elektronik,
- Beeinflussungen der Elektronik durch HF-Abstrahlungen.

1.1.5.1 Impulse auf Netzleitungen

Sowohl in stationären als auch in mobilen Systemen sind in der Regel verschiedene Geräte mit den unterschiedlichsten Aufgaben über die gemeinsame Spannungsversorgung miteinander verbunden. Über diese Leitungen ergeben sich gegenseitige Kopplungen.

Hier sind es die Schaltimpulse, die Spannungseinbrüche sowie die von Halbleiterleistungsschaltern erzeugten Oberschwingungen des Stromes, die sich über die Netzimpedanz in entsprechende Spannungsoberschwingungen umwandeln. Die durch Halbleiterschalter zugelassenen Spannungseinbrüche und Oberschwingungen sind in der VDE 0160 geregelt [13]. Schlecht zu fassen sind die Auswirkungen der Abschaltungen von induktiven Lasten sowie des Ansprechens von mechanischen und auch elektronischen Sicherungen auf das allgemeine Netz.

Im Bild 1.1-15 sind Ergebnisse dargestellt, die in einem umfangreichen Forschungsprogramm des ZVEI gewonnen wurden [14].

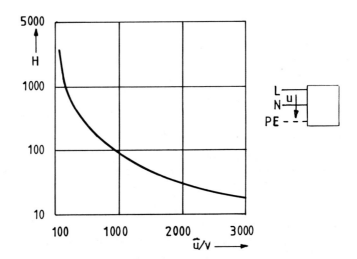

Bild 1.1-15: Unsymmetrische Störspannungen in Niederspannungsnetzen
Überspannungshäufigkeit H(u > ū)/1000 h

1.1.5.2 Direkte und indirekte Wirkungen niederfrequenter Magnetfelder

Jeder Strom ist, entsprechend dem Gesetz von Biot-Savart, mit einem Magnetfeld verbunden:

$$\vec{H} = \frac{I}{4\pi} \int\limits_{l} \frac{\vec{dl} \times \vec{r}}{|\, r^3 \,|} \;.$$

Sind die Strombahnen bekannt, lassen sich die Magnetfelder relativ einfach bestimmen.

Im Bild 1.1-16 ist das Magnetfeld eines Energieversorgungskabels NYM 4 x 4 für einen Strom I = 1 A dargestellt. Das Kabel liege auf der x-Achse und beginne bei x = 0.

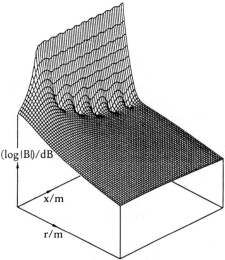

Bild 1.1-16: Magnetische Flußdichte eines Kabels NYM 4 x 4, das einen
dreiphasigen Strom von 1 A trägt,
Darstellungsbereich: x = - 1 m bis 5 m
r =   0.1 m bis 6.1 m

Die Wirkungen der (niederfrequenten) Magnetfelder lassen sich in direkte und indirekte Wirkungen unterteilen. Unter den direkten Wirkungen versteht man die Ablenkung bewegter Elektronen, entsprechend dem Gesetz

$$\vec{F} = - e \, (\vec{v} \times \vec{B}),$$

unter den indirekten Wirkungen versteht man die Spannungsinduktion, entsprechend dem Gesetz

$$u_i = - \frac{d\phi}{dt} \;.$$

Die ganze Breite der Beeinflussung von Rechnerkomponenten durch niederfrequente Magnetfelder und eine Diskussion der möglichen Gegenmaßnahmen ist
in [15] zusammengefaßt.

Niederfrequente Magnetfelder lassen sich nur schwer abschirmen.

An dieser Stelle seien nur einige Beeinflussungswerte genannt:

- sichtbare Bewegung von Bildpunkten auf einem Monitorschirm
  durch magnetische Wechselfelder   2 A/m

- Farbverfälschungen auf Monitoren   20 A/m

- unzulässige Spannungsinduktionen in elektrischen
  Schaltkreisen durch 50-Hz-Felder   2000 A/m

- Informationsänderungen auf magnetischen Speichermedien   5000 A/m

1.1.5.3 Störung des Funkempfangs durch Elektronik

Funkempfangsanlagen mit ihren Antennen haben die Aufgabe, elektromagnetische
Energie aus dem Feld aufzunehmen, in leitungsgeführte Energie umzuwandeln, zu
verstärken und ihren Informationsgehalt zur Anzeige zu bringen. Ist die Störleistung am Ort der Antenne die von einem elektronischen Gerät oder von der
Verbindungsleitung zwischen zwei Komponenten kommt, höher als die Leistung
des gewünschten Nutzsignals, so ist dessen verwertbarer Empfang nicht mehr
möglich.

1.1.5.4 Beeinflussungen der Elektronik durch HF-Abstrahlungen

Im Bild 1.1-17 ist die elektrische Feldstärke als Funktion des Abstandes r für eine
7,5 m lange Stabantenne über leitendem Grund dargestellt, die bei f = 10 MHz
eine Leistung von 400 Watt abstrahlt.

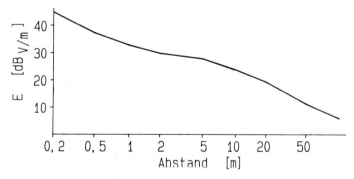

Bild 1.1-17: Elektrische Feldstärke einer 7,5 m langen Stabantenne
für f = 10 MHz und P_{ab} = 400 W

Werden Geräte in entsprechenden Abständen installiert, so muß ihre Festigkeit höher sein als die dargestellten Werte.

1.1.6 Randgebiete

Im folgenden werden nun einige Begriffe erläutert und Themen genannt, die auch zum Arbeitsgebiet des EMV-Ingenieurs gehören, die aber nur bedingt Gegenstand dieses Buches sind.

Blitzschutz
Der Blitzschutz umfaßt alle Maßnahmen gegen die direkten und indirekten Wirkungen eines Blitzschlages.

NEMP
Die Abkürzung NEMP steht für nuklearer elektromagnetischer Impuls. Jede Detonation einer Nuklearwaffe ist mit einem elektromagnetischen Impuls hoher Amplitude und Steilheit verbunden. Dieser elektromagnetische Impuls kann in einer ungeschützten Elektronik zerstörende Wirkungen zeigen. Der NEMP einer Detonation außerhalb der Erdatmosphäre wird als EXO-NEMP bezeichnet. Er hat eine Anstiegszeit von ca. 5 ns und eine 50-%-Breite von bis zu 500 ns. Seine Amplitude beträgt etwa 50 kV/m. Seine große Gefährlichkeit liegt darin, daß er einen sehr großen Wirkradius hat. Dieser Wirkradius ist gegeben durch den sichtbaren Horizont, von Detonationsort aus gesehen. Schutzmaßnahmen gegen die Wirkungen dieses elektromagnetischen Impulses werden unter dem Begriff Härtung gegen den NEMP zusammengefaßt.

Statische Entladungen (ESD = electrostatic discharge)
Die impulsartige Entladung von Personen und auch Gegenständen, die sich auf Ladespannungen von 15 kV oder mehr aufgeladen haben, bedeutet für elektronische Geräte, wenn die Entladung über sie erfolgt, eine sehr harte Beanspruchung.

TEMPEST - kompromittierende Aussendung
TEMPEST ist ein Kunstbegriff, dessen genaue Herkunft nicht geklärt ist. Unter diesem Begriff werden alle Maßnahmen gegen eine elektronische Ausspähung zusammengefaßt. In der Praxis bedeutet eine Abhörsicherheit die Unterdrückung jeglicher leitungsgebundener und auch gestrahlter Aussendungen.

Biologische Wirkungen
Biologische Wirkungen durch elektromagnetische Strahlung treten ohne Zweifel auf. Im medizinischen Bereich werden elektromagnetische Strahlungen für den Heilungsprozeß eingesetzt. Wann ein elektromagnetisches Feld zu einer Gefährdung wird, ist noch nicht mit letzter Sicherheit geklärt. VDE 0848 enthält die deutschen Festlegungen für den Umgang mit und den Aufenthalt in elektromagnetischen Feldern.

TREE

TREE steht für "transient radiation effects on electronics". Unter diesem Begriff werden die Gefährdung von elektronischen Bauelementen, speziell von Halbleiterbauelementen, durch ionisiernde Strahlung und die Maßnahmen zu ihrem Schutz gegen diese Strahlung zusammengefaßt.

1.1.7 Logarithmische Darstellung elektrischer Größen

In der Elektrotechnik müssen physikalische Größen über große Wertebereiche behandelt werden.

Beispiel: 1 μV für die Empfindlichkeit eines Empfängers,

1 MV als Spitzenamplitude bei einer Impulseinkopplung,

$\Rightarrow$ Verhältnis 10^{-12}.

Für eine übersichtliche Behandlung hat man eine logarithmische Darstellung gewählt. Um in einen Wertebereich von -100 bis +100 für die üblicherweise zu behandelnden Größen zu kommen, hat man weiterhin festgelegt, die Werte als das 10fache des Zehnerlogarithmus darzustellen und die sich ergebende Größe dann Dezibel, abgekürzt dB, zu nennen.

Ursprünglich wurde diese Art nur für Leistungen definiert:

$$a = 10 \cdot {}_{10}\log \frac{P_2}{P_1} \quad dB.$$

Im folgenden wird der Index 10 am log nicht mehr geschrieben.

Schreibt man die Gleichung um, erhält man

$$a = 10 \cdot \log \frac{I_2^2 R_2}{I_1^2 R_1} \quad dB = 10 \cdot \log \frac{U_2^2 R_1}{U_1^2 R_2} \quad dB \, ,$$

$$\Rightarrow a = 20 \cdot \log \frac{I_2}{I_1} + 10 \cdot \log \frac{R_2}{R_1} \quad dB,$$

$$a = 20 \cdot \log \frac{U_2}{U_1} - 10 \cdot \log \frac{R_2}{R_1} \quad dB.$$

Setzt man voraus, daß $R_1 = R_2$ ist, erhält man

$$a = 20 \cdot \log \frac{I_2}{I_1} \quad dB,$$

$$a = 20 \cdot \log \frac{U_2}{U_1} \quad dB.$$

Für die Nachrichtentechnik hat man sodann festgelegt, daß die Leistungen sich auf 1 mW = P_0 beziehen sollen:

$$a = 10 \cdot \log \frac{P}{P_0} \quad dBm.$$

Um diese Tatsache zu verdeutlichen, wird an die dB-Angabe ein m angehängt. Andere Schreibweisen sind:

$$dB_m, \quad dB(m), \quad dB/m \ .$$

Diese Schreibweise bezeichnet man als Pegelschreibweise. Aus dieser Pegelschreibweise für die Leistung wurde sehr schnell die Pegelschreibweise für andere, aus der Leistung ableitbare physikalische Größen:

$$1 \ mW \quad \triangleq \quad 0 \ dBm \ ,$$

$$1 \ V \quad \triangleq \quad 0 \ dBV \ ,$$

$$1 \ A \quad \triangleq \quad 0 \ dBA \ ,$$

$$1 \ \mu V \quad \triangleq \quad 0 \ dB\mu V \ ,$$

$$1 \ \mu V/m \quad \triangleq \quad 0 \ dB\mu V/m \ ,$$

u. s. w.

Dabei ergibt sich zwangsläufig, daß alle Leistungsgrößen mit dem Vorfaktor 10 und alle Feldgrößen, Strom und Spannung mit dem Vorfaktor 20 von dem log zu behandeln sind.

Beispiele:

$$10 \ W \quad \triangleq \quad 10 \cdot \log \frac{10}{10^{-3}} \quad dBm \ = 40 \ dBm \ ,$$

$$100 \ mV \quad \triangleq \quad 20 \cdot \log \frac{100}{10^{-3}} \quad dB\mu V \ = 100 \ dB\mu V \ ,$$

$$2 \ V \quad \triangleq \quad 20 \cdot \log \frac{2}{1} \quad dBV \ = 6 \ dBV \ .$$

Beachtet man die Rechenregeln für logarithmisches Rechnen, kann man leicht aus einer Größe eine andere Größe errechnen:

$$x \text{ dB}\mu A \;=\; y \text{ dB}\mu V \;-\; z \text{ dB}\Omega.$$

<u>Beispiel:</u>   100 mV über 50 Ω $\Rightarrow$

$$I \;=\; 100 \text{ dB}\mu V \;-\; 34 \text{ dB}\Omega \;=\; 66 \text{ dB}\mu A\,.$$

1.1.8 Begriffsdefinitionen

Wie in jeder technischen Spezialdisziplin, so haben sich auch auf dem Gebiet der EMV Spezialbegriffe gebildet, die für den tätigen EMV-Ingenieur zum Sprachschatz gehören. Um diesen Begriffen aber auch eine einheitliche Bedeutung zu geben, beinhalten fast alle Normen in einem einleitenden Kapitel entsprechende Begriffsdefinitionen. Die nachfolgende Zusammenstellung gibt Begriffserklärungen der EMV wieder, wie sie in den zitierten Normen zu finden sind.

Amplitudendichte (VDE 0847 Teil 1)
Betrag der Fourier-Transformierten eines Einzelvorganges oder Ergebnis einer selektiven Messung eines Einzelvorganges bei einer bestimmten Frequenz. Dabei muß die Dauer des Einzelvorganges klein gegenüber dem Kehrwert der Meßbandbreite sein.

Amplitudendichtespektrum (VDE 0847 Teil 1)
Darstellung der Amplitudendichte in Abhängigkeit von der Frequenz (kontinuierliches Spektrum).

Amplitudenspektrum (VDE 0847 Teil 1)
Darstellung der Amplituden aller harmonischen Teilschwingungen eines periodischen Vorganges in Abhängigkeit von der Frequenz (Linienspektrum).

Asymmetrische Prüfstörspannung (VDE 0846 Teil 12)
Prüfstörspannung zwischen der elektrischen Mitte der Adern einer Leitung (z. B. Doppelleitung) bzw. den Anschlußstellen einer elektrischen Einrichtung für eine solche Leitung und dem Bezugspotential.

Bewertung (VDE 0876 Teil 1)
Bewertung einer Funkstörung ist die Umwandlung ihrer frequenzabhängigen elektrischen Werte in eine Anzeige, die dem physiologischen Störeindruck (akustisch oder visuell) entspricht.

Breitbandaussendung (VDE 0843 Teil 3)
Signal, dessen Verlauf der spektralen Amplitudendichte so ausreichend gleichmäßig ist, so daß beim Verstimmen eines Meßempfängers über mehrere Impulsbandbreiten sich sein Ausgangssignal nicht merklich verändert.

Dauerschwingung (VDE 0843 Teil 3)
Folge von Einzelschwingungen, die im eingeschwungenen Zustand untereinander identisch sind, jedoch unterbrochen oder moduliert werden können, um Informationen zu übertragen.

Einfügungsdämpfung (VDE 0875 Teil 2)
Einfügungsdämpfung ist der Dämpfungsunterschied in einem angepaßten Übertragungssystem, der durch Einfügen eines Prüflings verursacht wird.

Elektrische Betriebsmittel (VDE 0871 Teil 1)
Elektrische Betriebsmittel sind alle Gegenstände, die als ganzes oder in einzelnen Teilen dem Anwenden von elektrischer Energie dienen. Hierzu gehören z. B. Gegenstände zum Erzeugen, Fortleiten, Verteilen, Speichern, Messen, Umsetzen und Verbrauchen elektrischer Energie.

Elektrische Ersatzfeldstärke (VDE 0848 Teil 1)
Vektor, der aus den elektrischen Feldstärken in drei zueinander senkrechten Raumrichtungen, ohne Berücksichtigung der gegenseitigen Phasendifferenzen, gebildet wird.

Elektromagnetische Beeinflussung (EMB) (VDE 0843 Teil 3)
Einwirkung elektromagnetischer Größen auf Stromkreise, Geräte, Systeme oder Lebewesen.

Elektromagnetische Verträglichkeit (EMV) (VDE 0843 Teil 3)
Fähigkeit einer elektrischen Einrichtung, in ihrer elektromagnetischen Umgebung zufriedenstellend zu funktionieren und dabei diese Umgebung, zu der auch andere Einrichtungen gehören, nicht unzulässig zu beeinflussen.

Empfangskanal (VDE 0877 Teil 1)
Empfangskanal ist der hochfrequente Durchlaßbereich eines abgestimmten Funkempfängers. Er wird im wesentlichen durch die Mittenfrequenz, Form und Bandbreite der Selektionskurve bestimmt.

Empfindlichkeit (VDE 0843 Teil 3)
Unerwünschte Reaktion einer elektrischen oder elektronischen Einrichtung, verursacht durch die Einwirkung elektromagnetischer Energie.

Entladung statischer Elektrizität (ESD) (VDE 0843 Teil 2)
Die Verschiebung einer elektrostatischen Ladung zwischen Körpern mit unterschiedlichem elektrostatischem Potential.

Fehlfunktion (VDE 0829 Teil 10)
Beeinträchtigung der Funktion einer Einrichtung, die nicht mehr zulässig ist. Die Fehlfunktion endet mit dem Abklingen der Störgröße.

Folgefrequenz (VDE 0871 Teil 1)
Folgefrequenz ist die Anzahl der periodischen Schalt- und Entladungsvorgänge je

Zeiteinheit. Die Folgefrequenz kann z. B. am ZF-Ausgang des Funkstörmeßempfängers mit Hilfe eines Oszilloskops erfaßt werden.

Flicker (VDE 0838 Teil 1)
Subjektiver Eindruck von Leuchtdichteschwankungen.

Funk-Entstörung (VDE 0871 Teil 1)
Funk-Entstörung ist die Maßnahme zur Vermeidung oder Minderung der Ausbreitung hochfrequenter elektromagnetischer Schwingungen von elektrischen Betriebsmitteln und Anlagen, die Funkstörungen verursachen können.

Funkstörfeldstärke (VDE 0871 Teil 1)
Funkstörfeldstärke ist die mit einer Antenne und einem Funkstörmeßempfänger gemessene magnetische (H) bzw. elektrische (E) Feldstärke. Sie kann - wie die Funkstörspannung - bewertet oder unbewertet gemessen werden.

Funkstörspannung (VDE 0871 Teil 1)
Funkstörspannung ist die an festgelegten Bezugswiderständen (Nachbildungswiderständen) mit einem Funkstörmeßempfänger gemessene Spannung. Sie kann bewertet oder unbewertet gemessen werden.

Funkstörspannung, Bewertete (VDE 0871 Teil 1)
Bewertete Funkstörspannung ist die dem physiologischen Störeindruck (akustisch oder visuell) entsprechend gemessene und angezeigte Funkstörspannung.

Funkstörspannung, Unbewertete (VDE 0871 Teil 1)
Unbewertete Funkstörspannung ist der Effektivwert einer sinusförmigen Spannung, die bei Spitzen-, Mittel- oder Effektivwertmessung jeweils die gleiche Anzeige wie die zu messende Spannung (unabhängig von der Folgefrequenz) ergibt.

Funkstörstrahlungsleistung (VDE 0871 Teil 1)
Funkstörstrahlungsleistung ist die von einem elektrischen Betriebsmittel oder einer Anlage in den Raum abgestrahlte hochfrequente Leistung, die Funkstörungen verursachen kann. Sie wird als äquivalente Strahlungsleistung gemessen. Diese ist die Leistung, die einem verlustlosen Bezugsstrahler (Halbwellendipol) zugeführt werden muß, damit dieser in der Hauptstrahlungsrichtung die gleiche Strahlungsdichte liefert wie der Prüfling in der Richtung seiner maximalen Strahlung.

Funkstörung (VDE 0871 Teil 1)
Funkstörung ist eine hochfrequente Störung des Funkempfanges. Sie liegt vor, wenn unerwünschte elektromagnetische Schwingungen im hochfrequenten Empfangskanal einer Funk-Empfangsantennenanlage oder eines Funkempfängers zusammen mit dem Nutzsignal über die Antenne bzw. den geräteseitigen Antenneneingang aufgenommen werden und die Wiedergabe des Nutzsignals erkennbar beeinträchtigen.

Funktionsausfall (VDE 0839 Teil 10)
Beeinträchtigung der Funktion einer Einrichtung, die nicht mehr zulässig ist und

wobei die Funktion nur durch technische Maßnahmen wieder hergestellt werden kann.

Funktionserdung (VDE 0847 Teil 4)
Erdung, die nur dem Zweck dient, die beabsichtigte Funktion einer Fernmeldeanlage oder eines Betriebsmittels zu ermöglichen. Die Funktionserdung schließt auch Betriebsströme von solchen Fernmeldegeräten ein, die die Erde als Rückleitung benutzen.

Funktionsminderung (VDE 0843 Teil 3)
Beeinträchtigung der Funktion einer Einrichtung, die zwar nicht vernachlässigbar ist, aber als zulässig akzeptiert wird.

Funktionsstörung (VDE 0839 Teil 10)
Unerwünschte Beeinträchtigung der Funktion einer Einrichtung.

Galvanische Kopplung (VDE 0847 Teil 2)
Kopplung über gemeinsame Impedanzen, bei der auch Gleichstrom übertragen werden kann.

Grundschwingung (VDE 0838 Teil 1)
Die Teilschwingung (Harmonische) 1. Ordnung der Fourier-Reihe einer periodischen Größe.

Grundschwingungsgehalt (VDE 0838 Teil 1)
Verhältnis Effektivwert der Grundschwingung zum Effektivwert der Wechselgröße.

Hochfrequenz (HF) (VDE 0875 Teil 1)
Hochfrequenz ist der Sammelbegriff für elektromagnetische Schwingungen im Bereich von 10 kHz bis 3000 GHz.

Hochfrequenzbeeinflussung (VDE 0843 Teil 3)
Dieser Begriff wurde verschiedentlich auch anstelle von elektromagnetischen Beeinflussungen verwendet. Elektromagnetische Beeinflussung (EMB) ist eine spätere Festlegung, die eigentlich das gesamte elektromagnetische Spektrum einschließt, während unter dem Begriff "Hochfrequenzbeeinflussungen" vorwiegend der Frequenzbereich zwischen 10 kHz und 10 GHz verstanden wurde.

Induktive Kopplung (VDE 0847 Teil 2)
Kopplung über magnetische Felder.

Intermodulation (VDE 0876 Teil 1)
Intermodulation ist die Erzeugung von unerwünschten Frequenzen im Empfangskanal durch interne Mischung von starken Signalen, die außerhalb des Empfangskanals liegen und die in den Eingangsstufen des Meßempfängers noch nicht genügend gedämpft sind. Die in dem Empfangskanal umgesetzten Intermodulationsprodukte überdecken die Nullstellen des zu untersuchenden Frequenzspektrums und verfälschen das Meßergebnis.

ISM-Gerät (VDE 0871 Teil 1)
ISM-Gerät ist ein HF-Gerät für industrielle, wissenschaftliche, medizinische oder ähnliche Zwecke. Seine Grundfrequenz liegt über 10 kHz.

Kapazitive Kopplung (VDE 0847 Teil 2)
Kopplung über elektrische Felder.

Koppelnetzwerk (VDE 0843 Teil 4)
Elektrische Schaltung zur Energieübertragung von einem Stromkreis zu einem anderen.

Leitungsgeführte Aussendung (VDE 0843 Teil 3)
Beabsichtigte oder unbeabsichtigte elektromagnetische Aussendung, die sich entlang eines Leiters ausbreitet. Handelt es sich dabei um eine unerwünschte Aussendung, so wird sie als leitungsgeführte Störaussendung bezeichnet.

Masse (VDE 0847 Teil 2)
Gesamtheit der untereinander elektrisch leitend verbundenen Metallteile einer elektrischen Einrichtung, die für den betrachteten Frequenzbereich den Ausgleich unterschiedlicher Potentiale bewirkt und ein Bezugspotential bildet.

Oberschwingung (VDE 0838 Teil 1)
Eine Teilschwingung (Harmonische) höherer Ordnungszahl als 1 der Fourier-Reihe einer periodischen Größe.

Oberschwingungsgehalt, Klirrfaktor (VDE0838 Teil 1)
Das Verhältnis des Effektivwertes der Summe der Oberschwingungen zum Effektivwert der Wechselgröße.

Prüfimpulse (VDE 0839 Teil 1)
Impulse, die die im Netz wirklich auftretenden Störgrößen hinsichtlich ihrer Auswirkung simulieren sollen. Sie dienen zur Prüfung von elektrischen Einrichtungen und zur Beurteilung ihrer Störfestigkeit.

Prüfstörspannung (VDE 0846 Teil 12)
Prüfstörspannung ist die Spannung, mit der ein Prüfling zur Beurteilung seiner Störfestigkeit beaufschlagt wird.

Punktförmige (isotrope) Strahlungsquelle (VDE 0843 Teil 3)
Strahlungsquelle, die nach allen Richtungen exakt gleiche Feldgrößen abgibt.

Rauschvorgang (Rauschen) (VDE 0847 Teil 1)
Nichtperiodischer Vorgang, der nur mit Hilfe statistischer Kenngrößen beschrieben werden kann.

Referenzfeldmethode (VDE 0839 Teil 4)
Meßmethode, bei der vor der eigentlichen Messung für jede Meßfrequenz zunächst ohne Prüfaufbau die Ausgangsleistung des Verstärkers ermittelt wird, welche die gewünschte Feldstärke ergibt. Danach wird der Prüfling an die dafür vorgesehene

Stelle gebracht und die eigentliche Messung durchgeführt, wobei die vorher ermittelten Leistungswerte eingestellt werden.

Störabstand (VDE 0875 Teil 3)
Störabstand ist bei der Funkstörspannung, -feldstärke oder -leistung der Pegelunterschied zwischen dem Nutzpegel und einem Störpegel, ausgedrückt in dB.

Störaussendung (VDE 0843 Teil 3)
Unerwünschte elektromagnetische Aussendung einer elektrischen oder elektronischen Einrichtung.

Störfestigkeit (VDE 0839 Teil 1)
Fähigkeit einer elektrischen Einrichtung, Störgrößen bestimmter Höhe ohne Fehlfunktion zu ertragen.

Störgröße (VDE 0839 Teil 1)
Elektromagnetische (auch elektrische oder magnetische) Größe, die in einer elektrischen Einrichtung eine unerwünschte Beeinflussung hervorrufen kann .

Störquelle (VDE 0847 Teil 1)
Ursprung von Störgrößen.

Störschwelle (VDE 0847 Teil 2)
Kleinster Wert einer Störgröße, der in einer Störsenke eine Fehlfunktion bewirkt.

Störsenke (VDE 0847 Teil 1)
Elektrische Einrichtung, deren Funktion durch Störgrößen beeinflußt werden kann.

Streifenleitung (VDE 0843 Teil 3)
Offener Wellenleiter mit dem Zweck, zwischen den Leitern ein elektromagnetisches Feld für Prüfungen zu erzeugen.

Symmetrische Störspannung (VDE 0843 Teil 4)
Störspannung zwischen zwei Adern einer Leitung (z. B. Doppelleitung) bzw. zwischen zwei Anschlußstellen einer elektrischen Einrichtung für eine solche Leitung.

Transient (VDE 0843 Teil 4)
Nichtperiodische und relativ kurze positive und/oder negative Spannungs- oder Stromänderung zwischen zwei stationären Zuständen.

Unsymmetrische Störspannung (VDE 0843 Teil 4)
Störspannung zwischen einer Ader einer Leitung bzw. einer Anschlußstelle einer elektrischen Einrichtung für eine Leitung und dem Bezugspotential.

Verträglichkeitspegel (VDE 0839 Teil 1)
Der festgelegte Wert einer Störgröße, bei dem die Elektromagnetische Verträglichkeit für alle Einrichtungen eines gegebenen Systems bestehen soll.

1.1.9 Literatur

[1]   DIN-Taschenbuch: Elektromagnetische Verträglichkeit 2. Beuth Verlag GmbH, Köln, 1989

[2]   VDE 870 Teil 1: Elektromagnetische Beeinflussung (EMB), Begriffe. VDE-Verlag, Berlin

[3]   Wilhelm, J. u. a.: Elektromagnetische Verträglichkeit (EMV). Expert Verlag, Grohnau, 1981

[4]   Kohling, A., Steinmeyer, G.: Planung der elektromagnetischen Verträglichkeit von Systemen. Jahrbuch Elektrotechnik 87, VDE-Verlag, Berlin

[5]   Schelkunoff, S.A.: Transmission Theory of Plane Electromagnetic Waves. Proc. of IRE 25 (1937), S. 1457 - 1492

[6]   Harrington, R. F.: Field Computation by Moment Methods. Macmillan Co, New York, 1968

[7]   Meinke, H., Gundlach, F. W.: Taschenbuch der Hochfrequenztechnik. Springer-Verlag, Berlin/Heidelberg, 1968

[8]   Keiser, B.: Principles of Electromagnetic Compatibility. Artech House, Norwood, MA, 1987

[9]   White, D.: Electromagnetic Interference and Compatibility. Vol. 1-12, Don White Consultants Inc., Gainsville, Virginia, USA

[10]   VDE 0855 Teil 1: Antennenanlagen; Errichtung und Betrieb. VDE-Verlag, Berlin

[11]   CCIR Report 322: World Distribution and Characteristics of Atmospheric Radio Noise. Genf, 1964

[12]   Anke, D., Dahme, M.: HF-Umgebung. Beitrag zum Kongreß EMV, Karlsruhe, 1990

[13]   VDE 0160: Ausrüstung von Starkstromanlagen mit elektronischen Betriebsmitteln. VDE-Verlag, Berlin, Mai 1988

[14]   Meissen, W.: Transiente Netzüberspannungen. etz 107 (1986), 2, S. 50-55

[15]   Gonschorek, K.H.: Beeinflussung von Rechnerkomponenten durch niederfrequente Magnetfelder. Beitrag zum Kongreß EMV, Karlsruhe, 1988

1.2 EMV auf der Schaltkreis- und Geräteebene

V. Schmidt

1.2.1 Allgemeines

Die EMV-gerechte Entwicklung und Konstruktion von Geräten erfordert ein gewisses Maß an EMV-spezifischen, technischen, ökonomischen und organisatorischen Grundkenntnissen. Das mit der Entwicklung befaßte Fachpersonal wird mit der Lösung einer Reihe objektunabhängiger, immer wiederkehrender spezieller EMV-Probleme konfrontiert. Diese EMV-Problematik ist bei aller Gleichheit und Übereinstimmung in grundsätzlichen Dingen in den verschiedenen Geräten durch bestimmte Besonderheiten gekennzeichnet.

Die EMV repräsentiert in erster Sicht ein Qualitätsmerkmal für elektrische/ elektronische Geräte, das im wesentlichen durch drei Kenngrößen charakterisiert werden kann:

- Eigenstörfestigkeit oder interne EMV, d.h. die Immunität gegenüber internen elektrischen Störgrößen, die zwischen Bauelementen über funktionsbedingt erforderliche oder parasitäre Kopplungen zu elektromagnetischen Beeinflussungen und damit zu Fehlfunktionen des Gerätes führen können,

- die Fremdstörfestigkeit oder externe EMV, d.h. die Immunität gegenüber gerätefremden elektromagnetischen Störgrößen, die leitungs- und strahlungsgebunden von externen Störquellen, z. B. durch

* Blitzentladungen,
* elektromagnetische Entladungen,
* transiente Vorgänge in benachbarten elektrischen Geräten,
* stationäre Sender, Sprechfunkgeräte

auf das Gerät einwirken und eine vorübergehende Störung, bei ausreichender Intensität aber auch eine Zerstörung des betrachteten Gerätes zur Folge haben können,

- einen Störemissionsgrad, der die von einem Gerät leitungs- oder strahlungsgebunden ausgehenden Störaussendungen, die andere Geräte beeinflussen können, charakterisiert. Beispiele dafür sind der Funkstörgrad entsprechend VDE 0875 und die in VG 95 373 spezifizierten Grenzwerte.

Ist die Elektromagnetische Verträglichkeit eines Gerätes nicht gewährleistet, so sind folgende Auswirkungen möglich:

- vorübergehende (reversible) Funktionsstörungen mit allen damit verbundenen ökonomischen und sicherheitstechnischen Konsequenzen,

- unmittelbare elektrische Zerstörung von Bauelementen (irreversible Funktions-
  störungen),
- Beeinträchtigung der Qualitätsmerkmale des speisenden Netzes,
- Erhöhung der elektromagnetischen Umgebungsstörung,
- Gefährdung von Personal.

In den folgenden Abschnitten werden die begrifflichen und physikalischen
Grundlagen zur Erreichung der EMV auf der Schaltkreis- und der Geräteebene
behandelt.

1.2.2 Erläuterung der Begriffe "Gerät", "Anlage", "System"

Zusätzlich zu den Begriffen "Gerät", "Anlage" und "System" sollen hier noch die
Begriffe "Einrichtung" und "Betriebsmittel" genannt werden.

Im Sinne der Normen VG 95 370 bis 95 377 unterscheidet man zwischen der
Elektromagnetischen Verträglichkeit von Geräten und der Elektromagnetischen
Verträglichkeit von Systemen.

Eine allgemeingültige Definition der o.g. Begriffe konnte bisher nicht erreicht
werden.

Gemäß VG 95 371 Teil 2 sind die Begriffe "Gerät", "System" und "Einrichtung"
wie folgt definiert:

- Ein Gerät ist eine technische Einrichtung zur Erfüllung einer vorgegebenen
  Funktion, die eine Anzahl untergeordneter Einheiten mechanisch und elektrisch
  zusammenfaßt.

- Ein System ist die Gesamtheit von zueinander in Beziehung stehenden Geräten
  auf einem Geräteträger.
  Als System ist z. B. ein Schiff, Flugzeug oder Landfahrzeug anzusehen.

- Eine Einrichtung ist der Sammelbegriff für Betriebsmittel und Anlage bzw. Gerät
  und System.

Geräte nach der o.g. Definition sind z. B. auch Radaranlagen, Navigationsanlagen
und Kommunikationsanlagen. Diese "Anlagen" bestehen bekanntlich aus mehreren
untergeordneten Einheiten, wozu auch die Antennen zählen. Bei der Geräte-
definition bestehen allerdings Schwierigkeiten hinsichtlich der Betrachtung bzw.
Auslegung der geräteinternen EMV.

Da die Geräteeinheiten im System in der Regel über relativ lange Steuer-, Signal-
und Stromversorgungsleitungen verbunden werden, kann hier nicht nur die
geräteinterne EMV betrachtet werden.

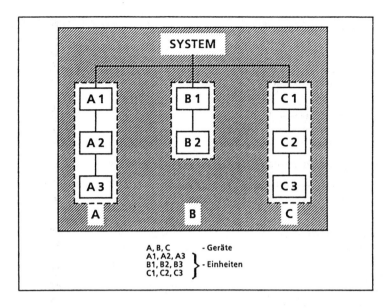

Bild 1.2-1: Definition der Begriffe "Gerät" und "System"

Ein Gerät, bestehend aus mehreren Einheiten, kann ohne Berücksichtigung des Installationsortes, d.h. der im Einsatz vorhandenen elektromagnetischen Umgebung, ohne interne Beeinflussungen funktionsfähig sein.

Im System können jedoch Wechselwirkungen zwischen den genannten Leitungen und der elektromagnetischen Umgebung auftreten, d.h. durch Verkopplung mit anderen Geräten, ihren angeschlossenen Leitungen und Antennen können gegenseitige elektromagnetische Beeinflussungen auftreten, die eine Funktionsminderung des Systems bewirken.

Bei der Planung, Entwicklung und Konstruktion von Geräten ist also nicht nur die geräteinterne EMV zwischen den Einheiten zu betrachten, sondern es sind auch systemspezifische Kriterien an den Schnittstellen der Einheiten eines Gerätes zu berücksichtigen.

1.2.3 EMV-Planung bei der Geräteentwicklung

Die Elektromagnetische Verträglichkeit kann erreicht werden durch planmäßige kontinuierliche Arbeit im Rahmen der Geräteentwicklung oder aber durch Nachrüstung, Nachbesserungen bzw. Nachentwicklungen am fertigen Gerät.

Der erste Weg ist entschieden kostengünstiger und daher auf jeden Fall vorzuziehen.

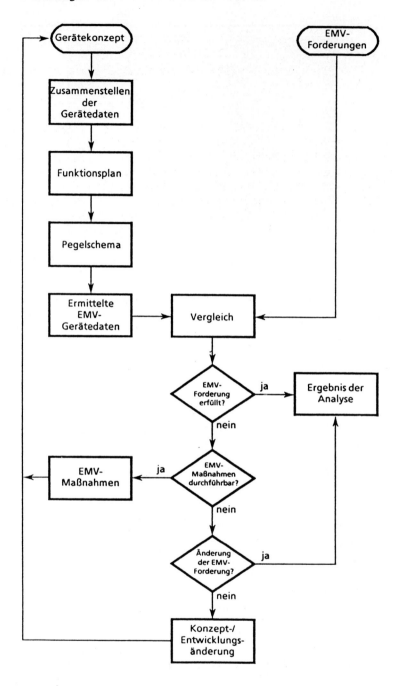

Bild 1.2-2: Beispiel für den Ablauf einer EMV-Geräteanalyse

Bei der EMV-Planung geht es konkret darum,

- geräteeigene Beeinflussungen von vornherein auszuschließen,
- gerätefremde Beeinflussungen mit jeweils angemessenem Aufwand auf das erforderliche Maß zu reduzieren,
- Störaussendungen in den Grenzen bestehender Vorschriften zu halten.

Grundlage einer zielgerichteten EMV-Planung im Rahmen von Geräteentwicklungen ist eine sorgfältige Analyse der EMV-Einsatzbedingungen. Davon ausgehend sind unter Berücksichtigung vorliegender Vorschriften die Anforderungen hinsichtlich Störfestigkeit und Störaussendungen an das zu entwickelnde Gerät zu definieren. Daraus wird deutlich, daß die EMV-Planung eine selbständige Querschnittsaufgabe ist, die auf die Geräteentwicklung, die Konstruktion und die Nutzungsphase zu beziehen ist. Aus der EMV-Planung resultieren Maßnahmen, die direkt in die konstruktive Ausführung eines Gerätes einfließen.

In Bild 1.2-2 ist ein Beispiel für den Ablauf einer EMV-Planung/Geräteanalyse dargestellt.

Die Anforderungen an die Genauigkeit der Analyseergebnisse sollen in einem sinnvollen Verhältnis zu den Unsicherheiten stehen, welche den zugrundegelegten Gerätedaten und Annahmen anhaften. Umfang und Tiefe der Analysen sollen der Komplexität des Gerätes angemessen sein.

Die EMV-Geräteanalyse besteht aus folgenden Arbeitspaketen:

a) Zusammenstellen und Darstellen der Gerätedaten

Die für die EMV-Geräteanalysen benötigten Gerätedaten sind aus den jeweils vorhandenen Geräteunterlagen zu entnehmen. Gerätedaten sind hier z. B.:

* Betriebs- und Signalfrequenzen oder -frequenzbänder des Gerätes,
* Signalspannungen, -ströme,
* Signalformen,
* charakteristische Größen für Schaltvorgänge,
* Angaben zu Steckverbindungen,
* Eigenschaften der Signal-, Steuer- und Stromversorgungsleitungen,
* Schirmdämpfungsmaß von Gehäusen,
* Größe und Lage von Gehäusedurchbrüchen,
* Stromversorgungskonzept.

b) Ermitteln der EMV-Daten für die Geräteschnittstellen

Zur Ermittlung der EMV-Gerätedaten werden die in den Pegelschemata eingetragenen Pegelwerte auf diejenigen Geräteschnittstellen oder Orte umgerechnet, für die EMV-Forderungen (EMV-Grenzwerte) bereits bestehen oder festzulegen sind. Die Umrechnung erfolgt mit Hilfe der Kopplungsdämpfungsmaße der Übertragungswege für die Störsignale.

c) Vergleich zwischen ermittelten EMV-Gerätedaten und EMV-Forderungen

Ergibt der Vergleich, daß alle EMV-Forderungen eingehalten werden, so ist die EMV-Geräteanalyse abgeschlossen. Ergibt der Vergleich, daß EMV-Forderungen nicht eingehalten werden, so ist zu prüfen, welche EMV-Maßnahmen durchführbar sind.

Für die EMV-Geräteanalyse hat es sich als sinnvoll herausgestellt, einen Funktionsplan und ein Pegelschema zu erstellen:

* Funktionsplan (Bild 1.2-3)

    Der Funktionsplan soll die Gliederung und Arbeitsweise des Gerätes zeigen und die bei den jeweiligen Betriebsarten an internen und externen Schnittstellen auftretenden Signale, Frequenzen und Schaltvorgänge angeben.

* Pegelschema (Bild 1.2-4)

    Das Pegelschema ist eine graphische Darstellung der Nutz- und Störpegel des Gerätes in Abhängigkeit von der Frequenz. Es dient zur Ermittlung der zu erwartenden Störaussendungen und Störfestigkeiten an den äußeren (externen) Schnittstellen des Gerätes, um hieraus Forderungen z. B. an die anzuschließenden Leitungen abzuleiten.

    Es ist ein Pegelschema für die Störquellen und eines für die Störsenken des Gerätes zu erstellen.

Das nach einer solchen EMV-Planung gefertigte Gerät (Prototyp) ist einem EMV-Nachweis zu unterziehen. Die an einem Gerät durchzuführenden EMV-Prüfungen sind im Detail in einem EMV-Prüfplan festzulegen.

Nachstehende EMV-Prüfarten sind in Betracht zu ziehen:

- Messen der Störströme und Störspannungen,
- Messen der Störfeldstärken,
- Messen der Störfestigkeit gegen leitungsgeführte Störgrößen,
- Messen der Störfestigkeit gegen Felder,
- Messen von Kopplungswiderständen und Schirmdämpfungsmaßen.

1.2.4 Erfüllung von Vorschriften und Spezifikationen

Zur Sicherstellung der EMV darf ein Gerät innerhalb eines Systems nur begrenzt Störungen aussenden und muß andererseits gegen Störungen eine definierte Störfestigkeit aufweisen.

Um die Elektromagnetische Verträglichkeit eines Gerätes effektiv planen, realisieren und prüfen zu können, bedarf es einer Reihe verbindlicher Festschreibungen, die in Vorschriften und Spezifikationen festgelegt sind.

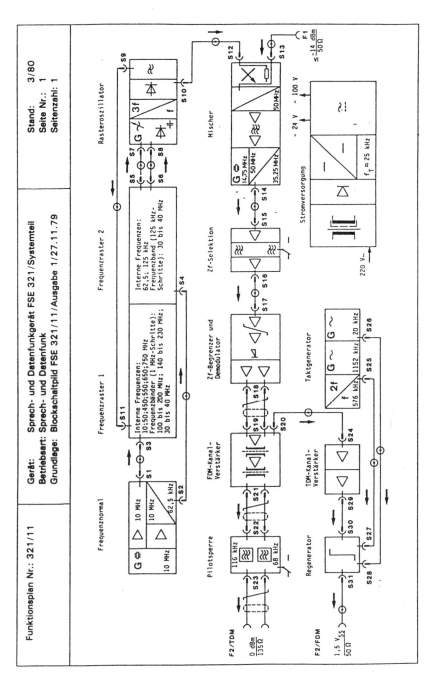

Bild 1.2-3: Beispiel für einen Funktionsplan

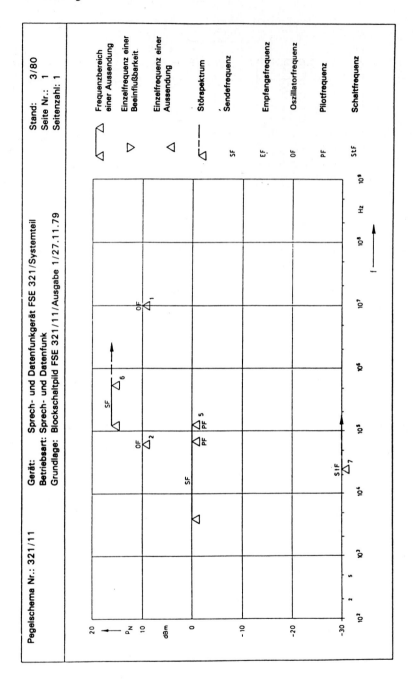

Bild 1.2-4: Beispiel für ein Pegelschema für die Störquellen eines Gerätes

In EMV-Vorschriften sind folgende Bereiche enthalten:

- EMV-Termini, d.h. die für eine sinnvolle Anwendung der Standardisierungs-
ergebnisse notwendigerweise festzulegenden Begriffe und Definitionen,

- Grenzwerte für Störaussendungen und Störfestigkeiten

  (Diese Grenzwerte beschreiben Anforderungen an leitungs- und strahlungsgebundene Aussendungen, Störfestigkeiten und Dämpfungen im Frequenz- und Zeitbereich. Die zu berücksichtigenden physikalischen Größen sind Strom, Spannung,
  Leistung, magnetische Flußdichte, magnetisches Feld, elektrisches Feld und
  Leistungsflußdichte.),

- Meßverfahren und Meßanordnungen für Störgrößen und EMV-Parameter,

- Parameter von EMV-spezifischen Bauelementen und Baugruppen, z. B. Entstör-
bauelemente, Störschutzkombinationen, Filter, Überspannungsableiter,

- Programminhalte der EMV-Planung, d.h. Festlegungen zu den in den einzelnen
Arbeitsstufen im Rahmen einer Geräteentwicklung zu erbringenden Leistungen.

Weniger für eine allgemeine Normung geeignet sind definierte Gestaltungsregeln
für den störsicheren Aufbau von Schaltungen bzw. die Konstruktion von Geräten
oder die Anordnung von Baugruppen und Geräten relativ zueinander oder auch
die Verlegung von Leitungen (Verdrahtung).

Diese in der Regel bauelemente- und gerätespezifischen Belange sind in Form von
Empfehlungen und Richtlinien in Vorschriften enthalten (z. B. VG 95 376).
Detaillierte Festlegungen bleiben hier betriebsinternen Vorschriften, Konstruktions-
richtlinien bzw. gerätespezifischen Standards vorbehalten.

1.2.5 Maßnahmen zur Sicherstellung der Elektromagnetischen Verträglichkeit

Bei der Untersuchung der Störsignalübertragung ergeben sich als Kopplungsmechanismen zwischen Störquelle und Störsenke die

- galvanische Kopplung,
- induktive Kopplung,
- kapazitive Kopplung.

Die Art des Kopplungsmechanismus führt direkt zur Ableitung von Abhilfemaßnahmen.

In Geräten werden die Störungen wirksam auf dem Weg über die Stromversorgung, über die Eingangs- und Ausgangssignalleitungen, den Bezugsleiter sowie durch Direkteinstrahlung. Für die Einkopplung und Übertragung von Störsignalen haben daher der Aufbau und die mechanische Anordnung der Funktionselemente und ihre Verdrahtung eine erhebliche Bedeutung. Als EMV-Grundmaßnahmen sind die Massung, Schirmung, Filterung und die Verkabelung der Geräteeinheiten untereinander sorgfältig zu planen und auszuführen.

1.2.5.1 Massungsmaßnahmen

Wegen der räumlichen Ausdehnung von Schaltungen können nicht alle Punkte dieser Schaltungen, die das gleiche Bezugspotential haben sollen, an einem Punkt zusammengeführt werden.

Ziel der Massung ist es, die sich daraus ergebenden Potentialdifferenzen ausreichend klein werden zu lassen. Da sie aber dem Idealwert 0 V nur angenähert werden können, erfolgt über die gemeinsamen Stromwege eine Kopplung der verschiedenen Schaltungen. Nutzsignale einer Schaltung können als Störgrößen für andere Schaltungen wirken. Siehe hierzu auch Kapitel 3.1 .

Zur Verringerung der galvanischen Kopplung gibt es drei Möglichkeiten:

- Herstellen einer bezüglich der Störfrequenzen sehr niederohmigen Gerätemasse (Verringerung von Potentialdifferenzen),
- Massung von Stromkreisen an nur einem Punkt (Vermeidung der Auswirkung von Potentialdifferenzen),
- Rückführung hoher Ströme über separate Leiter und nicht über die Gerätemasse (Verhinderung von Potentialdifferenzen auf der Masse).

Der Grad der Kopplung zwischen verschiedenen Schaltkreisen, die einen gemeinsamen Bezugsleiter verwenden, wird durch die Kopplungsimpedanz Z_k bestimmt, die der Impedanz der gemeinsamen Leitungslänge entspricht.

Bild 1.2-5 zeigt die Kopplung zweier Stromkreise über einen gemeinsamen Bezugsleiter.

Bei Gleichstrom oder niedrigen Frequenzen bestimmt der ohmsche Widerstand R_k des gemeinsamen Strompfades den Wert des Kopplungswiderstandes, bei höheren Frequenzen der induktive Widerstand ωL_k.

Bei der sternförmigen Massung von Bezugsleitern (siehe Bild 1.2-6) wird jeder zu massende Bezugsleiter eines Stromkreises nur einmal an zentraler Stelle an Masse angeschlossen. Somit wird die galvanische Kopplung verschiedener Stromkreise über deren Bezugsleiter bzw. Masseimpedanzen verhindert, d.h. es fließen keine Ströme verschiedener Stromkreise über ein und dieselbe Impedanz.

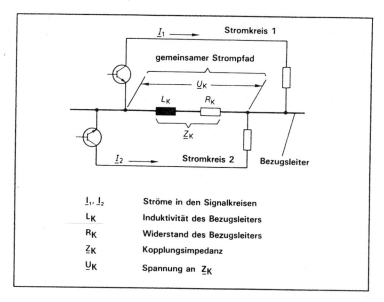

Bild 1.2-5: Kopplung zweier Stromkreise über den gemeinsamen Bezugsleiter

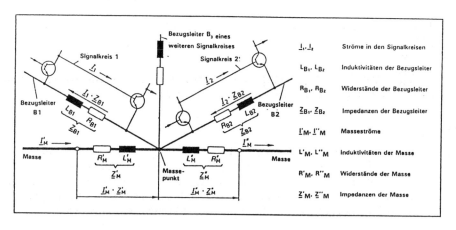

Bild 1.2-6: Sternförmige Massung von Bezugsleitern

Die sternförmige Massung von Bezugsleitern wird üblicherweise in der niederfrequenten Analog- und Energietechnik bevorzugt. Der Vorteil der sternförmigen Massung von Bezugsleitern wird nur bei Strömen niedriger Frequenz wirksam. Bereits bei Frequenzen über 10 kHz wirken sich Streukapazitäten und Leitungsinduktivitäten zusätzlich aus. Allgemein gilt, daß die sternförmige Massung anwendbar ist bei den Schaltungen, bei denen die zu betrachtenden Frequenzen bis etwa 100 kHz reichen.

Bild 1.2-7 zeigt die sternförmige Massung von Bezugsleitern einschließlich der bei höheren Frequenzen zunehmend wirksamen Streukapazitäten C_S und Leitungsinduktivitäten L_B.

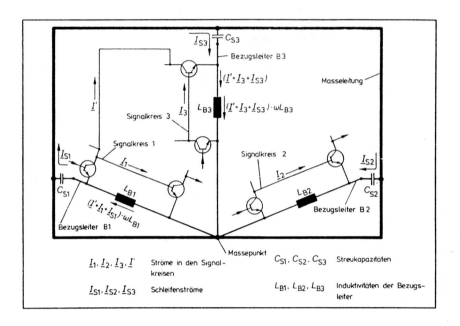

Bild 1.2-7: Sternförmige Massung von Bezugsleitern mit Streukapazitäten und Leitungsinduktivitäten, ohmsche Anteile sind vernachlässigt

Infolge der Streukapazitäten zwischen Bezugsleiter und Masse ergibt sich eine kapazitive Kopplung zwischen den Bezugsleitern. In die so entstandenen "Schleifen" induzieren hochfrequente Magnetfelder Spannungen, die Schleifenströme I_S zur Folge haben. Die Schleifenströme erzeugen an den induktiven Leitungswiderständen ωL_B Spannungen, die direkt in den Signalkreisen wirksam werden.

Abhilfe schafft eine enge Vermaschung von Bezugsleitern und Masse zu einer Bezugsleiter- bzw. Massefläche (Bild 1.2-8). Man erhält dann für hochfrequente Vorgänge > 100 kHz kleinste wirksame Schleifenflächen und relativ kleine Bezugsleiter- bzw. Masseimpedanzen, so daß innerhalb dieses vermaschten bzw. flächigen Massesystems nur geringe Potentialunterschiede auftreten.

In der Praxis wird ein den jeweiligen Anforderungen Rechnung tragendes "Massungssystem" aus der Kombination sternförmiger und flächenhafter Massung von Bezugsleitern bestehen.

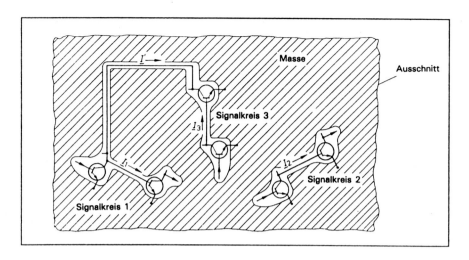

Bild 1.2-8: Masse als flächenhafter Bezugsleiter

1.2.5.2 Schirmungsmaßnahmen

Ziel der Schirmung ist die Entkopplung zwischen Störquelle und Störsenke bezüglich strahlungsgebundener Größen.

Aus den in der EMV-Geräteanalyse ermittelten Daten geht hervor, wie hoch Schirmdämpfungswerte elektromagnetischer Schirme sein müssen.

Die Auslegung erstreckt sich von der Wahl des Schirmungsmaterials über die Bestimmung der Wanddicke des Gehäuses bis hin zur Gestaltung von Nähten, Öffnungen und Kabeleinführungen mit dem Ziel, die an ein Gerät gestellten Dämpfungsforderungen mit genügender Sicherheit zu erreichen.

1.2.5.2.1 Bauelementeschirmung

Bauelemente, wie Transistoren, Kondensatoren, Potentiometer, Bandfilter oder Bildröhren, können direkt mit einem frei anschließbaren Schirm ausgerüstet werden, der folgende Wirkung hat:

- Externe kapazitive Störungen werden auf das Potential abgeleitet, mit dem der Schirm verbunden ist. Dabei wird auch die Umgebung vor den Störungen geschützt, die vom geschirmten Element ausgehen.

- Eine undefinierte Streukapazität des Bauelementes gegen die Umgebung wird vermieden. Stattdessen erscheint eine zwar größere, aber definierte Kapazität des Bauelementes gegen den Schirm.

1.2.5.2.1.1 Widerstandsschirmung

Die Schirmung von Widerständen über 500 Ohm ist bei Hochfrequenz- und schnellen Impulssystemen möglichst zu vermeiden, weil die damit erzeugte zusätzliche Parallelkapazität den Frequenzgang des Widerstandes verschlechtert.

Als Einsatzkriterium gilt:

$R \cdot C \ll t_A$ bzw. $\dfrac{1}{f}$ - Schirmung wirksam und zulässig,

$R \cdot C \geq t_A$ bzw. $\dfrac{1}{f}$ - Schirmung unzulässig,

R = zu schirmender Widerstand,

C = Kapazität Schirm/Widerstand,

t_A = Impulsanstiegszeit,

f = höchste verwendete Frequenz.

1.2.5.2.1.2 Kondensatorschirmung

Der Außenbelag von Kondensatoren, der in der Regel durch einen schwarzen Ring gekennzeichnet ist (Wickelkondensatoren, Plattenkondensatoren), ist auf Bezugspotential zu legen, sofern der Kondensator einseitig mit Masse verbunden werden kann. Anderenfalls ist der Außenbelag auf die Seite zu legen, die gegen Bezugspotential die niedrigere Impedanz hat. Durchführungskondensatoren sind mit ihrem Mantel großflächig und gut kontaktierend mit dem zu durchbrechenden Schirm zu verbinden (z. B. Lötung).

1.2.5.2.1.3 Spulenabschirmung

Spulen werden durch Kappen oder Becher gegen magnetische und kapazitive Störbeeinflussung geschirmt. Die Schirme sind auf Bezugspotential zu legen. Sie sind derart anzubringen, daß das magnetische Feld der Spule nicht in unzulässiger Weise beeinflußt wird. Anderenfalls sind Auswirkungen auf Induktivität, Güte und Koppelfaktoren zu erwarten. Bei offenen Luftspulen wird diese Forderung erreicht durch ausreichenden Schirmabstand, der größer sein soll als die größte Spulenabmessung (Diagonale). Bei Spulen mit geschlossenem Kern bestehen keine Forderungen hinsichtlich des Schirmabstandes, da der Magnetfluß ganz im Kern verläuft.

Der Schirm darf für die Spule keine Kurzschlußwicklung darstellen, was z. B. durch Trennisolation erreicht werden kann.

1.2.5.2.1.4 Transistorschirmung

Bei den meisten Transistoren ist der Kollektor mit dem Transistorgehäuse verbunden. Dieses wirkt nur als Schirm, wenn der Transistor in Kollektorschaltung betrieben wird. Spezial-Hochfrequenz-Transistoren haben ein mit Basis oder Emitter verbundenes Gehäuse, wodurch eine Schirmwirkung bei Betrieb in der Basis- bzw. Emitterschaltung erreicht wird.

Haben Transistoren ein frei anschließbares Metallgehäuse und soll dieses als Bauelementeschirm verwendet werden, so ist es auf Bezugspotential zu legen.

1.2.5.2.2 Schirmung auf Leiterplatten

Kapazitive Störbeeinflussungen, die von außen auf Leiterplatten wirken oder innerhalb einer Leiterplatte zwischen Leiterbahnen bzw. Bauelementen auftreten, können durch zweckmäßigen Aufbau des kapazitiven Spannungsteilers zwischen Störquelle und Störsenke verkleinert werden, indem z. B. zwischen den Leitern der beiden Stromkreise zusätzliche Leiter angeordnet werden, die eine Schirmwirkung ausüben, wenn sie mit dem zugehörigen Bezugspotential verbunden sind.

Bild 1.2-9 zeigt, wie eine Signalleitung über eine Koppelkapazität von einer störenden Leitung beeinflußt wird. Durch Einfügen einer Schirmleiterbahn (Bild 1.2-10) kann diese Koppelkapazität vermindert werden. Die Schirmung durch Leiterbahnen wird besonders bei Schaltungen mit hoher Grenzfrequenz und Anstiegszeiten < 500 ns angewendet, da sich die kleinen Koppelkapazitäten dort besonders stark auswirken.

Durch die Anordnung von Schirmblechen auf Leiterplatten kann ebenfalls eine Entkopplung zwischen störenden und beeinflußten Schaltkreisen bzw. Bauelementen erreicht werden.

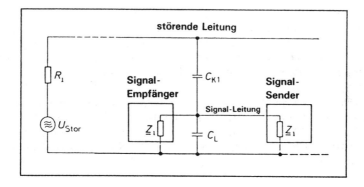

Bild 1.2-9: Leiterplattenaufbau ohne Schirmleiterbahn

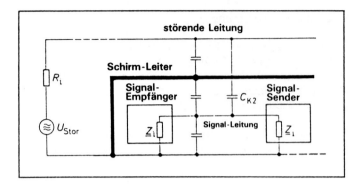

Bild 1.2-10: Leiterplattenaufbau mit Schirmleiterbahn, gegenüber Bild 1.2-9 verringerte Teilkapazitäten zwischen Störquelle und Signalstromkreis

Weiterhin können auf Leiterplatten Schirmgehäuse angebracht werden zum Schutz beeinflußbarer Schaltkreise oder zum Schutz der Umgebung, wenn die Leiterplatte störaussendende Schaltungen, z. B. Oszillatoren, enthält. Die Schirmbleche bzw. Schirmgehäuse sind mit dem Bezugspotential zu verbinden.

1.2.5.2.3 Schirmwirkung von Gehäusen

Gerätegehäuse dienen dazu, einerseits beeinflußbare, d.h. empfindliche Elektronik gegen äußere Einflüsse zu schützen, andererseits aber auch im Inneren erzeugte Störsignale von der Umwelt abzuschirmen. Ausführliche Richtlinien zur Auslegung von Schirmgehäusen sowie Aussagen über die erreichbaren Dämpfungswerte sind dem Kapitel 3.2 zu entnehmen. An dieser Stelle soll die Schirmung als Maßnahme zur Erreichung der EMV auf der Geräteebene näher betrachtet werden.

Gegen elektrische Felder wirken aufgrund der hohen Reflexionsdämpfung meist schon dünnste leitende Materialien, z. B. auch Folien. Gegen magnetische Felder müssen Materialien mit einer ausreichenden Permeabilität und genügender Dicke eingesetzt werden. In Sonderfällen, bei der Abschirmung großer Magnetfelder bei tiefen Frequenzen, muß z. B. Mumetall eingesetzt werden.

Durch Öffnungen in der Struktur kann die Schirmdämpfung des Gehäuses, deren Maximalwert durch das Material bestimmt wird, örtlich entscheidend verringert werden. Dadurch können Felder ein-, aber auch ausgekoppelt werden. Löcher, Schlitze sowie sonstige "elektrische Unstetigkeitsstellen" sind deshalb so weit wie möglich zu vermeiden.

Ein Beispiel, wie eine Gehäuseöffnung beim Einbau eines Instrumentes verhindert werden kann, zeigt Bild 1.2-11.

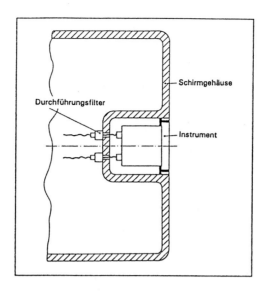

Bild 1.2-11: Beispiel für den Einbau eines Instrumentes außerhalb des Schirmgehäuses

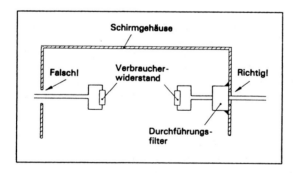

Bild 1.2-12: Beispiel für die Durchführung von ungeschirmten elektrischen
Leitungen durch eine Schirmgehäusewand

Ungeschirmte Leitungen, die in ein Gerätegehäuse führen, können dessen Schirmdämpfung ebenfalls stark herabsetzen (Ausführungsbeispiel siehe Bild 1.2-12).

Der gleiche Effekt tritt bei geschirmten Leitungen auf, wenn der Kabelschirm nicht
rundum kontaktierend mit dem Gerätegehäuse an der Durchtrittsstelle verbunden
ist (Ausführungsbeispiel siehe Bild 1.2-13).

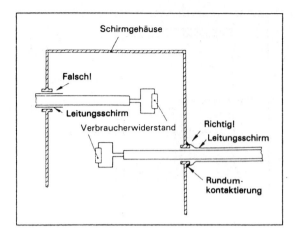

Bild 1.2-13: Beispiel für die Durchführung geschirmter Leitungen durch eine Schirmgehäusewand

Die Schirmwirkung kann auch durch unsachgemäß ausgeführte mechanische Einführungen herabgesetzt werden (z. B. durch leitende Rohre, Achsen und Seilzüge). Ein korrektes Ausführungsbeispiel mit einer *nichtleitenden* Welle ist in Bild 1.2-14 wiedergegeben.

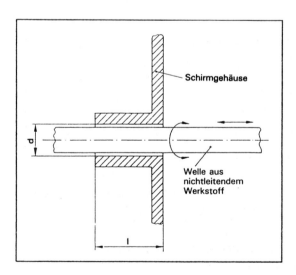

Bild 1.2-14: Beispiel für die Durchführung einer Welle in ein Gerätegehäuse

In Bild 1.2-15 ist ein Beispiel für den EMV-gerechten Aufbau eines Gerätegehäuses dargestellt.

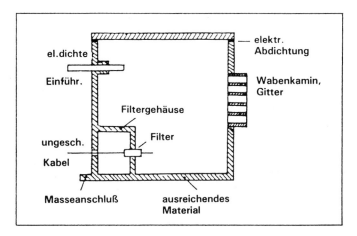

Bild 1.2-15: EMV-gerechter Aufbau eines Gerätegehäuses

1.2.5.3 Filterungsmaßnahmen

Filter werden in den leitungsgebundenen Übertragungsweg zwischen Störquelle und Störsenke eingefügt. Sie reduzieren die leitungsgebundenen Aussendungen bzw. erhöhen die Störfestigkeit. Siehe hierzu Kapitel 3.3.

Als Filterelemente werden Widerstände, Kondensatoren, Drosselspulen, Dioden, Überspannungsableiter und potentialtrennende Bauteile wie Transformatoren, Optokoppler, Lichtwellenleiter usw. verwendet. Die Mehrzahl der eingesetzten Filter für Stromversorgungs, Signal- und Steuerleitungen hat Tiefpaßcharakter und ist aus passiven Bauelementen aufgebaut. Aktive Filter bleiben in der Regel auf Signalübertragungs- und Meßkreise beschränkt.

Zur Beurteilung der Hochfrequenzeigenschaften der Entstörmittel dient im Frequenzbereich die Einfügungsdämpfung a_E, die durch das Einfügen eines Prüflings in eine Meßanordnung mit dem Wellenwiderstand Γ hervorgerufen wird. Dieses genormte Meßverfahren mit definierten Innenwiderständen der Signalquelle und Belastungsimpedanzen der Prüflinge erlaubt einen Vergleich unterschiedlicher Filter. Da in der Praxis in der Regel andere Impedanzen auftreten, ergeben sich von dem Datenblatt abweichende Dämpfungswerte.

Zur Begrenzung transienter Überspannungen in Gleich- und Wechselstromkreisen gibt es je nach benötigter Leistung die verschiedensten Bauelemente vom Halbleiterbauelement über den Varistor bis zu Schutzfunkenstrecken.

Diese Bauteile sind meist nur für geringe Dauerbelastung geeignet. Die Stoßbelastung dagegen kann während der Funktion des Schutzes im Zeitintervall von einigen 100 μs Hunderte von Kilowatt bzw. Kiloampere betragen. Beispiele für die Filterung von Störsignalen (Sinusschwingung, Impuls) sind in Bild 1.2-16 und Bild 1.2-17 dargestellt.

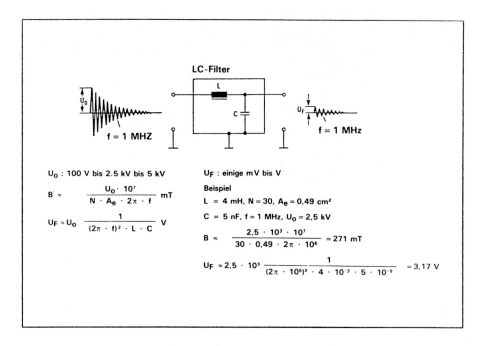

Bild 1.2-16: Filter zur Reduzierung einer exponentiell abklingenden 1-MHz-Sinusschwingung

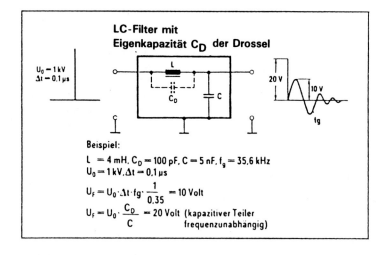

Bild 1.2-17: Filter zur Reduzierung eines Störimpulses

RC-Glieder finden neben ihrer Verwendung als Leitungsfilter in Signal- und Meßkreisen Anwendung zur Reduzierung von Überspannungen in Stromkreisen, in denen Induktivitäten, wie Schützspulen oder Magnetventile, geschaltet werden. Wird eine stromdurchflossene Induktivität über eine Leitung mit der Leitungskapazität C_L abgeschaltet, erhöht sich aufgrund des Induktionsgesetzes die Spannung über der Induktivität. Zwischen den sich öffnenden Kontakten des Schalters zündet ein Lichtbogen. Die Spannung über der Induktivität bricht zusammen, der Lichtbogen erlischt, und die Ladung der Leitungskapazität C_L mit der anschließenden Zündung des Lichtbogens beginnt erneut. Ein parallel zur Induktivität geschaltetes RC-Glied reduziert die maximale Spannung über der Induktivität und dem sich öffnenden Kontakt. Bei richtiger Dimensionierung wird ein wiederholtes Zünden des Lichtbogens verhindert und die hochfrequenten Überkopplungen zu benachbarten Leitungen vermieden.

Beim Einbau von Filtern sind folgende Grundsätze zu beachten:

- Jedes Filtergehäuse sollte nach Möglichkeit auf einer metallisch blanken Stelle des Gerätegehäuses aufgeschraubt sein.
- Masseverbinder sollten so kurz wie möglich sein.
- Masseverbinder sollen große Oberflächen aufweisen (Band anstatt Rundleiter).
- Das Filter ist möglichst nahe an der Störquelle anzuordnen.
- Hat das Filter die Aufgabe, die Netzspannung eines Gerätes zu entstören, so muß das Filter direkt an der Durchtrittstelle montiert sein, so daß störbehaftete Netzleitungen nicht in das Geräteinnere gelangen können.

Den Einfluß der Masseverbindung auf die Wirkung eines Filters zeigt Bild 1.2-18.

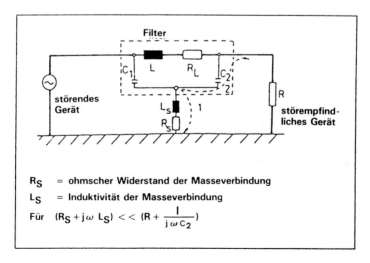

Bild 1.2-18: Vereinfachtes Ersatzschaltbild für die Masseverbindung eines Filters

1.2.5.4 Verdrahtung und Verkabelung

Wechselströme und -spannungen in und auf Leitungen erzeugen magnetische und elektrische Wechselfelder. Ebenso werden durch magnetische und elektrische Wechselfelder Ströme und Spannungen in Leitungen eingekoppelt. Diese Wechselwirkung kann zu elektromagnetischen Beeinflussungen führen. Mit der Wahl geeigneter Leitungsarten und durch zweckmäßige Verlegung kann diese Wirkung reduziert werden. Damit wird eine Verbesserung der EMV erreicht, und es kann u.U. auf zusätzliche Schirmungs- und Filterungsmaßnahmen verzichtet werden. Eingehende Betrachtungen der Verkabelung als Intrasystemmaßnahme sind in Kapitel 3.3 enthalten.

Die Verdrahtung betrifft die innerhalb von geschlossenen Gehäusen verlegten Leitungen (interne EMV). Die Verkabelung betrifft Leitungen, die verschiedene Gehäuse miteinander verbinden.

Wichtig für die EMV-gerechte Realisierung von Leitungsanordnungen ist die gemeinsame und parallele Führung von Hin- und Rückleitern eines Stromkreises, denn nur dann kann die Summe der Störströme in einer Anordnung (einem Kabel) ausreichend klein sein und die Kompensation durch gegensinnig durchflossene Leiteranordnungen in vollem Umfang wirken. Die induktive Einkopplung in einen Stromkreis kann durch die Verwendung verdrillter Adern wesentlich verringert werden. Kapazitive, induktive und elektromagnetische Einkopplungen sind durch Kabelschirme zu reduzieren.

Folgende Leitungsarten werden für die Verdrahtung in Geräten verwendet:

- ungeschirmte Leitungen,
- Einfachleitungen/Doppelleitungen,
- Flachbandleitungen,
- verdrillte Leitungen,
- geschirmte verdrillte Leitungen,
- koaxiale Leitungen,
- geschirmte koaxiale Leitungen.

Auf Leiterplatten bestehen die Leitungen in der Regel aus dünnen dicht beieinander liegenden, flachen Metallbahnen. Dies kann für die symmetrische Signalübertragung genutzt werden, indem Hin- und Rückleiter möglichst dicht nebeneinanderliegend geführt werden. Wird die unsymmetrische Signalübertragung angewendet, ergeben sich gute EMV-Eigenschaften dann, wenn der Bezugsleiter als Fläche ausgeführt ist und möglichst dicht an der Signalbahn liegt (siehe auch Abschnitt 1.2.5.1 "Massungsmaßnahmen").

Bei der Verdrahtung zwischen Leiterplatten werden entsprechend der Anzahl und der Art der zu verbindenden Baugruppen unterschiedliche Verdrahtungsarten angewendet. Bei der Verbindung von nur wenigen Baugruppen im Gerät besteht die Verdrahtung meist aus einzelnen ein- bis mehradrigen Leitungen, z.T. auch aus Koaxialleitungen. Zur Verbindung einer größeren Zahl von Baugruppen (z. B. Rückwandverdrahtung) kommen auch andere Verdrahtungsarten, wie z. B. die "wire-wrap-Verdrahtung" oder die Verdrahtung mittels Mehrlagenplatte, zur Anwendung.

Durch die folgenden Maßnahmen können elektromagnetische Abstrahlungen und/oder Beeinflussungen durch elektromagnetische Felder verringert werden:

- symmetrische Signalführung,
- Führung des Hin- und des Rückleiters dicht nebeneinander und, wenn möglich, verdrillt,
- Führung der Leitungen dicht an Masse,
- bei hohen Anforderungen Schirmung der Leitungen oder der kritischen Signalkreise.

1.2.6 Nachweis der Elektromagnetischen Verträglichkeit von Geräten

Zur Sicherstellung der EMV darf ein Gerät nur begrenzt Störungen emittieren und muß andererseits gegen Störungen eine definierte Störfestigkeit aufweisen. EMV-Grenzwerte beschreiben Anforderungen an leitungs- und strahlungsgebundene Aussendungen, Störfestigkeiten und Dämpfungen im Frequenz- und Zeitbereich. Die EMV-Prüfungen zum Nachweis der o.g. Grenzwerte sind Bestandteil jeder Vorgehensweise zur Sicherstellung der EMV. Es sind Prüfprogramme und Prüfpläne mit Meßverfahren und Grenzwerten sowohl für elektromagnetische Aussendungen als auch für die elektromagnetische Störfestigkeit zu erstellen. Bei den Prüfungen wird unterschieden zwischen leitungsgeführten und gestrahlten elektromagnetischen Störungen sowie zwischen Kurzzeit- und Dauerstörungen. Die EMV-Prüfungen sollen sich an bereits bestehenden Vorschriften orientieren und selbstverständlich nicht über das unbedingt Notwendige hinausgehen.

Der Nachweis der EMV stellt besondere Anforderungen an die Meßtechnik und die elektromagnetische Umgebung. So müssen Störamplituden von einigen nV ebenso reproduzierbar erfaßt werden wie die einige kV betragenden Amplituden bei Störfestigkeitsuntersuchungen. Für die reproduzierbare Messung von leitungsgebundenen Aussendungen benutzt man Ankopplungs- und Belastungsnetzwerke. Zur reproduzierbaren Messung gestrahlter Aussendungen wird ein reflexionsfreies Gelände benötigt, auf dem der elektromagnetische Grundstörpegel mindestens 6 dB unter dem nachzuweisenden Grenzwert liegt.

1.2.7 Zusammenfassung

Das vorliegende Kapitel zeigt den Aufwand und Nutzen der EMV-Planung von Geräten. Diese umfaßt die Phasen Definition, Projektierung, Bau und Inbetriebnahme.

Zu den phasenbezogenen Aufgaben gehören die Bestimmung EMV-relevanter Daten, deren Analyse sowie Angabe von Maßnahmen zur Sicherstellung der EMV, die aus zweckentsprechender Konstruktion, Massung/Potentialausgleich, Verkabelung/Verdrahtung, Filterung, Schirmung und Überspannungsschutz bestehen.

Den Abschluß einer Geräteentwicklung bildet der meßtechnische Nachweis der vereinbarten oder gesetzlich vorgegebenen Störaussendungs- und Störfestigkeitsgrenzwerte.

1.2.8 Literatur

[1]   Wilhelm, J. u. a.: Elektromagnetische Verträglichkeit (EMV). Expert-Verlag, 4. Auflage 1989

[2]   Stoll, D.: Elektromagnetische Verträglichkeit. Elitera-Verlag, 1976

[3]   Schutz elektronischer Systeme gegen äußere Beeinflussungen. VDE-Verlag, 1981

[4]   Meinke, H., Gundlach, F. W.: Taschenbuch der Hochfrequenztechnik. Springer-Verlag, 1968

[5]   Zinke, O., Seither, H.: Widerstände, Kondensatoren, Spulen und ihre Werkstoffe. Springer-Verlag, 1982

[6]   Gonschorek, K.-H., Kohling, A.: Elektromagnetische Verträglichkeit. Physik in unserer Zeit, VDE Verlagsgesellschaft mbH, 1988

[7]   White, D.: EMI Control in the Design of Printed Circuit Boards and Backplanes. Don White Consultants, Inc., 1982

[8]   White, D.: Electromagnetic Shielding Materials and Performance. Don White Consultants, Inc., 1975

[9]   White, D.: Electrical Filters. Don White Consultants, Inc., 1980

[10]   Denny, H.W.: Grounding for the Control of EMI. Don White Consultants, Inc., 1983

[11]   White, D.: Electromagnetic Interference and Compatability, Vol. 3. Don White Consultants, Inc., 1973

[12]   Schmidt, V.: EMV-Planung von Systemen. Wehrtechnisches Symposium, Mannheim, 1980

[13] Schmidt, V.: Resonanzen in der Kabel-Kabel-Kopplung. EMV-Kongreß Karlsruhe, März 1990

[14] VG 95 374 Teil 3 und 5: Programme und Verfahren für Geräte. VDE-Verlag, Berlin

[15] VG 95 376 Teil 3: Verkabelung und Verdrahtung von Geräten. VDE-Verlag, Berlin

[16] VG 95 376 Teil 4: Schirmung von Geräten. VDE-Verlag, Berlin

[17] VG 95 376 Teil 6: Massung von und in Geräten. VDE-Verlag, Berlin

1.3 EMV auf der Systemebene

K. H. Gonschorek

1.3.1 Einleitung

Die EMV auf der Geräteebene kann nur bedingt losgelöst von der EMV des Systems betrachtet werden. Ist die EMV des Geräts gegeben, funktioniert also ein Gerät im Labor unter definierten Bedingungen, so ist noch seine Verträglichkeit zur Umwelt hin zu überprüfen. Die elektromagnetische Umwelt, also die Systembedingungen legen die Anforderungen an die Geräteschnittstellen fest. Dabei kann das Gehäuse und die Verkabelung als die Schnittstelle für strahlungsgebundene Größen betrachtet werden.

Faßt man den Systembegriff sehr eng, bezieht ihn beispielsweise auf eine Produktionsanlage, so sind die Bedingungen dieser Umgebung bei der Festlegung der Forderungen in Ansatz zu bringen. Faßt man den Systembegriff recht weit, erstreckt ihn z. B. auf eine menschliche Gemeinschaft, so bestimmen im allgemeinen gesetzliche Vorschriften die Forderungen an das Gerät.

Nach VG 95 371 Teil 2 [1] ist das System die Gesamtheit von zueinander in Beziehung stehenden Geräten auf einem Geräteträger.

Einer EMV-Systemplanung obliegt nun die Aufgabe, in verantwortungsbewußter und wirtschaftlicher Weise die elektromagnetische Verträglichkeit eines Systems sicherzustellen. Durch das Wort Systemplanung kommt zum Ausdruck, daß dieser Anspruch nur durch ein planvolles Vorgehen unter Berücksichtigung der verschiedensten Gesichtspunkte erreicht werden kann.

Folgende Gesichtspunkte können dabei eine Rolle spielen:

* In welcher nichtbeeinflußbaren elektromagnetischen Umgebung soll das System arbeiten?

* Beinhaltet das System Sende- und Empfangsanlagen? In welchem Frequenzbereich arbeiten sie?

* Ist das System an die öffentliche Stromversorgung angeschlossen, oder hat es seine eigene Versorgung?

* Gibt es konstruktive Vorgaben, die nicht geändert werden können?

* Gibt es Funktionen des Systems, deren Ausfall große wirtschaftliche Auswirkungen hat?

* Ist bei Ausfall von gewissen Funktionen die Durchführung des Auftrages oder sind sogar Menschenleben gefährdet?

* Ist ein Simultanbetrieb aller elektrischen und elektronischen Geräte und Anlagen überhaupt sinnvoll oder nötig? Lassen sich mögliche Beeinflussungen durch organisatorische Maßnahmen ausschließen?

Der Beitrag "EMV auf der Systemebene" soll eine Einführung in die EMV-Planung eines komplexen Systems geben. Er will, häufig gespiegelt an einem militärischen Projekt, die notwendigen Überlegungen und Schritte zur wirtschaftlichen Sicherstellung der System-EMV aufzeigen.

Verwiesen wird an dieser Stelle auf die beiden EMV-Vorschriften:

VG 95 374 Teil 2: Programm für Systeme [2],   *MIL E 6051*

VG 95 374 Teil 4: Verfahren für Systeme [3].

Die Vorschrift VG 95 374 Teil 2 beschreibt, <u>was</u> in einer EMV-Systemplanung zu tun ist, die Vorschrift VG 95 374 Teil 4 führt aus, <u>wie</u> die einzelnen Schritte auszuführen sind.

1.3.2 Vorgaben durch die Umwelt

Die ersten Überlegungen bei der Planung eines Systems, sei es z. B. eine Fregatte oder eine neue, automatische Produktionsanlage für eine Fabrikhalle, beziehen sich auf die elektromagnetische Umwelt.

Welche Störsignale aus der Umwelt sind zu erwarten? Welche Störsignale dürfen durch das System erzeugt werden?

Bei den Überlegungen zur Umwelt gibt es entscheidende Unterschiede zwischen zivilen und militärischen Systemen.

1.3.2.1 Zivile Projekte und Systeme

Bei der Systembetrachtung kann wieder unterschieden werden zwischen der internen und der externen EMV. Unter externer EMV wird die Verträglichkeit an den Schnittstellen zur Umwelt, also die Vorgabe durch die Umwelt, verstanden. Zivile Projekte zeichnen sich in der Regel dadurch aus, daß die externe Kommunikation über Rundfunksignale nicht den Stellenwert hat wie bei militärischen. Ein zufriedenstellender Rundfunkempfang wird im allgemeinen durch die gesetzlichen Vorgaben und die Überwachung durch die Bundespost sichergestellt.

Sieht man vom Blitzschutz ab, so haben die durch Entladungen in der Atmosphäre erzeugten Störsignale kaum einen Einfluß auf die System-EMV. Bezüglich der Störaussendungen werden damit auch weniger die Fragen der Beeinflussung des eigenen Rundfunkempfangs entscheidend als vielmehr die Erfüllung der durch den Gesetzgeber vorgegebenen Grenzwerte (VDE0871, 0875).

Plant man ein ziviles Projekt, so sollte man an seinem vorgesehenen Standort eine Messung des elektromagnetischen Feldes (50 Hz bis 1 GHz) durchführen, um einen Iststand festzuhalten. Nicht auszuschließen sind natürlich überhöhte Feldstärken durch Notfunkdienste, Radiotelefonsignale, Funkamateure und CB-Funker. Inwieweit Beeinflussungen durch diese Aussendungen berücksichtigt werden müssen, kann nur durch eine Risikoabschätzung im einzelnen Projekt entschieden werden.

Es sollte aber eine generelle Festigkeit gegen strahlungsgebundene Störsignale von 10 V/m im Bereich von 10 kHz bis 1 GHz für elektronische Geräte gefordert werden.

Zivile Systeme unterscheiden sich auch dadurch von militärischen, daß sie im allgemeinen aus der öffentlichen Stromversorgung gespeist werden. In der Regel ist die Qualität der öffentlichen Netze in der Bundesrepublik gut, so daß bezüglich der leitungsgebundenen Störsignale aus dieser Versorgung kaum Probleme bestehen. Leitungsgebundene Aussendungen werden wiederum durch einzuhaltende Vorschriften limitiert.

1.3.2.2 Militärische Projekte und Systeme

Militärische Systeme haben in aller Regel Funksende- und -empfangsanlagen, um den Kontakt zur Einheit, zur Kommandozentrale oder auch untereinander sicherzustellen. Die sichere Funkverbindung wird damit zum dominierenden Faktor bei der Auslegung eines militärischen Systems. Hier zählt nicht die Qualität der Verbindung, sondern nur die Frage: Ist eine Verbindung möglich oder nicht? Ist eine Verbindung möglich, dann darf sie nicht durch Störsignale des eigenen Systems beeinträchtigt oder unmöglich gemacht werden.

Theoretisch ist ein Funkempfang möglich, wenn das Nutzsignal über dem unbeeinflußbaren Außenrauschen liegt. Siehe hierzu Bild 1.1-2 des Kapitels "Grundlagen der EMV".

Berücksichtigt man noch, daß auf einem militärischen Geräteträger die Funkantennen im allgemeinen in unmittelbarer Nähe von elektronischen Geräten aufgebaut sind, wird deutlich, daß zwischen den zivilen Forderungen der Vorschriften und den Forderungen militärischer Systeme große Unterschiede bestehen.

Für das militärische System ist zu fordern: Die vom System selbst erzeugten Störfeldstärken dürfen nicht höher sein als die unbeeinflußbaren Außenrauschfeldstärken (atmosphärisches Rauschen).

Dabei wurde an dieser Stelle eine zweite natürliche Grenze nach unten, das Eigenrauschen des Empfängers, unterschlagen.

Die unbeeinflußbare Außenrauschfeldstärke ist eine Funktion des Ortes, der Jahreszeit und auch der Tageszeit. Sehr weitreichende Ausführungen mit der weltweiten Verteilung der Außenrauschfeldstärken sind im CCIR-Report 322 enthalten (CCIR = International Radio Consultative Committee) [4].

Sehen wir von Radaranlagen ab, so reicht der militärisch genutzte Frequenzbereich von 10 kHz bis ca. 1 GHz. Unterhalb von 100 kHz befinden sich Ortungs- und Navigationssysteme und der für die Verbindung zu U-Booten sehr wichtige VLF-Empfang.

Starke hochfrequente Signale aus der Umwelt bilden im allgemeinen für militärische Systeme keine besondere Gefährdung, da in der Regel die Signale der eigenen Sendeanlagen wesentlich kritischer sind.

Militärische Systeme haben in der Regel ihre eigene Stromversorgung, so daß an dieser Stelle keine Berührung zur Umwelt geschieht.

1.3.3 Phasen und Phasenpapiere einer EMV-Systemplanung

Nur das planvolle Vorgehen, die EMV-Systemplanung, während der gesamten Systemerstellung sichert die EMV eines Systems in seiner Nutzungsphase. Die nachfolgenden Ausführungen beziehen sich auf militärische Projekte, da in diesem Bereich die elektromagnetische Verträglichkeit von vitalem Interesse ist und die Verfahren zur Erreichung der Verträglichkeit entsprechend entwickelt sind. Die Grundzüge dieser dem militärischen Bereich entnommenen Vorgehensweise lassen sich aber in angepaßter Form auch auf jedes zivile Projekt und System übertragen. Selbst bei der Geräteentwicklung sollte eine entsprechende EMV-Planung durchgeführt werden.

Folgt man bei zivilen Projekten nicht dieser formalisierten Vorgehensweise, so empfielt es sich trotzdem, in alle Phasen der Entwicklung EMV-Gesichtspunkte einfließen zu lassen. Die schriftliche Fixierung von Überlegungen, Maßnahmen und Entscheidungen zur EMV erzeugt eine Transparenz, die bei Unverträglichkeiten und Grenzwertüberschreitungen eine Nachbesserung wesentlich erleichtet, ganz abgesehen davon, daß einer nachträglichen Schuldzuweisung der Boden entzogen wird.

Komplexe Systeme und Geräte entstehen im Regelfall in drei oder vier aufeinanderfolgenden Entstehungsphasen:

- Konzeptphase,
- Definitionsphase,
- Konstruktionsphase (Entwicklungsphase),
- Bauphase.

Wenn diese Phasen bei einigen Projekten auch nicht klar gegeneinander abgegrenzt sind, so lassen sie sich im allgemeinen doch gut ausmachen und auch später wieder zurückverfolgen.

Werden von einem System größere Stückzahlen erstellt, wird in der Regel ein Prototyp zu Prüf- und Testzwecken gebaut. Modifikationen an der Serie sind noch möglich. Bei kleinen Stückzahlen, wie z. B. bei Schiffen, fällt die Konstruktions- und Bauphase im allgemeinen zusammen, so daß das erste Exemplar der Serie gleichzeitig Prüf- und Testexemplar ist.

Für jede dieser Phasen sollten die erforderlichen Aktivitäten zur Erreichung der EMV in einem EMV-Programmplan festgelegt und nach diesem durchgeführt werden.

Der EMV-Programmplan sollte so umfassend gestaltet sein, daß aus ihm jederzeit ein Überblick über die EMV des Systems möglich ist. Er sollte in einen organisatorischen Teil und einen technischen Teil gegliedert sein.

Im organisatorischen Teil sind die Zuständigkeiten und Verantwortlichkeiten für das System und die Geräte, die Zusammensetzung der EMV-Arbeitsgruppe und die zeitliche Abfolge der EMV-Arbeiten festzulegen.

Der technische Teil enthält alle technischen Analysen, Entscheidungen und Festlegungen. Für umfangreiche Projekte kann es für jede Phase einen eigenen EMV-Plan geben. Besser ist vielleicht der Weg, einen EMV-Plan zu führen und bis zum Projektabschluß fortzuschreiben. Zu festgelegten Zeitpunkten wird der Plan eingefroren und zum Plan der entsprechenden Phase erklärt und aufbewahrt. Nach Abschluß des Projektes hat man dann entsprechend der Entscheidung der EMV-Arbeitsgruppe verschiedene aufeinander aufbauende EMV-Pläne.

1.3.3.1 Konzeptphase

Das Ziel des Programms für die Konzeptphase ist die rechtzeitige Wahrnehmung der EMV-Belange bei der Gestaltung des Systemkonzepts.

Grundlage hierfür ist eine qualitative Beurteilung der EMV-Situation (EMV-Vorhersage). Im einzelnen sollten folgende Schritte durchgeführt werden:

1. Durchführung einer orientierenden Systemanalyse

Die EMV-Systemanalyse dient dazu, die Beeinflussungsmöglichkeiten in und zwischen Systemen systematisch zu erfassen, qualitativ und quantitativ zu untersuchen, Beeinflussungsfälle herauszustellen und die Grundlagen für die Erarbeitung von Abhilfemaßnahmen zu schaffen. Dabei kann im allgemeinen auf die Erfahrung vorangegangener, ähnlicher Projekte zurückgegriffen werden. So weiß man z. B., daß der VLF-Empfang und auch der Sonarbetrieb auf U-Booten in bezug auf die Störaussendungen der Spannungsumformer besonders kritisch ist. Dagegen liegen die Probleme in der Nähe von Schaltanlagen und Transformatoren der öffentlichen Stromversorgung mehr auf dem Gebiet der Impulseinkopplungen und der Beeinflussung durch niederfrequente Magnetfelder.

In einem ersten Schritt sind die Geräte des Systems in einer Tabelle aufzulisten und einer Auswirkungsklasse zuzuordnen. Die Auswirkungsklasse gibt an, wie wichtig das Gerät im Gesamtsystem ist. Die Anordnung dient der Festlegung von Störsicherheitsabständen und auch der Kennzeichnung der Wertigkeit bei der Bearbeitung der EMV-Analyse.

Wie eine EMV-Systemanalyse durchzuführen ist, ist der Vorschrift VG 95 374 Teil 4 zu entnehmen.

2. Erstellen einer EMV-Vorhersage

Die EMV-Vorhersage ist eine qualitative Beurteilung der EMV-Situation in der Konzeptphase und soll insbesondere solche EMV-Probleme aufzeigen, die ein erhebliches Risiko beinhalten. Sie bildet die Grundlage für die Erarbeitung von EMV-Maßnahmen gegen erkennbare Beeinflussungen.

3. Beurteilung des Systemkonzepts und Vorschläge für EMV-Maßnahmen

Die Arbeiten der Konzeptphase sollen mit einer Beurteilung des Systemkonzepts und - sofern mehrere zur Diskussion stehen - mit einer Bewertung der verschiedenen Konzepte in Blick auf die EMV abgeschlossen werden. Für die aufgezeigten möglichen Beeinflussungsfälle sind Abhilfemaßnahmen vorzuschlagen.

1.3.3.2 Definitionsphase

In der Definitionsphase wird entschieden, welchem Systemkonzept man folgen will. Es wird festgelegt, welche Geräte zum Einsatz kommen, ihre Eigenschaften werden definiert. Das Ziel des EMV-Programms für die Definitionsphase ist die Erarbeitung der Anforderungen an die Geräte, die Definition der erforderlichen EMV-Systemmaßnahmen, die Festlegung dieser Daten und Maßnahmen in den Gerätespezifikationen.

Die einzelnen Schritte in der Definitionsphase bestehen in:

1. Überarbeitung der Systemanalyse

Auf der Grundlage der getroffenen Entscheidungen und unter Ansatz der neuen Daten ist die Systemanalyse zu überarbeiten.

2. Unterteilung der Gerätegruppen und Festlegung der Anforderungen
   an die Geräte

Es hat sich als sinnvoll erwiesen, die im System eingesetzten Geräte in bezug auf die EMV-Eigenschaften in Gerätegruppen zu unterteilen, z. B.

- Geräte für die Energieerzeugung und -verteilung,
- Datenverarbeitungsanlagen,
- Kommunikationsanlagen,

- Waffen- und Führungsanlagen,
- Sonaranlagen.

Jede dieser Gruppen hat in bezug auf die EMV ihre Spezifika, so daß die EMV-Forderungen der Gruppen sich unterscheiden können. Diese Unterscheidung liegt nicht im absoluten Wert der einzuhaltenden Grenzwerte, sondern in der Art und im Umfang der nachzuweisenden Eigenschaften und Grenzwerte.

Abgeleitet aus der Systemanalyse sind nun die Gerätegrenzwerte festzuschreiben. Gerätegrenzwerte sind in der Amplitude und der Frequenzabhängigkeit spezifizierte EMV-Eigenschaften für die Störaussendung und die Störfestigkeit, die von den Geräten einzuhalten sind.

3. Festlegung der Intrasystemmaßnahmen

Erst die Zusammenschaltung der einzelnen Geräte ergibt das System. Auf diesen Integrationsprozeß hat der einzelne Gerätelieferant nur bedingten Einfluß. Dieser Integrationsprozeß beeinflußt aber nicht unerheblich die EMV-Eigenschaften des einzelnen Gerätes und des Systems. Man denke nur an ein Temperaturüberwachungssystem, dessen Meßstellen an den verschiedensten Stellen des Systems angeordnet sind. Wie werden diese Meßstellen mit der Zentrale verbunden?

Alle Maßnahmen, Festschreibungen und Entscheidungen für den Integrationsprozeß werden als Intrasystemmaßnahmen bezeichnet. Zu ihnen gehören:

- Massung,
- Schirmung,
- Verkabelung,
- Filterung.

Für jede dieser Intrasystemmaßnahmen ist die generelle Vorgehensweise in einer entsprechenden Richtlinie festzulegen.

4. Durchführung von Integrationsanalysen

Die Einhaltung der vorgegebenen Grenzwerte durch die Geräte sowie die Vorgabe der Intrasystemmaßnahmen sichert noch nicht in jedem Fall die EMV des Systems. Häufig ist es nötig, in Einzelanalysen zu klären, ob die EMV in der gegebenen Situation gesichert ist oder welche Maßnahmen ergriffen werden müssen. Betrachten wir z. B. ein Passiv-Sonar-System. Es arbeitet im Frequenzbereich von 100 Hz bis zu einigen kHz. Es ist aufgrund seines Wirkungsprinzips sehr empfindlich gegen niederfrequente Magnetfelder.

Magnetische Felder, die kleiner sind als der üblicherweise spezifizierte SA01-Grenzwert, können schon zu einer Beeinflussung führen. Hier muß nun geklärt werden, welche Geräte in der Nähe der Sonarschwinger installiert werden sollen und welche Felder sie auf ihrer Oberfläche haben oder aber welche Grenzwerte einzelne Geräte aufgrund ihrer Nähe zu den Schwingern einzuhalten haben.

Häufig ist es auch nicht wirtschaftlich, aus den Eigenschaften des schwächsten Gliedes die Forderungen für die Gesamtheit abzuleiten.

1.3.3.3 Konstruktions- und Bauphase

Ziele des EMV-Programms für die Konstruktions- und Bauphase (Entwicklungs- und Beschaffungsphase) sind die Realisierung und die meßtechnische Überprüfung der in den vorhergehenden Phasen festgelegten Maßnahmen sowie der Nachweis der EMV in einem EMV-Systemtest.

Die einzelnen Schritte sind:

1. Fortschreibung der EMV-Systemanalyse

Aufgrund zusätzlicher Forderungen oder aber auch von Falscheinschätzungen geometrischer Abmessungen können sich noch Änderungen im Systemaufbau ergeben. Die Fortschreibung der EMV-Systemanalyse hat diesen Änderungen Rechnung zu tragen.

2. Durchführung von Integrationsanalysen

Häufig stellt sich erst in der Konstruktions- und Bauphase heraus, daß die vorgesehenen Maßnahmen in der gewünschten Weise nicht durchgeführt werden können. Hier sind über erneute Integrationsanalysen Abhilfemaßnahmen zu erarbeiten.

3. Bewertung von Grenzwertüberschreitungen in Geräteprüfungen

Treten in Geräteprüfungen Grenzwertüberschreitungen auf, wird häufig an die Systemverantwortlichen ein Tolerierungsantrag gestellt. Diese Grenzwertüberschreitungen sind nun durch die EMV-Arbeitsgruppe zu bewerten und auf ihre Auswirkung auf die System-EMV zu analysieren.

4. Unterstützung der Konstruktions- und Bauabteilungen bei der Systemintegration

Während der Konstruktions- und Bauphase tritt eine Vielzahl von Integrationsproblemen auf, die eine unmittelbare Lösung verlangen, sei es, daß der Kabelkategorienabstand in Teilbereichen nicht eingehalten werden kann, sei es, daß der Platz für die Kabeldurchdringung und Kabelschirmauflegung an einem Zonenübergang nicht ausreicht oder aber auch, daß das vorgesehene Verhältnis der Massebänder (Länge zu Breite) in Einzelfällen nicht realisiert werden kann. Hier muß ein EMV-Berater umgehend entscheiden und die Entscheidung dann der EMV-Arbeitsgruppe vorlegen.

5. Aufstellung eines EMV-Systemprüfplanes und Durchführung einer EMV-Systemprüfung

Den Abschluß der EMV-Begleitung eines komplexen Systems bildet die EMV-

Systemprüfung, in der nachgewiesen wird, daß die EMV gewährleistet ist und in der die tatsächlich vorhandenen Störsicherheitsabstände festgestellt werden.

Diese EMV-Systemprüfung ist nach einem Prüfplan durchzuführen, der spätestens in der Konstruktions- und Bauphase zu erstellen ist.

1.3.3.4 Nützliche Diagramme und Formblätter für die Systemplanung

In den vorangegangenen Kapiteln sind die Schritte der EMV-Systemplanung recht eingehend beschrieben worden. Wie diese Schritte nun auszuführen sind, ist weitgehend in der Vorschrift VG 95 374 Teil 4 beschrieben. Es erscheint aber sinnvoll, an dieser Stelle aus dieser Vorschrift einige Beispiele, Diagramme und Formblätter kurz anzusprechen.

Als sehr sinnvoll hat es sich erwiesen, recht frühzeitig in einem Projekt ein Formblatt zur Erfassung von EMV-Daten für Geräte einzuführen und über dieses Formblatt die EMV-relevanten Daten der einzelnen Geräte und Anlagen zu sammeln. Im Bild 1.3-1 ist eine mögliche erste Seite eines entsprechenden Formblattes dargestellt. Neben der allgemeinen Beschreibung des Geräts und der Herstellerangabe sollten mit dem Formblatt folgende Daten abgefragt werden:

* Stromversorgung: Betriebsspannung, Frequenz, Anschlußleistung, interne ge-taktete Netzteile, besondere Forderungen an die Netzqualität,

* Angaben über Kurzzeitstörsignale sowohl bezüglich der Aussendung wie der Festigkeit,

* Signalleitungsanschlüsse, Signalpegel, spezielle Forderungen an die Kabel-verlegung,

* interne Taktfrequenzen,

* bei Sende- und Empfangsanlagen: abgegebene Leistung, Arbeitsfrequenz-bereiche, Empfindlichkeiten,

* Spezifikationen, nach denen das Gerät vermessen wurde,

* gemessene EMV-Daten,
  - leitungsgebundene Störsignale,
  - Störfeldstärken,
  - Störfestigkeit gegen leitungsgebundene Störsignale,
  - Störfestigkeit gegen Felder.

Im Bild 1.3-2 ist ein Beispiel für ein Frequenzschema und im Bild 1.3-3 ein Beispiel für einen Pegelplan für Funkgeräte dargestellt. Wie bereits ausgeführt, bestimmen in einem System mit Funkanlagen diese Anlagen den Schwerpunkt der EMV-Betrachtungen. Dabei ist es sehr wichtig, daß man sich über die im System beteiligten Frequenzen und Sendepegel ein umfassendes Bild verschafft.

```
┌──────┬─────────────────────────────────────────────┬──────────────────┐
│      │   Erfassung von EMV-Daten für Gerät         │ Datenblatt Nr . .│
│      │                                             │ Seite 1 von      │
│      │   . . . . . . . . . . . . . . . . . . . . . │ . . . Seiten     │
├──────┴─────────────────────────────────────────────┼──────────────────┤
│                                                     │ Datum:           │
│ Projekt:                                            │ Bearbeiter:      │
│                                                     │ Telefon:         │
└─────────────────────────────────────────────────────┴──────────────────┘
```

1   A l l g e m e i n e   A n g a b e n   z u m   G e r ä t

     Bezeichnung:

     Typ:

     Hersteller:

     Maße:

     Gewicht:

     Sonstige Angaben:

1.1 Entwicklungsstand

     Konzeptphase   ☐

     Definitionsphase   ☐

     Entwicklungsphase   ☐

     Seriengerät   ☐

     Bei Bw eingeführtes Gerät ☐

2   E M V - S p e z i f i k a t i o n e n   l a u t   H e r s t e l l e r a n g a b e
     ----

☐ VG-Normen . . . .

☐ BV 3012 (Ausgabe 12.74)

☐ BV 3012 (Ausgabe 10.71)

☐ MIL-STD-461A/462

☐ Andere MIL-STD . . . .

☐ VDE 0871, 0875

☐ FTZ-Normen . . . .

☐ Andere Normen . . . .

2.1 EMV-Gerätekennzeichen nach VG 95 373 Teil 2:

Bild 1.3-1: Erste Seite eines Formblatts zur Erfassung von EMV-Daten für Geräte

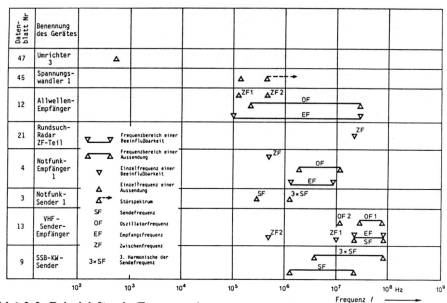

Bild 1.3-2: Beispiel für ein Frequenzschema

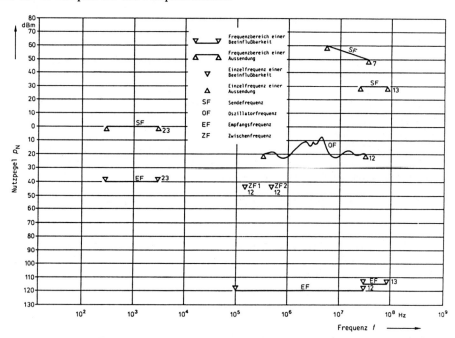

Bild 1.3-3: Beispiel für ein Pegelschema für Funkgeräte

1.3.4 EMV-Zonenmodell

1.3.4.1 Allgemeines

Wie startet man nun eine EMV-Systemplanung?

Als erstes spezifiziert man die Anforderungen an das System. Diese Anforderungen können, abgesehen von der eigentlichen Funktion des Systems, z. B. sein:

* Alle elektrischen und elektronischen Anlagen müssen ohne gegenseitige Beeinflussung gleichzeitig arbeiten können.

* Der VLF-Empfang muß nur in der Fahrstufe "Schleichfahrt" bei maximaler Tiefe gesichert sein (bei Planung eines U-Bootes).

* Ein Gleichzeitigkeitsbetrieb zwischen den Anlagen... und der ...anlage kann ausgeschlossen werden.

* Die Sendeanlagen müssen bei einem Frequenzversatz von 10 % simultan arbeiten können.

Als zweites, dieses wurde bereits ausgeführt, macht man sich Gedanken, wo das zu planende System eingesetzt werden soll, mit welcher elektromagnetischen Umgebung es verträglich sein soll.

Liegen verläßliche Daten vor, sind diese als Grundlage zu nehmen. Liegen keine verläßlichen Daten vor, ist eine elektromagnetische Sachstandsaufnahme zu empfehlen.

Gehen wir von einem System mit Funksende- und -empfangsanlagen aus, so bestimmen diese im großen Maße die Umweltverträglichkeit. Im Empfangsfall müssen die Anlagen im allgemeinen bis an die physikalische Grenze, die durch das unbeeinflußbare Außenrauschen und das Eigenrauschen des Empfangssystems gegeben ist, betrieben werden können. Im Sendefall erzeugen sie im allgemeinen Feldstärken, die höher sind als die durch externe Quellen vorgegebenen Werte.

Besitzt ein System keine konstruktionsbedingt geschirmten Bereiche, sind die Grenzwerte für den HF-Bereich bereits festgelegt:

Die elektrischen und elektronischen Geräte dürfen (in 1 m Abstand) keine Felder erzeugen, die höher sind als die aus einer Betrachtung der physikalischen Grenzen abgeleiteten Werte. Die elektrischen und elektronischen Geräte müssen eine Festigkeit gegen elektromagnetische Felder besitzen, die sich in einfacher Weise aus den Daten der Sendeanlage ableiten lassen. Hier sei aber der Hinweis gegeben, daß man für den Empfangsfall nur bei sehr wenigen Systemen (Horchfunkanlagen, VLF-Empfang) diese physikalische Grenze (Frühjahr, 8.00 - 12.00 Uhr) zum Grenzwert erklärt.

1.3.4.2 Konstruktionsbedingte Zonenvorgaben

Die Annahme des Fehlens einer natürlichen Schirmung für das gesamte System ist im allgemeinen nicht gerechtfertigt. In der Regel liegen konstruktionsbedingt Bereiche vor, für die eine gewisse Schirmung angesetzt werden darf. So wird man in einer Systemplanung in einem nächsten Schritt nach diesen Bereichen suchen. Siehe hierzu auch Kapitel 3.2.

Betrachten wir z. B. ein Gebäude, so läßt sich aus dem Bewehrungsstahl, wenn er nur entsprechend verlegt und verschweißt ist, eine gewisse Schirmung erzeugen. Im Bild 1.3-4 ist die Schirmdämpfung einer Raumschirmung aus Bewehrungsstahl mit Öffnungen nach VG 96 907 Teil 2 [5] wiedergegeben. Man erkennt, daß selbst bei einer Maschenweite von 20 cm im Kurzwellenbereich (meist der kritische Bereich) Dämpfungen von mehr als 30 dB erreicht werden können.

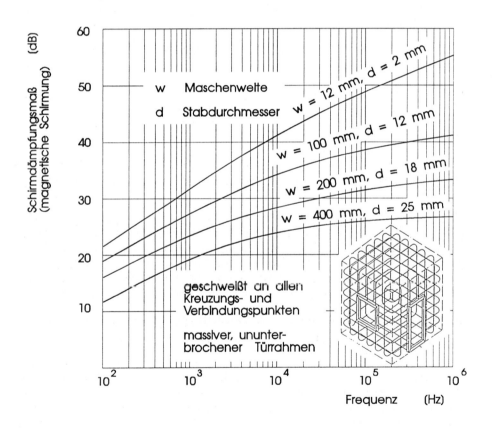

Bild 1.3-4: Schirmdämpfung einer Raumabschirmung aus Bewehrungsstahl mit Öffnungen

Nimmt man ein mobiles militärisches System, so besteht es in der Regel aus einer metallenen Hülle, die wiederum eine Abschirmung gegen elektromagnetische Strahlung darstellt. Im Bild 1.3-5 ist die Schirmdämpfung gegen magnetische Felder für eine Stahlhülle aus 1 mm dickem Material dargestellt (Abstand der Quelle von der Wand = 30 cm).

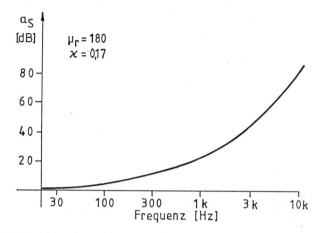

Bild 1.3-5: Schirmdämpfung einer Stahlwand von 1 mm Dicke für magnetische Felder

Führen wir nun den Begriff der EMV-Zone ein: Eine EMV-Zone ist ein Bereich in einem System, in dem die elektrischen und elektronischen Geräte einheitliche Aussendungs- und Festigkeitsgrenzwerte zu erfüllen haben. Erklären wir den Bereich außerhalb einer schützenden, schirmenden Hülle zur EMV-Zone 1 und spezifizieren wir für diesen Bereich EMV-Grenzwerte, so kann der Bereich innerhalb der schirmenden Hülle zur EMV-Zone 2 erklärt werden, für die andere, aus der Schirmdämpfung abgeleitete Grenzwerte gelten. Für die Aussendung wird mehr zugelassen sein, für die Festigkeit werden niedrigere Werte gefordert.

1.3.4.3 Zonenentkopplung

Die Einführung von EMV-Zonen trägt wesentlich zur Überschaubarkeit eines Systems und durch die herabgesetzten Anforderungen an die Geräte auch zu einer wesentlichen Kostenreduzierung bei.

Der konstruktivbedingt geschirmte Bereich kann nur ein erster Ansatz für die Definition von EMV-Zonen sein. Für die Einführung einer Zone mit herabgesetzten, zonenspezifischen Grenzwerten ist es unbedingt nötig, daß die angesetzte Schirmdämpfung (Entkopplung) auch tatsächlich vorhanden ist. In einigen Systemen kann es auch ökonomisch sein, durch Schirmungs- und Filterungsmaßnahmen eine gesonderte EMV-Zone mit reduzierten Anforderungen zu schaffen. Hier spielt die Überlegung eine Rolle, ob es wirtschaftlicher ist, allen Geräten hohe EMV-Forderungen vorzugeben oder aber den Schirm integral, also als Raum- oder Gebäudeschirm, auszuführen.

Folgende Aspekte sind zu berücksichtigen:

1. Im höherfrequenten Bereich (ab ca. 1 - 10 MHz) bestimmt nicht das Material allein den Wert der Schirmdämpfung. Zunehmend machen sich Leckagen (Türen, Durchbrüche, Luken) bemerkbar.

2. Kabel zwischen den einzelnen Bereichen (Zonen) tragen zu einer Störsignalüber-tragung bei.

So ist durch die Vorgabe von Maßnahmen, wie z. B.

- Verwendung von Metalltüren, die über Erdungsbänder und Vorreiber auch tatsächlich Kontakt mit der metallenen Hülle haben,

- Vermeidung von Luken über einer bestimmten Größe,

- Verwendung von geschirmten Kabeln einer bestimmten Güte, deren Schirme am Zonenübergang rundherum kontaktierend aufgelegt werden,

- gegebenenfalls Installation von Zonenfiltern für die Stromversorgung,

sicherzustellen, daß die angesetzte Entkopplung der Zonen auch tatsächlich vorhanden ist.

Betrachten wir als Beispiel abschließend ein U-Boot. Der Druckkörper bildet eine natürliche Schirmung. Im Druckkörper befinden sich im allgemeinen der Maschinenraum, die Operationszentrale, der Funkraum, der Torpedoraum, der Batterieraum und ein Aufenthaltsraum für die Besatzung.

Denkt man über EMV-Zonen nach, so könnte man zu 5 Zonen kommen:

    Zone 1: außerhalb des Bootes,
    Zone 2: Maschinenraum,
    Zone 3: Operationszentrale, Torpedoraum,
    Zone 4: Batterieraum,
    Zone 5: Funkraum.

Beleuchtet man aber die Auswirkungen und den Sinn der EMV-Zonen, so kommt man auf nur 3 Zonen, nämlich:

    Zone 1: außerhalb des Bootes,
    Zone 2: innerhalb des Bootes,
    Zone 3: Funkraum.

Hierbei ist die Wahl einer eigenen Zone für den Funkraum weniger aus Gründen der EMV als vielmehr aus Gründen der Geheimhaltung vorzunehmen. Auf die

Besonderheit des getauchten U-Bootes wird hier nicht weiter eingegangen.

In einer EMV-Systemplanung würde man vielleicht eine Skizze in den EMV-Plan einbringen, ähnlich der im Bild 1.3-6, die die Zonenfestlegung noch einmal verdeutlicht.

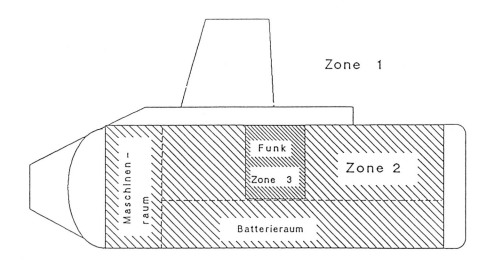

Bild 1.3-6: EMV-Zonen im Projekt UXXX

1.3.4.4 Grenzwertvorgaben für die Geräte der einzelnen EMV-Zonen

Betrachtet man die EMV-Risiken in einem System, so lassen sie sich zu Gruppen, wie in der Vorschrift VG 95 374 Teil 4 [4] (siehe Bild 1.3-7) dargestellt, zusammenfassen.

Fragt man nach den Risiken, die weitestgehend durch Gerätetests abgefangen werden können, kommt man auf

1. Beeinflussung zwischen Geräten über die gemeinsame Stromversorgung (LA01, LA02, LF01, LF03),

2. Niederfrequente Magnetfeldbeeinflussung zwischen Geräten (SA01, SF01),

3. Beeinflussung zwischen den elektrischen Anlagen und den Funkanlagen (LA01, LA02, SA02 - SA05, LF01, LF02, SF02 - SF05).

Die Abkürzungen in der vorangehenden Aufzählung bezeichnen die entsprechenden Grenzwerte mit den dazugehörenden Meßverfahren nach den VG-Vorschriften.

Beeinflussungsmodell	Störquelle		frequenzabhängige Beeinflussung durch	Störsenke	
	Funktionsprinzip	verwirklicht z.B. durch		Funktionsprinzip	verwirklicht z.B. durch
1	Antenne	Nutz- und Störfelder abstrahlende Antennen	elektromagnetisches Feld; elektrische Komponente, magnetische Komponente	Antenne	Empfangsantennen (Stäbe, Drähte)
2			elektromagnetisches Feld; magnetische Komponente	induktiv gekoppelter Leiterkreis	Rahmenantennen, Verbindungsleitungen zwischen Geräten
3			elektromagnetisches Feld; elektrische Komponente	kapazitiv gekoppelter Leiterkreis	Verbindungsleitungen zwischen Geräten
4	induktiv gekoppelter Leiterkreis	Störströme führende Verbindungsleitungen zwischen Geräten	elektromagnetisches Feld; magnetische Komponente	Antenne	Empfangsantennen (Stäbe, Drähte)
5			magnetisches Wechselfeld	induktiv gekoppelter Leiterkreis	Rahmenantennen, Verbindungsleitungen zwischen Geräten
6	kapazitiv gekoppelter Leiterkreis	Störspannungen führende Verbindungsleitungen zwischen Geräten	elektromagnetisches Feld; elektrische Komponente	Antenne	Empfangsantennen (Stäbe, Drähte)
7			elektrisches Wechselfeld	kapazitiv gekoppelter Leiterkreis	Verbindungsleitungen zwischen Geräten
8	galvanisch gekoppelter Leiterkreis	Stromkreise mit gemeinsamen Leitern (Bezugsleiter, Masse)	Spannungen an gemeinsamen Impedanzen, z.B. Kopplungswiderstand	galvanisch gekoppelter Leiterkreis	Stromkreise mit gemeinsamen Leitern (Bezugsleiter, Masse)

Bild 1.3-7: Zusammenstellung der Beeinflussungsmodelle für die EMV-Analyse

Aus dieser Einteilung läßt sich wiederum ableiten, daß für

- die Gruppe 1 nur dann zonenspezifische Grenzwerte einen Sinn machen, wenn auch Zonenfilter eingesetzt werden,
- die Gruppe 2 im allgemeinen keine zonenspezifischen Grenzwerte spezifiziert werden müssen,
- die Gruppe 3 sorgfältig abgewogene, aus einer umfangreichen Systemanalyse unter Einbeziehung wirtschaftlicher Gesichtspunkte abgeleitete, zonenspezifische Grenzwerte festzulegen sind. Die Differenz zwischen den Grenzwerten verschiedener Zonen ist aus der im System realisierbaren Entkopplung zu entnehmen.

1.3.5 Intrasystemmaßnahmen

Die Einhaltung der vorgegebenen Grenzwerte durch die Geräte sichert noch nicht die EMV des Systems. Die Einhaltung der Grenzwerte wird unter Laborbedingungen nachgewiesen, die nur angenähert die Verhältnisse im System nachbilden können.

Denkt man z. B. an einen schiffstechnischen Leitstand mit seiner modernen Elektronik und seinen Verbindungen zu den anderen Anlagen, zu Sensoren, Schaltern und Periphergeräten, so wird klar, daß ein solcher Leitstand nur sehr unvollständig im Labor geprüft werden kann. Ein Weg, zu einigermaßen verläßlichen Daten zu kommen, besteht darin, die Verbindungsleitungen zu anderen Geräten zu kategorisieren (digital, analog, Sensorleitungen, Leitungen zu Schaltern) und von jeder Kategorie eine Leitung mit Endgerät im Labor nachzubilden.

Ein Gerätetest nach Integration ins System macht keinen Sinn. Es zeigt sich also, daß dem Integrationsprozeß der Geräte und Anlagen zu einem System eine große Bedeutung zukommt. Die Maßnahmen, die hier im Sinne der EMV greifen, werden unter dem Begriff Intrasystemmaßnahmen zusammengefaßt.

Zu ihnen gehören

- Massung,
- Schirmung,
- Filterung,
- Verkabelung.

Diese Intrasystemmaßnahmen werden in gesonderten Beiträgen in ihrer Bedeutung und Ausführung noch eingehend behandelt. An dieser Stelle sollen sie nur der Vollständigkeit halber und mit ihrem Stellenwert für die System-EMV dargestellt werden.

1.3.5.1 Massung

Nach VG 95 375 Teil 6 [4] ist die Masse

> die Gesamtheit der untereinander elektrisch leitend verbundenen Metallteile eines Geräteträgers (Systems) oder eines Gerätes, deren Potentiale in der Regel das Bezugspotential (Massepotential) darstellen.

Massung ist die leitende Verbindung eines metallenen Teiles (Gehäuse, Bezugsleiter, Strukturteil) mit Masse. Bei militärischen Projekten bildet im allgemeinen die metallene Hülle des Systems die Grundlage der Masse.

Generell empfohlen wird das Konzept der flächenhaften Massung, von der nur in begründeten Fällen abgewichen werden sollte. Unter einer flächenhaften Massung versteht man die galvanische Verbindung aller metallenen Teile auf kürzestem Weg mit einer gemeinsamen Massefläche. Durch dieses Konzept werden Potentialdifferenzen, vor allem im Hochfrequenzbereich, stark reduziert, Resonanzen im Massungssystem werden weitgehend vermieden.

Massung von Stromversorgungskreisen

Für die Stromversorgungskreise ist die Massung betriebsstromführender Leiter aus EMV-Gründen nicht erforderlich. Erfordern besondere Fälle eine Massung, so darf sie bei Wechsel- und Drehstromsystemen nur an einem Punkt erfolgen.

Massung der Bezugsleiter

Bei der Massung des Bezugsleiters sind der Frequenzbereich der zu übertragenden Signale, die Übertragungsart sowie die elektromagnetische Umgebung zu berücksichtigen.

Bei Frequenzen f < 100 kHz dürfen bei der symmetrischen Übertragung nur die Symmetriepunkte gemasst werden. Bei der unsymmetrischen Signalübertragung ist der Bezugsleiter an einem Punkt zu massen.

Bei Frequenzen f > 100 kHz und in der Impulsübertragung ist ein sternförmiges Bezugsleitersystem nicht mehr sinnvoll. Es muß durch eine möglichst gut angenäherte Bezugsfläche ersetzt werden. Kabelschirme, die in unsymmetrischen Übertragungsstrecken häufig den Bezugsleiter darstellen, sollten beidseitig mit Masse verbunden werden.

Massung von Gerätegehäusen

Gerätegehäuse sind grundsätzlich zu massen. Für Geräte, deren Abmessungen kleiner als $\lambda/10$ bei der höchsten zu betrachtenden Frequenz sind, genügt im allgemeinen die Massung des Gehäuses an einem Punkt. Überschreiten die Gehäuseabmessungen den Wert von $\lambda/10$, dann ist das Gehäuse an mehreren Punkten zu massen.

Massung von nichtelektrischen Einrichtungen

Auch die Metallteile nichtelektrischer Einrichtungen sollten in das Massungssystem mit einbezogen werden. Dadurch wird ihre Wirkung als Sekundärstrahler wesentlich herabgesetzt, Potentialdifferenzen zwischen diesen Teilen und der Masse werden vermieden.

1.3.5.2 Schirmung

Wie mehrfach ausgeführt, basiert das Konzept der Unterteilung eines Systems in verschiedene EMV-Zonen auf der Annahme, daß zwischen den Zonen eine gewisse elektromagnetische Entkopplung besteht. Elektromagnetische Entkopplung kann aber nur Abstand oder Schirmung einschließlich angepaßter Filterung bedeuten. Wird in der Planung von einer bestimmten elektromagnetischen Entkopplung mit entsprechenden zonenspezifischen Gerätegrenzwerten ausgegangen, so sind die Maßnahmen anzugeben, die diese Entkopplung auch sicherstellen. Im Beitrag "Räumliche Entkopplung und Schirmung" werden diese Maßnahmen noch eingehend abgehandelt.

1.3.5.3 Filterung

Unter Filterung sei hier nur die Intrasystemmaßnahme zur elektromagnetischen Entkopplung zweier EMV-Zonen angesprochen. Die Grundlagen und Grundsätze der Filterung allgemein sowie die Filterung auf der Geräteebene zur Einhaltung der vorgegebenen Gerätegrenzwerte sind den anderen Beiträgen zu entnehmen.

Konkret heißt die Intrasystemmaßnahme Filterung die Anordnung von entsprechend ausgelegten Filtern an den EMV-Zonenübergängen. Von dieser Intrasystemmaßnahme sollte aber nur sehr sparsam Gebrauch gemacht werden.

Nötig werden EMV-Zonenfilter im allgemeinen nur, wenn sehr hohe elektromagnetische Entkopplungen zwischen den Zonen angesetzt werden. EMV-Zonenfilter bedeuten Kosten, Platz und Gewicht. Es sollte sorgfältig analysiert werden, ob die angesetzte Zonenentkopplung tatsächlich notwendig ist und ob sie nicht durch andere Maßnahmen (Verwendung guter Kabel mit beidseitiger Kabelschirmauflegung) erreicht werden kann. Die Filterung von Signalleitungen wird im allgemeinen nur in Spezialfällen nötig sein.

1.3.5.4 Verkabelung

Kabel und Leitungen treten in Wechselbeziehung zu ihrer Umgebung, d. h. sie erzeugen aufgrund der übertragenen Nutz- und Störleistungen elektrische und magnetische Felder, und sie entnehmen Nutz- und Störfeldern Leistungen, die sich in den Übertragungskreisen störend auswirken können. Diese Wechselbeziehungen werden um so intensiver, je länger Leitungen nebeneinander verlegt sind und je kleiner die Abstände zwischen Leitungen und Antennen sowie zwischen Leitungen untereinander sind.

Es zeigt sich also, daß dem Aspekt der Kabelverlegung eine besondere Bedeutung zukommt und daß in einer Systemplanung recht eingehend festgelegt werden muß, nach welchen Kriterien und Regeln die Systemverkabelung durchgeführt werden muß. Die analytische Behandlung eines jeden Kabels in seiner Wirkung als Störquelle und Störsenke ist weder sinnvoll noch wirtschaftlich.

Aus diesem Grunde ist eine Verkabelungsrichtlinie zu erstellen, die die Regeln für die Verkabelung enthält und auch den Konstrukteuren Vorgaben macht, welche Wege und welcher Platz im System für die Kabel vorgehalten werden muß.

Es hat sich in der Praxis bewährt, die Kabel eines Systems aufgrund ihrer Nutz- und Störsignale oder der Empfindlichkeit der angeschlossenen Geräte bestimmten Kabelkategorien zuzuordnen. Eine Kabelkategorie zeichnet sich dadurch aus, daß alle Kabel einer Kategorie in etwa gleiches Störvermögen oder gleiche Empfindlichkeit besitzen und darum eine gemeinsame Verlegung auf einer Kabelbahn oder in einem Bündel erlaubt ist. Zwischen verschiedenen Kabelkategorien sind Verlegungsabstände einzuhalten.

In der Vorschrift VG 95 375 Teil 3 [5], in der Tabelle 1, sind Systemkabel in Abhängigkeit von der Art der mit dem Kabel übertragenen Nutz- bzw. Störsignale der Geräte verschiedenen Kabelkategorien zugeordnet (siehe Bild 1.3-8). Für diese Kabelkategorien werden in der Tabelle 2 Verlegungsabstände für eine Parallelverlegung angegeben (siehe Bild 1.3-9).

Die Abstände der Tabelle gelten für eine Parallelverlegung der Kabel bzw. Kabelbündel von mindestens 10 m Länge zwischen zwei Massungspunkten der Schirme und für eine Verlegung auf der Struktur (Masse) des Systems. Für die in der Tabelle 1 aufgeführten Sonderkabel muß durch Einzelanalysen geklärt werden, wie sie zu behandeln sind. Im übrigen sei auf den gesonderten Beitrag und auf die VG 95 375 Teil 3 verwiesen.

| Kabel-kategorie | Nutz-signale | Beispiele für | | Typische Leitungsarten |
		Stör-/Beeinflussungssignale	Systemkabel	
1 unempfindlich störend	10 bis 1000 V DC, 50, 60, 400 Hz schmalbandig	schmalbandig breitbandig	Stromversorgungskabel, allgemeine Steuerkabel, Kabel für Beleuchtungsanlagen, Kabel für Alarmanlagen	verseilt, geschirmt 3)
2 unempfindlich nicht störend	0,1 bis 115 V NF schmalbandig	—	Fernsprechkabel, Fernmelde- und Signalkabel, Kabel für Synchroverbindungen Kabel für spannungs-, frequenz-, und phasenabhängige Signalinformation 2)	verdrillt, geschirmt und verseilt, geschirmt 3)
3 empfindlich nicht störend	0,1 bis 15 V HF, breitbandig 15 bis 115 V NF	breitbandig	Kabel für Synchroverbindungen, Kabel für Videosignale, Synchronisations- und Impulskabel kleiner Leistung, z.B. Multikoaxialkabel für digitale Datenübertragung	geschirmt oder koaxial
4 sehr empfindlich nicht störend	≠ 0,1 µV bis 500 mV an 50 bis 2000 Ω DC, NF, HF schmalbandig	schmalbandig breitbandig	Empfangsantennen-Kabel, Fernlenk- und Nachrichtenkabel Kabel für Radarwarnempfänger	geschirmt oder koaxial
5 unempfindlich stark störend	10 bis 1000 V NF, HF schmalbandig	schmalbandig	Kabel für Senderendstufen und Sendeantennen	koaxial
Sonderkabel 1)	—	schmalbandig breitbandig	Sendeempfängerkabel (Eloka, Betriebsfunk), Kabel für Stromrichter, ungefiltert, Datenbuskabel, Kabel für Anzünd- und Zündkreise, Mikrofonleitungen	—

1) Es muß von Fall zu Fall untersucht werden, ob für diese Kabel Sondermaßnahmen erforderlich sind oder ob sie im Bündel mit anderen Kabeln verlegt werden können.
2) für Positionierung
3) Die Zuordnung mit dem angegebenen Kabelaufbau basiert auf Messungen im Marinebereich. Für andere Systeme, z.B. im Bereich der Luftfahrt werden andere Kabelaufbauten mit gleichem Ergebnis eingesetzt.

Bild 1.3-8: Kabelkategorien

Kategorie	1	2	3	4	5
1		0,1	0,1	0,1	0,1
2	0,1		0,1	0,1	0,1
3	0,1	0,1		0,1	0,2
4	0,1	0,1	0,1		0,2
5	0,1	0,1	0,2	0,2	

Bild 1.3-9: Verlegungsabstände in m für die Parallelverlegung von Kabeln

1.3.6 Beeinflussungsmatrix

1.3.6.1 Sinn

Folgt man der vorgeschlagenen Vorgehensweise, so sind bisher

- die EMV-Zonen definiert,
- für die EMV-Zonen zonenspezifische Grenzwerte festgelegt,
- die Intrasystemmaßnahmen festgeschrieben.

Damit ist die Systemverträglichkeit in hohem Maße sichergestellt.

Es hat sich aber als sinnvoll herausgestellt, in einer Beeinflussungsmatrix alle elektrischen und elektronischen Geräte sowohl als Störquellen als auch als Störsenken einander gegenüberzustellen und auf mögliche gegenseitige Beeinflussung zu untersuchen. Die Beeinflussungsmatrix ermöglicht das systematische Erfassen der Beeinflussungsfälle sowie die Kontrolle des Standes der EMV.

Hier sei nochmals der Hinweis erlaubt, daß das Abfangen aller Risiken durch die Vorgabe von zonenspezifischen Grenzwerten auch nicht wirtschaftlich ist. So würde das schwächste Glied einer Zone die generellen Vorgaben der Zone bestimmen. Denkt man z. B. wieder an das passive Sonarsystem, so kann seine Empfindlichkeit gegen magnetische Felder nicht den Grenzwert für alle Geräte, egal wo sie installiert werden, festlegen.

Erst die Beeinflussungsmatrix zeigt, wo Risiken auftreten. Die Aufgabe, die Beeinflussungsmatrix zu führen, zu analysieren und fortzuschreiben, wird zunehmend eine Aufgabe für einen Rechner werden. Der Rechnereinsatz ermöglicht darüber hinaus, über implementierte Regeln, die Anzahl der zu betrachtenden Beinflussungsmöglichkeiten drastisch zu senken. Solche Regeln können z. B. sein: linear geregelte Analoggeräte mit einem Leistungsverbrauch von weniger als 100 W brauchen nur als Störsenken betrachtet zu werden, oder Digitalgeräte können nur durch leitungsgebundene Störimpulse gestört werden.

1.3.6.2 Aufbau

Die Beeinflussungsmatrix hat die Form eines Schemas aus Zeilen und Spalten, wie im Bild 1.3-10 beispielhaft dargestellt.

Die Zeilen und Spalten sollen fortlaufend numeriert sein. In den Zeilen- und Spaltenüberschriften sind die Benennungen aller Geräte einzutragen, die in der Geräteliste des Systems aufgeführt sind und die als Störsenken bzw. Störquellen in Betracht kommen. In die Felder an den Kreuzungspunkten der Zeilen und Spalten sind entsprechend dem Stand der Analysearbeiten Symbole zur Kennzeichnung des Beeinflussungsgrades einzutragen. Es wird vorgeschlagen, die Symbole der Vorschrift VG 95 374 Teil 4 zu verwenden. Siehe hierzu Bild 1.3-11. Die Ziffern an den Kreuzen geben einen Querverweis auf die zugehörigen Analyse-Unterlagen.

lfd. Nr der Spalte		1	2	3	4	5
Störquellen → Datenblatt Nr		3	10	12 8	43	27
Störsenken / Benennung des Gerätes →		Notfunksender 1	Antennenwahlschalter SSB	Allwellenempfänger Stabantenne 3	Gleichstromgenerator 24 V	Geschütz 2
lfd. Nr der Zeile	Datenblatt Nr / Benennung des Gerätes					
1	4 — Notfunkempfänger 1	-	X 1	X 2	X 3	-
2	13 — VHF-Sender-Empfänger / 14 — Stromversorgung	-	-	-	-	-
3	13 — VHF-Sender-Empfänger / 15 — Fernbediengerät	-	-	-	X 4	X 5
4	7 — KW-Funkempfänger / 8 — Stabantenne 3	-	X 6	X 7	X 8	X 9
5	17 — Rechner	-	X 10	X 11	X 12	X 13

Bild 1.3-10: Beispiel für eine Beeinflussungsmatrix

Folgende Symbole, die eine Weiterentwicklung der STANAG 3614 AE darstellen, sind anzuwenden.

Symbol	Verwendung
▬	wenn aus den Gerätedaten hervorgeht, daß eine Funktionsstörung zweifelsfrei auszuschließen ist.
◯	wenn aus den Analyseergebnissen ersichtlich ist, daß keine Funktionsstörung auftritt und ausreichende Störsicherheitsabstände eingehalten werden.
X	wenn aus den Analyseergebnissen ersichtlich ist, daß eine Funktionsstörung auftreten wird oder keine ausreichenden Störsicherheitsabstände eingehalten werden. Bei der orientierenden EMV-Systemanalyse in der Konzeptphase soll dieses Symbol auch zur Kennzeichnung einer vermuteten, aufgrund unzureichender EMV-Daten jedoch noch nicht nachweisbaren Funtionsstörung verwendet werden.
⊗	wenn anhand der Analyseergebnisse nachgewiesen ist, daß ein durch Symbol X gekennzeichneter Störungsfall aufgrund von technischen Abhilfemaßnahmen beseitigt ist.
⊗A	wenn durch Erteilen einer Ausnahmegenehmigung vom Auftraggeber die Funktionsstörung als Funktionsminderung toleriert worden ist.

Bild 1.3-11: Symbole zur Kennzeichnung des Beeinflussungsgrades

1.3.6.3 Einzelanalysen

Zeigt die Beeinflussungsmatrix mögliche Beeinflussungen auf, so sind diese durch Einzelanalysen zu untersuchen. Hierfür hat sich wiederum eine bestimmte Systematik in der Praxis bewährt.

Einzelanalysen sollten in folgender Weise strukturiert sein:

1. Anforderungen

> Beispiel: Die Anzeigen auf den Monitoren einer Prozeßrechenanlage dürfen durch magnetische Gleichfelder um nicht mehr als 1 mm aus der Ruhelage heraus bewegt werden. Eine unzulässige Beeinflussung durch niederfrequente Felder tritt bereits ab einer Punktauslenkung von 0,1 mm auf. Sichtbare Farbveränderungen sind nicht zulässig.

2. Daten

> Beispiel: Störsenke: Niederfrequente Magnetfelder von 1 A/m führen zu Punktlageverschiebungen von ca. 0,1 mm. Farbveränderungen treten ab ca. 20 A/m auf.
>
> Störquelle: Unterhalb der Rechenanlage befinden sich die Stromschienen für den zu regelnden Prozeß. Die Lage der Strombahnen ist bekannt. Es fließen 50-Hz-Ströme von bis zu 1 kA.

3. Analysen

> Beispiel: Unter Einsatz eines Rechenprogramms erhält man für die Aufstellungsorte der Monitore magnetische Streufelder von ca. 10 A/m. Unzulässige Beeinflussungen werden auftreten.

4. Maßnahmen

> Beispiel: Die Aufstellungsorte müssen verlegt werden, oder die Monitore müssen mit Spezialgehäusen geschirmt werden.

5. Prüfungen

> Beispiel: Besondere Prüfungen sind nicht notwendig, da sich Beeinflussungen im Betrieb sofort bemerkbar machen.

Durch die Zuordnung der Einzelanalysen zu den Ziffern in der Beeinflussungsmatrix und die ständige Fortschreibung der Beeinflussungsmatrix wird das System aus generellen Vorgaben und Einzelanalysen überschaubar und durchgängig.

1.3.7 EMV-Systemvermessung

Den Abschluß der EMV-Begleitung eines komplexen Systems bildet die EMV-Systemvermessung nach einem EMV-Systemtestplan.

1.3.7.1 Allgemeines

Die Aufgaben einer Systemvermessung sind:

* Erhöhung des Vertrauens in die EMV des Systems,
* Prüfung des Zusammenspiels der einzelnen, getesteten Geräte,
* Durchführung der in den Einzelanalysen vorgeschlagenen Prüfungen,
* Feststellung des Ist-Zustandes der EMV für spätere Nachbesserungen und Nachrüstungen,
* Ermittlung der Störsicherheitsabstände.

Dabei kommt dem letzten Punkt besondere Bedeutung zu. Ist eine EMV-Planung erfolgreich gewesen, es treten keine Unverträglichkeiten auf, bleibt die Frage nach dem Spielraum zwischen den Planwerten und den tatsächlich vorhandenen Pegeln:

> Wie groß ist der Störsicherheitsabstand zwischen den Feldstärken am Ort eines elektronischen Gerätes und seiner Beeinflussungsgrenze?

> Wie groß ist der Störsicherheitsabstand zwischen den Störaussendungen der Geräte und der Beeinflussungsgrenze des Funkempfangs?

1.3.7.2 Gegenüberstellung von Aussendungs- und Festigkeitsgrenzwerten

Im Kapitel 1.3.4.4 wurden die Risiken aufgeführt, die durch Gerätetests weitgehend abgefangen werden können. Es wurden genannt:

1. Beeinflussung zwischen Geräten über die gemeinsame Stromversorgung,
2. Niederfrequente Magnetfeldbeeinflussung zwischen Geräten,
3. Beeinflussung zwischen elektrischen Anlagen und Funkanlagen.

An dieser Stelle werden nun einige Aussendungs- und Festigkeitsgrenzwerte einander gegenübergestellt, um nochmals zu verdeutlichen, welcher Test für welches Risiko zuständig ist. Die gewählten Grenzwerte beziehen sich auf eine EMV-Zone 2, also auf einen Bereich, für den eine gewisse Schirmdämpfung zur Zone 1 (EM-Umwelt) hin angesetzt worden ist.

Im Bild 1.3-12 sind die Grenzwerte LA02 (Störspannung auf Netzleitungen) und LF01 (Störfestigkeit gegen Störsignale auf Netzleitungen) gegenübergestellt. Man erkennt, daß im Bereich bis 400 Hz kein Unterschied zwischen der Aussendung und der Festigkeit besteht. Es handelt sich zumindest bis zu dieser Frequenz um einen reinen Geräte-Geräte-Grenzwert.

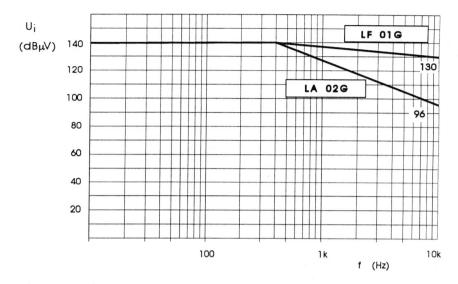

Bild 1.3-12: Vergleich der Grenzwerte LA02 und LF01 für den unteren Frequenzbereich

Im Bild 1.3-13 sind Grenzwerte LA01 (Störstrom auf Netzleitungen) und LF02
(Störfestigkeit gegen Störsignale auf Leitungen und Schirmen) für den höheren
Frequenzbereich verglichen. Dabei sei darauf hingewiesen, daß die Vergleich-
barkeit aufgrund der hinter den Grenzwerten stehenden Meßverfahren nur mit
Einschränkung gegeben ist.

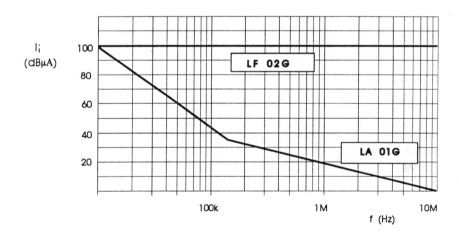

Bild 1.3-13: Vergleich der Grenzwerte LA01 und LF02 für den oberen Frequenzbereich

Man erkennt aus dem Abstand zwischen LA01 und LF02 von mehr als 70 dB im höherfrequenten Bereich, daß sich LA01 nur auf die Beeinflussung des Funkempfangs beziehen kann, während LF02 die Festigkeit gegen eingekoppelte Sendesignale beschreibt.

Im Bild 1.3-14 ist nur eine Grenzwertkurve zu sehen. Sie bezieht sich sowohl auf SA01 als auch auf SF01. Es handelt sich hier um einen reinen Geräte-Geräte-Grenzwert der magnetischen Beeinflussung zweier dicht nebeneinander stehender Geräte.

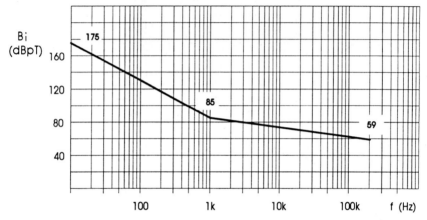

Bild 1.3-14: Grenzwerte für SA01 und SF01

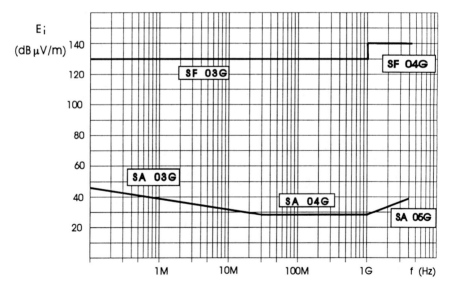

Bild 1.3-15: Vergleich von Grenzwerten für die Aussendung und die Festigkeit strahlungsgebundener Größen

Abschließend wird im Bild 1.3-15 ein Vergleich von Grenzwertkurven für schmalbandige strahlungsgebundene Signale vorgenommen.

Man erkennt aus dem Abstand zwischen den beiden Kurven, daß sich SA wiederum nur auf die Störung des Funkempfangs, SF auf die Festigkeit gegen Sendesignale beziehen kann.

Mit diesen Bildern wurde weniger versucht, absolute Grenzwerte darzustellen, als vielmehr die hinter den Grenzwerten stehenden Beeinflussungsmodelle zu verdeutlichen.

1.3.7.3 Prüfungen im System zur Feststellung des Störsicherheitsabstandes

Welche Prüfungen sollten nun im System durchgeführt werden?

1. Aufnahme des elektromagnetischen Klimas auf Leitungen und im Feld und Vergleich mit den vorgegebenen Grenzwerten,
2. Festigkeitsprüfungen auf Netzleitungen gegen transiente Signale,
3. Prüfungen, die in den Einzelanalysen genannt wurden,
4. Feststellung von Störsicherheitsabständen in bezug auf die Funkanlagen.

Reine Geräte-Geräte-Tests sollten nur in begründeten Fällen durchgeführt werden.

Die Prozedur der Feststellung des Störsicherheitsabstandes wird exemplarisch am Beispiel der Beeinflussung des Funkempfangs durch den Störstrom auf dem Schirm eines Signalkabels dargestellt. Sie könnte in folgender Weise ablaufen:

1. Der Störstrom auf dem Kabelmantel eines ausgesuchten Signalkabels wird gemessen und mit dem Grenzwert LA01 verglichen.

2. Über eine kapazitive Ankopplung wird auf den Mantel an gleicher Stelle ein Störstrom aufgeprägt. Als Amplitude wird der zuvor gemessene Wert oder aber der Grenzwert selbst eingestellt.

3. Mit dem bordeigenen Empfänger wird die Frequenz des eingekoppelten Stromes überwacht.

4. Nun wird der Strom erhöht (maximal um 40 dB), bis sich eine merkliche Beeinflussung des Empfangs ergibt (6 dB S/N).

5. Aus dem notwendigen Strom I_S zur Erzeugung einer Störung und dem Grenzwert I_G ergibt sich der Störsicherheitsabstand zu

$$a_S = 20 \log \frac{I_S}{I_G} \, .$$

1.3.8 Literatur

[1] VG 95 371 Teil 2: EMV, Allgemeine Grundlagen, Begriffe. VDE Verlag, Berlin

[2] VG 95 374 Teil 2: EMV, Programme und Verfahren, Programme für Systeme. VDE Verlag, Berlin

[3] VG 95 374 Teil 4: EMV, Programme und Verfahren, Verfahren für Systeme. VDE Verlag, Berlin

[4] CCIR Report 322: World Distribution and Characteristics of Atmospheric Radio Noise. Genf, 1964

[5] VG 96 907 Teil 2: Schutz gegen Nuklear-Elektromagnetischen Impuls (NEMP) und Blitzschlag, Konstruktionsmaßnahmen und Schutzeinrichtungen, Besonderheiten für verschiedene Anwendungen. VDE Verlag, Berlin

1.4 Schaltüberspannungen, statische Entladungen, Feldimpulse

J. L. ter Haseborg

1.4.1 Einleitung

Bei den hier zur Diskussion stehenden Störungen geht es insbesondere um transiente Vorgänge mit Amplituden, die in der Regel deutlich höher als die der Nutzsignale liegen. Unter einem transienten Vorgang soll ganz allgemein ein nichtperiodischer Vorgang verstanden werden, der nicht unbedingt unipolar, sondern ebenfalls bipolar, z. B. in Form einer abklingenden Schwingung, verlaufen kann. Zu erwähnen sind in diesem Zusammenhang auch Impulspakete, die sog. "bursts", die nicht immer periodisch wiederkehren. Von Interesse sind unter Berücksichtigung der anzuwendenden Schutzmaßnahmen die auf Leitungen eingekoppelten Störspannungen bzw. Störströme. Die Quellen transienter Störfelder und der dadurch auf Leitungen und elektrisch leitenden Strukturen hervorgerufenen transienten Störströme sind sehr vielfältig. In der folgenden Tabelle sind einige Beispiele für transiente Störquellen aufgeführt:

- Schalthandlungen in Nieder- und Hochspannungsanlagen
  und Anlagen der Leistungselektronik,

- Zündsysteme,

- Elektrostatische Entladungen,

- LEMP- (Blitz) und NEMP-Störungen

Tabelle 1.4-1: Beispiele für transiente Störquellen

Ganz allgemein werden transiente Störungen durch folgende Parameter charakterisiert:

- Anstiegszeit oder Anstiegsflankensteilheit,
- Rückenhalbwertszeit (Dauer),
- Amplitude,
- Energieinhalt,
- Polarität: entweder unipolar (positiv oder negativ) oder bipolar

Tabelle 1.4-2: Parameter transienter Störungen

Diese Parameter bestimmen, wie später noch gezeigt werden wird, entscheidend die Konzeption von Schutzmaßnahmen bzw. bei leitungsgeführten Störungen die Dimensionierung von Schutzschaltungen, die für die Unterdrückung von transienten Störsignalen mit extremen Amplituden nichtlineare Elemente wie Funkenstrecken, gasgefüllte Ableiter, Varistoren und Suppressordioden enthalten können.

1.4.2 Transiente Störsignale

1.4.2.1 Schaltüberspannungen

Vorbemerkung

Durch Schalthandlungen in Nieder- und Hochspannungsanlagen treten transiente Netzüberspannungen auf, die in angeschlossenen Verbrauchern zu Störungen bis hin zu Zerstörungen empfindlicher Bauteile und Komponenten führen können. Neben Schaltvorgängen elektromechanischer Schaltgeräte aller Art und Schalthandlungen in der Leistungselektronik (Thyristorsteuerungen) sind als weitere Quelle für Überspannungen in Niederspannungsnetzen die im Kurzschlußfall ansprechenden Leitungsschutzsicherungen zu nennen.

Die Bestimmung VDE 0160 "Ausrüstung von Starkstromanlagen mit elektronischen Betriebsmitteln" enthält die Anforderungen an elektronische Betriebsmittel bezüglich der Höchstwerte von nichtperiodischen (transienten) Überspannungen im ms-Bereich, die an dem Netzanschlußpunkt anliegen dürfen, ohne daß dabei Schäden an den Betriebsmitteln entstehen. Bei vielen Verbrauchern stand bisher im Vordergrund, Überschläge bzw. Durchschläge der Isoliermaterialien zu verhindern. Im wesentlichen genügte es hier, die Höhe der Überspannung zu kennen. In zunehmendem Maße geht es jedoch darum, empfindliche elektronische Geräte, Komponenten und Bauteile vor transienten Überspannungen zu schützen. Zur Beurteilung der Gefährdung durch transiente Überspannungen und für die Dimensionierung von geeigneten Schutzschaltungen ist die Kenntnis der Amplitude der Überspannung allein nicht mehr ausreichend, zusätzlich sind die Parameter

- Anstiegszeit oder Anstiegsflankensteilheit,
- Rückenhalbwertszeit,
- Energieinhalt,
- ggf. Polarität

von großer Bedeutung.

Im Kurzschlußfall ansprechende Sicherungen als Quelle für transiente Überspannungen

Auf Grund umfangreicher experimenteller Untersuchungen wurde festgestellt, daß Sicherungen, die durch einen Kurzschluß abgeschaltet werden, bezüglich Amplitude, Dauer und Energie zu den Quellen gehören, die die gefährlichsten Überspannungen erzeugen [1]. Auslösende Schutzschalter, schaltende Schütze und Schalter liegen mit ihren Überspannungen darunter, denn beim Schalten von Betriebsströmen brauchen die Lichtbögen keine hohe Energie aufzunehmen. Den in [1] durchgeführten Versuchen lag der in der Praxis häufig vorkommende Fall zugrunde, daß ein Transformator über ein mehr oder weniger langes Kabel eine Sammelschiene speist, von der verschiedene Abzweigungen zu beliebigen Verbrauchern abgehen (Bild 1.4-1). Gemäß Bild 1.4-1 wurden in [1] u. a. drei verschiedene Untersuchungen durchgeführt:

a) Kurzschluß direkt hinter der Abzweigsicherung, Meßpunkt (M) zur Registrierung der Überspannung an der Sammelschiene,

b) Kurzschluß direkt hinter der Abzweigsicherung, Meßpunkt (M) zur Registrierung der Überspannung am Ende eines 20 m langen Kabels am Verbraucher,

c) Kurzschluß am Ende des Kabels (20 m bzw. 50 m) direkt am Verbraucher, Meßpunkt (M) zur Registrierung der Überspannung an der Sammelschiene.

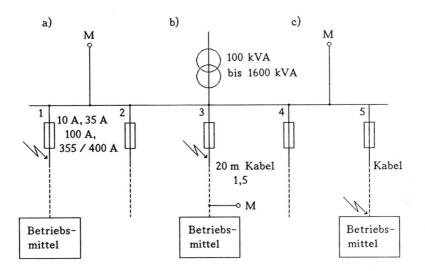

Bild 1.4-1: Überspannungen durch das Ansprechen von Sicherungen
   - Kurzschluß unmittelbar hinter der Sicherung und Messung an der Sammelschiene bzw. am Ende des Kabels
   - Kurzschluß am Ende eines Kabels und Messung an der Sammelschiene

Das Bild 1.4-2 zeigt den Netzspannungsverlauf bei Kurzschluß hinter einer Abzweigsicherung 10 A träge 500 V nach DIN 49515, gemessen vor der Sicherung.

Im Bild 1.4-3 sind die gemessenen Überspannungsfaktoren abhängig von der Halbwertszeit der Überspannung bei Kurzschluß hinter einer Abzweigsicherung für verschiedene Sicherungen aufgetragen (Fall a). Die Höhe der Überspannungen hängt stark vom Sicherungstyp ab. Mit zunehmender Nennstromstärke der

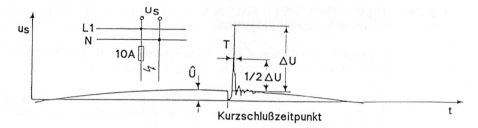

Bild 1.4-2: Netzspannungsverlauf bei Kurzschluß hinter einer Abzweigsicherung [1]

u_s Sternspannung des Netzes

$\hat{U}$ Scheitelwert der Sternspannung ($\hat{U} = \sqrt{2} \cdot 220$ V)

Δu Überspannung

T   Halbwertszeit der Überspannung

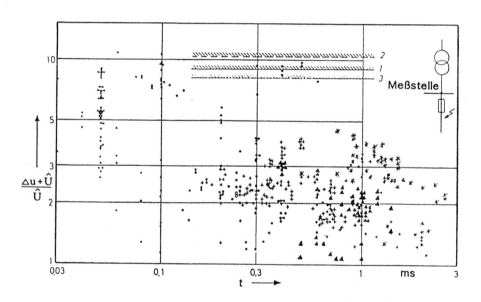

Bild 1.4-3: Gemessene Überspannungsfaktoren, abhängig von der Halbwertszeit der Überspannung bei Kurzschluß hinter einer Abzweigsicherung [1]

   o   10-A-Sicherung

   +   35-A-Sicherung

   Δ   100-A-Sicherung

   *   400-A-Sicherung

Grenzen der Schaltspannungen von Sicherungen größer 10 A nach VDE 0636:   1 bezogen auf 220 V, 2 bez. auf 380 V, 3 bez. auf 500 V

Sicherung sinkt der Überspannungsfaktor $(\Delta u + \hat{U})/\hat{U}$, bei größeren Sicherungs-
werten ist jedoch wieder ein Ansteigen des Überspannungsfaktors zu beobachten.
Besonders die 10-A-Sicherungen verursachen extrem hohe Überspannungen. Der
Meßpunkt an der Sammelschiene ist realistisch, weil von diesem Punkt aus auch
alle anderen Verbraucher beeinflußt werden.

Da sich nicht alle Verbraucher direkt an der Sammelschiene befinden, wurde auch
der Fall berücksichtigt, daß der Verbraucher beispielsweise über ein 20 m langes
Kabel angeschlossen war (Fall b). Die Messungen haben hier im wesentlichen die
gleichen Ergebnisse geliefert wie in dem Fall, daß die Verbraucher direkt an der
Sammelschiene lagen. Diese Tatsache ist verständlich, wenn berücksichtigt wird,
daß das Kabel auf die hier betrachteten relativ niederfrequenten Überspannungs-
vorgänge einen vernachlässigbaren Einfluß hat.

Im Fall c ist die in der Praxis am häufigsten anzutreffende Kurzschlußart
zugrundegelegt, nämlich Kurzschluß am Ende eines längeren Kabels direkt am
Verbraucher. Hier zeigten sich erwartungsgemäß an der Sammelschiene deutlich
geringere Überspannungen bezüglich Amplitude und Dauer (Bild 1.4-4). Wie Bild

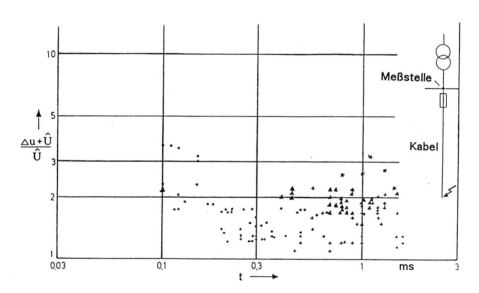

Bild 1.4-4: Gemessene Überspannungsfaktoren, abhängig von der Halbwertszeit der
Überspannung bei Kurzschluß am Ende eines Kabels [1]
(Bezeichnungen wie in Bild 1.4-3)

	Sicherung	Kabel
o	10 A	20 m; 1,5 mm² Cu
+	35 A	20 m; 4 mm² Cu
△	100 A	50 m; 25 mm² Cu
∗	355 bzw. 400 A	50 m; 185 mm² Cu

1.4-5 zeigt, ist hierfür der ohmsche Widerstand des Kabels verantwortlich, der den Kurzschlußstrom begrenzt, so daß die Schaltenergie der Sicherung kleiner wird. Den maßgeblichen Einfluß auf die Höhe der Überspannung hat ganz allgemein die Netzinduktivität vor der Sammelschiene, im wesentlichen ist das die Induktivität des Transformators. Nach dem Schmelzen des Sicherungsdrahtes entsteht der Lichtbogen. Hat die Lichtbogenspannung den Augenblickswert der EMK des Transformators erreicht, fällt der Kurzschlußstrom. Die Netzinduktivität vor der Sammelschiene versucht den fließenden Strom aufrecht zu erhalten und speist damit den Lichtbogen. Es kommt damit gemäß u = L · di/dt zu mehr oder weniger hohen Überspannungen.

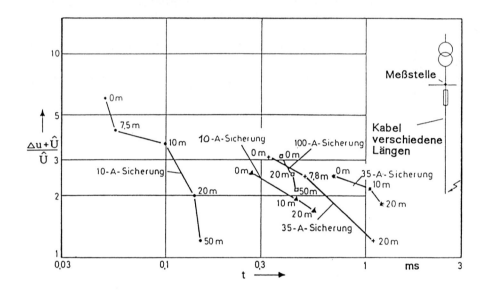

Bild 1.4-5: Einfluß der Kabellänge auf die Überspannung bei Kurzschluß am Ende eines Kabels (Die eingetragenen Punkte sind keine Einzelmeßergebnisse, sondern Schwerpunkte einzelner Meßreihen.) [1]

- · - , - + -   Sicherungen des Herstellers A
- □ - , - △ - , - * -   Sicherungen des Herstellers B

Transiente Netzüberspannungen

In weiteren umfangreichen Untersuchungen [2] wurden transiente Netzüberspannungen untersucht und registriert, wie sie z. B. in verkabelten Verbrauchernetzen fast ausschließlich von Schaltvorgängen elektromechanischer Schaltgeräte aller Art herrühren. Die Tabelle 1.4-3 zeigt nach [2] das Auftreten von Transienten in den Bereichen

-Industrie,
-Geschäftshäuser,
-Haushalt,
-Laboratorien.

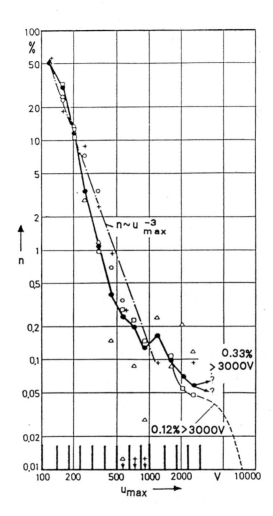

Bild 1.4-6: Anzahl n der transienten Vorgänge in den einzelnen Bereichen als
Funktion der Spannungsspitzen u_{max} [2]

    ● Gesamtergebnis
    □ Industrie
    △ Geschäftshäuser
    ○ Haushalte
    + Laboratorien

Bereich	Meßstellen	Vorgänge	Meßzeit	Vorgänge/h (im Mittel)
Industrie	14	23.054	1.317 h	17,5 (maximal 58,7)
Geschäfts-häuser	9	3.401	1.202 h	2,8
Haushalt	6	287	447 h	8,6
Laboratorien	11	1.069	462 h	2,3

Tabelle 1.4-3: Auftreten von Überspannungsspitzen in verschiedenen Bereichen [2]

Diese Tabelle gibt im wesentlichen Aufschluß über die Häufigkeit für das Auftreten von transienten Überspannungen, wobei erwartungsgemäß im Industriebereich im Mittel am häufigsten Überspannungen registriert wurden. Das Bild 1.4-6 gibt die Anzahl n der transienten Vorgänge in den einzelnen Bereichen als Funktion der Spannungsspitzen u_{max} wieder. Die Auswertung der zahlreichen Untersuchungen hat ergeben, daß die Anzahl der transienten Vorgänge bis 1 kV kubisch mit steigender Amplitude abnimmt; 0,33 % der Vorgänge sind größer als 3 kV. Die größten registrierten Steilheiten der Transienten liegen typisch zwischen 1 V/ns und 10 V/ns, wobei die Energie bei kleinen Amplituden typisch 1 mWs beträgt und dann quadratisch mit der Amplitude ansteigt [2]. Resonanzen wurden hauptsächlich im Bereich zwischen 80 kHz und 200 kHz beobachtet.

1.4.2.2 Elektrostatische Entladungen (ESD)

Vorbemerkung

Neben Schaltüberspannungen können insbesondere elektrostatische Entladungen für empfindliche elektronische Bauelemente eine harte Bedrohung darstellen. Physikalisch gesehen kommt es dabei durch Ladungstrennung zu Potentialdifferenzen, die dann bei Überschreitung der aktuellen Durchschlagsfeldstärke zu mehr oder weniger intensiven elektrostatischen Entladungen führen.

Quellen für ESD

Im wesentlichen kann zwischen 2 Quellen für elektrostatische Entladungen unterschieden werden:

- Entladungen über den menschlichen Körper

   Elektrostatische Aufladung des Körpers bzw. von Kleidungsstücken und
   anschließende Entladung bei Annäherung an ein Gerät (geerdet) bzw.
   Berührung z.B. beim Bedienen von Schaltern, Einstellknöpfen, Tastaturen
   usw.

- Entladungen zwischen unterschiedlich aufgeladenen Geräteteilen

   Aufladung von z. B. elektrisch nicht leitenden Gehäuseteilen eines Gerätes oder Systems und anschließende Entladung über leitende geerdete
   Strukturen.

Es ist sinnvoll, bei den elektrostatischen Entladungen drei verschiedene Gerätestufen zu definieren:

- einzelne Bauelemente (Logik ICs, Operationsverstärker, Transistoren usw.),
- Komponenten (Platinen, Module usw.),
- Geräte (Computer, Terminals usw.).

Die Tabelle 1.4-4 zeigt gemäß [3] für die einzelnen Gerätestufen die typischen
ESD-Empfindlichkeitsbereiche.

Gerätestufe	Bauelemente wäh-rend der Hand-habung: Logik, ICs, OPs, Tran-sistoren usw.	Komponenten, Subsysteme: Platinen, Mo-dule usw.	Geräte, Systeme: Computer, Termi-nals usw.
typischer Be-reich für ESD-Empfindlich-keiten	$\pm 30 \cdots \pm 3000$ V	$\pm 30 \cdots \pm 3000$ V	$\pm 1000 \cdots \pm 25000$ V

Tabelle 1.4-4: ESD-Empfindlichkeitsbereiche [3]

Die beiden oben genannten ESD-Quellen

- Entladungen über den menschlichen Körper,
- Entladungen zwischen unterschiedlich aufgeladenen Geräteteilen
   (Gehäuseteilen)

können zwei unterschiedliche ESD-Bedrohungen hervorrufen:

- direkte Stromeinspeisung durch den Entladestrom (z. B. in empfindliche Bauelemente) [4],
- Koronaeffekte und Abstrahlung eines elektromagnetischen Störfeldes [5].

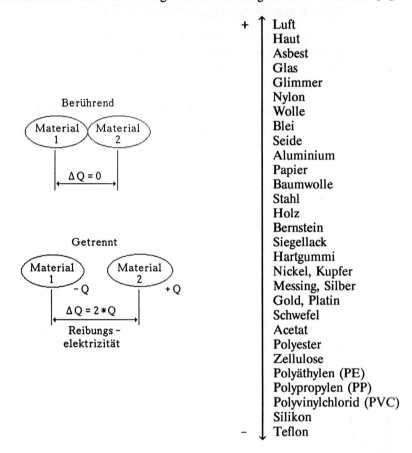

Tabelle 1.4-5: Polarität für verschiedene Materialien, die durch Reibung aufgeladen werden

Unter realistischen "worst case"-Verhältnissen können Personen sich durchaus bis auf 25 kV elektrostatisch aufladen. In der Regel liegen diese Spannungen etwas niedriger im Bereich zwischen 10 und 15 kV. Bei einer Spannung oberhalb von ungefähr 40 kV würde Korona einsetzen und damit ein weiteres Ansteigen der Spannung durch Absprühen von Ladung begrenzen. Zu diesen Aufladungen kommt es durch Reibung (tribo electricity) zwischen 2 unterschiedlichen Materialien bzw. durch Trennung zweier verschiedener Materialien, die vorher innig miteinander verbunden waren. Die Tabelle 1.4-5 zeigt die Polarität für verschiedene Materialien, die durch Reibung aufgeladen werden.

Der Bereich von elektrostatischen Aufladeströmen für den menschlichen Körper beim Begehen z. B. eines Kunststoffteppichs erstreckt sich von einigen Hundert pA bis hin zu einigen μA und führt dabei zu einer Aufladung von 0,1 bis $5 \cdot 10^{-6}$ C.

Ausgehend von z. B. einer Kapazität von 150 pF und einer Ladung von $3 \cdot 10^{-6}$ C führen diese Werte gemäß

$$U = Q/C$$

zu einer Aufladespannung für die Person von U = 20 kV, das entspricht einer Energie

$$W = \frac{1}{2} CU^2 = 30 \text{ mWs.}$$

Die Kapazität des menschlichen Körpers kann zwischen 100 und 500 pF liegen. Das Berühren eines ICs mit dem Finger einer derart aufgeladenen Person kann zur Zerstörung des Bauelementes führen, denn für viele ICs liegt die Zerstörschwelle bereits bei einem Bruchteil dieser Energie.

Fehlermechanismen bei Halbleiterbausteinen durch ESD

Bei der Schädigung von Halbleiterbausteinen durch ESD sind im wesentlichen zwei Fehlermechanismen zu erwähnen:
- durch induzierte Spannungen verursachte Fehler; diese Fehler treten vorwiegend bei MOS-Bausteinen auf; es kommt dabei zu einem dielektrischen Durchbruch; sehr oft wird die zerstörende Überspannung dabei durch ein externes E-Feld induziert;
- durch Ströme verursachte Fehler; vorwiegend bei bipolaren Halbleitern, Operationsverstärkern, irreversible Veränderungen oder Zerstörungen durch Entladeströme oberhalb von 2 - 5 A; Magnetfelder können ebenfalls in Verbindung mit niederohmigen Mikroschaltungen (sogar bei TTL) zu Schädigungen führen.

Die Tabelle 1.4-6 zeigt den Bereich der ESD-Verwundbarkeit (-Anfälligkeit) für wichtige Bauelemente.

Im Bild 1.4-7 ist die Größenordnung der Entladeströme beim Berühren eines IC dargestellt. Es kann dabei zu Entladeströmen zwischen 1 und 50 A mit Anstiegszeiten von t_r = 0,5 - 20 ns kommen. Die Anstiegszeit hängt im wesentlichen ab von
- der Form der Elektroden (z. B. Finger, Werkzeug),
- der Spannungshöhe,
- bereits existierenden Vorentladungen (Korona).

Typ	ESD-Verwundbarkeit (in V)
MOSFET	100 - 200
GaAs FET	100 - 300
EPROM	100
JFET	140 - 7000
OP - AMP	190 - 2500
CMOS	250 - 3000
SCHOTTKY - DIODEN	300 - 2500
FILM - WIDERSTÄNDE	
(DICK, DÜNN)	300 - 3000
BIPOLAR-TRANSISTOREN	300 - 7000
SCHOTTKY - TTL	1000 - 2500

Tabelle 1.4-6: ESD-Verwundbarkeiten wichtiger Bauelemente [3]

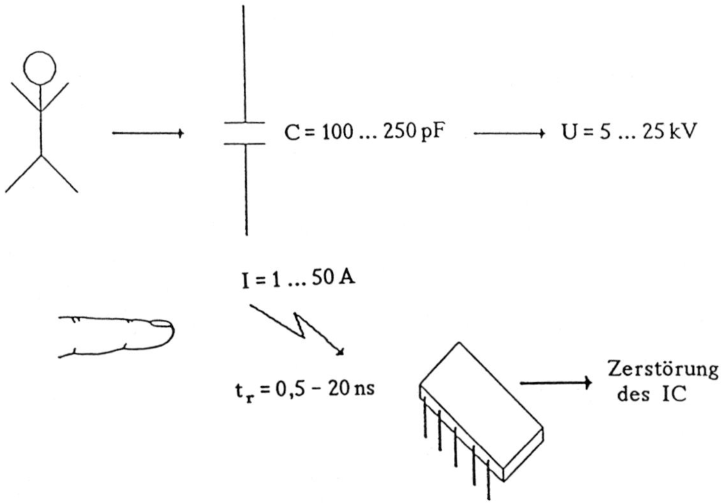

Bild 1.4-7: Größenordnung der Entladeströme beim Berühren des IC [3]

Die Bilder 1.4-8, -9, -10 (s. [3]) zeigen die zeitlichen Verläufe der Entladeströme (ESD-Ströme), die sich bei einer elektrostatisch aufgeladenen Person über den

Finger, die Hand bzw. über ein Werkzeug ergeben. Parameter bei diesen Kurven ist jeweils die Aufladespannung. Den Kurven ist zu entnehmen, daß die Art der Entladung und damit der Lichtbogen die Anstiegszeit stark beeinflussen. Extrem kurze Anstiegszeiten ergeben sich, wenn die elektrostatisch aufgeladene Person sich mit einem metallischen Gegenstand, z. B. einem Werkzeug, dem Entladepunkt nähert (s. Bild 1.4-10), insbesondere mit metallischen Gegenständen mit kleinem Krümmungsradius. Die ESD-Entladekurven zeigen ferner, daß mit zunehmender Steilheit, d. h. mit kleiner werdender Anstiegszeit, der ESD-Strom ansteigt und die Pulsdauer abnimmt. Die Bilder 1.4-8 bis -10 verdeutlichen, daß bei ESD extrem hohe Belastungen für elektronische Bauteile, insbesondere Halbleiterbauteile, sowie für elektronische Baugruppen und Komponenten entstehen können. Die Tabelle 1.4-7 zeigt die Stör- und Zerstörschwellen einiger wichtiger Bauelemente.

Komponente	Energie, die notwendig ist zur	
	vorübergehenden Störung (upset) (in J)	Zerstörung (burnout) (in J)
CMOS, die meisten ICs	10^{-7}	10^{-6}
Rasche Transistoren	10^{-6}	10^{-5}
Schalt-Dioden, Low-Power-Transistoren	10^{-5}	10^{-4}
Signal-Dioden, Gleichrichter	10^{-4}	10^{-3}
Zener-Dioden	10^{-3}	10^{-2}
Medium-Power-Transistoren	10^{-2}	10^{-1}
Einige spezielle Gleichrichter; Zener-Dioden	10^{-1}	10^{0}
Relais (Schmelzen) der Kontakte)		10^{-1}
High-Power Transistoren	10^{0}	10^{1}
Leistungs-Dioden	10^{1}	10^{2}

Tabelle 1.4-7: Stör- und Zerstörschwellen wichtiger Bauelemente

Ausgehend von Energien von einigen 10 mJ stellt ESD, wie diese Tabelle zeigt, eine besondere Gefahrenquelle für elektronische Bauelemente dar.

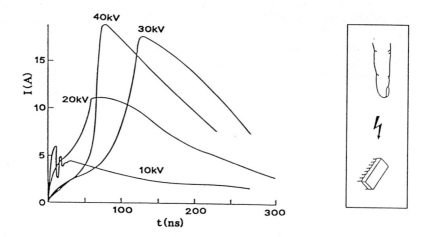

Bild 1.4-8: Zeitlicher Verlauf des ESD-Stroms zwischen Finger und Entladepunkt (z.B. IC) [3]

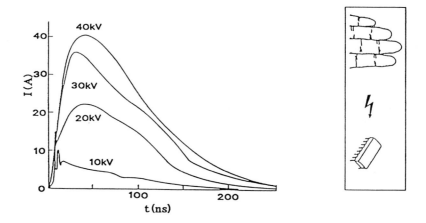

Bild 1.4-9: Zeitlicher Verlauf des ESD-Stroms zwischen Hand und Entladepunkt (z.B. IC) [3]

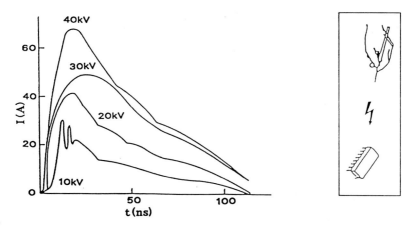

Bild 1.4-10: Zeitlicher Verlauf des ESD-Stroms zwischen Werkzeug (in der Hand)
und Entladepunkt (z.B. IC) [3]

1.4.2.3 Simulation von ESD

Der Simulation von ESD kommt große Bedeutung zu [6, 7]. Einerseits geht es um
die Untersuchung von ESD in Verbindung mit elektronischen Bauteilen und
Systemen zur Feststellung von ESD-Empfindlichkeiten, andererseits muß nach der
Realisierung eventuell erforderlicher Schutzmaßnahmen deren Wirksamkeit geprüft
werden. Die entsprechende Norm für ESD-Tests ist IEC 801-2. Das Bild 1.4-11
zeigt die typische Impulsform nach IEC 801-2. Gemäß diesem Bild sind in der

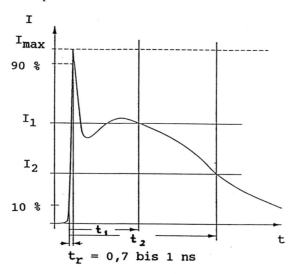

Bild 1.4-11: Typische Impulsform eines ESD-Generators gemäß IEC 801-2;
t_1 = 30 ns, t_2 = 60 ns

Norm für vier unterschiedliche Spannungspegel die Stromwerte für I_{max}, I_1 und I_2 festgelegt. Hier wird im wesentlichen zwischen der direkten und indirekten Beanspruchung des Testobjektes durch ESD unterschieden, s. Bild 1.4-12. Dabei sollen die Tests mit der Polarisation durchgeführt werden, bei der die größere Empfindlichkeit gegenüber ESD existiert. Zur Bestimmung vorhandener Fehlerschwellen wird die Testspannung kontinuierlich von kleinen Werten bis zum festgelegten Maximalwert erhöht.

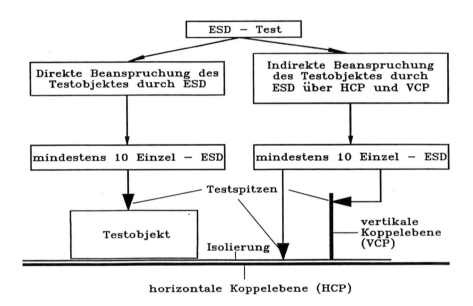

Bild 1.4-12: Elektrostatische Prüfung nach IEC 801-2

Das Bild 1.4-13 zeigt ein vereinfachtes Schaltbild des ESD-Generators. Wichtig sind hier die Stoßkapazität C_s = 150 pF und der Entladewiderstand R_d = 330 Ω.

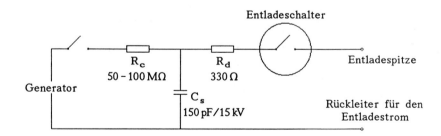

Bild 1.4-13: Vereinfachtes Ersatzschaltbild für einen ESD-Generator

1.4.2.4 LEMP und NEMP

Von besonderer Bedeutung unter den transienten Störsignalen sind LEMP- und NEMP-induzierte Spannungen bzw. Ströme. (LEMP: Lightning Electromagnetic Pulse (Blitz), NEMP: Nuclear Electromagnetic Pulse). Im Falle der LEMP-Störungen müssen zusätzlich noch die Direkteinschläge berücksichtigt werden, die sich dadurch von den induzierten LEMP-Störungen unterscheiden, daß bei Direkt-einschlägen relativ hohe Ströme (Größenordnung einige zehn kA) über die getroffenen Objekte zur Erde hin abfließen. Bezüglich der im Abschnitt 3.4 beschriebenen Schutzschaltungen interessieren hier neben den NEMP-Störungen nur die indirekten, d. h. die induzierten Blitzströme. Das Bild 1.4-14 zeigt für den NEMP und für unterschiedliche LEMP's mit der Entfernung zum Einschlagpunkt als Parameter die Frequenzspektren für die elektrische Feldstärke, wobei allerdings darauf hinzuweisen ist, daß im Falle des NEMP im wesentlichen zwischen dem Boden-NEMP und dem Exo-NEMP unterschieden werden muß. Die beiden NEMP-Typen unterscheiden sich, abgesehen von der Polarisation, besonders in ihrem Abklingverhalten, während die Anstiegszeiten ungefähr gleich sind und Werte von einigen Nanosekunden aufweisen. An dieser Stelle soll auf diese beiden speziellen Quellen für transiente Vorgänge nicht näher eingegangen werden. Es wird in diesem Zusammenhang auf die zu diesem Thema umfangreiche Literatur verwiesen, z. B. [8] - [10].

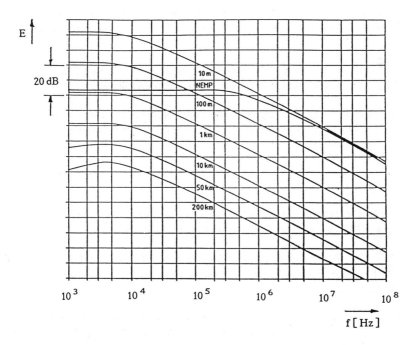

Bild 1.4-14: Frequenzspektren der elektrischen Feldstärke des NEMP und verschiedener LEMP mit Entfernung zum Einschlagpunkt als Parameter

1.4.3 Zusammenfassung

Die aufgeführten Beispiele haben gezeigt, daß unter den Störungen den transienten Vorgängen besondere Bedeutung zukommt. Neben den extrem hohen Amplituden, die normalerweise deutlich höher liegen als die periodischer Störungen, treten transiente Störungen oftmals zu nichtdefinierten bzw. unregelmäßigen Zeitpunkten auf. Außerdem können die einzelnen transienten Störungen aus ein und derselben Quelle sich bezüglich Amplitude, Anstiegszeit und Rückenhalbwertszeit in gewissen Grenzen voneinander unterscheiden. Diese Eigenschaften erfordern einerseits eine spezielle Meßtechnik und andererseits Schutzmaßnahmen in Form spezieller nichtlinearer Filter, die im Abschnitt 3.4 behandelt werden.

1.4.4 Literatur

[1]   Meissen, W.: Überspannungen in Niederspannungsnetzen. ETZ, Bd. 104, 7/8, 1983

[2]   Meissen, W.: Transiente Netzüberspannungen. ETZ, Bd. 107, Heft 2, 1986

[3]   Electrostatic discharge (ESD). Protection Test Handbook, Key Tek 1983

[4]   Weil, G.: Making Accurate and Repeatable Measurements of the ESD Current Waveform at 1 GHz and above. 8th Int. Symposium on EMC, Zürich, March 7 - 9, 1989

[5]   Ma, M.T.: How High is the Level of Electromagnetic Field Radiated by an ESD?. 8th Int. Symposium on EMC, Zürich, March 7 - 9, 1989

[6]   David, B., Ryser, H., Germond, A., Zweiacker, P.: The Correlation of Rising Slope and Speed of Approach in ESD Tests. 7th Int. Symposium on EMC, Zürich, March 3 - 5, 1987

[7]   Moehr, D.E.C: A New ESD Test Method and its Impact. 8th Int. Symposium on EMC, Zürich, March 7 - 9, 1989

[8]   Lee, K.S.H. (Editor): EMP Interaction: Principles, Techniques and Reference Data. EMP Interaction 2-1, Kirtland AFB, Dec. 1980

[9]   Ochs, W.: Elektromagnetischer Impuls einer Nuklearexplosion in großen Höhen, Teil I: Entstehung. Physikalische Blätter, Jahrgang 41, Heft 7/1985, S. 212 - 217

[10]   Sturm, R.: Elektromagnetischer Impuls einer Nuklearexplosion in großen Höhen, Teil II: Wirkung. Physikalische Blätter, Jahrgang 41, Heft 8/1985, S. 286 - 291

2. Analysen

In einer EMV-Systemplanung wird man nach einer EMV-Systemanalyse im allgemeinen EMV-Zonen definieren und für diese zonenspezifische Gerätegrenzwerte festlegen. Die Einhaltung dieser Grenzwerte muß in Geräteprüfungen nachgewiesen werden. Durch diese Vorgehensweise reduziert man den Aufwand an EMV-Analysen in erheblichem Umfang. Alle Risiken werden aber nicht abgedeckt, da zum einen die Systemumgebung anders sein kann als die Laborverhältnisse, zum anderen kann es unwirtschaftlich sein, aus einigen kritischen Beeinflussungsmöglichkeiten Grenzwertvorgaben für einen ganzen Bereich abzuleiten. Einzelanalysen werden daher für die meisten Systeme durchzuführen sein. Einzelananlysen werden darüber hinaus auch in bestehenden Systemen und Geräten benötigt, wenn sich elektromagnetische Unverträglichkeiten zeigen.

Erfahrungsgemäß ergeben sich in der EMV eines Systems folgende wesentliche Problembereiche:

1) Beeinflussungen durch Störgrößen auf der gemeinsamen Stromversorgung
2) Beeinflussungen durch niederfrequente magnetische Felder
3) Beeinflussungen der Empfangsanlagen durch Störaussendungen der elektrischen und elektronischen Geräte
4) Beeinflussungen der Elektronik durch HF-Abstrahlungen von Sendeantennen
5) Gegenseitige Beeinflussung zwischen dicht benachbarten Antennen.

Der Problembereich 1) ist durch Analysen sehr schlecht zu fassen. Große Unsicherheitsfaktoren bilden die frequenzabhängige Netzimpedanz sowie die zu erwartenden transienten Strönungen. Hier scheint es sinnvoll, das zur Verfügung stehende Netz zu beschreiben. Probleme der Bereiche 2) bis 5) lassen sich über Beeinflussungsmodelle und Rechenverfahren sehr weitgehend analysieren. Der Aufbau einer Einzelanalyse ist im Kapitel 1.3.6.3 beschrieben.

Im folgenden sollen die Rechenwerkzeuge betrachtet werden, die dem EMV-Ingenieur heute zur Verfügung stehen. Nach einem einleitenden Kapitel über die verschiedenen Rechenverfahren und Programme wird dann in den weiteren Abschnitten die Momentenmethode, als wichtigstes Werkzeug, mit ihren Grundlagen, ihren Möglichkeiten und Anwendungen eingehend beschrieben.

2.1 Werkzeuge zur Behandlung von Beeinflussungsmodellen

K. H. Gonschorek

Die Zeit ist lange vorbei, in der der erfahrene HF-Ingenieur die auftretenden Hochfrequenzstörungen allein durch Intuition und aufgrund seines Erfahrungsschatzes beseitigen konnte. Auch ist das Prinzip der nachträglichen Störbeseitigung dem Prinzip der präventiven EMV-Planung gewichen. Für seine

Arbeit benötigt der EMV-Ingenieur heute neben einem umfangreichen und teuren Meßgerätepark mit Empfängern und Leistungssendern für den Frequenzbereich von 0 Hz bis zu mehreren GHz und mit Geräten für die Erzeugung und Messung steilflankiger Impulse über einen großen Amplitudenbereich eine wohlsortierte Programmbibliothek zur schnellen und sicheren Analyse vermeintlicher und tatsächlicher Beeinflussungen, mit Programmen für die Berechnung elektromagnetischer Felder, zur Berechnung von Kopplungen in und zwischen Kabeln und Leitungen und für die Netzwerkanalyse im Frequenz- und im Zeitbereich [1].

Der verantwortungsbewußte und wohlüberlegte Einsatz dieser Einkopplungsprogramme sichert ihm mittel- und langfristig den Erfolg. Seine Erfahrungen spiegeln sich heute wieder in der Fähigkeit, eine reale Situation in ein berechenbares Modell umzusetzen, das geeignete EMV-Analyseprogramm auszuwählen und die Ergebnisse zu interpretieren und auch auf Plausibilität zu untersuchen.

In diesem Kapitel sollen neben einem allgemeinen Überblick über Verfahren zur Feldanalyse einige Programme aus diesem Bereich näher beleuchtet und ihre Brauchbarkeit für die EMV-Analyse in Anwendungsbeispielen gezeigt werden.

Die Netzwerkanalyse, auch ihr Einsatz zur Behandlung transienter Vorgänge, wird als bekannt vorausgesetzt und nicht weiter behandelt. Als bekannter Vertreter ausgefeilter Netzwerkprogramme sei hier nur

SPICE bzw. PSPICE von der Berkeley University

genannt.

In der Tabelle 2.1-1 sind die gängigen Verfahren zur Feldanalyse (ohne Anspruch auf Vollständigkeit) mit Aussagen über ihre Stärken und ihre Brauchbarkeit für die EMV-Analyse zusammengestellt.

2.1.1 Leitungstheoretische Ansätze

Die Behandlung von elektromagnetischen Kopplungsvorgängen über leitungstheoretische Ansätze bringt immer dort große Vorteile, wo große Längs- und kleine Querausdehnungen vorliegen. Kann man eine Anordnung als eine Leitungsstruktur auffassen, gegebenenfalls mit Verzweigungen, lassen sich über die Leitungstheorie hinreichend genaue Egebnisse erzielen.

Im Gegensatz zur Feldtheorie werden bei leitungstheoretischer Betrachtung die Größen für Eigen- und Gegeninduktivitäten sowie Streukapazitäten der betrachteten Anordnung explizite vorgegeben. Damit werden Retardierungseffekte senkrecht zu den Leitungsachsen vernachlässigt und nur reine TEM-Wellen berücksichtigt. Querschnittsabmessungen müssen deshalb deutlich kleiner als die kürzeste vorkommende Wellenlänge sein.

Verfahren	Frequenz bzw. Geometrieab-messungen	Besonderheiten
1. Leitungstheore-tische Ansätze	abhängig von Geometrie bis ca. 1 GHz, Zeitbereich	axiale Energieaus-breitung längs Leitern, keine Energieabstrahlung, Feldeinkopplungen können behandelt werden
2. Ersatzladungs-verfahren	Längen < $\lambda/10$	Berechnung elektrischer Felder in beliebig komplexen Strukturen, Konturoptimierungen
3. Finite Elemente, finite Differenzen		Felder in geschlossenen Feldräumen
a) statische Felder	Längen < $\lambda/10$	
b) dynamische Felder	Längen mehrere λ	
4. Direkte Lösung des Gesetzes von Biot-Savart, Gegeninduktion	bis zu Ausdehnungen < $\lambda /10$	Magnetfelder und ihre Auswirkungen in kom-plexen Strukturen
5. Momentenmethode	Längen > $\lambda/1000$ bis < 100λ, Zeitbereich	wichtigstes Werkzeug des EMV-Ingenieurs, direkte Anregung mit Leistung, Strom, Spannung, Feldanregung, Blitzeinkopplungen
6. Verfahren der geometrischen Optik	Ausdehnungen von vielen Wellenlängen	geeignet zur Untersuchung von Steuprozessen an elektrisch großen Hindernissen

Tabelle 2.1-1: Verfahren zur Feldanalyse

Betrachten wir eine Anordnung, wie sie im Bild 2.1-1 dargestellt [2] ist. Eine Feldwelle fällt unter den Winkeln φ (Winkel in der Ebene) und ψ (Winkel gegen die Ebene) auf einen über Grund verlegten Leiter ein.

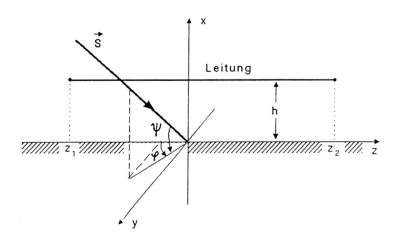

Bild 2.1-1: Einkopplung einer Feldwelle in eine horizontale Leitung

Für diese Anordnung läßt sich die folgende Lösung angeben:

$$U(z) = \Gamma_0 \left\{ [K_1 + P(z)] \, e^{-\gamma z} - [K_2 + Q(z)] \, e^{\gamma z} \right\} \, ,$$

$$I(z) = [K_1 + P(z)] \, e^{-\gamma z} + [K_2 + Q(z)] \, e^{\gamma z}$$

mit

$$P(z) \quad = \frac{1}{2\,\Gamma_0} \int_{z_1}^{z} e^{\gamma z} \, E_z \, dz \, ,$$

$$Q(z) \quad = \frac{1}{2\,\Gamma_0} \int_{z}^{z_2} e^{-\gamma z} \, E_z \, dz \, ,$$

$$K_1 \quad = r_1 \, e^{\gamma z_1} \, \frac{r_2 \, P(z_2) \, e^{-\gamma z_2} - Q(z_1) \, e^{\gamma z_2}}{e^{\gamma(z_2 - z_1)} - r_1 r_2 \, e^{-\gamma(z_2 - z_1)}} \, ,$$

$$K_2 \quad = r_2 \, e^{-\gamma z_2} \, \frac{r_1 \, Q(z_1) \, e^{\gamma z_1} - P(z_2) \, e^{-\gamma z_1}}{e^{\gamma(z_2 - z_1)} - r_1 r_2 \, e^{-\gamma(z_2 - z_1)}} \, ,$$

$$r_1 \quad = \quad \frac{Z_1 - \Gamma_0}{Z_1 + \Gamma_0} \; ,$$

$$r_2 \quad = \quad \frac{Z_2 - \Gamma_0}{Z_2 + \Gamma_0} \; ,$$

Γ_0 = Wellenwiderstand der Leitung
γ = Ausbreitungskonstante der Leitung
Z_1, Z_2 = Abschlußwiderstände an den Enden der Leitung.

Für eine Rechnung im Zeitbereich, wie sie sich empfiehlt, wenn nichtlineare Effekte berücksichtigt werden sollen, ist eine Kombination der Feldeinkopplung mit dem Bergeronverfahren, einer leistungsfähigen Methode zur Behandlung von Wanderwellenvorgängen auf verlustlosen Leitungen, angebracht. Bei diesem Verfahren werden zwei in entgegengesetzte Richtung laufende Wanderwellen angesetzt, die an den Leitungsenden die durch die Schaltung vorgegebenen Randbedingungen zu erfüllen haben. Die durch das äußere Feld E_z an jeder Stelle der Leitung erzeugte Spannung $-E_z \, \Delta z$ löst Wanderwellen aus. Die Wirkung aller Einkopplungen für bestimmte Zeitverläufe ergibt sich aus deren orts- und zeitkorrekter Überlagerung. Eine Verbindung dieses Verfahrens mit Methoden der Netzwerkanalyse ist möglich, so daß auch die Wechselwirkung der durch ein Feld beaufschlagten Leitung mit beliebigen, auch nichtlinearen Netzwerken behandelt werden kann.

Als Beispiel wird die Impulsüberkopplung von einem Kabel auf ein zweites Kabel behandelt. Die untersuchte Anordung ist im Bild 2.1-2 dargestellt. Die Spannungsquelle mit dem Innenwiderstand von 1 Ω liefert einen Impuls von 1 V bei einem linearen Anstieg von 0 auf 1 V in 10 ns.

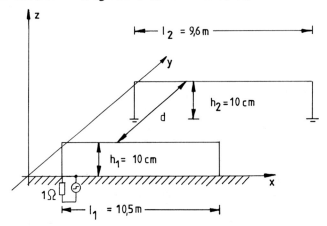

Bild 2.1-2: Anordnung zur Berechnung der Strahlungskopplung zwischen Kabeln, d = 25 cm, Radien $r_1 = r_2 = 6$ mm

Im Bild 2.1-3 sind die Verläufe der Kurzschlußströme in den rechtsseitigen Kurzschlußstellen der Kabel dargestellt.

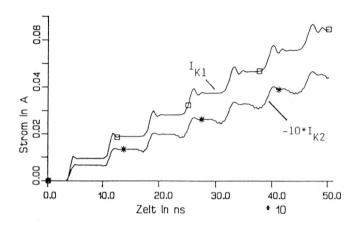

Bild 2.1-3: Impulskopplung zwischen zwei über leitender Ebene verlegten Kabeln

2.1.2 Ersatzladungsverfahren

Das Ersatzladungsverfahren ist ein Verfahren zur Berechnung statischer elektrischer Felder [3] und gehört zu den Integralgleichungsmethoden.

Bei diesem Verfahren wird die sich tatsächlich in einer Anordnung einstellende Ladungsverteilung bei Spannungsbeaufschlagung nachgebildet durch eine endliche Anzahl von Ersatzladungen, deren Orte man im allgemeinen vorgibt. Über Randbedingungen, wie z. B. $\phi = \phi_i$ oder $E_{tan} = 0$ auf der Oberfläche von Elektroden, wird die Größe der nach Art und Lage vorgegebenen Ladungen berechnet. Hat man die Größe der Ladungen bestimmt, lassen sich Potentiale und Feldstärken in beliebigen Punkten außerhalb der Elektroden vorhersagen. Das Verfahren wird im nachfolgenden Beispiel noch demonstriert.

Brauchbar ist das Ersatzladungverfahren auch für die Berechnung dynamischer elektrischer Felder. Folgende Bedingungen müssen dabei erfüllt sein:

* Die Geometrieabmessungen müssen kleiner als $\lambda/10$ der betrachteten Frequenz sein.

* Im zu untersuchenden System muß das elektrische Feld tatsächlich dominieren (Stabantennen, Aufbauten, keine Schleifen und Rahmen).

Zur Darstellung der Leistungsfähigkeit wird ein Beispiel aus dem Hochfrequenzbereich aufgegriffen [4]. Die Anordnung ist so gewählt, daß die Randbedingung (Längen < $\lambda/10$) erfüllt ist. Die untersuchte Anordnung ist im

Bild 2.1-4 dargestellt. Von der Antenne 1 wird bei f = 2 MHz eine Leistung von P_{ab} = 100 W abgestrahlt. Gesucht sind die Feldstärkewerte in verschiedenen Punkten der Ebene.

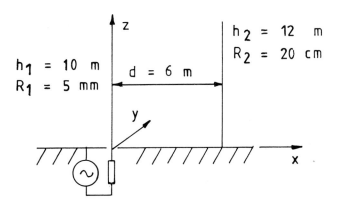

Bild 2.1-4: Anordnung aus Stabantenne und Sekundärstrahler

Die Analyse geschieht nun in folgender Weise:

1. Unter Vernachlässigung des Sekundärstrahlers wird die komplexe Eingangsimpedanz $\underline{Z}_{ein}$ der strahlenden Antenne berechnet.

2. Über den Ansatz $I^2 \cdot Re(\underline{Z}_{ein})$ = P_{ab} wird der Fußpunktstrom der Antenne bestimmt.

3. Über $I \cdot Im(\underline{Z}_{ein})$ = U wird die Antennenspannung berechnet.

4. Auf den Achsen der Antennen wird jeweils eine Linienladung angeordnet, deren Größe sich aus den Bedingungen ϕ = U für die Oberfläche der ersten Antenne und ϕ = 0 für die Oberfläche des Sekundärstrahlers ergibt.

5. Sind die Linienladungen bekannt, lassen sich damit Feldstärkewerte für beliebige Aufpunkte im Nahbereich errechnen.

Zu 1.: Der Realteil der Eingangsimpedanz ist gleich dem Strahlungswiderstand R_s. Für elektrisch kurze Antennen gilt

$$R_s = 40 \ \pi^2 \ (\frac{h}{\lambda})^2 \ .$$

Der Imaginärteil der Eingangsimpedanz läßt sich aus der statischen Kapazität berechnen. Es gilt

$$C = \frac{2\pi\varepsilon_o h}{\ln \dfrac{h}{1,71 \cdot R}} \, .$$

Aus beiden Gleichungen folgt

$$Z_{ein} = 1,75 - j \, 995 \, \Omega \, .$$

Zu 2.: Aus $I^2 \cdot 1,75 \, \Omega = 100 \, W$ errechnet sich ein Fußpunktstrom von

$$I = 7,6 \, A.$$

Zu 3.: Dieser Fußpunktstrom führt zu einer Antennenspannung von

$$U = 7,5 \, kV.$$

Zu 4.: Aus den angegebenen Randbedingungen lassen sich die bezogenen Linienladungen ($\overline{\lambda}_i = \lambda_i/(4 \, \pi\varepsilon)$) errechnen. Man erhält

$$\overline{\lambda}_1 = 542,7 \, V,$$
$$\overline{\lambda}_2 = -52,1 \, V.$$

Zu 5.: Aus den Linienladungen lassen sich wiederum elektrische Feldstärkewerte berechnen. Für den Punkt (-9 m, 0, 0) z. B. erhält man 38,4 V/m, für (9 m, 0, 0) errechnet sich 13,6 V/m.

2.1.3 Finite Elemente und finite Differenzen

Die Methoden der finiten Elemente und finiten Differenzen sind dadurch charakterisiert, daß sie das zu untersuchende Feldgebiet in finite, also endlich große Teilgebiete zerlegen. Auf jedes Teilgebiet wird eine aus den Maxwellschen Gleichungen abgeleitete Funktion angewendet. Randbedingungen sind im allgemeinen:

1. Die Übergänge zwischen zwei Teilgebieten müssen stetig sein.

2. Die durch die Randflächen des gesamten Feldgebietes vorgegebenen Bedingungen müssen erfüllt werden.

2.1.3.1 Statisches Feld

Die in diesem Abschnitt angesprochenen Verfahren der finiten Elemente und der finiten Differenzen beziehen sich auf statische Felder. Der Ansatz eines statischen Feldes liefert, zumindest für die Feldverteilung, genügend genaue Ergebnisse auch für Wechselfelder in Strukturen, deren charakteristische Abmessungen kleiner als $\lambda/10$ der betrachteten Frequenz sind. Sie sind unter dem Gesichtspunkt der Vernachlässigung von Laufzeiten zwischen Ursache und Wirkung gut geeignet, die elektromagnetischen Verhältnisse in geschlossenen Feldräumen zu bestimmen. Ein Feldraum ist geschlossen, wenn für alle begrenzenden Seiten eindeutige Randbedingungen vorliegen. Letztendlich sind die hier angesprochenen Verfahren numerische Verfahren zur Lösung der Laplaceschen Differentialgleichung

$$\Delta\phi = 0 \; .$$

2.1.3.1.1 Methode der finiten Elemente

Die Methode der finiten Elemente geht explizite von folgendem Ansatz aus:

> Jedes System nimmt den Zustand ein, in dem seine potentielle Energie ein Minimum ist.

Um diesen Ansatz auszuwerten, benötigt man ein Energiefunktional. Für das elektrostatische Feld bietet sich an

$$W = \frac{1}{2} \, \varepsilon \int_V \vec{E}^2 \; dV,$$

das über $\vec{E}(\vec{r}) = - \operatorname{grad} \phi(\vec{r})$ in

$$W = \frac{1}{2} \, \varepsilon \int_V [(\frac{\partial\phi}{\partial x})^2 + (\frac{\partial\phi}{\partial y})^2 + (\frac{\partial\phi}{\partial z})^2] \; dV$$

überführt werden kann.

Um dieses Energiefunktional zu behandeln, muß man noch eine bestimmte Abhängigkeit für das Potential vorgeben. Im allgemeinen setzt man einen linearen Verlauf an:

$$\phi(x, y, z) = A \, x + B \, y + C \, z + D.$$

Diskretisiert man das Feldgebiet (vorzugsweise in Tetraeder) und setzt man für jedes Teilvolumen i den obigen Potentialverlauf an und fordert man für jedes Teilvolumen, daß die potentielle Energie ein Minimum erreicht, so erhält man ein lösbares Gleichungssystem zur Bestimmung der Koeffizienten A_i, B_i, C_i und D_i.

2.1.3.1.2 Differenzenverfahren

Das Differenzenverfahren erlaubt die näherungsweise Lösung der Laplaceschen Potentialgleichung durch Überführen der Differentialquotienten der Gleichung in Differenzenquotienten. Über eine Taylorreihenapproximation läßt sich eine Gleichung ableiten, die das Potential eines Punktes aus den Nachbarpunkten berechenbar macht. Für den zweidimensionalen Fall lautet diese Gleichung:

$$\phi_0 = \frac{1}{4} (\phi_1 + \phi_2 + \phi_3 + \phi_4) .$$

Das Lösungsverfahren besteht nun darin, den Feldbereich mit einem Netz aus Gitterlinien zu überziehen (siehe hierzu Bild 2.1-5) und die Potentiale der Knotenpunkte entweder iterativ oder über ein Gleichungssystem zu bestimmen.

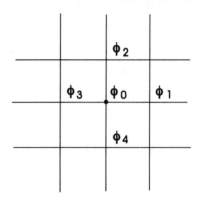

Bild 2.1-5: Ausschnitt aus einem Gitterliniennetz

2.1.3.2 Elektrodynamisches Feld

Die elektrodynamischen Felder zeichnen sich dadurch aus, daß die elektrische Feldkomponente mit der magnetischen Feldkomponente gekoppelt ist und nun nicht mehr allein betrachtet werden darf. Entsprechend muß in den Ansätzen zur Lösung diese Kopplung berücksichtigt werden. Betrachtet man die skalare Wellengleichung

$$\Delta\phi + k^2\phi = 0,$$

so drückt sich der Wellencharakter in dem zusätzlichen Glied $k^2\phi$ im Vergleich zur Laplaceschen Potentialgleichung aus ($k = 2 \pi/\lambda$ bei verlustlosen Medien).

Für die numerische Lösung elektromagnetischer Felder in geschlossenen Feldräumen für den Hochfrequenzfall bieten sich wiederum

     das Verfahren der finiten Elemente und
     das Differenzenverfahren

an.

Obwohl es interessante Ansätze für das Verfahren der finiten Elemente gibt [5], soll hier nur das Differenzenverfahren näher behandelt werden.

2.1.3.2.1 Differenzenverfahren für das HF-Feld

Auf die gleiche Weise wie beim Differenzenverfahren für das statische Feld werden beim Differenzenverfahren für das hochfrequente elektromagnetische Feld die Differentialgleichungen in Differenzengleichungen überführt.

$$\text{rot } \vec{E} = -\frac{d\vec{B}}{dt} = -\mu \frac{d\vec{H}}{dt} \quad \text{und}$$

$$\text{rot } \vec{H} = \frac{\partial \vec{D}}{\partial t} = \varepsilon \frac{\partial \vec{E}}{\partial t}$$

werden in entsprechende Diferenzengleichungen überführt.

Für den ebenen Fall einer Welle, die sich in x- und z-Richtung ausbreiten kann und nur die Komponenten E_x, E_z und H_y haben soll, erhält man folgende Differenzengleichungen:

$$\frac{\Delta H_y}{\Delta t} = -\frac{1}{\mu} \left[\frac{\Delta E_x}{\Delta z} - \frac{\Delta E_z}{\Delta x} \right] ;$$

$$\frac{\Delta E_x}{\Delta t} = -\frac{1}{\varepsilon} \frac{\Delta H_y}{\Delta z} ;$$

$$\frac{\Delta E_z}{\Delta t} = \frac{1}{\varepsilon} \frac{\Delta H_y}{\Delta x} .$$

Die Berechnung des Feldes läuft nun auf folgende Weise ab:

1. Man überzieht das Feldgebiet mit zwei Gitternetzen, die um eine halbe Gitterweite s/2 gegeneinander verschoben sind (siehe hierzu Bild 2.1-6!) .

2. Man gibt einen Startwert oder eine Startverteilung vor, z. B. eine von links einlaufende elektromagnetische Welle.

3. Man berechnet aus den E-Werten des Zeitpunktes t und den H-Werten des Zeitpunktes t - Δt/2 die neuen H-Werte für den Zeitpunkt t + Δt/2 .

4. Aus den H-Werten zum Zeitpunkt t + Δt/2 und den E-Werten zum Zeitpunkt t wiederum berechnet man die neuen E-Werte für den Zeitpunkt t + Δt.

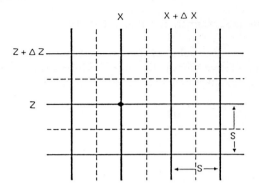

Bild 2.1-6: Wahl der Gitternetze für die Berechnung hochfrequenter Felder mit dem Differenzenverfahren

Die Wahl von zwei um s/2 verschobenen Gitternetzen folgt aus der Tatsache, daß folgende Umlaufintegrale erfüllt sein müssen:

$$\oint \vec{H}\, \vec{ds} \;=\; \varepsilon\, \frac{d}{dt} \int \vec{E}\, d\vec{A} \;;$$

$$\oint \vec{E}\, \vec{ds} \;=\; -\,\mu\, \frac{d}{dt} \int \vec{H}\, d\vec{A} \;.$$

Die zuvor beschriebene Prozedur läßt sich auch formelmäßig angeben:

$$H_y(x,z,t + \tfrac{\Delta t}{2}) = H_y(x,z,t - \tfrac{\Delta t}{2}) - \frac{A}{\Gamma_F}\, [E_x(x,z + \tfrac{\Delta z}{2},t) - E_x(x,z - \tfrac{\Delta z}{2},t) -$$

$$- E_z(x + \tfrac{\Delta x}{2},z,t) + E_z(x - \tfrac{\Delta x}{2},z,t)] \;,$$

$$E_x(x,z + \tfrac{\Delta z}{2}, t + \Delta t) = E_x(x,z + \tfrac{\Delta z}{2}, t) - A\,\Gamma_F\, [H_y(x,z + \Delta z, t + \tfrac{\Delta t}{2}) -$$

$$- H_y(x,z,t + \tfrac{\Delta t}{2})] \;,$$

$$E_z(x + \tfrac{\Delta x}{2},z, t + \Delta t) = E_z(x + \tfrac{\Delta x}{2},z, t) - A\,\Gamma_F\, [H_y(x + \Delta x, z, t + \tfrac{\Delta t}{2}) -$$

$$- H_y(x, z, t + \tfrac{\Delta t}{2})] \;,$$

$$A = v\, \Delta t/\Delta s, \qquad \Gamma_F = \sqrt{\tfrac{\mu}{\varepsilon}} \;.$$

Siehe hierzu [6] und [7]!

Mit dem Differenzenverfahren lassen sich folgende Aufgaben lösen:

* Kopplungen durch Schlitze,
* Feldverteilungen in geschirmten Räumen, die mit Aufbauten belastet sind,
* Feldverteilungen und Ausbreitungen in TEM-Zellen.

2.1.3.2.2 Methode der finiten Elemente für das HF-Feld

Die Methode der finititen Elemente für das HF-Feld wird mit Erfolg bei der Bestimmung der Vierpolparameter von Mikrowellenleitungen eingesetzt. Sie eignet sich, wie alle Verfahren dieses Kapitels, zur Berechnung der elektromagnetischen Verhältnisse in Gebieten, für die die Randbedingungen an allen das Gebiet umschließenden Flächen bekannt sind. So ist es denkbar, mit diesem Verfahren die elektromagnetischen Felder in einem geschirmten Raum, in dem sich metallische Aufbauten befinden, zu berechnen.

2.1.4 Magnetische Streufelder, Gegeninduktivitäten

Die Wirkung niederfrequenter Magnetfelder läßt sich unterscheiden in

a) direkte Wirkung: z. B. ungewollte Auslenkung eines Elektronenstrahls entsprechend der Kraft

$$\vec{F} = Q \cdot (\vec{v} \times \vec{B}),$$

b) indirekte Wirkung: Induzierung von Strömen und Spannungen entsprechend dem Induktionsgesetz

$$u_i = - \frac{d\phi}{dt}.$$

Während die Wirkung a) direkt dem Magnetfeld proportional ist, ist die Wirkung b) der zeitlichen Ableitung des Feldes proportional.

Zur quantitativen Vorhersage der zu erwartenden Störungen durch niederfrequente Magnetfelder bzw. für die Festlegung der zu ergreifenden Schutzmaßnahmen gegen niederfrequente Magnetfelder ist die genaue Kenntnis der Felder nötig. Im folgenden werden zwei Verfahren zur Berechnung magnetischer Streufelder und von Gegeninduktivitäten vorgestellt.

2.1.4.1 Berechnung magnetischer Streufelder

Ein endlich langer, gerader Draht, der von $y = 0$ bis $y = a$ auf der y-Achse eines kartesischen Koordinatensystems liegt und der den Strom I_i trägt, erzeugt in einem Aufpunkt $(x, y, 0)$ die magnetische Flußdichte

$$\vec{B}_i = \mu_0 \; \frac{I_i}{4\pi} \left[\frac{y - a}{x \sqrt{x^2 + (y-a)^2}} - \frac{y}{x \sqrt{x^2 + y^2}} \right] \vec{e}_z \; .$$

Für einen endlich langen Draht, der sich beliebig im Raum befindet, der von $P_0(x_0, y_0, z_0)$ nach $P_1(x_1, y_1, z_1)$ läuft und den Strom I_i führt, geht diese Gleichung in die nachfolgende Gleichung über:

$$\vec{B}_i = \mu_0 \; \frac{I_i}{4\pi} \left[\frac{\bar{y} - \bar{a}}{\bar{x} \sqrt{\bar{x}^2 + (\bar{y}-\bar{a})^2}} - \frac{\bar{y}}{\bar{x} \sqrt{\bar{x}^2 + \bar{y}^2}} \right] \vec{e}_z \; .$$

Siehe hierzu Bild 2.1-7!

Für die Auswertung werden noch die nachstehenden Vektorbeziehungen benötigt:

$$\vec{e_{\bar{z}}} = \frac{(\vec{r} - \vec{r}_0) \times (\vec{r}_1 - \vec{r}_0)}{|(\vec{r} - \vec{r}_0) \times (\vec{r}_1 - \vec{r}_0)|} \; ,$$

$$\bar{a} = |\vec{r} - \vec{r}_0| \; ,$$

$$\bar{x} = \frac{|(\vec{r} - \vec{r}_0) \times (\vec{r}_1 - \vec{r}_0)|}{|\vec{r}_1 - \vec{r}_0|} \; ,$$

$$\bar{y} = \frac{(\vec{r} - \vec{r}_0) \times (\vec{r}_1 - \vec{r}_0)|}{|\vec{r}_1 - \vec{r}_0|} \; .$$

Mit diesen Gleichungen ist nun eine Berechnung des magnetischen Streufeldes beliebig im Raum liegender, stromführender Leiter für beliebige Aufpunkte möglich. Das Gesamtfeld ergibt sich aus der vektor- und phasenrichtigen Addition aller Einzelteile. Diese Aufgabe sollte vorzugsweise durch einen Rechner durchgeführt werden.

Die näherungsweise Berechnung der Magnetfelder von Luftspulen und verdrillten Leitungen geschieht nun dadurch, daß man die einzelnen Windungen durch Polygone nachbildet und auf die Geraden der erzeugten Polygonzüge die o. a. Beziehungen anwendet. Das Bild 1.1-16 des Kapitels "Grundlagen der EMV" wurde mit einem Programm erzeugt, das auf den zuvor dargestellten Beziehungen basiert.

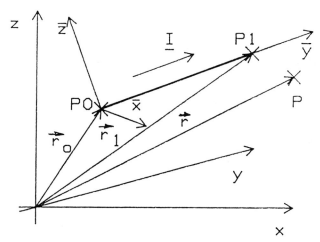

Bild 2.1-7: Lage des felderzeugenden Leiters

2.1.4.2 Numerische Berechnung von Gegen- und Eigeninduktivitäten

Mit dem Verfahren des letzten Abschnitts sind die Streufelder beliebiger Leitungsanordnungen bei Vorgabe der Ströme berechenbar. Häufig genügt auch die Kenntnis dieser Streufelder. Fragt man nach der in eine zweite Schleife induzierten Spannung, so reicht im allgemeinen der Ansatz eines räumlich konstanten Feldes für die gesamte beeinflußte Fläche der Schleife. Für genauere Untersuchungen, wenn dieser Ansatz zu grob ist, benötigt man die Gegeninduktivität.

Die Gegeninduktivität ist für Gebiete mit μ = const. und $\vec{J}$ = 0 definiert als

$$M_{12} = \frac{|\Phi_{12}|}{i_1} = \mu \, \frac{\int_{A_2} \vec{H}_{12} d\vec{A}_2}{i_1} \, .$$

Der Index 1 bezieht sich auf den stromführenden (beeinflussenden) Leiter, Index 2 auf die beeinflußte Leiterschleife.

Geht man wieder von einem endlich langen Leiter auf der y-Achse aus, so läßt sich, wie schon ausgeführt, die magnetische Flußdichte in der xy-Ebene berechnen.

Nimmt man in einem ersten Schritt an, daß durch Koordinatentransformation der beeinflussende Leiter tatsächlich auf der y-Achse von y = 0 bis y = a liegt und sich die beeinflußte Fläche in der xy-Ebene befindet, so läßt sich für diesen Fall eine analytische Lösung finden. Die Gegeninduktivität einer Anordnung, wie sie im Bild 2.1-8 dargestellt ist, errechnet sich nach folgender

Gleichung:

$$M_{12} =$$

$$\frac{\mu}{4\pi}\left\{\sqrt{(m_2^2+1)d^2+2m_2(b_2-a)d+(b_2-a)^2} - \sqrt{(m_2^2+1)c^2+2m_2(b_2-a)c+(b_2-a)^2}\right.$$

$$-\sqrt{(m_1^2+1)d^2+2m_1(b_1-a)d+(b_1-a)^2} + \sqrt{(m_1^2+1)c^2+2m_1(b_1-a)c+(b_1-a)^2}$$

$$-\sqrt{(m_2^2+1)d^2+2m_2b_2d+b_2^2} + \sqrt{(m_2^2+1)c^2+2m_2b_2c+b_2^2}$$

$$+\sqrt{(m_1^2+1)d^2+2m_1b_1d+b_1^2} - \sqrt{(m_1^2+1)c^2+2m_1b_1c+b_1^2}$$

$$+\frac{m_2(b_2-a)}{\sqrt{m_2^2+1}}\cdot\ln\frac{\sqrt{(m_2^2+1)((m_2^2+1)d^2+2m_2(b_2-a)d+(b_2-a)^2}+(m_2^2+1)d+m_2(b_2-a)}{\sqrt{(m_2^2+1)((m_2^2+1)c^2+2m_2(b_2-a)c+(b_2-a)^2)}+(m_2^2+1)c+m_2(b_2-a)}$$

$$+\frac{m_1(b_1-a)}{\sqrt{m_1^2+1}}\cdot\ln\frac{\sqrt{(m_1^2+1)((m_1^2+1)c^2+2m_1(b_1-a)c+(b_1-a)^2)}+(m_1^2+1)c+m_1(b_1-a)}{\sqrt{(m_1^2+1)((m_1^2+1)d^2+2m_1(b_1-a)d+(b_1-a)^2)}+(m_1^2+1)d+m_1(b_1-a)}$$

$$+\frac{m_2b_2}{\sqrt{m_2^2+1}}\cdot\ln\frac{\sqrt{(m_2^2+1)((m_2^2+1)c^2+2m_2b_2c+b_2^2)}+(m_2^2+1)c+m_2b_2}{\sqrt{(m_2^2+1)((m_2^2+1)d^2+2m_2b_2d+b_2^2)}+(m_2^2+1)d+m_2b_2}$$

$$+\frac{m_1b_1}{\sqrt{m_1^2+1}}\cdot\ln\frac{\sqrt{(m_1^2+1)((m_1^2+1)d^2+2m_1b_1d+b_1^2)}+(m_1^2+1)d+m_1b_1}{\sqrt{(m_1^2+1)((m_1^2+1)c^2+2m_1b_1c+b_1^2)}+(m_1^2+1)c+m_1b_1}$$

$$+|b_2-a|\cdot\ln\frac{d\left(\sqrt{(b_2-a)^2((m_2^2+1)c^2+2m_2(b_2-a)c+(b_2-a)^2)}+(b_2-a)^2+m_2(b_2-a)c\right)}{c\left(\sqrt{(b_2-a)^2((m_2^2+1)d^2+2m_2(b_2-a)d+(b_2-a)^2)}+(b_2-a)^2+m_2(b_2-a)d\right)}$$

$$+|b_1-a|\cdot\ln\frac{c\left(\sqrt{(b_1-a)^2((m_1^2+1)d^2+2m_1(b_1-a)d+(b_1-a)^2)}+(b_1-a)^2+m_1(b_1-a)d\right)}{d\left(\sqrt{(b_1-a)^2((m_1^2+1)c^2+2m_1(b_1-a)c+(b_1-a)^2)}+(b_1-a)^2+m_1(b_1-a)c\right)}$$

$$+|b_2|\cdot\ln\frac{c\left(\sqrt{(b_2^2((m_2^2+1)d^2+2m_2b_2d+b_2^2)}+b_2^2+m_2b_2d\right)}{d\left(\sqrt{(b_2^2((m_2^2+1)c^2+2m_2b_2c+b_2^2)}+b_2^2+m_2b_2c\right)}$$

$$+|b_1|\cdot\ln\frac{d\left(\sqrt{(b_1^2((m_1^2+1)c^2+2m_1b_1c+b_1^2)}+b_1^2+m_1b_1c\right)}{c\left(\sqrt{(b_1^2((m_1^2+1)d^2+2m_1b_1d+b_1^2)}+b_1^2+m_1b_1d\right)}\left.\right\} \, .$$

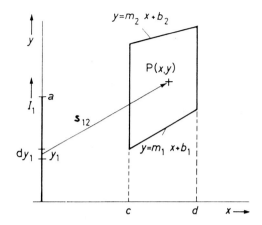

Bild 2.1-8: Anordnung aus stromführendem Leiter auf der y-Achse und
Trapezfläche in der xy-Ebene

Da sich jede ebene, durch Geraden begrenzte Fläche in eine Anzahl von
Dreiecksflächen (Dreiecksfläche ist der Grenzfall einer Trapezfläche) zerlegen
läßt, ist mit der angegebenen Gleichung und einer Summation der Einzelanteile
auch für eine solche Anordung eine analytische Lösung gefunden.

Der zweite Schritt zur Behandlung beliebig im Raum liegender Schleifen
besteht nun darin, die beeinflußte Schleife in die xy-Ebene zu drehen.
Theoretisch müßte jeder Punkt der Begrenzungsgeraden mit seinem Abstand
von der y-Achse ($r = \sqrt{x^2 + z^2}$) unter Beibehaltung seines y-Wertes in die xy-
Ebene gedreht werden. Mit dieser Prozedur wird im allgemeinen aus einer
Geraden im Raum eine Parabel in der xy-Ebene.

In einem realisierten Programm wird in folgender Weise verfahren:

Nur die Eckpunkte der Raumschleife werden in die xy-Ebene gedreht. Mit
ihnen wird die Gegeninduktivität berechnet. Nach der Einführung von
"imaginären" Eckpunkten in der Mitte der Begrenzungsgeraden der
Raumschleife und einer Drehung der Eckpunkte in die xy-Ebene wird erneut
die Gegeninduktivität berechnet. Ergibt sich zwischen beiden Rechnungen eine
zu große Differenz, werden erneut imaginäre Eckpunkte eingefügt usw.

Als Anwendungbeispiel wird die magnetische Kopplung zwischen zwei
verdrillten Kabeln berechnet. Die Anordnung ist im Bild 2.1-9 dargestellt.

Das beeinflussende Kabel hat eine Schlagweite von 1 m, einen Seelenradius
von 1 cm und eine Länge von 5 m. Das beeinflußte Kabel beginnt bei
x = 1,5 m, hat eine Schlagweite von 0,5 m und einen Seelenradius von ebenfalls 1 cm. Beide Kabel velaufen parallel bei einem Abstand von 10 cm. Im

Bild 2.1-10 ist die Gegeninduktivität als Funktion der Länge des beeinflußten Kabels dargestellt.

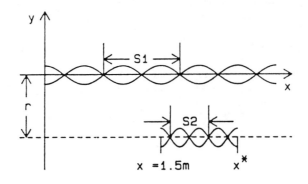

Bild 2.1-9: Anordnung aus zwei verdrillten Leitungen

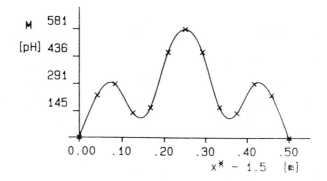

Bild 2.1-10: Gegeninduktivität für die Anordnung nach Bild 2.1-9

Mit dem beschriebenen Verfahren lassen sich auch Eigeninduktivitäten berechnen. Als stromführende Schleife gibt man die Schleife vor, die durch die Achsen der Leiter gebildet wird. Als beeinflußte Schleife wählt man eine Schleife, die sich aus der Oberfläche der einzelnen Teilstücke bilden läßt.

2.1.5 Momentenmethode

Die Momentenmethode (Method of Moments [9]) ist ein Verfahren zur numerischen Berechnung elektrodynamischer Felder. Sie gehört zu den Integralgleichungsmethoden. Die Momentenmethode kann auch als Ersatzstromverfahren bezeichnet werden.

Bei diesem Verfahren wird die sich tatsächlich in einer Anordnung einstellende

Strombelegung bei Beaufschlagung entweder mit

- einer eingeprägten Spannung,
- einem eingeprägten Strom,
- einer eingespeisten Leistung,
- einer Feldwelle

nachgebildet durch Ersatzströme, deren Wege man im allgemeinen vorgibt. Betrachtet man Anordnungen, die sich durch dünne Stäbe nachbilden lassen, so wählt man als Stromwege im allgemeinen die Achsen der Elektroden. Über Randbedingungen, wie z. B. $E_{tan} = 0$ auf der Oberfläche von Elektroden, werden die komplexen Amplituden der nach Art und Lage vorgegebenen Ströme berechnet. Dabei werden Laufzeiten zwischen Quellen und Senken berücksichtigt.

Sind die Ersatzströme bekannt, können aus ihnen alle interessierenden Systemparameter berechnet werden, wie z. B.

- Eingangsimpedanzen der Speisestellen,
- Spannungen über diskreten Beschaltungselementen,
- elektrische und magnetische Feldstärken des Nah- und des Fernfeldes.

Als einfaches Beispiel wird die Anordnung nach Bild 2.1-4 noch einmal aufgegriffen. Die mit dem Programm PC-CONCEPT erzielten Ergebnisse sind im Vergleich mit den Näherungswerten nach Kapitel 2.1.2 in der Tabelle 2.1-2 dargestellt. Der Zeitaufwand zur Erzielung der Ergebnisse mit PC-CONCEPT betrug, einschließlich Datensatzerstellung und Rechnung, weniger als 5 Minuten.

	Näherung Kap. 2.1.2	PC-CONCEPT Kap. 2.1.5	
Eingangsimpedanz	1,75 - j 995	1,35 - j 883	Ohm
Eingangsspannung	7,5	7,6	kV
Eingangsstrom	7,6	8,6	A
E(-9 m, 0, 0) E(-3 m, 0, 0) E (9 m, 0, 0) E (0, 9 m, 0)	37,8 268,5 19,7 36,4	38,4 253,2 13,6 36,7	V/m V/m V/m V/m

Tabelle 2.1-2: Vergleich der Näherungswerte des Kapitels 2.1.2 mit den Ergebnissen des Programms PC-CONCEPT für die Anordnung nach Bild 2.1-4

2.1.6 Verfahren der geometrischen Optik (GTD, UTD)

Die GTD (Geometrical Theory of Diffraction) und ihre Erweiterungen stellen gegenwärtig leistungsfähige Hilfsmittel zur numerischen Ermittlung der elektromagnetischen Streufelder komplizierter geometrischer Anordnungen bei hohen Frequenzen dar. Zusätzlich zu den direkten und reflektierten Strahlen der 'klassischen' Optik benutzt die GTD gebeugte Strahlen, welche sowohl im klassischen Lichtgebiet als auch im Schatten Feldstärken liefern. Zur Verbesserung der Genauigkeit und der Erweiterung ihrer Anwendungsbereiche werden fortlaufend neue Beugungskoeffizienten ermittelt. Die Entwicklung effektiver Algorithmen zur automatischen Strahlfindung bei willkürlich vorgegebenen Ensembles von Einzelobjekten ist ein Teilgebiet der momentanen Untersuchungen.

Die GTD baut auf der geometrischen Optik auf, sie kann als elektromagnetischer Hochfrequenz-Grenzfall aufgefaßt werden. Ihre Grundprinzipien sind [10,11] :

* Beiträge zum Feld in irgendeinem Aufpunkt im Raum stammen nur von Streuprozessen des Primärfeldes an diskreten Punkten der Oberfläche von Streuobjekten.

* Im Raum zwischen Quelle, Aufpunkt und Streupunkten wird das Wellenfeld durch diskrete Strahlen entlang von Ausbreitungslinien ersetzt.

* Entsprechend der geometrischen Optik sind die Strahlwege zwischen zwei Streupunkten Geradenabschnitte.

* Jeder Strahlenweg ist eine Extremale zwischen je zwei durchlaufenen Punkten.

* Jede Diskontinuität auf der Oberfläche gilt als potentielles Beugungszentrum. Kanten und Ecken sind Beispiele geometrischer Unstetigkeitsstellen.

* Es existieren Strahlen, die konvex gekrümmte Oberflächen tangential berühren. Diese setzen sich knickfrei vom Berührungspunkt entlang geodätischer Pfade auf der Oberfläche fort und lösen sich dann wieder tangential in einem zweiten Punkt ab.

* Befinden sich im Ausbreitungsraum mehrere Streuobjekte, so sind Mehrfachreflexions- und -beugungsprozesse möglich.

Wie bereits angesprochen, beeinhaltet die GTD zwei Problembereiche:

  - Verbesserung der Reflexions- und Streukoeffizienten,
  - Entwicklung von Algorithmen zur automatischen Strahlensuche.

Die um neue Koeffizienten erweiterte GTD wird auch als UTD bezeichnet (UTD = Uniform Geometrical Theory of Diffraction).

In der Praxis besitzt man Reflexions- und Streukoeffizienten für eine Anzahl von sogenannten Elementarbausteinen, wie z. B. Zylinder, Kugel, Kegelstumpf, Quader und Trapezoeder. Reale Gebilde müssen aus diesen Elementarbausteinen zusammengesetzt werden.

Als Beispiel für die UTD wird der Streuprozeß an einer Kante untersucht. Die Anordnung ist im Bild 2.1-11 dargestellt. Eine kurze Antenne befindet sich kurz oberhalb einer Kante. Gesucht ist das elektrische Feld im sogenannten Schattenbereich der Antenne.

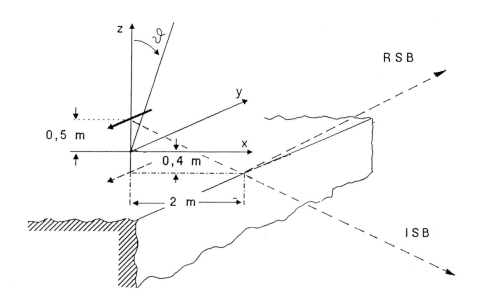

Bild 2.1-11: Anordnung einer kurzen Antenne oberhalb einer streuenden Kante,
Frequenz = 1,5 GHz
RSB: Reflection Shadow Boundary
ISB: Incoming Shadow Boundary

Im Bild 2.1-12 sind die Ergebnisse einander gegenübergestellt, die man mit der klassischen Optik und der GTD (UTD) erhält. Man erkennt im Bild a) im Gebiet, in dem sowohl der direkte als auch der reflektierte Strahl wirksam sind, das bekannte Interferenzmuster. Sobald kein reflektierter Strahl mehr auftritt, setzt die Interferenz aus, und ein nahezu konstanter Feldwert wird festgestellt. Wenn dann auch der direkte Strahl abreißt (Schattengrenze), geht das Feld auf Null zurück. Die geometrische Beugungstheorie liefert nun aber Lösungen mit Interferenzmuster für den Bereich ohne reflektierten Strahl und auch Feldwerte im klassischen Schattengebiet.

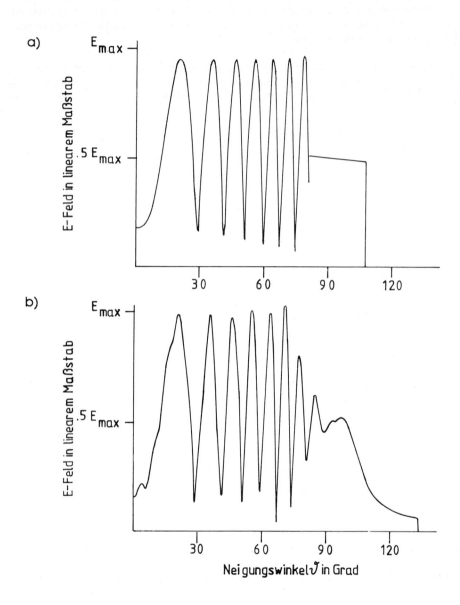

Bild 2.1-12: Elektrische Feldstärke in der xz-Ebene als Funktion des Neigungs-
winkels für die Anordnung nach Bild 2.1-11
a) geometrische Optik
b) UTD

2.1.7 Literatur

[1]   Beiblatt 1 zu VG 95 374 Teil 4: Elektromagnetische Verträglichkeit, Programme und Verfahren, Verfahren für Systeme, Rechenverfahren für die Analyse der Beeinflussungsmodelle. Beuth Verlag GmbH, Berlin

[2]   Vance, E. F.: Coupling to Shielded Cables. John Wiley & Sons, New York 1978

[3]   Singer, H., Steinbigler, H., Weiß, P.: A Charge Simulation Method for the Calculation of High Voltage Fields. IEEE Trans. PAS, 93 (1974), pp. 1660-1668

[4]   Gonschorek, K.H.: Application of Computer for the Determination of Magnetic and Electromagnetic Coupling. Sci.Contr. 70M3 to 5th Symposium on EMC, Zurich 1983

[5]   Nagy, J., Neukamm, G.: Anwendung der Finite-Elemente-Analyse auf die Lösung der Helmholtz'schen Gleichung. Mikrowellen Magazin, 12 (1986), S. 342-344

[6]   Lange, K.: Berechnung des örtlichen und zeitlichen Verlaufs elektromagnetischer Wellenfelder mit Differenzengleichungen. Beitrag zum Kolloquium 'Berechnung schnellveränderlicher elektromagnetischer Felder', HSBw Hamburg 1982

[7]   Weiland, T.: Numerical Solution of Maxwell's Equations for Static, Resonant and Transient Problems. Sci.Contr. to URSI Symposium on Electromagnetic Theory, Budapest 1986

[8]   Gonschorek, K.H.: Magnetic Stray Fields of Twisted Multicore Cables and their Coupling to Twisted and Non-Twisted Two-Wire-Lines. Sci.Contr. 96P7 to 6th Symposium on EMC, Zurich 1985

[9]   Harrington, R. F.: Matrix Methods for Field Problems. Proc. IEEE, 55 (1967), pp. 136-149

[10]   Poddig, R.: Eine Einführung in die geometrische Beugungstheorie. Frequenz, 43 (1989), Heft 11-12, S. 315-322

[11]   Schroth, A., Stein, V.: Moderne numerische Verfahren zur Lösung von Antennen- und Streuproblemen. Oldenbourg, München 1985

2.2   Die Momentenmethode als Werkzeug zur Lösung von EMV-Problemen

H. Singer

Wie im vorhergehenden Abschnitt dargestellt wurde, ist die Momentenmethode [1, 2] aufgrund verschiedener Kriterien ein für die EMV-Analyse bevorzugtes Verfahren, das in einem weiten Frequenzbereich eingesetzt werden kann. Mit den folgenden Ausführungen sollen die mathematisch-physikalischen Grundlagen und das Prinzip des Verfahrens für periodische und transiente Vorgänge gezeigt sowie wichtige Hinweise zur Modellierung der zu untersuchenden Strukturen gegeben werden. Es wurde versucht, die Ableitung und Erklärung des Verfahrens so darzustellen, daß auch ein mit der Materie nicht vertrauter Ingenieur das Prinzip erfassen und erste Schritte zur Nutzung der Momentenmethode vollziehen kann.

2.2.1 Mathematisch-physikalische Grundlagen

Den Ausgangspunkt bilden die Helmholtz-Gleichungen für das skalare elektrische Potential ϕ und das Vektorpotential A im schnellveränderlichen elektromagnetischen Feld in einem verlustlosen Medium (z. B. Luft):

$$\Delta \underline{\phi} + k_o^2 \cdot \underline{\phi} = - \frac{\rho}{\varepsilon} \; ;$$

$$\Delta \underline{\vec{A}} + k_o^2 \cdot \underline{\vec{A}} = - \mu \cdot \vec{\underline{J}}$$

mit der Wellenzahl $k_o = \omega \sqrt{\mu\varepsilon}$.

Diese Gleichungen gelten für zeitlich harmonische Vorgänge, die Rechnung erfolgt also im Frequenzbereich. Es werde betrachtet ein Gebiet V', in dem sich Quellen (Ströme, Ladungen) befinden. Diese Quellen verursachen in einem Aufpunkt mit der Nummer k, der um $\vec{r}$ davon entfernt ist, Potentiale ϕ und $\vec{A}$ sowie Feldstärken $\vec{E}$ und $\vec{H}$. Diese Feldgrößen werden verursacht durch eine Stromdichte $\vec{J}$ und eine Raumladungsdichte ρ im betrachteten Quellsegment i

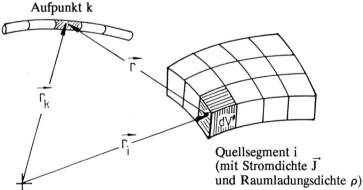

Bild 2.2-1: Bezeichnungsweisen zur Ermittlung von Potentialen und Feldern

Die Potentiale als Lösungen der Helmholtz-Gleichungen sind

$$\underline{\phi} = \frac{1}{4\pi\varepsilon} \cdot \int\int_{V'}\int \underline{\rho}(V') \cdot \frac{e^{-jk_0r}}{r} \cdot dV' \; ; \tag{2.2-1}$$

$$\underline{\vec{A}} = \frac{\mu}{4\pi} \cdot \int\int_{V'}\int \underline{\vec{J}}(V') \cdot \frac{e^{-jk_0r}}{r} \cdot dV' \; . \tag{2.2-2}$$

$\underline{\vec{J}}(V')$ und $\underline{\rho}(V')$ hängen über die Kontinuitätsgleichung zusammen:

$$\text{div } \underline{\vec{J}} = -j\omega\underline{\rho} \; . \tag{2.2-3}$$

Die von den Potentialen hervorgerufenen Feldstärken sind

$$\underline{\vec{E}} = -\text{grad } \underline{\phi} - j\omega\underline{\vec{A}} \; ; \tag{2.2-4.1}$$

$$\underline{\vec{H}} = \frac{1}{\mu} \cdot \text{rot } \underline{\vec{A}} \; . \tag{2.2-4.2}$$

Werden in die Gleichung für die elektrische Feldstärke das Vektorpotential $\vec{A}$ aus Gl. (2.2-2) und das elektrische Potential ϕ aus Gl. (2.2-1) eingesetzt, wobei die Raumladungsdichte entsprechend Gl. (2.2-3) durch $\vec{J}$ substituiert wird, dann entsteht die folgende Formel für $\vec{E}$:

$$\underline{\vec{E}} = \frac{-j}{4\pi\varepsilon\omega} \cdot \int\int_{V'}\int \text{div } \underline{\vec{J}} \cdot \text{grad } \frac{e^{-jk_0r}}{r} \cdot dV' \tag{2.2-5}$$

$$- \frac{j\omega\mu}{4\pi} \cdot \int\int_{V'}\int \underline{\vec{J}} \cdot \frac{e^{-jk_0r}}{r} \cdot dV' \; ;$$

Soll nun der Spannungsabfall an einem Leitersegment berechnet werden, ist die elektrische Feldstärke entlang dieses Leitersegments zu integrieren, d. h. es entsteht eine zusätzliche Integration über Δs, die Länge des Leitersegments:

$$\underline{U} = \frac{j}{4\pi\varepsilon\omega} \cdot \int_{\Delta s} \left[\int\int_{V'}\int \text{div } \underline{\vec{J}} \cdot \text{grad } \frac{e^{-jk_0r}}{r} \cdot dV' \right] \cdot \vec{ds}$$

$$+ \frac{j\omega\mu}{4\pi} \cdot \int_{\Delta s} \left[\int\int_{V'}\int \underline{\vec{J}} \cdot \frac{e^{-jk_0r}}{r} \cdot dV' \right] \cdot \vec{ds} \; . \tag{2.2-6}$$

2.2.2 Prinzip

Als erstes Problem bei der Berechnung der Feldgrößen ergibt sich, daß die Stromverteilung $\underline{J}(V')$ unbekannt ist; sie muß erst ermittelt werden. Vorteilhafterweise ist sie in Form möglichst einfacher mathematischer Funktionen zu suchen.

Da sich relativ einfache Funktionen in den allermeisten Fällen nicht für den Verlauf der Stromdichte über die gesamte Struktur ergeben, werden die Randflächen (Leiter-, Isolatoroberflächen) segmentiert, und in jedem Segment wird ein separater Ansatz für die Stromverteilung gewählt. Für leitende Flächen bestehen zwei grundsätzliche Möglichkeiten der Modellierung, nämlich Nachbildung durch Dünndrahtstrukturen (engl.: wire grids) bzw. durch Flächenstrukturen (engl.: patches), wie in Bild 2.2-2 schematisch gezeigt wird.

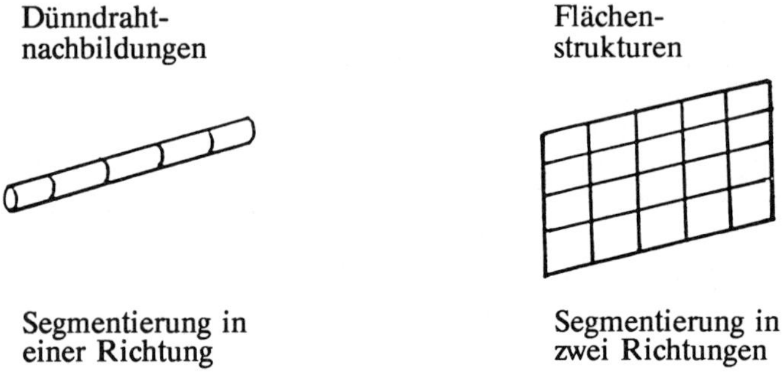

Dünndraht-
nachbildungen

Flächen-
strukturen

Segmentierung in
einer Richtung

Segmentierung in
zwei Richtungen

Bild 2.2-2: Nachbildung von elektrischen Leitern durch Dünndrahtstrukturen bzw. Flächenstrukturen

Die unbekannte Stromverteilung in jedem der Segmente ist zu ermitteln mit Hilfe von Randbedingungen auf der Leiteroberfläche. Als Randbedingung wird meistens gewählt die Tatsache, daß die Tangentialfeldstärke bzw. der Spannungsabfall längs idealer Leiter Null ist. Erst wenn mit Hilfe einer solchen Bedingung die Stromverteilung in den einzelnen Segmenten berechnet worden ist, dann können Feldstärken, Spannungen an Belastungselementen und andere interessierende Systemgrößen ermittelt werden (z. B. nach Gln. (2.2-5), (2.2-6)).

2.2.2.1 Dünndrahtanordnungen

Bei einer Dünndrahtnachbildung wird der Oberflächenstrom auf einem Leiter ersetzt durch einen Linienstrom, der auf der Achse des Drahtes fließt, also durch einen sog. Linienstrom. Diese Simulation bietet sich vor allem für drahtförmige Gebilde wie z. B. lineare Antennen an. Auch ein flächenhaftes Gebilde, z. B. ein Flugzeug, kann bis zu einem gewissen Aussagegrad damit behandelt werden; in diesem Fall wird die Oberfläche ersetzt durch ein Gitterwerk von Linienleitern, auf deren Achse jeweils Linienströme fließen.

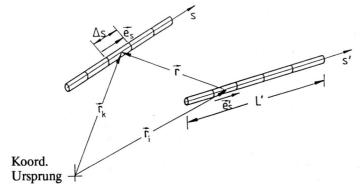

Bild 2.2-3: Bezeichnungsweisen für Dünndrahtanordnungen

Da bei Dünndrahtnachbildungen der Strom im Leiter nur auf der Achse in einer vorgegebenen Richtung fließt, wird aus dem Volumenintegral über V' in den bisherigen Gleichungen ein Linienintegral mit einfacher Integration über s'. Die Raumladungsdichte, die prinzipiell eine Veränderung in drei Koordinatenrichtungen zeigen kann, darf hier ersetzt werden durch eine Linienladungsdichte entlang der Achse des Linienstroms mit einer örtlichen Abhängigkeit von lediglich einer einzigen Richtung, nämlich entlang der Achse.

Aus Gl. (2.2-3) wird damit für die Divergenz

$$\frac{\partial \underline{I}(s')}{\partial s'} = - j\omega \underline{\lambda}(s') .$$ (2.2-3a)

Gl. (2.2-5) für die elektrische Feldstärke vereinfacht sich zu

$$\vec{\underline{E}} = \frac{-j}{4\pi\varepsilon\omega} \cdot \int_0^{L'} \frac{\partial \underline{I}(s')}{\partial s'} \cdot \frac{\partial}{\partial s} \left(\frac{e^{-jk_o r}}{r} \right) \cdot \vec{e}_s \cdot ds'$$

$$- \frac{j\omega\mu}{4\pi} \cdot \int_0^{L'} \underline{I}(s') \cdot \vec{e}_s' \cdot \frac{e^{-jk_o r}}{r} \cdot ds' ;$$ (2.2-5a)

und die Spannung längs eines Aufpunktsegments wird

$$\underline{U}_k \approx - \vec{\underline{E}}_k \cdot \vec{\Delta s} = \frac{j}{4\pi\varepsilon\omega} \cdot \int_0^{L'} \frac{\partial \underline{I}(s')}{\partial s'} \cdot \frac{\partial}{\partial s} \left(\frac{e^{-jk_o r}}{r} \right) \cdot \vec{e}_s \cdot ds' \cdot \vec{\Delta s}$$

$$+ \frac{j\omega\mu}{4\pi} \cdot \int_0^{L'} \underline{I}(s') \cdot \vec{e}_s' \cdot \frac{e^{-jk_o r}}{r} \cdot ds' \cdot \vec{\Delta s} ,$$ (2.2-6a)

wobei die Integration über s in Gl. (2.2-6) durch das Produkt mit Δs ersetzt wurde, weil die Segmentlänge Δs klein ist. In Gl. (2.2-6a) wird wie in allen anderen vorhergehenden Gleichungen nur über den rechts liegenden Leiter der

Länge L' integriert und zunächst der Strom im linken Leiter vernachlässigt. Durch Strahlung bzw. Induktion bildet sich auch im linken Leiter ein Strom aus, der ebenfalls berücksichtigt werden muß, so daß also auch über die Länge dieses Leiters zu integrieren und dieser Anteil zur Feldstärke bzw. zur Spannung über dem Aufpunktsegment zu addieren ist, wie später noch zu sehen sein wird. Gl. (2.2-6a) ist eine sog. Integralgleichung, weil die Stromverteilung I (s') unter dem Integral unbekannt ist.

Wie bereits erwähnt wurde, sind für die Stromverteilung vorteilhafterweise möglichst einfache mathematische Basisfunktionen anzunehmen. Aus diesem Grund wird der Linienstrom in einem Segment üblicherweise in Form von Rechteckfunktionen, Dreieckfunktionen oder Sinusteilbögen angesetzt.

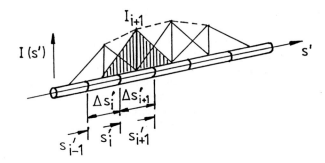

Bild 2.2-4: Strombelegung auf einem Linienleiter mit Nachbildung durch Dreieck-basisfunktionen

In Bild 2.2-4 ist als Beispiel ein Stromverlauf mit Dreieckbasisfunktionen be-schrieben. Die Dreieckfunktionen laufen über jeweils drei Segmente und werden überlagert. Dieses Vorgehen bietet den Vorteil, daß aus der Überlagerung ein stetiger Stromverlauf entlang der Linie s' resultiert. Die zunächst unbekannten Stromamplituden ... I_{i-1} , I_i , I_{i+1} , ... befinden sich jeweils genau über der Mitte des zugehörigen Segments.

Das Integral in Gl. (2.2-6a) über die Grenzen 0 bis L' wird wegen der Segmentie-rung zu einer Summe, und zwar über N Segmente. U_k nimmt folgende Form an:

$$\underline{U}_k = \sum_{i=1}^{N} \underline{Z}_{ki} \cdot \underline{I}_i = \underline{Z}_{k1} \cdot \underline{I}_1 + \underline{Z}_{k2} \cdot \underline{I}_2 + ... + \underline{Z}_{kN} \cdot \underline{I}_N . \qquad (2.2\text{-}6b)$$

Die Koppelimpedanzen $\underline{Z}_{ki}$ enthalten die Anteile, die unter den beiden Integralen von Gl. (2.2-6a) stehen, also

- die Geometrie der Anordnung (z. B. Abstände r zwischen Quellen und Aufpunkten),
- die Form der Stromfunktion (z. B. Dreieckfunktionen),

berücksichtigen also die Beeinflussung des Aufpunktsegments k durch den Quellenstrom im Segment i.

Die resultierende Spannung ist bekannt (Randbedingung); längs eines idealen Leiters ist sie Null. Nur dort wo eine Spannungsquelle sitzt, ist deren Spannung $\underline{U}_0$ einzusetzen, z. B. an der Speisestelle eines Dipols (Bild 2.2-5).

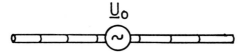

Bild 2.2-5: Speisung eines Drahtleiters (Beispiel Dipol) durch eine Spannungsquelle

Die erwähnte Randbedingung kann für jedes Segment angesetzt werden. Man hat also N Randbedingungen für N unbekannte Stromamplituden und kommt damit zu einem linearen Gleichungssystem vom Grad N:

$$
\begin{bmatrix}
\underline{Z}_{11} \cdots \underline{Z}_{1i} \cdots \underline{Z}_{1N} \\
\vdots \quad \vdots \quad \vdots \\
\underline{Z}_{k1} \cdots \underline{Z}_{ki} \cdots \underline{Z}_{kN} \\
\vdots \quad \vdots \quad \vdots \\
\underline{Z}_{N1} \cdots \underline{Z}_{Ni} \cdots \underline{Z}_{NN}
\end{bmatrix}
\cdot
\begin{bmatrix}
\underline{I}_1 \\ \vdots \\ \underline{I}_i \\ \vdots \\ \underline{I}_N
\end{bmatrix}
=
\begin{bmatrix}
\underline{U}_1 \\ \vdots \\ \underline{U}_k \\ \vdots \\ \underline{U}_N
\end{bmatrix}
\qquad (2.2\text{-}7.1)
$$

In Kurzform lautet dieses Gleichungssystem:

$$[\underline{Z}_{NN}] \cdot [\underline{I}_N] = [\underline{U}_N] \, . \qquad (2.2\text{-}7.2)$$

Die unbekannten Ströme $[\underline{I}_N]$ ergeben sich durch Auflösung des Gleichungssystems mit Matrixinversion $[\underline{Y}_{NN}] = [\underline{Z}_{NN}]^{-1}$ oder Gaußelimination:

$$[\underline{I}_N] = [\underline{Y}_{NN}] \cdot [\underline{U}_N] \, . \qquad (2.2\text{-}8)$$

Wenn die Stromverteilung errechnet ist, können alle interessierenden Systemgrößen wie $\vec{E}$ und $\vec{H}$, Strahlungsdiagramme usw. ermittelt werden, z. B. nach den Gln. (2.2-4.1) und (2.2-4.2).

Das Verfahren ist auch für nicht ideale Leiter mit endlichem Widerstand brauchbar. Der Leiterwiderstand R_k längs eines Segmentes kann berücksichtigt werden dadurch, daß der Spannungsabfall längs dem Leitersegment gemäß dem Produkt aus Segmentwiderstand R_k und Segmentstrom I_k vom Spannungsabfall des idealen Leiters ($U_{ok} = 0$ oder $U_{ok} = U_0$) subtrahiert wird (s. auch Bild 2.2-6):

$$\underline{U}_k = \underline{U}_{ok} - R_k \cdot \underline{I}_k \ .$$

Die k-te Zeile des Gleichungssystems bekommt also folgende Form:

$$\sum_{i=1}^{N} \underline{Z}_{ki} \cdot \underline{I}_i = \underline{U}_k = \underline{U}_{ok} - R_k \cdot \underline{I}_k \ ;$$

Das Produkt $R_k \cdot \underline{I}_k$ wird auf die linke Seite der Gleichung gebracht, da der Strom noch unbekannt ist, so daß folgende Gleichung entsteht:

$$\sum_{i=1}^{N} \underline{Z}_{ki} \cdot \underline{I}_i + R_k \cdot \underline{I}_k = \underline{U}_{ok} \ ;$$

d.h. das Diagonalelement $\underline{Z}_{kk}$ der Matrix wird vergrößert auf den Wert $\underline{Z}_{kk} + R_k$. Es ist zu ergänzen, daß R_k auch komplex sein könnte (z. B. R + jωL).

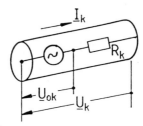

Bild 2.2-6: Spannungsabfall an einem Leitersegment mit endlichem Widerstand

Mit den bisher erläuterten Dünndrahtnachbildungen lassen sich vorzugsweise draht-förmige Gebilde behandeln, wie oben bereits geschildert. Auch flächenhafte Strukturen, z. B. Flugzeuge oder Kraftfahrzeuge, können damit bis zu einem gewissen Grad untersucht werden, wobei die Leiteroberfläche durch ein Gitterwerk von Drähten mit Linienströmen auf deren Achse simuliert wird und die Gesamtoberfläche aller Drähte etwa der Oberfläche der Leiterstruktur entspricht. Freilich sind damit nur begrenzte Aussagen möglich: Resonanzfrequenzen oder überschlägige Stromverteilungen auf der Oberfläche, etwa unter einem von außen einfallenden Feld, lassen sich damit noch recht gut ermitteln. Jedoch kann im Hochfrequenzfeld natürlich keine Schirmdämpfung auf diese Weise bestimmt werden.

2.2.2.2 Flächenstrukturen

Soll die Schirmdämpfung eines Käfigs, speziell bei Vorhandensein von Öffnungen, berechnet werden, dann empfiehlt sich eine Nachbildung der Strombelegung auf der Oberfläche der Struktur durch einen Stromdichtevektor mit zwei Richtungs-komponenten entlang der Oberfläche. Dazu wird die Oberfläche in zwei Richtun-gen segmentiert. Es gibt dabei eine ganze Reihe von Möglichkeiten der Flächen-segmentierung, z. B. Zerlegung in Dreieck-, Rechteck- oder Trapezflächen [3 - 6].

In diesem Fall ergibt sich nicht wie bei Dünndrahtanordnungen aus dem Volumenintegral der Gl. (2.2-5) ein Linienintegral, sondern ein Flächenintegral:

$$\vec{E} = \frac{-j}{4\pi\varepsilon\omega} \int\int_{A'} \text{div } \vec{J}_A \cdot \text{grad}\left(\frac{e^{-jk_0 r}}{r}\right) dA' - \frac{j\omega\mu}{4\pi} \int\int_{A'} \vec{J}_A \cdot \frac{e^{-jk_0 r}}{r} \, dA' \,.$$

$\vec{J}_A$ ist dabei die Stromdichte auf dem betrachteten Oberflächenelement mit der Dimension A pro m Breite. In Bild 2.2-7 ist eine Belegung benachbarter Oberflächenelemente, die die Form von Rechteck- bzw. Dreieckflächen haben, mit linearen Stromfunktionen gezeigt, die aus den Dreieckfunktionen der Linienleiter abgeleitet werden können. Die Stromfäden bei den Rechteckelementen gehen dabei in zwei Richtungen. Bei den Dreieckelementen ist die Überlagerung mehrerer Richtungen im Bild nicht gezeigt, da die Stromlinien nur von einer Ecke eines Dreiecks ausgehen; für die resultierende Belegung sind noch Stromlinien zu überlagern, die in den beiden anderen Ecken des jeweiligen Dreiecks starten.

Rechteckflächen
mit Satteldach-
Stromfunktionen

Überlagerung von
Stromfäden in
2 Richtungen

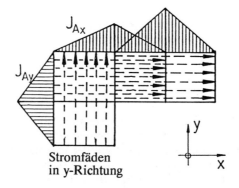

Stromfäden
in y-Richtung

Strom-
fäden in
x-Richtung

Dreieckflächen
mit ebenfalls
linearer Strom-
dichteverteilung

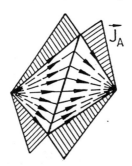

Übergang von einem Dreieck zum anderen:
J_{norm} = konst. längs der Übergangsseite
zwischen beiden Dreieckflächen;
J_{tang} = linear veränderlich längs
dieser Seite

Bild 2.2-7: Nachbildung von Flächenstrukturen durch Rechteck- bzw. Dreieckflächen mit linearer Strombelegung

Die scharaffierten Flächen im Bild 2.2-7 kennzeichnen die ortsveränderliche lineare Strombelegung. Für jede unbekannte Stromamplitude ist wiederum eine Randbedingung anzusetzen. Das detaillierte Vorgehen soll hier nicht weiter vertieft werden.

2.2.2.3 Anregungsvarianten

Die Art der Anregung der Struktur bestimmt die rechte Seite des Gleichungssystems. Bei Problemen der EMV treten folgende typischen Anregungsvarianten oft auf:

- Spannungsquellen mit gegebener Spannungsamplitude oder Leistung,
- ebenes Wellenfeld,
- eingeprägter Strom (z. B. Blitzstrom).

Diese Varianten sollen im folgenden anhand von Anordnungen, die sich durch Dünndrahtstrukturen darstellen lassen, behandelt werden.

a) Spannungsquellen

In Bild 2.2-8 ist eine Anordnung skizziert, die aus einer Schleife und einem Vertikalstab über leitender Ebene besteht. Die Leiterschleife ist in m Segmente unterteilt, wobei im m-ten Segment auf der leitenden Ebene ein Spannungsgenerator mit der komplexen Spannung $\underline{U}_{om}$ angebracht ist. Der Vertikalstab besteht aus N - m Segmenten, hier ist im Sgment m + 1 ein Spannungsgenerator angeordnet, dessen komplexe Spannung $\underline{U}_{on}$ beträgt. Die Segmentgesamtzahl ist N.

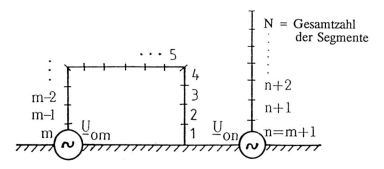

Bild 2.2-8: Speisung einer Leiteranordnung durch Spannungsgeneratoren

Gegenüber dem bisher dargestellten Prinzip des Verfahrens ergibt sich damit keine Besonderheit bezüglich der Randbedingungen. Da für die Dünndrahtstruktur eine ideale Leitfähigkeit angenommen wurde, sind die Spannungsabfälle an den Leitersegmenten Null, abgesehen von den Stellen, an denen die Spannungsgeneratoren sitzen; dort ist in den entsprechenden Zeilen des Gleichungssystems jeweils der komplexe Spannungswert dieser Generatorspannungen einzusetzen. Alle anderen Zeilen des Gleichungssystems erhalten auf der rechten Seite als Randbedingung jeweils eine Null, wie in der folgenden matriziellen Schreibweise zu sehen ist.

$$
\begin{bmatrix}
\underline{Z}_{11} & \cdot & \cdot & \cdot & \underline{Z}_{1N} \\
\cdot & & & & \cdot \\
\cdot & & \cdot & & \cdot \\
\cdot & & & & \cdot \\
\underline{Z}_{N1} & \cdot & \cdot & \cdot & \underline{Z}_{NN}
\end{bmatrix}
\begin{bmatrix}
\underline{I}_1 \\
\cdot \\
\cdot \\
\cdot \\
\cdot \\
\underline{I}_N
\end{bmatrix}
=
\begin{bmatrix}
0 \\
\cdot \\
\cdot \\
0 \\
\underline{U}_{om} \\
\underline{U}_{on} \\
\cdot \\
\cdot \\
0
\end{bmatrix}
$$

Die geschilderte Anregungsart mit einem Spannungsgenerator kann auch dazu verwendet werden, eine Einspeisung mit vorgegebener Wirkleistung zu simulieren. Zu diesem Zweck wird die Anordnung zunächst mit einer Speisespannung von $\hat{U}_0$ = 1 V durchgerechnet und damit die Stromverteilung in der Leiterstruktur nach dem beschriebenen Verfahren ermittelt. Wichtig ist der vom Generator in die Struktur fließende Strom $\hat{I}_{ein}$. Mit diesem Strom und der Speisespannnung $\hat{U}_0$ = 1 V berechnen sich die Eingangsimpedanz

$$\underline{Z}_{ein} = \frac{\hat{U}_0}{\hat{I}_{ein}}$$

und die bei dieser Spannung in die Struktur eingespeiste Wirkleistung

$$P_0 = \text{Realteil} \left(\frac{0,5}{\underline{Z}_{ein}} \right) \cdot \hat{U}_0^2 \,.$$

Die für eine vorgegebene Wirkleistung P_{vor} erforderliche Speisespannung berechnet sich aus

$$\hat{U} = \sqrt{P_{vor}/P_0} \cdot \hat{U}_0 \,.$$

Sämtliche bisher errechneten Ströme auf der Leiterstruktur sind mit dem Verhältnis $\hat{U}/\hat{U}_0$ zu multiplizieren; auch für alle anderen gewünschten Systemgrößen ist natürlich die Spannung $\hat{U}$ maßgebend.

b) Ebenes Wellenfeld

Mit der Momentenmethode ist es auch möglich, die Anregung durch ein Wellenfeld zu behandeln. Im folgenden wird, wie für die Leiterstruktur in Bild

2.2-9 skizziert, ein Fernfeld angenommen, also ein ebenes Wellenfeld. Die Besonderheit besteht nun darin, daß bei der Feldanregung jedes Leitersegment durch das eingeprägte Feld $\vec{E}_o$ angeregt wird; deswegen tritt in allen Elementen der rechten Seite des Gleichungssystems eine Spannung auf. Als Beispiel wird die Spannung, die sich damit im k-ten Element ergibt, beschrieben:

$$\underline{U}_{ok} = -\int_{\Delta s_k} \vec{\underline{E}}_{ok} \cdot \vec{ds}_k \approx -\vec{\underline{E}}_{ok} \cdot \vec{\Delta s}_k$$

$$\text{mit } \vec{\underline{E}}_{ok} = \hat{\underline{E}}_o \cdot \vec{p}_E \cdot e^{-j \cdot \vec{k}_o \cdot \vec{r}_k}.$$

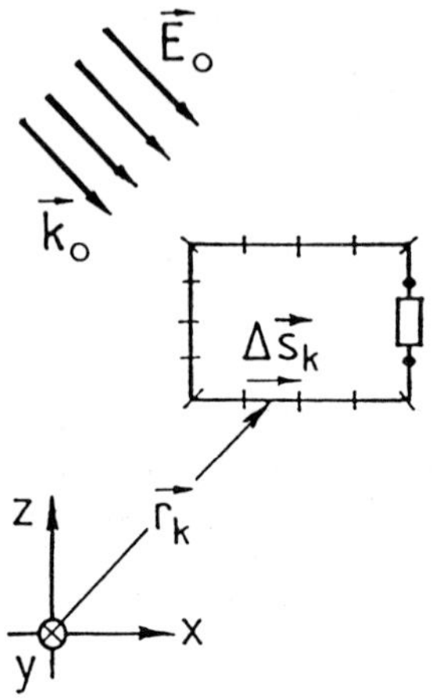

Die komplette rechte Seite für das Gleichungssystem zur Ermittlung der Segmentströme dieser Anordnung lautet:

$$\begin{bmatrix} -\vec{\underline{E}}_{o1} \cdot \vec{\Delta s}_1 \\ -\vec{\underline{E}}_{o2} \cdot \vec{\Delta s}_2 \\ \cdot \\ \cdot \\ \cdot \\ -\vec{\underline{E}}_{ok} \cdot \vec{\Delta s}_k \\ \cdot \\ \cdot \\ -\vec{\underline{E}}_{oN} \cdot \vec{\Delta s}_N \end{bmatrix}$$

Bild 2.2-9: Anregung einer Anordnung durch ein ebenes Wellenfeld

Bei dieser Anregungsart setzt sich die resultierende Feldstärke in einem beliebigen Punkt aus zwei Anteilen zusammen, nämlich dem ursprünglich einfallenden äußeren Wellenfeld $\vec{E}_O$ und dem Streufeld $\vec{E}_s$, das durch den in der Leiterstruktur angeregten Strom verursacht wird:

$$\vec{E} = \vec{E}_o + \vec{E}_s.$$

Dieses ist zu beachten, wenn nach der Ermittlung der unbekannten Ströme an irgendeiner Stelle die Feldstärke berechnet werden soll.

c) Eingeprägter Strom

Als dritte Anregungsvariante soll die Einkopplung durch einen eingeprägten Strom gezeigt werden. In Bild 2.2-10 ist in der rechten Hälfte ein Blitzkanal schematisch skizziert, der eine links davon gezeichnete Leiterschleife beeinflußt. In der Blitzschutztechnik spricht man dabei von indirekter Wirkung. Blitzkanal und Leiterschleife sind wiederum segmentiert. Im Blitzkanal wird ein bekannter Strom angenommen, der gemäß der Einteilung in M Segmente eine örtliche und zeitliche Abhängigkeit aufweisen kann. Durch das Nahfeld dieses Stroms wird die Leiterschleife angeregt.

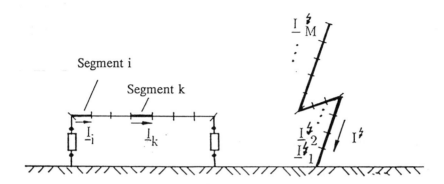

Bild 2.2-10: Anregung einer Leiterstruktur durch einen eingeprägten Strom

Der Spannungsabfall am Segment k der beeinflußten Leiterstruktur ergibt sich aus dem Blitzstrom (über die Koppelimpedanz $\underline{Z}_{km}$ zwischen Segment k des Leiter und dem betrachteten Segment m des Blitzkanals) und aus dem Strom auf der Leiterstruktur selbst (über die Koppelimpedanz $\underline{Z}_{ki}$ zwischen Segment k und dem betrachteten anregenden Segment i). Dabei ist über alle Blitzkanalsegmente m = 1 ... M und über alle rückwirkenden Stromsegmente i = 1 ... N auf der Leiterstruktur aufzusummieren.

Der so ermittelte Spannungsabfall ist für einen idealen Leiter Null und bildet wiederum die Randbedingung zur Ermittlung der Ströme $\underline{I}_i$ auf der Leiterstruktur. Die Zeile k des strombestimmenden Gleichungssystems lautet also

$$\underline{U}_k = \underbrace{\sum_{i=1}^{N} \underline{Z}_{ki} \cdot \underline{I}_i}_{\substack{\text{Leiterstruktur} \\ \text{mit N Segmenten}}} + \underbrace{\sum_{m=1}^{M} \underline{Z}_{km} \cdot \underline{I}_m^{\,\prime}}_{\substack{\text{Blitzkanal} \\ \text{mit M Segmenten}}} = 0 .$$

Die Summe mit den Blitzströmen $\underline{I}_m^{\,\prime}$ wird dann auf die rechte Seite der Gleichung gebracht, da diese Ströme bekannt sind, während die Summe mit den

Leiterströmen $\underline{I}_i$ auf der linken Seite bleibt und die Koppelimpedanzen $\underline{Z}_{ki}$ die k-te Zeile der Matrix des Gleichungssystems bilden:

$$\sum_{i=1}^{N} \underline{Z}_{ki} \cdot \underline{I}_i \quad = \quad - \sum_{m=1}^{M} \underline{Z}_{km} \cdot \underline{I}_m^{\prime}$$

Das gesamte Gleichungssystem in matrizieller Schreibweise lautet:

$$\begin{bmatrix} \underline{Z}_{11} & \cdots & \underline{Z}_{1N} \\ & \underline{Z}_{ki} & \\ \underline{Z}_{N1} & \cdots & \underline{Z}_{NN} \end{bmatrix} \cdot \begin{bmatrix} \underline{I}_1 \\ \vdots \\ \underline{I}_N \end{bmatrix} = \begin{bmatrix} -\sum_{m=1}^{M} \underline{Z}_{lm} \cdot \underline{I}_m^{\prime} \\ \vdots \\ -\sum_{m=1}^{M} \underline{Z}_{Nm} \cdot \underline{I}_m^{\prime} \end{bmatrix}$$

2.2.2.4 Vergleichende Übersicht

Das bisher erläuterte Vorgehen soll in Stichworten nochmals kurz zusammengefaßt werden:

1. Alle Leiter segmentieren.

2. In allen Leitern qualitative Stromfunktionen (z. B. Dreieckbasisfunktionen) ansetzen.

3. Kopplungsimpedanzmatrix berechnen.

4. Rechte Seite des Gleichungssystems wird festgelegt durch die Anregung (Spannungsquellen, Feldanregung, eingeprägter Strom).

5. Gleichungssystem auflösen nach den unbekannten Stromamplituden.

6. Gewünschte Systemgrößen (z. B. $\vec{E}$ oder $\vec{H}$) in allen beliebigen Aufpunkten berechnen.

Außerdem soll ein tabellarischer Vergleich zwischen dem entsprechenden Integralgleichungsverfahren für die Elektrostatik, dem Ladungsverfahren, und der hier beschriebenen Momentenmethode gebracht werden. Dabei wird sichtbar, daß im elektrostatischen Feld die Randbedingung für das elektrostatische Potential ϕ eines Leiters (gegenüber der Umgebung) formuliert wird, wogegen im schnellveränderlichen Feld der Spannungsabfall längs eines Leitersegments die analoge Randbedingungsgröße ist. Dem Potentialkoeffizienten p_{ki} (aus der Greenschen Funktion) der Elektrostatik entspricht hier die Koppelimpedanz $\underline{Z}_{ki}$. Weiterhin sind im folgenden die matrizielle Kurzschreibweise für das Gleichungssystem aufgeführt sowie die Auflösung nach den Unbekannten, nämlich nach der Ladung bzw. dem Segmentstrom.

Elektrostatisches Feld	Elektromagnetisches Feld
$\phi = p_{k1} \cdot Q_1 + \dots p_{kN} \cdot Q_N = \sum\limits_{i=1}^{N} p_{ki} \cdot Q_i$	$\underline{U}_k = \underline{Z}_{k1} \cdot \underline{I}_1 + \dots + \underline{Z}_{kN} \cdot \underline{I}_N = \sum\limits_{i=1}^{N} \underline{Z}_{ki} \cdot \underline{I}_i$
p_{ki} = f(Geometrie, Ladungsart)	$\underline{Z}_{ki}$ = f(Geometrie, Strombasisfunktion)
$\left[P_{NN} \right] \cdot \left[Q_N \right] = \left[\phi_{EN} \right]$	$\left[\underline{Z}_{NN} \right] \cdot \left[\underline{I}_N \right] = \left[\underline{U}_N \right]$
$\left[Q_{NN} \right] = \left[P_{NN} \right]^{-1} \cdot \left[\phi_{EN} \right]$	$\left[\underline{I}_N \right] = \left[\underline{Z}_{NN} \right]^{-1} \cdot \left[\underline{U}_N \right]$

Tabelle 2.2-1: Vergleich der Integralgleichungsverfahren für die Elektrostatik und das schnellveränderliche Feld

Neben der geschilderten Formulierung der Randbedingung existieren weitere Varianten. Hier wurde die Bedingung für die elektrische Tangentialfeldstärke

$$\vec{\underline{E}} = - \text{grad } \underline{\phi} - j\omega\vec{\underline{A}} \qquad (2.2\text{-}4.1)$$

bzw. den Spannungsabfall längs des Leiters als Randbedingung beschrieben, wodurch die sog. electric field integral equation (EFIE) entsteht. Daneben besteht die Möglichkeit, eine Randbedingung für die magnetische Tangentialfeldstärke auf Leiteroberflächen zu formulieren mit Hilfe der Gleichung

$$\vec{\underline{H}} = \frac{1}{\mu} \cdot \text{rot } \vec{\underline{A}} \qquad (2.2\text{-}4.2)$$

mit der Konsequenz, daß sich die sog. magnetic field integral equation (MFIE) ergibt. Diese zweite Möglichkeit ist aber nur anwendbar, wenn die Magnetfeldstärke auf einer der beiden Seiten des Leiters bekannt ist, etwa bei einem vollkommen geschlossenen Käfig, wo man annimmt, daß die Feldstärke im Inneren Null ist. Die Kombination beider Varianten ist die combined field integral equation (CFIE), mit der die unbekannten Segmentströme zu lösen sind.

Auch bei der eigentlichen Formulierung der jeweiligen Randbedingung entlang des Leiters über alle Segmente bestehen mehrere Alternativen. In den vorstehenden Ausführungen wurde eine Anpassung der Randbedingung in bestimmten Punkten der Leiteroberfläche (z. B. pro Segment auf einem Dünndrahtleiter ein Punkt) beschrieben, wo die Randbedingung für die Tangentialfeldstärke exakt zu stimmen hat, während sie in anderen Punkten der Leiteroberfläche nur angenähert eingehalten wird. In der englischen Literatur wird die **Punktanpassung** als point matching bezeichnet. Um die Abweichung in all diesen anderen Punkten möglichst klein zu halten, besteht daneben die bekannte Methode der **Fehlerminimierung**, bei der die quadratische Abweichung der Tangentialfeldstärke vom Sollwert minimiert wird, wobei aber gleichzeitig der Rechenaufwand wegen der erforderlichen Berechnung der Tangentialfeldstärke in vielen Punkten stark ansteigt. Eine dritte Alternative bildet die sog. **Galerkin-Methode**; dabei ist neben den schon beschriebenen Integralen zur Ermittlung des Spannungsabfalls längs der Leiterstruktur eine weitere Integration über die Leiterstruktur notwendig, die im Vergleich zum Point-matching-Verfahren ebenfalls eine glättende Wirkung aufweist.

2.2.3 Transiente Vorgänge

Bisher wurde die Rechnung im Frequenzbereich gezeigt, die für rein periodische Vorgänge geeignet ist. Sofern tansiente Prozesse (z. B. Blitzeinwirkungen, Wanderwellenvorgänge) untersucht werden müssen, ist eine Berechnung des zeitlichen Verlaufs der Systemgrößen unerläßlich. Die Betrachtung solcher Vorgänge ist im Rahmen der EMV sehr oft auch für Systeme erforderlich, die betriebsmäßig mit rein periodischen Signalen arbeiten.

Als mögliche Vorgehensweisen bieten sich an die Feldberechnung im Frequenzbereich mit Fouriertransformation in den Zeitbereich sowie die Feldberechnung im Zeitbereich.

Bei der Rechnung im Frequenzbereich wird zunächst die transiente Anregung (z. B. der Blitzstrom) in den Frequenzbereich transformiert. Für eine Vielzahl von Frequenzen sind dann die Systemantworten (z. B. $\underline{E}(f)$ oder $\underline{H}(f)$) zu berechnen. Diese Systemantworten werden schließlich wieder in den Zeitbereich transformiert. Bei der Rechnung im Zeitbereich ist die Integralgleichung (EFIE oder MFIE) für eine Vielzahl von Zeitschritten zu lösen.

Hier soll die Rechnung mit Hilfe des Frequenzbereichs gezeigt werden, da sie sehr viele Vorteile gegenüber der Zeitbereichsrechnung aufweist. Die Vorteile beider Verfahren sind in der Tabelle 2.2-2 aufgelistet.

Bei der Feldberechnung, die im Frequenzbereich durchgeführt wird, ist wie erwähnt die Fourier-Transformation zu Hilfe zu nehmen. Die anregende Systemgröße, z. B. eine Spannung U(t), wird zunächst in den Frequenzbereich transformiert. Beispielsweise ergibt sich dabei für einen doppeltexponentiellen Spannungsimpuls

$$U(t) = U_o \cdot \left(e^{-t/T_1} - e^{-t/T_2}\right)$$

im Frequenzbereich:

$$\underline{U}(\omega) = U_o \cdot \left[\frac{e^{-j \ \text{arc} \ \tan(\omega T_1)}}{\sqrt{\omega^2 + 1/T_1^2}} - \frac{e^{-j \ \text{arc} \ \tan(\omega T_2)}}{\sqrt{\omega^2 + 1/T_2^2}} \right] .$$

Mit dieser spektralen Verteilung wird für eine Vielzahl von Frequenzen die Struktur angeregt. Die Feldberechnung wird für eine Vielzahl von Frequenzen durchgeführt, wobei G(ω) für eine normierte Anregung die jeweilige gesuchte Übertragungsfunktion (z. B. spektrale Verteilung einer Feldstärke) ist, die anschließend mit dem Spektrum der Anregungsfunktion U(ω) zu multiplizieren ist, um den Einfluß der transienten Anregung zu erfassen und damit die interessierende Ausgangsgröße F(ω) zu erhalten, zunächst noch im Frequenzbereich.

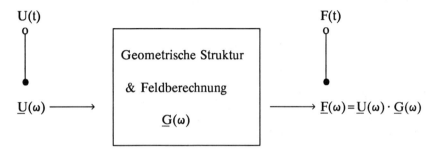

Schließlich ist die interessierende Ausgangsgröße (z. B. Feldstärke) in den Zeitbereich zu transformieren:

$$\underline{F}(\omega) = \underline{U}(\omega) \cdot \underline{G}(\omega) \quad = \quad F_{re}(\omega) + j \cdot F_{im}(\omega)$$

$$F(t) = \frac{1}{\pi} \cdot \int_{\omega_o}^{\omega_{max}} [F_{re}(\omega) \cdot \cos(\omega t) - F_{im}(\omega) \cdot \sin(\omega t)] \ d\omega .$$

Die Integration kann meistens nur numerisch durchgeführt werden, wobei folgendes zu beachten ist:

- Weil das Integral i. a. nicht analytisch lösbar ist, hat man eine Summation anstelle der analytischen Integration zu bilden, wofür beispielsweise die Integration nach der Simpsonregel benutzt werden kann.

- F(ω) wird dabei an bestimmten Stützpunkten ω_n mit der Schrittweite $\triangle \omega = 2\omega_o \cdot 2$ oder $\triangle \omega = 2\omega_o \cdot 3$ (oder mehr) berechnet.

- Die Momentenmethode nach der EFIE erlaubt keine Feldberechnung an der unteren Grenze 0; deshalb ist die Integration bei einer Frequenz ω_o zu beginnen, über deren Wahl noch zu sprechen ist.

- Die obere Grenze der numerischen Integration ist auf ω_{max} zu beschränken (anstelle von ∞) .

Frequenzbereich	Zeitbereich
Resonanzfrequenzen sofort zu finden	Vorteilhaft bei kurzen Impulsen, wenn insbesondere der Anstieg interessiert
Frequenzverhalten von Lastwiderständen oder Leitungselementen (z. B. Skineffekt) leicht zu ermitteln	Vorteilhaft bei steilen Impulsen, die im Frequenzbereich sehr hohe Frequenzen benötigen
Zeitliche Details nachträglich leicht stärker aufzulösen	Vorteilhaft bei nichtlinearen oder bei zeitveränderlichen Belastungselementen
Ergebnis für spätere Zeiten ohne numerische Probleme möglich	Sofort zeitliches Verhalten sichtbar
Ergebnisse des Frequenzbereichs nutzbar für verschiedene Pulsformen der Anregung	
Wenn Lastelemente geändert werden, kann mit der N-Tor-Theorie mit sehr geringem Rechenaufwand gearbeitet werden	
Rechenprogramm erfordert weniger Aufwand an Speicherverwaltung und Speicherzugriffen	
Verlustbehaftete Medien erfaßbar	
Kombinierbar mit GTD für sehr hohe Frequenzen	

Tabelle 2.2-2: Vergleich der Rechnung mit Hilfe der Momentenmethode im Frequenzbereich mit der im Zeitbereich

2.2.4 Empfehlungen zur Modellierung

Wenn konkrete Anordnungen modelliert und mit Hilfe eines Rechenprogramms, das auf der Momentenmethode basiert, untersucht werden sollen, sind verschiedene Aspekte zu beachten, um einwandfreie Ergebnisse zu erhalten.

a) Speicherplatz und Rechenzeit werden bei umfangreichen Anordnungen u. U. sehr groß. Es empfiehlt sich aus numerischen Gründen, mit doppelter Genauigkeit zu rechnen (REAL: 64 bit = 8 Byte, COMPLEX: 128 bit = 16 Byte). Der erforderliche Speicherbedarf für die Koppelimpedanzmatrix bei $N \times N$ Elementen ist dann $N \times N \times 16$ Byte.

Beispiel: N = 300; der Speicherplatz für Matrix ist hier 300 × 300 × 16 Byte = 1,44 MByte, d. h. bei kleinem Arbeitsspeicher ist die Matrix auf Hintergrundspeicher (Platte) auszulagern.

b) Dünndrahtanordnungen sind dadurch charakterisiert, daß gilt:
   Wellenlänge λ > > Leiterradius R und
   Leiterlänge L > > Leiterradius R.

Die empfohlenen Mindestwerte betragen:
   λ/R $\geq$ 15 ... 20   und
   L/R $\geq$ 15 ... 20.

Der gegenseitige Abstand paralleler Leiter bei der Nachbildung mit Linienströmen sollte einige Leiterradien betragen.

Generell sollte bei der Modellierung einer Leiterfläche durch Dünndrahtleiter die Gesamtoberfläche der Stäbe der Gesamtoberfläche des modellierten Leiters entsprechen. Rechnungen der Schirmwirkung können mit Dünndrahtleitern nicht verläßlich durchgeführt werden; nur die Ströme können bestimmt und benutzt werden zur Rechnung innerhalb des geschirmten Raums.

c) Auch zur Segmentierung können generelle Empfehlungen angegeben werden. Das zulässige kleinste Verhältnis Segmentlänge Δs zu Leiterradius R ist abhängig vom jeweiligen Computercode (Beispiel CONCEPT: zulässig auch Δs/R < 1). Ebenso ist das maximale Verhältnis von Segmenten (bei Segmenten, die in einem Verbindungsknoten zusammentreffen) abhängig vom Computercode (Beispiel CONCEPT: zulässig auch Verhältnisse von 10 ... 50).

d) Die Segmentierung hängt ab von der Frequenz. Im NF-Fall (Leiterlängen viel kleiner als die Wellenlänge, z. B. 100 kHz bei Strukturen im m- oder cm-Bereich) orientiert sich die Segmentierung an der zu erwartenden örtlichen Feldstärke-, Ladungs- oder Stromvariation. An Knickstellen ist i. a. eine dichtere Segmentierung nötig als an langen geradlinigen Leiterteilen; meist sind 3 oder mehr Segmente pro Stab erforderlich. Es ist zu überprüfen, inwieweit der Computercode eine Rechnung bei NF zuläßt (Beispiel: NEC-2 fordert: λ < $(10^4 \ldots 10^7) \cdot \Delta$s bei 64 bit, f muß entsprechend hoch liegen).

Im HF-Fall (Leiterlängen im Bereich der Wellenlänge) ist eine Mindestanzahl von Segmenten pro Wellenlänge vorzusehen. Empfehlungen:

8 Segmente pro Wellenlänge bei Dreieckbasisfunktionen und Sinusteilbögen,
10 Segmente pro Wellenlänge bei Rechteckbasisfunktionen.

In manchen Fällen reicht eine gröbere Segmentierung, vor allem an Stellen, an denen keine interessierenden Feldgrößen zu ermitteln sind.

e) Die Modellierung für transiente Vorgänge (Impulse) bedarf einer besonderen Aufmerksamkeit. Bei der Rechnung mit Hilfe des Frequenzbereichs braucht nur bei hohen Frequenzen sehr stark segmentiert zu werden, während bei den niedrigeren Frequenzen eine gröbere Segmentierung genügt; ein leistungsfähiger Computercode berücksichtigt dieses, weil damit viel Rechenzeit zu sparen ist.

Die obere Frequenzgrenze f_{max} bei der Fouriertransformation ist bestimmt durch die maximale Steilheit der anregenden Funktion (bzw. meist Anstiegszeit). Da die Segmentanzahl bei hohen Frequenzen sehr hoch werden kann, wird die obere Frequenzgrenze evtl. auch bestimmt durch die Möglichkeiten des Rechners (Speicher für Matrix, Rechenzeit). Eine weitere Beschränkung besteht u. U. auch darin, daß der Leiterradius R nicht mehr klein ist gegenüber der Wellenlänge λ. Nicht ausreichende obere Frequenzgrenze kann zum Gibbsschen Phänomen führen.

Die notwendige untere Frequenzgrenze f_0 bei der Fouriertransformation (eigentlich exakt $f_0 = 0$) wird bestimmt durch die Länge des anregenden Impulses. Außerdem wird sie bestimmt durch die sich im System über Laufzeiten τ einstellenden Energiependelungen, die durch Dämpfungsmechanismen (Abstrahlung und Energieumsetzung in ohmschen Widerständen) begrenzt werden; dieses muß der Ingenieur zunächst abschätzen, wobei als Anhaltswert für den Anfang mit einer 20-fachen Laufzeit über die größte Länge der Struktur gerechnet werden kann.

Beispiel: Eine Rückenzeitkonstante $T_1 = 300$ ns liefert eine Zeit $5 \cdot T_1 = 1500$ ns bis zum Abklingen eines doppeltexponentiellen anregenden Impulses;

die längste Laufzeit im System sei $\tau = 200$ ns, sie führt also zu $20 \cdot \tau = 4000$ ns.

Die zu wählende Grundschwingung mit $T_0 = 4000$ ns $= 4$ μs ist also bedingt durch die Laufzeit, nicht durch den anregenden Impuls. Die Grundfrequenz beträgt demnach $f_0 = 1/T_0 = 0,25$ MHz.

Wie oben schon angedeutet, kann die untere Frequenzgrenze f_0 - abhängig vom Computercode - nicht beliebig tief angesetzt werden, weil die Genauigkeit der Rechnung bei der Behandlung der Koppelimpedanzmatrix durch die verfügbare Rechnerstellenanzahl begrenzt wird.

Der Abstand zwischen den einzelnen Stützfrequenzen bei der numerischen Fouriertransformation (im Bereich zwischen f_0 und f_{max}) sollte aus Rechenzeitgründen so groß wie möglich sein, um für möglichst wenig Frequenzen eine Feldberechnung durchführen zu müssen. Der übliche Frequenzstützstellenabstand ist $\Delta f = 2/T_0$. Eine Rechenzeiteinsparung ist möglich durch Interpolation (z. B. bei CONCEPT), wobei nicht an allen Stützstellen eine Feldberechnung durchgeführt wird, sondern die Ergebnisse der Feldberechnung an vielen Stützstellen interpoliert werden und z. B. nur für jede 3. oder 5. Frequenz eine Feldberechnung nötig ist. Das führt speziell im oberen Frequenzbereich zu einer enormen Rechenzeiteinsparung; es ist lediglich darauf zu achten, daß keine Interpolation an Resonanzstellen durchgeführt wird.

f) Die Rechnung kann durch mehrere Maßnahmen auf ihre Genauigkeit hin untersucht werden. Folgende Möglichkeiten seien genannt:

- Stationäre Endwerte lassen sich oft durch einfache Rechnungen (z. B. Ohmsches Gesetz) nachvollziehen.

- Erkennbare Laufzeiten von Wanderwellenvorgängen sind in Relation zu setzen zu den charakteristischen geometrischen Abmessungen.

- Eine Größe wie Strom oder Spannung darf nicht früher $\neq 0$ werden, als es physikalisch aufgrund von Wanderwellen oder Streuvorgängen sein darf. Deshalb sollte die graphische Darstellung der Resultate kurz vor dem erwarteten Anstieg der zu zeichnenden Größe beginnen. Hebt diese Größe vorher von Null ab, ist oft die Grundfrequenz zu hoch gewählt (speziell bei Blindelementen der Fall), oder die Stützstellen können zu grob sein.

- Das Gibbssche Phänomen bei steilen Anstiegen ist meistens auf zu niedrige obere Frequenzgrenze f_{max} zurückzuführen.

2.2.5 Literatur

[1]   Harrington, R. F.: Field Computation by Moment Methods. McMillan Company, New York 1968

[2]   Brüns, H.-D.: Pulserregte elektromagnetische Vorgänge in dreidimensionalen Stabstrukturen. Dissertation, Universität der Bundeswehr Hamburg, April 1985

[3]   Glisson, A. W.: On the Development of Numerical Techniques for Treating Arbitrarily-Shaped Surfaces. Thesis, University of Mississippi, 1978

[4]   Mader, T.: E-Field Solution for Scattering from Wires and Arbitrary Surfaces. IEEE Symp. on EMC, Washington D.C., 1990, pp. 657-661

[5]   Rao, S. M.: Electromagnetic Scattering and Radiation of Arbitrarily-Shaped Surfaces by Triangular Patch Modelling. Thesis, University of Mississippi, August 1980

[6]   Mader, T., Singer, H.: Numerical Solution of the EFIE Using Arbitrarily-Shaped Quadrangular and Triangular Elements. 7th Annual Rev. of Progress in Appl. Computational Electromagnetics, Monterey/USA, März 1991, Konferenzband S. 292-303

2.3   Möglichkeiten und Anwendung der Momenten-methode mit Beispielen

H.-D. Brüns

Aufbauend auf den Herleitungen und Betrachtungen des Abschnitts 2.2 sollen jetzt Beipielkonfigurationen numerisch analysiert werden. Erfahrungsgemäß liegt für den potentiellen Nutzer eines Rechenprogramms zwischen dem Verständnis der theoretischen Grundlagen und der praktischen Anwendung noch eine Kluft, die es zu überwinden gilt. Auch wenn die abgeleiteten Integralgleichungen die elektromagnetische Strahlungskopplung in beliebigen metallischen Strukturen beschreiben, die zudem beliebig angeregt sein können, ergeben sich schon wegen der weiteren mathematischen und programmtechnischen Behandlung bestimmte Grenzen, die für die unterschiedlichen Programme auch verschieden ausfallen können.

In der EMV-Praxis auftretende Anordnungen zeichnen sich häufig durch eine aus elektrodynamischer Sicht kaum überschaubare Komplexität aus. Es wird wohl auch in Zukunft unwirtschaftlich und in den meisten Fällen unmöglich bleiben, für große technische Systeme wie Schiffe, Flugzeuge oder Fahrzeuge mit der jeweils vorhandenen Vielfalt an konstruktiven Details globale Daten-sätze aufzustellen, um an bestimmten Orten elektromagnetische Größen unter Beachtung aller denkbaren Wechselwirkungen zu ermitteln. Vielmehr wird der EMV-Ingenieur in jedem Einzelfall abschätzen müssen, inwieweit die Problem-stellung vereinfacht werden kann, um sie überhaupt einer numerischen Unter-suchung auf dem zur Verfügung stehenden Rechner zugänglich zu machen. Zur Lösung dieser Aufgabe kann das eingesetzte Rechenprogramm selbst wertvolle Hilfe leisten, wenn es z. B. um die Beurteilung geht, ob bestimmte Struk-turteile den notwendigerweise zu akzeptierenden Modellierfehler beeinflussen.

Ferner sollte der potentielle Anwender beachten, daß leistungsfähige Feld-rechenprogramme heute über eine umfangreiche Palette an Möglichkeiten verfügen, deren Bedienung eine Vertrautheit mit der spezifischen Kommando- und Verzeichnisstruktur voraussetzt. Der damit verbundene Lern- und Übungs-aufwand kann durchaus in den Bereich einiger Tage fallen. So weist ein modernes Programm allein hinsichtlich der Dateneingabe nachstehende Merkmale auf:

- Werkzeuge zum automatischen Generieren von Gitternetzen oder flächigen 3D-Modellen,
- Datenkonvertierung bei Anwendung von externer CAD-Software,
- grafische Kontrolle der eingegebenen Geometrie mit Lupenfunktion für fein strukturierte Bereiche in großen Anordnungen,
- automatisches Erzeugen symmetrischer Geometrieteile,
- integrierter Stabeditor zur schnellen Modifikation von Stabgeometrien.

Die weiter unten behandelten Beispiele wurden mit Hilfe des Programmpakets

CONCEPT berechnet und vermitteln einen Überblick über die Art und den Umfang von Strukturen, die im Rahmen realer EMV-Projekte mit Hilfe von Workstations, aber auch PC, die speziell bei Flächenproblemen über eine massive CPU-Leistung verfügen sollten, berechnet werden können. Zunächst empfiehlt es sich, auf Wege zur Durchführung von Plausibilitätsbetrachtungen hinzuweisen.

2.3.1 Ergebnisbewertung

Generell läßt sich sagen, daß es für die Anwendung eines Rechenprogramms vorteilhaft ist, wenn der Nutzer einen bestimmten Einblick in die Theorie bzw. den Lösungsalgorithmus hat. Die Kenntnis der Näherungen und Vereinfachungen, die in den zugrundeliegenden Gleichungen enthalten sind, bildet häufig die Voraussetzung für ein korrektes Modellieren technischer Anordnungen. So wurde gesagt, daß die Integralgleichung (2.2-5a) aus Abschnitt 2.2 sich lediglich auf schlanke linienförmige Leiter bezieht, wobei stets die bestehenden Verhältnisse von Durchmesser, Wellenlänge und Leiterlänge zu beachten sind.

Im allgemeinen ist eine sorgfältige Beurteilung und Interpretation der Rechenresultate hinsichtlich der Richtigkeit und Schlüssigkeit ihrer physikalischen Aussage unablässig. Eine solche Ergebnisbewertung kann mit einem nicht zu unterschätzenden Zeitaufwand verbunden sein und sollte bei der Kostenkalkulation durchzuführender EMV-Analysen berücksichtigt werden. Es lassen sich verschiedene Formen der Ergebnisbewertung unterscheiden [1]:

a) **Konvergenz der Eingangsimpedanz, der Strombelegung, des Wertes elektromagnetischer Felder usw.**

In diesem Zusammenhang kommt der Struktursegmentierung eine entscheidende Rolle zu. Um den Rechenaufwand klein zu halten, wird man die Anzahl der Stromfunktionen so gering wie möglich halten, da diese unmittelbar die Größe der Systemmatrix bestimmt. Eine zu grobe Segmentierung kann jedoch dazu führen, daß die berechnete Strombelegung noch keine Konvergenz aufweist, da zu wenige Basisfunktionen in einer stark strukturierten Geometrie zugrunde gelegt wurden oder eine ausgeprägte, unvorhergesehene Abhängigkeit des Stroms vom Ort in Randbereichen nur ungenügend Berücksichtigung fand. Bei Unsicherheit ist gegebenenfalls ein Lauf mit verfeinerter Unterteilung zu starten. Stellt sich trotz einer solchen Steigerung des numerischen Aufwands nur eine geringfügige Ergebnisvariation ein, ist ein wichtiger Punkt im Rahmen der Ergebnisbewertung erfüllt.

b) **Starten einer Frequenzschleife, bei elektromagnetischen Feldern Darstellung der Feldverteilung über dem Ort**

Im allgemeinen lassen sich Werte von elektromagnetischen Feldern, die sich auf einen isolierten Aufpunkt beziehen, oder Werte von Spannungen, die nur für eine diskrete Frequenz Gültigkeit haben, kaum hinsichtlich ihrer physikalischen Glaubwürdigkeit beurteilen. Wird die gesuchte Systemantwort je nach Typ und Anforderung in einen frequenzabhängigen oder ortsabhängigen Verlauf eingebettet, verbessert sich die Interpretationsfähigkeit. Dieses ist im zuerst genannten Fall darauf zurückzuführen, daß sich die Lage berechneter Größen bezüglich bestimmter abzuschätzender Systemresonanzen in einem weiter gefaßten Frequenzintervall relativ gut beurteilen läßt. Häufig können falsch gesetzte Lastimpedanzen durch relativ einfach vorherzusagende Systemantworten im Niederfrequenzbereich lokalisiert werden (z. B. Ohmsches Gesetz).

c) Leistungsbilanz

Die eingespeiste Leistung darf die Summe aus Verlustleistung auf der Struktur und abgestrahlter Leistung nicht überschreiten. Die abgestrahlte Leistung bildet das Ergebnis einer Flächenintegration des Poyntingvektors über die Fernfeldkugel.

d) Physikalische Glaubwürdigkeit der Resultate

Häufig kann eine Abschätzung zu erwartender Zahlenwerte im Anschluß an eine grobe Vereinfachung der Struktur vorgenommen werden. Unter Umständen existiert für eine solche reduzierte Anordnung eine Handformel, die dann zur Prüfung einzusetzen wäre. Auch wenn Handformeln häufig nur Tendenzen oder die Größenordnung eines gesuchten Resultats widerspiegeln können, so lassen sich aus den Gleichungen doch Abhängigkeiten von bestimmten Systemparametern ablesen, deren Bestätigung durch numerische Berechnungen letztendlich möglich sein muß.

Gegebenenfalls ist die behandelte Anordnung in geeigneter Weise zu modifizieren, um so einen Vergleich mit bekannten Daten zu erreichen und das Vertrauen zu den Ergebnissen zu erhöhen. Besteht bei komplizierten Datensätzen Unsicherheit, ob bestimmte Strukturteile vom Programm als leitend miteinander verbunden erkannt werden, so kann an geeigneter Stelle eine Stromschleife durch Einführen zusätzlicher Stäbe konstruiert werden, die dann später wieder zu entfernen ist. Bei Speisung mit einem Generator, der über einen hinreichend großen reellen Innenwiderstand verfügt, muß sich dann im tiefen Frequenzbereich ein leicht beurteilbares Strömungsbild auf flächigen Systemteilen einstellen bzw. ein Kreisstrom fließen, der sich einfach anhand des Ohmschen Gesetzes vorhersagen läßt.

Auch ist es möglich, daß sich im Rahmen einer Feldanregung bei bestimmter Stellung des Polarisationsvektors oder bestimmter Einfallsrichtung abschätzbare Grenzsituationen einstellen, z. B. das Verschwinden von Strömen in Leiterschleifen mit entsprechender Orientierung, Minima für eingekoppelte Spannungen usw.

e) Grad, in dem Randbedingungen erfüllt sind

Wie gezeigt wurde, basiert die Herleitung der Integralgleichungsvarianten für das elektrische Feld auf der physikalischen Voraussetzung, daß die tangentiale elektrische Gesamtfeldstärke an der Oberfläche eines ideal leitenden Körpers verschwindet. Somit kann als Lösungskriterium herangezogen werden, ob die genannte Bedingung von den ermittelten Strömen und Ladungen auf der Struktur in ausreichendem Maße erfüllt wird. Zu beachten ist allerdings, daß die rechnerisch bestimmten Feldquellen je nach verwendetem Basisfunktionstyp nur eine mehr oder weniger "glatte" Approximation realer Quellverteilungen gestatten. Weiterhin wird die Randbedingung für das E-Feld aus Rechenzeitgründen (Point-Matching) oft nur relativ grob und segmentgebunden angepaßt, so daß sich in unmittelbarer Nähe oder direkt auf einem Segment markante Abweichungen vom erwarteten Verlauf einstellen können. Dieses betrifft insbesondere Kanten, Spitzen, Öffnungen oder Stabknoten. Allerdings sollten sich bei ausreichender Diskretisierung schon in einer Entfernung von der Oberfläche, die einer typischen Segmentabmessung entspricht, die geforderten Feldorientierungen einstellen. Zur grafischen Beurteilbarkeit der geschilderten Problematik erweisen sich Vektordiagramme elektromagnetischer Felder in bestimmten Schnittebenen der Struktur als hilfreich.

f) Andere numerische und analytische Methoden

Bis zu diesem Punkt war von internen Bewertungen, die zum Teil unter Anwendung des Rechenprogramms selbst durch Abändern bestimmter Parameter oder der Geometrie des betrachteten Modells vorgenommen werden können, die Rede. Nachstehende Verfahren sind als externe Bewertungsmaßnahmen einzuordnen:

Bei tiefen Frequenzen bieten sich u.a. Ladungsverfahren, Netzwerktheorie oder Biot-Savartsches Gesetz zur Prüfung an. Bei gestreckten Konfigurationen, deren Querabmessungen oder Höhe über Grund sehr viel kleiner als die Wellenlänge sind, besteht gegebenenfalls die Möglichkeit eines Vergleichs mit leitungstheoretischen Ergebnissen.

g) Vergleich mit experimentellen Daten

Die Überprüfung anhand von Meßdaten stellt in vielen praktischen Fällen das entscheidende Instrument einer Resultatsbewertung dar, speziell wenn umfangreiche Strukturen vorliegen, die zudem, um sie überhaupt berechnen zu können, vereinfacht und aus der weiteren Systemumgebung herausgelöst werden mußten.

Generell kann gesagt werden, daß vor dem gezielten Einsatz eines Programms zunächst eine gewisse Routine mit dessen Umgang erreicht sein sollte. Dieses läßt sich bewerkstelligen durch Anwendung auf überschaubare, einfache Strukturen. So lassen sich schon in der Übungsphase Problembereiche in der Programmanwendung lokalisieren, die später von vornherein vermieden werden können. Ferner sind bestimmte Grenzen von Programmen, die auf der Momentenmethode basieren, oftmals schon durch relativ einfache Untersuchungen auszuloten. Beispiele in dieser Hinsicht sind stark differierende Segmentlängen auf verbundenen Stäben oder ausgeprägte Elementgrößenunterschiede auf aneinander grenzenden flächigen Gebilden.

Wie oben erwähnt wurde, ergeben sich bei den auf dem Markt befindlichen Programmen Unterschiede im Einsatzbereich, was u.a. darauf zurückzuführen ist, daß unterschiedliche Integralgleichungsvarianten, Basisfunktionstypen, Verfahren zur Anpassung der Randbedingung sowie Methoden zur Behandlung von Stabknoten, Stab-Flächen-Verbindungen sowie Flächen-Flächen-Verbindungen eingesetzt werden.

Bereits im vorigen Beitrag wurde gesagt, daß der Strom, der in schlanken Leitern bzw. Stäben fließt, durch einen Stromfaden auf der Leiterachse ersetzt wird. In Wirklichkeit finden sich Ströme und Ladungen jedoch, abhängig von der Frequenz, in einer dünnen Oberflächenschicht, d. h. azimutale Stromkomponenten werden durch den beschriebenen Ansatz in jedem Falle vernachlässigt. Zudem wird einer eventuell vorhandenen Umfangsabhängigkeit axial fließender Ströme in keiner Weise Rechnung getragen mit der beschriebenen Konsequenz, daß lediglich Leiterabschnitte betrachtet werden können, die relativ lang im Verhältnis zu ihrem Durchmesser sind. Ferner werden Endflächenströme ebenfalls nicht betrachtet. Aus dem Gesagten ergibt sich, daß der Nutzer in kritischen Fällen zu überlegen hat, ob sich die Feldverhältnisse in der Leiterumgebung überhaupt noch durch den Ansatz einfacher axialer Quellen nachbilden lassen oder ob nicht der Einsatz von Flächenströmen oder zumindest eines Wire-Grid-Modells sinnvoller wäre.

Bei sehr tiefen Frequenzen oder elektrisch kleinen Systembereichen lassen sich durchaus Modellierungsrichtlinien aus dem Bereich der Elektrostatik übernehmen. Es leuchtet ein, daß komplizierte Ladungs- und Feldverteilungen nur durch eine ausreichende Anzahl diskreter Feldquellen zu berücksichtigen sind (Ladungsverfahren). Eine bestimmte quasistationäre Ladungsverteilung wird, momententheoretisch betrachtet, durch die Ortsabhängigkeit der Amplituden der Strombasisfunktionen in den letzten Nachkommastellen erfaßt. Damit lassen sich also auch kapazitive Effekte unter Einsatz der Momentenmethode bis hinunter in den kHz-Bereich berechnen. Generell sollte allerdings eine doppelte Zahlengenauigkeit in den Programmen verwandt werden.

2.3.2   Beispiele einfacher Stabstrukturen

Die nachfolgenden Beispiele sollen die Leistungsfähigkeit momententheoretischer Programme demonstrieren.

2.3.2.1 Horizontale Leiterschleife in der Nähe einer Vertikalantenne

Zunächst wird eine fußpunktgespeiste Monopolantenne behandelt, die sich in der Nähe einer rechteckförmigen Leiterschleife befindet. Die Anordnung ist in Bild 2.3-1 zu erkennen.

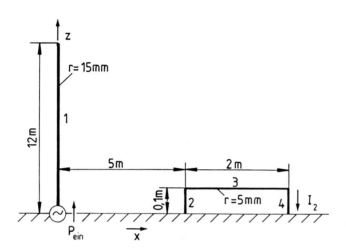

Bild 2.3-1: Leiterschleife in der Nähe einer fußpunktgespeisten Sendeantenne

Die eingespeiste Leistung beträgt 1 W bei einer Frequenz von 21 MHz entsprechend einer Wellenlänge von λ = 14,3 m. Zu berechnen sind die Eingangsimpedanz $\underline{Z}_{ein}$, der Strom am rechten Vertikalstab der Leiterschleife und die elektrische Feldstärke in einem Aufpunkt unterhalb des Horizontalleiters.

Zur Festlegung der Segmentierung der Sendeantenne ist zunächst festzustellen, daß deren Länge nur knapp unterhalb der Wellenlänge liegt. Da andererseits mindestens 8 Segmente je Wellenlänge erforderlich sind, um eine konvergente Strombelegung zu erhalten, sind auch mindestens 8 Basisfunktionen auf dem Antennenstab anzusetzen.

Die Länge der Leiterschleife liegt knapp unterhalb von $\lambda/4$. Deshalb muß die Segmentierung der Leiterschleifenstäbe in einer Weise vorgenommen werden, die sich an der zu erwartenden örtlichen Variation der Felder im Bereich der Leiterschleife orientiert. Da der Feldaufpunkt sich in relativ großer Entfernung von den Vertikalleitern befindet, erscheint es ausreichend, auf dem Horizontalleiter 6 Dreieckstromfunktionen zu definieren. Um den Strom auf den kurzen Vertikalleitern nachzubilden, werden jeweils 3 Basisfunktionen gewählt. Insgesamt entsteht bei der numerischen Behandlung des Problems also ein Gleichungssystem mit 8+3+6+3=20 Unbekannten, das schnell mit Hilfe eines PC aufgestellt und gelöst werden kann.

Die beeinflußte Schleife ist in Anbetracht des Verhältnisses von Länge/Höhe als leitungsähnliche Struktur zu betrachten. Sie vermag infolge des großen Abstands zur Sendeantenne selbst keinen nennenswerten direkten Einfluß auf diese auszuüben. Da die Höhe der Leitung klein gegenüber der Wellenlänge der angenommenen Frequenz ist, kann sie kaum Energie abstrahlen. Deshalb wird trotz der unsymmetrischen Gesamtanordnung nach wie vor das Richtdiagramm der unbeeinflußten Sendeantenne Gültigkeit haben. Bild 2.3-2 zeigt das Vertikaldiagramm der Anordnung gemäß Bild 2.3-1. Es ist im wesentlichen durch 2 Keulen charakterisiert, die sich unter einem Winkel von ca. 45 ^{o} zur Vertikalen ausbilden.

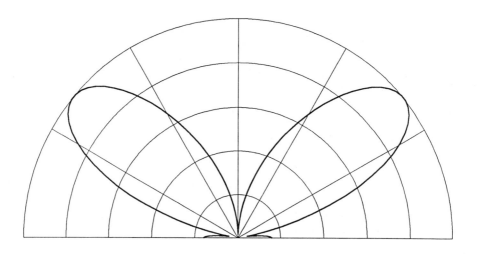

Bild 2.3-2: Vertikaldiagramm der Anordnung nach Bild 2.3-1

Die nachstehende Tabelle vermittelt einen Überblick, wie sich das Rechenresultat bei unterschiedlicher Stabdiskretisierung ändert.

| Anzahl der Segmente | | | | $\underline{Z}_{ein}$ (Ω) | E-Feld (V/m) | Strom (mA) |
Stab1	Stab2	Stab3	Stab4	R + j X	E_z	I_2
8	3	6	3	185+j220	0,45	0,64
8	3	12	3	185+j220	0,45	0,64
16	3	6	3	193+j215	0,45	0,64

Eine Betrachtung der einzelnen Segmentierungsvarianten ergibt, daß sich schon der zuerst gewählte Ansatz durch eine hinreichende Genauigkeit auszeichnet.

Bild 2.3-3 illustriert die Verteilung der elektrischen Feldstärke zum Zeitpunkt t = 0 in unmittelbarer Nähe der Sendeantenne. Klar zu sehen ist, daß die Vektoren des E-Felds senkrecht auf den Vertikalstab treffen und deshalb die an der Oberfläche geltende Randbedingung als erfüllt angesehen werden kann.

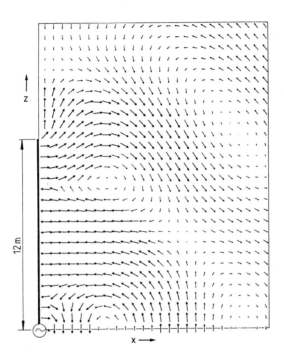

Bild 2.3-3: Vektordiagramm des E-Felds im Bereich der Sendeantenne

2.3.2.2 T-Antenne über idealem Grund mit vertikalem Empfängerstab

Die nächste Anordnung, die analysiert werden soll, ist in Bild 2.3-4 dargestellt. Es handelt sich um einen T-förmigen Monopol, in dessen unmittelbarer Nähe sich ein Empfängerstab befindet. Die Antenne ist ebenfalls fußpunktgespeist. Es soll geklärt werden, ob es zu einer Beeinflussung des Strahlungsdiagramms durch den Sekundärstrahler kommt und welche Amplitude die induzierte Spannung an dessen Fußpunkt aufweist. Die Fußpunktimpedanz beträgt 50 Ω und simuliert auf diese Weise ein unterhalb der ideal leitenden Ebene angebrachtes Meßkabel mit 50 Ω Wellenwiderstand, welches auf der Seite des

Meßgeräts angepaßt abgeschlossen ist.

Zunächst soll die Frequenz 100 MHz betragen entsprechend einer Wellenlänge von $\lambda = 3$ m. Da der 50 cm lange Empfängerstab sich in einer Entfernung von 2 m von der Sendeantennenachse befindet, kann davon ausgegangen werden, daß es nur zu einer sehr geringfügigen Beeinflussung des Stroms auf

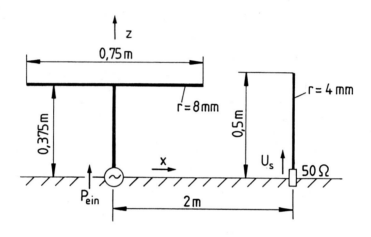

Bild 2.3-4: Fußpunktgespeiste T-Antenne mit Sekundärstrahler

Bild 2.3-5: Vergleich von berechneter und experimentell
ermittelter Strombele-
gung

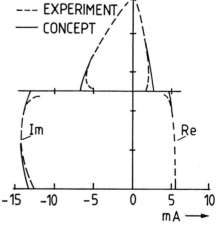

der T-Antenne kommen wird, verglichen mit dem Fall eines nicht existenten Empfängerstabs. Aus diesem Grunde läßt sich die berechnete Stromverteilung auf den Stäben der T-Antenne mit einer von Simpson [2] experimentell ermittelten vergleichen (Bild 2.3-5, Generator: U = 1 V, R_i = 0 Ω).

Die Kurven zwischen den beiden horizontalen Achsen repräsentieren die Strombelegung auf dem Vertikalstab, getrennt nach Realteil und Imaginärteil. Das obere dreieckförmige Kurvenpaar zeigt den Realteil und den Imaginärteil der Strombelegung auf den Horizontalstäben der T-Antenne. Es ist eine gute Übereinstimmung der auf unterschiedlichen Wegen erzielten Resultate festzustellen. Auf allen Stababschnitten der T-Antenne wurden jeweils 5 Stromfunktionen für die Berechnung zugrundegelegt.

Eine Untersuchung zeigt, daß die numerische Lösung im behandelten Falle unempfindlich auf Segmentierungsänderungen reagiert. Dieses ist darauf zurückzuführen, daß im Verlauf des Vertikalstabs eine weitgehend konstante Strombelegung vorhanden ist. Wesentlich kritischer hinsichtlich der Eingangs- impedanz wäre beispielsweise der Fall einer Strombelegung, die durch einen Imaginärteil gekennzeichnet ist, der im Bereich des Speisepunktes eine starke Variation über dem Ort aufweist. Hier würden aller Erfahrung nach bereits kleine Modifikationen der Segmentierung wesentliche Änderungen der berechneten Eingangsimpedanz nach sich ziehen, obwohl das Bild der Gesamtstrombelegung ansonsten nahezu unverändert bleibt.

Die gemessene Strombelegung in Bild 2.3-5 zeichnet sich durch Einbrüche in unmittelbarer Nähe des Knotenpunkts aus. Eine Untersuchung dieses Phänomens anhand von Flächenströmen [3] zeigt, daß sich in Knotennähe eine komplizierte Oberflächenstromverteilung auf den Leitern herausbildet, die u.a. dadurch gekennzeichnet ist, daß sich in der Verlängerung der Achse des

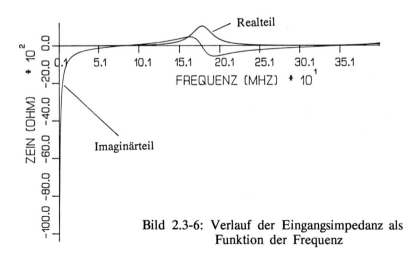

Bild 2.3-6: Verlauf der Eingangsimpedanz als Funktion der Frequenz

Vertikalstabs auf der Oberseite der Horizontalleiter ein stromschwaches Gebiet ergibt. Andererseits kommt es zu einem Aufspalten der Ströme am Ende des

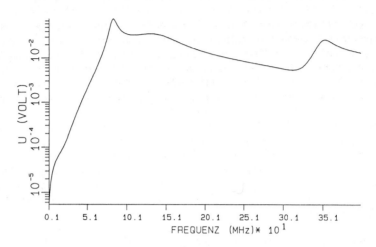

Bild 2.3-7: Verlauf der Störspannung $\hat{U}_s$ als Funktion der Frequenz (T-Antenne)

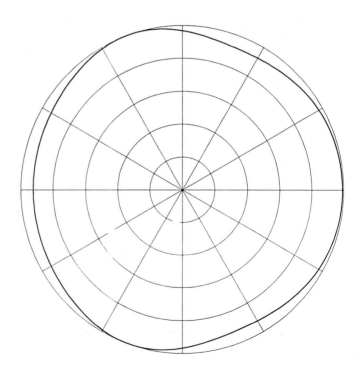

Bild 2.3-8:
Horizontaldiagramm
der T-Antenne

Vertikalleiters und zu einer Stromkonzentration auf der Unterseite der Horizontalleiter im Anschlußbereich. Eine solche Stromverteilung läßt sich durch den Ansatz einfacher Linienquellen nicht im Detail erfassen. Trotz dieser Tatsache wird das Kontinuitätsgesetz infolge der programminternen Knotenbehandlung erfüllt, so daß sich bereits in der Entfernung einiger Radien von der Verbindungsstelle wieder eine gute Deckung experimentell und numerisch erzielter Resultate einstellt.

Bild 2.3-6 zeigt die Verläufe des Realteils und Imaginärteils der Eingangsimpedanz als Funktion der Frequenz. Es ergibt sich, daß die Rückwirkung des Sekundärstrahlers auf die Strombelegung der T-Antenne vernachlässigbar klein bleibt. Bild 2.3-7 illustriert den frequenzabhängigen Verlauf des Betrags der eingekoppelten Spannung $\hat{U}_s$ bei frequenzunabhängiger Einspeisung von 1 W. Aus Bild 2.3-8 resultiert, daß die Gegenwart des Sekundärstabs eine Verformung des horizontalen Richtdiagramms nach sich zieht. Bild 2.3-9 stellt die Verteilung der magnetischen Feldstärke auf der Ebene zum Zeitpunkt t = 0 dar. Deutlich sichtbar ist eine Feldstörung, die sich infolge des auf dem Sekundärstrahler fließenden Stroms herausbildet. Die Punkte kennzeichnen die Lage der Antennen.

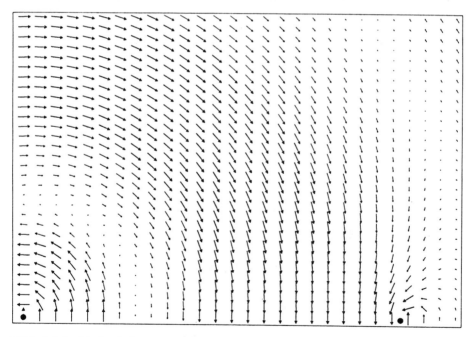

Bild 2.3-9: Verlauf der magnetischen Feldlinien im Bereich der T-Antenne auf der Oberfläche des Bodens bei 100 MHz bei t = 0

2.3.2.3 Eigeninduktivität, Gegeninduktivität

Bereits erwähnt wurde, daß die Momentenmethode sich nicht nur zur Berechnung elektromagnetischer Größen in Strukturen eignet, deren typische Abmessungen in den Bereich der Wellenlänge geraten, sondern, je nach verwendetem Programm, auch bei sehr tiefen Frequenzen eingesetzt werden kann. Da die Wellenlänge jetzt sehr viel größer als die Systemausdehnung ist und somit von der Gleichzeitigkeit der elektromagnetischen Vorgänge ausgegangen werden darf, erfolgt eigentlich ein Übergriff auf den Einsatzbereich der Netzwerktheorie oder des Ladungsverfahrens. Das nachstehende Beispiel soll zeigen, daß es in mancherlei Hinsicht nicht notwendig ist, auf die genannten Verfahren zurückzugreifen, wenn schon Erfahrungen mit Programmen vorliegen, die auf der Momentenmethode basieren.

Zur Verdeutlichung des Prinzips sollen die Gegeninduktivität zweier benachbarter Leiterschleifen sowie die Eigeninduktivität einer quadratischen Leiterschleife berechnet werden. Die Anordnung der Leiterkreise ist in Bild 2.3-10 dargestellt.

Die Länge sämtlicher beteiligter Leiter beträgt jeweils 1 m. Der Radius wird einheitlich auf r = 4 mm festgesetzt. Der vordere Kreis wird durch eine Spannungsquelle mit verschwindendem Innenwiderstand bei einer Frequenz von 1 kHz (λ = 300 km!) mit einer Spannungsamplitude von $\hat{U}$ = 1 V gespeist. Beide Schleifen stehen sich in einer Entfernung von 2 m parallel ohne Versatz gegenüber. Die hintere Schleife weist einen reellen Lastwiderstand von 10 Ω auf.

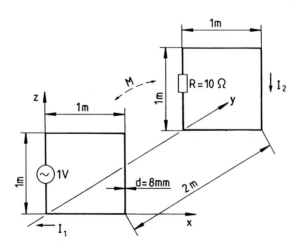

Bild   2.3-10: Berechnung von Eigeninduktivität und Gegeninduktivität am Beispiel zweier quadratischer Leiterschleifen

Die nachstehende Tabelle listet die Anzahl der Basisfunktionen je Stab aus 3 getrennten Rechnerläufen auf. Ferner sind die berechneten Ströme angegeben, die in den Schleifen erwartungsgemäß keine Ortsabhängigkeit aufweisen.

| Zahl der Basisfunktionen je Stab | | Berechneter Strom | |
Vorderer Kreis	Hinterer Kreis	Vorderer Kreis (A)	Hinterer Kreis (mA)
3	3	-j40,96	-0,517
5	5	-j41,32	-0,521
8	8	-j41,54	-0,523

Die beschriebene Konfiguration zeichnet sich dadurch aus, daß leicht anhand analytischer Formeln eine Resultatsüberprüfung vorgenommen werden kann. Der Strom in der gespeisten Leiterschleife wird im wesentlichen durch deren Eigeninduktivität L_1 bestimmt, d. h. es gilt (Segmentierungskombination 8,8)

$$L_{1\,numerisch} = \underline{U}/(j\,\omega\,\underline{I}_1) = 1/(2\pi \cdot 1000 \cdot 41,54)\ H = 3,83\ \mu H.$$

Eine formelmäßige Auswertung führt auf

$$L_{1\,analytisch} = 3,78\ \mu H.$$

Die Auswirkung des Stroms im vorderen Leiterkreis auf die hintere Schleife läßt sich mit Hilfe der Beziehung

$$\underline{U}_2 = -j\,\omega\,M\,\underline{I}_1$$

ausdrücken. Setzt man voraus, daß die beeinflußte Schleife an beliebiger Stelle durch eine Impedanz $\underline{Z} >> \omega L_2$ belastet ist, gilt für die Gegeninduktivität

$$M = \frac{j\,\underline{I}_2\,\underline{Z}}{\underline{I}_1\,\omega}\ .$$

Damit ergibt sich die numerisch berechnete Gegeninduktivität zu

$$M_{numerisch} = 10\ \Omega \cdot 0,523\ mA/(2\pi \cdot 1000\ Hz \cdot 41,54\ A) = 20,038\ nH.$$

Eine Kontrolle dieses Ergebnisses kann anhand der folgenden Formel vorgenommen werden:

$$M_{analytisch} = \frac{2\mu_0}{\pi}\ [b - 2 \cdot \sqrt{a^2 + b^2} + \sqrt{2a^2 + b^2} +$$

$$+ a \cdot \ln \frac{a + \sqrt{a^2 + b^2}}{b} - a \cdot \ln \frac{a + \sqrt{2a^2 + b^2}}{\sqrt{a^2 + b^2}}\ ]\ .$$

Eine Auswertung mit a = 1 m (Kantenlängen) und b = 2 m (Leiterschleifenabstand) hat

$$M_{analytisch} = 20,0466 \text{ nH}$$

zum Resultat.

Die Übereinstimmung der auf verschiedenen Wegen erzielten Ergebnisse kann als zufriedenstellend bezeichnet werden.

In konkreten Anwendungsfällen auftretende gekrümmte Leiterabschnitte sind möglichst genau durch einen Polygonzug linearer Stababschnitte nachzubilden. Es ist ohne weiteres möglich, die Gegeninduktivität zwischen Leiterkreisen zu ermitteln, bei denen sich ein Leiterkreis in sehr großer Entfernung (im "Unendlichen") schließt. Unter Ansatz einer eingeprägten Stromverteilung läßt sich auch ein endlicher Schleifenabschnitt des beeinflussenden Kreises betrachten.

2.3.4   Beispiele aufwendigerer Anordnungen

Nachdem bisher relativ einfache Anordnungen analysiert wurden, sollen jetzt umfangreichere Strukturen betrachtet werden, die sich auch durch erhöhte Anforderungen an die Leistungsfähigkeit des eingesetzten Rechners auszeichnen.

2.3.4.1   Blitzdirekteinschlag in eine Peilerantenne

Bild 2.3-11 zeigt das Modell einer Peilerantenne [5], an der es zum Zeitpunkt t=0 zu einem Direkteinschlag kommt. In einer Höhe von 15 m befinden sich 16 Empfangsdipole in kreisringförmiger Anordnung. Die Eingangsimpedanz jedes Empfängers zeichnet sich durch die Parallelschaltung von 100 kΩ und 8 pF aus. Unterhalb des Dipolrings sind 4 weitere Dipolantennen angeordnet.

Es stellt sich die Frage, welche Spannungsamplituden an den Empfangsantennen als Folge eines direkten Blitzeinschlags zu erwarten sind. Bei der numerischen Behandlung der Aufgabenstellung sind natürlich eine Reihe von Vereinfachungen einzuführen, um das Problem überhaupt berechenbar zu gestalten. Hinsichtlich der Modellierung des Blitzstroms und dessen räumlicher Führung soll das aus der Literatur bekannte Transmission-Line-Modell [4] eingesetzt werden. Demzufolge startet zum Zeitpunkt t = 0 im Einschlagpunkt am Blitzschutzkreuz eine doppelt-exponentielle Stromwanderwelle. Diese Wanderwelle sei durch die Amplitude I_0 = 30 kA und die Zeitkonstanten T_1 = 40 µs und T_2 = 1 µs gekennzeichnet. Die angenommene Vorlaufgeschwindigkeit beträgt ein Drittel der Lichtgeschwindigkeit.

Bei der praktischen Bearbeitung der Aufgabenstellung sind neben der Diskretisierung der Struktur auch die Blitzkanalsegmentierung, die Kanallänge und Daten bezüglich des Frequenzbereichs, also Stützstellenanzahl, Stützstellenabstand

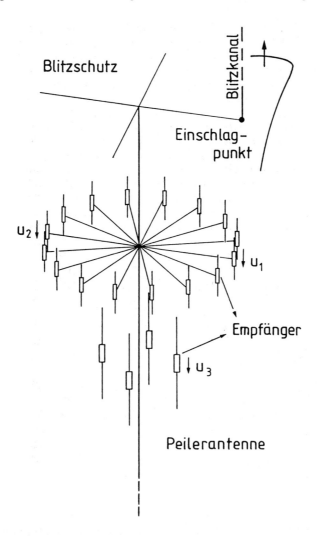

Bild 2.3-11: Peilerantenne bei direktem Blitzeinschlag

sowie untere und obere Grenzfrequenz festzulegen. Aus Rechenzeitgründen wird es kaum möglich sein wird, reale Kanallängen zu berücksichtigen, die im Bereich etlicher Kilometer angesiedelt sein können. Dieses erscheint auch nicht notwendig, da davon auszugehen ist, daß eine Beeinflussung elektromagnetischer Vorgänge im Bereich der Peilerantenne durch vom Blitzstrom abgestrahlte Felder, die in weiter Entfernung von der beaufschlagten Anordnung entstehen, vergleichsweise klein ist. Wegen der genannten Punkte wurde die Blitzkanallänge im Simulationsmodell auf 200 m gesetzt.

Entsprechend Abschnitt 2.2 hat die Gesamtdauer elektromagnetischer Vorgänge einen entscheidenden Einfluß auf die notwendige Diskretisierung im Frequenzbereich. Betrachtet man die Zeitfunktion des Blitzstroms allein, so kann davon ausgegangen werden, daß diese nach Ablauf von $5 \cdot T_1$ praktisch abgeklungen ist. Der Beeinflussungsvorgang erstreckt sich jedoch über eine längere Dauer, was durch das Fortschreiten der Stromfunktion auf dem Blitzkanal verursacht wird. Da die Laufzeit auf dem Kanalabschnitt sich zu $200m/(c_o/3) =$ $2\mu s$ ergibt und eine ähnliche Einschwingdauer eventuell angeregter Transienten im Mastbereich zu erwarten ist, bestimmt jedoch die Gesamtdauer der Blitzstromfunktion von ca. 200 μs im wesentlichen die Festlegung der erforderlichen Frequenzdiskretisierung bzw. die Grundfrequenz selbst. Diese

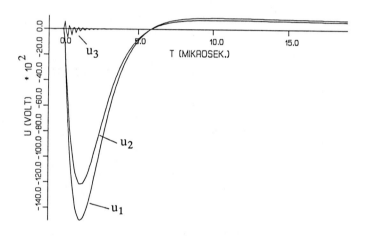

Bild 2.3-12: Berechnete Spannungen über den in Bild 2.3-10 gekennzeichneten Empfangselementen

wurde zu $f_o = 2,5$ kHz gewählt. Zur Auflösung der Feinstruktur eventuell angeregter Oszillationen bei steilflankiger Anregung und zur Minimierung numerisch bedingter Schwingungen vor dem erlaubten Anstieg physikalischer Größen sollte die obere Frequenzgrenze entsprechend hoch gewählt werden. Auch sollte die erste Mastresonanz sicher abgedeckt sein. Aus genannten Gründen wurde f_{max} auf 10 MHz gelegt. Damit waren 2000 Frequenzschritte zu berücksichtigen.

Bild 2.3-12 zeigt die berechneten Spannungsverläufe über den Eingangsstufen der in Bild 2.3-11 gekennzeichneten Dipolantennen infolge eines Blitzdirektein-schlags. Es muß erwähnt werden, daß die eingekoppelten Spannungen in Wirklichkeit wohl nicht die gezeigten Scheitelwerte aufgrund vorher einsetzender Durchschlagsvorgänge erreichen würden. Ein Durchschlag mit der entstehenden leitfähigen Verbindung führt zu einer elektrischen Veränderung der Struktur. Die Berechnung nichtlinearer Effekte läßt sich zwar prinzipiell über einen Ansatz im Frequenzbereich mit anschließender spezieller Behandlung im Zeitbereich vornehmen [6], soll hier aber nicht Gegenstand einer weiteren Betrachtung sein.

2.3.4.2 Analyse eines Automobils bei Anregung durch eine dachmon-tierte Monopolantenne

Bisher wurden nur Stabanordnungen behandelt. Selbstverständlich ist mit Hilfe moderner Programme auch die Berechnung elektromagnetischer Vorgänge im Bereich flächiger Strukturen oder in kombinierten Stab/Flächen-Konfigurationen möglich. Da im folgenden die Integralgleichung für das elektrische Feld Anwendung finden soll, lassen sich sowohl offene als auch geschlossene Strukturen analysieren.

Schon bei der Betrachtung sehr einfacher Flächen oder Körper stellt sich das Problem der Dateneingabe. In der Praxis erweist es sich als kaum durchführbar, eine Eingabe von Knotenkoordinaten und Knotennummern von Hand vorzuneh-men, so daß in jedem Falle der Einsatz spezieller Werkzeuge zur Datensatz-erstellung unumgänglich erscheint. Ein denkbarer Weg ist, vorhandene auf dem Markt befindliche CAD-Programme zu nutzen. Dieses kann in der Weise geschehen, daß zunächst geeignete 3D-Kommandos des betreffenden CAD-Programms zur Erzeugung eines Datensatzes mit spezifischer Struktur (z.B. DXF-Format) eingesetzt werden. In einem zweiten Schritt muß dieser Datensatz dann noch in das vom jeweiligen Feldrechenprogramm geforderte Format gewandelt werden.

Die sich anschließenden Beispielstrukturen wurden allerdings mit Hilfe spezieller Werkzeuge erstellt, die zum verwendeten Rechenprogramm selbst gehören. Das Arbeiten mit einer programmspezifischen "Toolbox" hat den Vorteil, daß direkt in der Verzeichnisstruktur des Programmsystems gearbeitet werden kann und so das zwischenzeitliche Starten eines Datenkonvertierungs-programms und ein gegebenenfalls notwendiger Datentransfer zwischen unter-schiedlichen Rechnern entfallen. Zudem lassen sich viele technische Anordnun-gen durch einfache Grundbausteine, z. B. Kugelsektoren, Zylinderabschnitte, Platten, Scheiben u. ä. zusammensetzen, so daß der Einsatz eines professio-nellen CAD-Systems häufig gar nicht erforderlich wird.

Bild 2.3-13 stellt die Stromverteilung auf einem gängigen Markenfahrzeug zum Zeitpunkt t = 0 dar. Sie ist das Ergebnis einer Anregung durch eine fußpunktgespeiste Dachantenne. Bei näherer Betrachtung der Struktur wird klar, daß eine ganze Reihe von Knoten- und Verbindungsproblemen im Rahmen der

Programmierung gelöst werden mußten. So können beispielsweise Stäbe auf beliebigen Flächenknotenpunkten oder auch Flächenelementgrenzen befestigt werden. Eine beliebige Zusammenstellung dreieckförmiger oder viereckiger Flächenelemente stellt keine Schwierigkeit dar. Viereckflächenelemente brauchen darüber hinaus nicht eben zu sein, obwohl eine Begrenzung durch gerade Linien nach wie vor erforderlich ist. Mehrere diskretisierte Platten lassen sich an einer gemeinsamen Nahtstelle zusammenfügen.

Eine bestehende leitende Verbindung zwischen flächigen Strukturteilen wird allerdings nur erkannt, wenn an der Verbindungslinie eine Übereinstimmung der Kantenunterteilungen vorliegt. Dieses hängt mit der notwendigen Über-

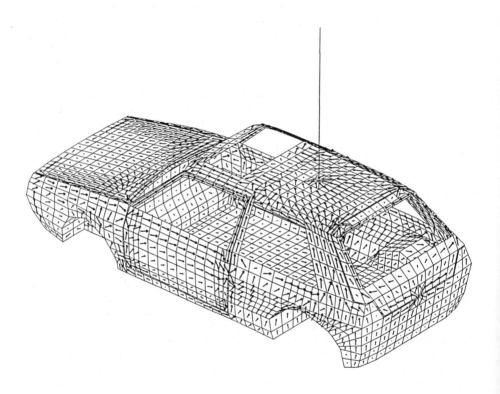

Bild 2.3-13: Stromverteilung auf einem Automobil bei Anregung durch eine Stabantenne auf dem Fahrzeugdach (f = 14 MHz)

lagerung verschiedener Strombasisfunktionen zusammen, aus der sich die resultierende Stromdichte im jeweiligen Flächenelement ergibt. Stimmen zwei benachbarte Flächenelementgrenzen nicht in ihrer Führung oder Länge überein, so läßt sich dort keine gemeinsame Stromfunktion definieren.

Eine theoretische Betrachtung ergibt, daß die ermittelte Strombelegung auf jedem Flächenelement die Summe der Stromdichtevektoren auf der Vorder- bzw. Rückseite des betreffenden Blechabschnitts darstellt bzw. den resultierenden Volumenstrom repräsentiert, wenn die Eindringtiefe größer als die Blechstärke

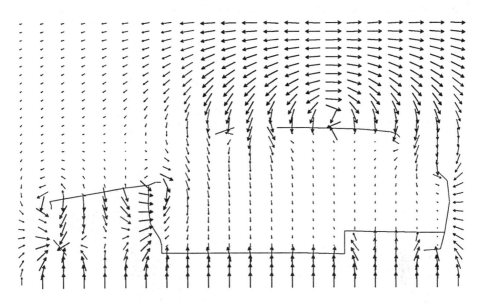

Bild 2.3-14: Verteilung des E-Felds im Fahrzeuginneren zum Zeitpunkt t = 0

ist oder in deren Bereich gerät. Aus dieser Tatsache läßt sich unmittelbar ableiten, daß der Ansatz einer gemeinsamen Stromfunktion für Vorder- und Rückseite u.a. nur sinnvoll sein kann, wenn die Schichtdicke des Metalls sehr viel kleiner als die Wellenlänge ist. Anderenfalls ist in numerischer Hinsicht vom Vorhandensein eines voluminösen Körpers auszugehen. Geschlossene Metallblöcke lassen sich nur solange mit der Integralgleichung für das elektrische Feld betrachten, wie die Eindringtiefe klein gegenüber den Querschnittsabmessungen des Körpers bleibt. Ist diese Bedingung nicht erfüllt, sind zur Berechnung weitergehende Verfahren einzusetzen, beispielsweise eine Kombination der Integralgleichungen für das magnetische und elektrische Feld. Im Randbereich einer feldbeeinflußten dünnen Platte treten lediglich Ströme markanter Amplitude in Erscheinung, die parallel zu den Rändern ausgerichtet sind. Auch dieses Phänomen erklärt sich aus der Tatsache, daß stets der vektorielle Summenstrom in Erscheinung tritt. In gewissem Sinne werden also lediglich Ersatzströme bestimmt, deren Amplituden sich wegen der geltenden Randbedingung für das elektrische Feld an den Körper- oder Plattengrenzen einstellen und die die Feldverhältnisse im umgebenden Raum richtig beschreiben.

Aus der berechneten Strombelegung lassen sich wiederum alle interessierenden elektromagnetischen Größen bestimmen. In Bild 2.3-14 ist z. B. die Verteilung der elektrischen Feldstärke in einer Querschnittsebene des Automobils zum Zeitpunkt t = 0 dargestellt. Die Stellung der Feldvektoren in unmittelbarer Nachbarschaft von Konturschnittlinien läßt auf die Güte der numerischen Lösung schließen. Die Generatorfrequenz beträgt 14 MHz. Es ist zu erkennen, daß Feldanteile durch die Fahrzeugscheiben bzw. durch das Schiebedach in die Fahrgastkabine gelangen.

2.3.4.3 Flugzeug bei Anregung durch ein ebenes Wellenfeld

Die letzte Beispielanordnung, die betrachtet werden soll, ist in Bild 2.3-15 dargestellt. Es handelt sich um das Modell eines Flugzeugs.

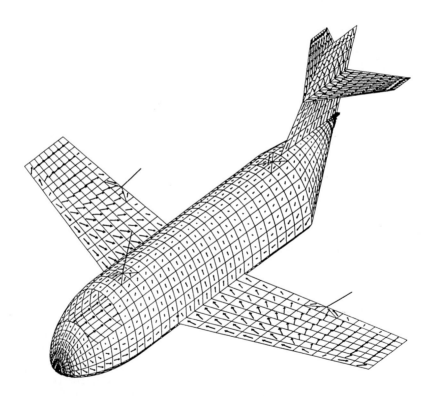

Bild 2.3-15: Flugzeugmodell im ebenen Wellenfeld

Da nur die Leistungsfähigkeit und Anwendbarkeit des diskutierten Rechenverfahrens gezeigt werden soll, wurde auf die Nachbildung eines tatsächlich existierenden Flugzeugs verzichtet. Die Bug-Heck-Ausdehnung beträgt ca. zwei Wellenlängen. Das Modell wird einem schräg von unten einfallenden ebenen Wellenfeld ausgesetzt. In Bild 2.3-15 ist die qualitative Stromverteilung für den Zeitpunkt t = 0 eingetragen.

Da die Projektion des Feldvektors des einfallenden Feldes in die Richtung der Flugzeugachse weist, kann die dadurch bedingte Ausbildung einer symmetrischen Strombelegung zur Einsparung von Rechenzeit und Speicherplatz genutzt werden. Die Unbekanntenanzahl reduziert sich nicht ganz um den Faktor 2, da sich wesentliche Teile des Leitwerks in der Symmetrieebene befinden. Für eine erste Abschätzung ist jedoch die Anzahl zu erwartender Stromfunktionen bei einfachen Strukturen gleichzusetzen mit der Anzahl der internen Grenzgeraden von Flächenelementen in einem Symmetrieabschnitt. Für das behandelte Flugzugmodell ergeben sich exakt 1221 Unbekannte. Die benötigte Rechenzeit auf einer Workstation des Typs HP 9000/835 beträgt 2 Stunden, 57 Minuten einschließlich Eingabe/Ausgabe (Systemmatrix auf Festplatte).

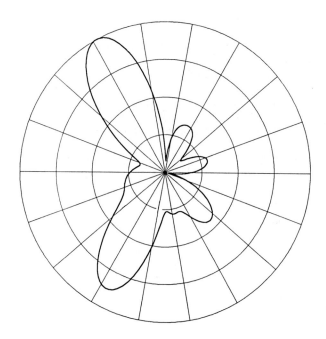

Bild 2.3-16: Rückstreudiagramm des feldbeaufschlagten Flugzeugs

Bild 2.3-16 stellt das vertikale Rückstreudiagramm des Flugzeugs dar. Mit der in Bild 2.3-15 gegebenen Diskretisierung läßt sich natürlich nur ein enger Frequenzbereich abdecken. Gerät die Flugzeuglängsabmessung in den Bereich von 2,5 ... 3 · λ, müßte eine feinere Strukturunterteilung vorgenommen werden mit der sich daraus ergebenden überproportionalen Steigerung des Rechenaufwands und des Speicherplatzbedarfs für die temporär auf der Festplatte zu haltende Systemmatrix. Wird davon ausgegangen, daß je Wellenlängenquadrat mindestens ca. 120-150 Stromamplituden notwendig sind, läßt sich abschätzen, wo die ökonomische Grenze der Anwendbarkeit der Momentenmethode auf den einzelnen Rechnertypen heute liegt.

2.3.5 Literatur:

[1] Miller E. K.: A Selective Survey of Computational Electromagnetics. IEEE Trans. AP 36, Sept. 1988, S. 1281-1305

[2] Simpson T. L.: Top-Loaded Antennas: A Theoretical and Experimental Study. Thesis, Harvard University, Cambridge, Massachusetts 1969

[3] Mader T. , Brüns H.-D.: EFIE Analysis of Arbitrary Metallic Structures in the Area of EMC. 9th Int. Zurich Symposium and Technical Exhibition on EMC, Paper 87M2, 1991

[4] McLain D. K., Uman M. A.: Exact Expression and Moment Approximation for the Electric Field Intensity of the Lightning Return Stroke. Journal of Geophysical Research 1971, S. 2101-2105

[5] Brüns H.-D., Singer H., Demmel F.: Calculation of Transient Processes at Direct Lightning Stroke Into Thin Wire Structures. 7th Int. Zurich Symposium and Technical Exhibition on EMC, Paper 17D5

[6] Garbe H.: Behandlung von nichtlinearen Elementen bei transienter elektromagnetischer Beaufschlagung. Dissertation UniBw Hamburg, 1986

3.   Intrasystemmaßnahmen

Im Kapitel 1.3 wird ausgeführt, daß die Einhaltung definierter Grenzwerte durch die Geräte noch nicht die EMV des Systems sicherstellt. Die Einhaltung der Grenzwerte wird unter Laborbedingungen nachgewiesen, die nur angenähert die Verhältnisse im System nachbilden können. So ist der Innenwiderstand der Spannungsversorgung im System im allgemeinen nicht bekannt. Die Kabellängen zwischen den Geräten können wesentlich von den Längen des Gerätetests abweichen. Resonanzen können auftreten.

Um die Unwägbarkeiten, die sich durch die Integration der Geräte ins System ergeben können, gering zu halten, sind klar formulierte Vorgaben für den Integrationsprozeß zu machen.

Unter den Intrasystemmaßnahmen versteht man diese im System bei der Integration der Geräte zu ergreifenden Maßnahmen. Im einzelnen handelt es sich um

- Massung und Erdung,

- Schirmung,

- Verkabelung,

- Systemfilterung, einschließlich Überspannungsschutz.

3.1   Erdung und Massung

P. Harms

3.1.1   Einleitung

Mit den Methoden zur Erdung und Massung sollen geeignete Bezugspotentiale in Baugruppen, Geräten und Anlagen geschaffen werden. Damit können störende Auswirkungen von unerwünschten Spannungen und Strömen vermieden oder zumindest begrenzt werden. Die Maßnahmen zur Erdung betreffen die Sicherheit, die Maßnahmen zur Massung betreffen die Funktion und sind dementsprechend zu unterscheiden (Bild 3.1-1). Auch die Unterschiede im Sprachgebrauch sind zu beachten.

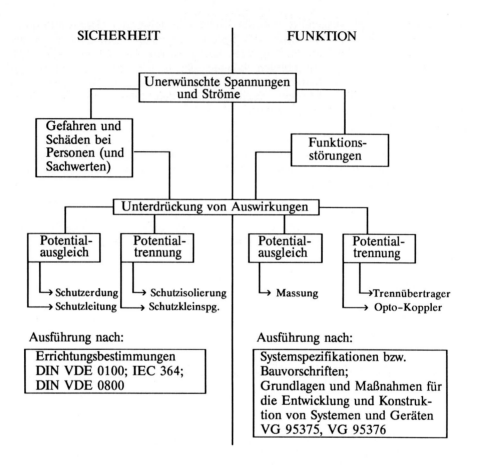

Bild 3.1-1: Gegenüberstellung sicherheits- und funktionsbezogener Aspekte

Das vorliegende Kapitel wird zunächst die Gemeinsamkeiten und die Unterschiede herausstellen und die Begriffe klären. Soweit allgemein festgelegt, werden auch Schaltzeichen oder Symbole zur Kennzeichnung z. B. an einem Gerätegehäuse angegeben.

Des weiteren werden dann Konzepte zur Erdung und Massung dargestellt. Dem sicherheitsbezogenen Aspekt soll dabei mit Darstellungen von Erdungskonzepten in Stromversorgungsnetzen, dem funktionsbezogenen Aspekt mit der Darstellung von Konzepten der massefreien und massebezogenen Signalübertragung Rechnung getragen werden.

3.1.2   Schutzerdung und Signalmassung

3.1.2.1   Gemeinsamkeiten und Unterschiede

Schutzerdung und Signalmassung als technische Maßnahme haben ein gemeinsames Ziel:

Es soll dafür gesorgt werden, daß unvermeidliche Ausgleichsströme möglichst ungehindert fließen können. Sie bilden sich aus z. B.

- als Fehlerstrom beim Auftreten unzulässig hoher Berührungsspannungen (> 50 V) mit Netzfrequenz,

- als Ableitstrom bei Erdschlüssen,

- als Ableitstrom bei Blitzeinschlägen und anderen Entladungen,

- als Ableitstrom infolge unsymmetrisch geschalteter Entstörkondensatoren,

- als Rückstrom von Signalkreisen mit Massebezug.

Als unerwünscht sind außerdem alle aufgrund von kapazitiven und induktiven Kopplungen bzw. aufgrund von Einstrahlungen aus der Umgebung auftretenden Rückströme anzusehen.

Als Rückleiter (Bezugsleiter) wird in der Regel das zur Verfügung stehende leitfähige Medium benutzt, z. B. das Erdreich in Landanlagen oder die Struktur bei Fahrzeugen (Karosserie, Schiffskörper, Flugzeugzelle . . .) einschließlich aller Verbindungsleitungen.

Ein elektromagnetisch verträgliches System ist dadurch gekennzeichnet, daß sich vorgenannte Teilströme nicht überlagern oder daß unvermeidliche Überlagerungen nicht zu unzulässigen Funktionseinschränkungen führen.

Während die Erdungsmaßnahmen nach den Errichtungsbestimmungen der DIN VDE 0100 vor allem dem Personenschutz dienen und bei den jeweiligen Netzfrequenzen wirksam sein müssen, sollen die Maßnahmen zur Massung helfen, Potentialunterschiede bei der Signalübertragung bei jeder beliebigen Frequenz abzubauen oder klein zu halten und damit die elektromagnetische Verträglichkeit sicherzustellen.

Die technischen Ausführungsbestimmungen für den Personenschutz sind in allen Einzelheiten national und auch international in den sog. Errichtungsbestimmungen festgelegt und brauchen hier nicht weiter erläutert zu werden. Technische Maßnahmen zur Sicherstellung der EMV sind in der VG-Normenreihe beschrieben (vgl. Punkt 3.1.7.2).

Zur Konfliktsituation "Schutz- und EMV-Maßnahmen" wird in der VG 95376 Teil 6 gefordert:

"Maßnahmen für den Berührungsschutz, insbesondere die nach DIN VDE 0100 Teil 410 und 540, haben Vorrang vor EMV-Maß- nahmen; jedoch sind aus den möglichen Maßnahmen zum Perso- nenschutz diejenigen auszuwählen, die nicht im Widerspruch zu EMV-Maßnahmen stehen".

Diese Forderung betrifft z. B. die Dimensionierung von Schutzleitern und die Aus- führung von Erd- und Masseverbindungen. Ein anderes Kapitel obiger VG-Norm befaßt sich mit den verschiedenen Netzformen. Im folgenden sollen dazu einige Erläuterungen gegeben werden.

3.1.2.2　Begriffe

3.1.2.2.1　Erde als Schutzmaßnahme

Die nachfolgenden Begriffe sind international in den IEC-Publikationen und CENELEC-Harmonisierungsdokumenten festgelegt, national in den Errichtungsbe- stimmungen des DIN VDE, Reihen 0100 und 0800. Die Schaltzeichen sind der DIN 40100 Teil 3 (7.85), DIN 40900 Teil 2 (3.88) bzw. der IEC 617-2 (83) entnommen.

Erde

ist die Bestimmung für das leitfähige Erdreich, dessen elektrisches Potential an jedem Punkt vereinbarungsgemäß gleich Null gesetzt wird (VDE 0100 Teil 200/7.85).

Nationale Anmerkung 1:
Das Wort "Erde" ist auch die Bezeichnung sowohl für die Erde als Ort als auch für die Erde als Stoff, z. B. die Bodenarten Humus, Lehm, Sand, Kies, Gestein usw.

Nationale Anmerkung 2:
Der Definitionstext setzt vereinbarungsgemäß den stromlosen Zu- stand des Erdreiches voraus. Im Bereich von Erdern oder Erdungs- anlagen kann das Erdreich ein von Null abweichendes Potential haben. Für diesen Begriff wurde bisher der Begriff "Bezugserde" verwendet.

Schaltzeichen, Symbol

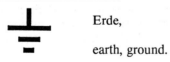

Erde,

earth, ground.

Schutzleiter ist ein Leiter, der für einige Schutzmaßnahmen gegen gefährliche Körperströme erforderlich ist, um die elektrische Verbindung zu einem der nachfolgenden Teile herzustellen:
- Körper der elektrischen Betriebsmittel (EB),
- fremde leitfähige Teile,
- Haupterdungsklemme,
- Erder,
- geerdeter Punkt der Stromquelle oder künstlicher Sternpunkt (DIN VDE 0100 Teil 200/7.85).

Schaltzeichen, Symbol

Schutzleiter, PE,

protective earth (ground),

Schutzleiteranschluß am Körper (Schutzerder).

Funktions- ist eine Erdung, die nur den Zweck hat, die beabsichtigte Funktion
erdung einer Fernmeldeanlage oder eines Betriebsmittels zu ermöglichen. Die Funktionserdung schließt auch Betriebsströme von solchen Fernmeldegeräten ein, die die Erde als Rückleitung benutzen.

Anmerkung 1:
Die Funktionserdung einer Fernmeldeanlage ist mit dem früher verwendeten Begriff "Fernmelde-Betriebserdung (FBE)" identisch. Unter den Begriff "Funktionserdung" fallen auch Benennungen wie z. B. "fremdspannungsarme Erdung" (DIN VDE 0100 Teil 540/5.86; DIN VDE 0800 Teil 2/7.85).

Anmerkung 2:
Bei Funktionserdung aktiver Teile des EB werden diese so geerdet, daß durch die Erdung Störspannungen kurzgeschlossen werden, die sonst zu unzulässigen Beeinflussungen und Beanspruchungen des EB führen würden. Bei Funktionserdung inaktiver Teile des EB werden diese und gegebenenfalls leitfähige Teile so geerdet, daß störende äußere Einflüsse vom EB ferngehalten oder störende Emissionen verhindert werden (DIN VDE 0160/5.88).

Schaltzeichen, Symbol

fremdspannungsarme Erde,
zugleich Kennzeichen des Anschlußpunktes des Schutzleiters am Körper über eine Erdleiterdrossel,

noiseless (clean) earth (ground).

Körper   sind berührbare leitfähige Teile von Betriebsmitteln, die nicht aktive
                Teile sind, jedoch im Fehlerfall unter Spannung stehen können
                (DIN VDE 0100 Teil 200/7.85).

Potential-   ist eine elektrische Verbindung, die die Körper elektrischer Betriebs-
ausgleich   mittel und fremde leitfähige Teile auf gleiches oder annähernd
                gleiches Potential bringt (DIN VDE 0100 Teil 200/7.85).

3.1.2.2.2   Masse als Betriebsmaßnahme (Signalmasse)

Der Begriff "Funktionserdung" des Abschnittes 3.1.2.2.1 behandelt funktionelle
Gesichtspunkte der betrachteten elektrischen Einrichtungen. Es erhebt sich die
Frage, ob damit auch alle Belange des störungsfreien Betriebes von Baugruppen,
Geräten, Anlagen und Systemen ausreichend abgedeckt sind, z. B. die Verträglichkeit der Einrichtung mit der elektromagnetischen Umgebung, Berücksichtigung
aller stör- und umweltbedingten Frequenzen, Schaffung eines geeigneten Bezugspotentials usw.

Da ungeachtet dessen für das Arbeitsgebiet "EMV" dringend spezifische Begriffe
benötigt werden, hat man, auch um die klare Abgrenzung zur Sicherheitstechnik in
den DIN VDE-Bestimmungen wahren zu können, den Begriff der "Masse" festgelegt (ursprünglich in VG 95371 Teil 2, später von DIN VDE 0870 Teil 1 voll
übernommen):

Masse   Gesamtheit der untereinander elektrisch leitend verbundenen
                Metallteile einer elektrischen Einrichtung, die für den betrachteten
                Frequenzbereich den Ausgleich unterschiedlicher Potentiale bewirkt
                und ein Bezugspotential bildet (DIN VDE 0870 Teil 1 (7.84)).

                Anmerkung:
                Der betrachtete Frequenzbereich umfaßt sowohl die funktionsbe-
                dingten als auch die umweltbedingten Frequenzen. Dieser Frequenz-
                bereich und die räumliche Ausdehnung der elektrischen Einrich-
                tung bestimmen den erreichbaren Potentialausgleich und damit die
                Wirksamkeit der Masse. Die Masse deckt nicht immer die sicher-
                heitstechnischen Belange des Potentialausgleichs ab
                (VG 95371 Teil 2 (9.82)).

                Schaltzeichen, Symbol

              Masse (Gehäuse) ,
                zugleich Kennzeichen des Anschlußpunktes des
                Bezugsleiters am Gehäuse,

                frame (chassis).

Anmerkung: Die Schraffur darf entfallen, wenn keine Unklarheit besteht. Die Linie, die das Gehäuse repräsentiert, muß dann breiter dargestellt werden.

Bezugsleiter   Leiter, auf dessen Potential die Potentiale anderer Leiter bezogen werden (DIN VDE 0870 Teil 1 (7.84)).

3.1.3   Erdungskonzepte für Stromversorgungsnetze

3.1.3.1   TN-Netz

Die TN-Netzform stellt die in der Bundesrepublik übliche, von den Versorgungsunternehmen vorzugsweise geforderte Form für Niederspannungs-Land-Netze dar (Bild 3.1-2). Unterformen sind das TN-S-, TN-C- und TN-C-S-Netz. Diese Netzform wird gelegentlich auch in Landfahrzeugen angewendet, wenn höhere Versorgungsspannungen erforderlich sind.

Körper- und Erdschlußströme fließen über die Erde bzw. Masse als Bezugsleiter. Der Einsatz von Fehlerstromschutzschaltern ist möglich und mittlerweile auch üblich. Damit wird ein sehr hoher Schutzgrad gegen das Entstehen unzulässig hoher Körperströme (Berührungsströme) erreicht.

Nachteilig bei dieser Netzform ist aber die Abschaltung des betreffenden Netzes, Teilnetzes oder Netzausläufers bereits im 1. Fehlerfall. Beim Einsatz von empfindlichen FI-Schutzschaltern besteht zudem die Gefahr der Abschaltung bei unsymmetrisch geschalteten Entstörkondensatoren mit entsprechender Kapazität.

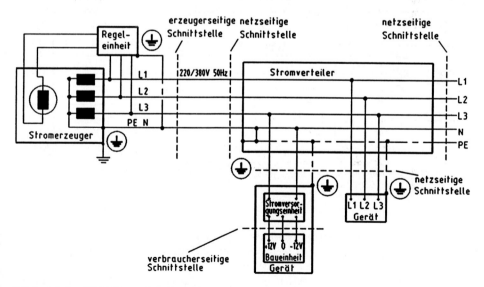

Bild 3.1-2: TN-Netz: Schnittstellen und Erdverhältnisse bei einem Drehstrom-Land-Netz (Beispiel: 220/380-V-Netz, Form TN-C-S)

3.1.3.2   TT-Netz

Die TT-Netzform wird u.a. bei Luftfahrzeugen angewendet. Bei dieser Netzform wird üblicherweise der Mittelleiter (Neutralleiter) mitgeführt. Der Schutzleiter braucht dagegen nicht auf der gesamten Länge des Kabels mitgeführt zu werden, ggf. nur auf Teilstrecken. Damit wird bei ausgedehnten Netzen eine nicht unerhebliche Gewichtseinsparung erzielt (Luftfahrzeuge).

Die Erdung aller Körper ist erforderlich; wo dies nicht möglich oder nicht ausreichend niederohmig realisierbar ist, muß ein Schutzleiter an das betreffende Gerät herangeführt werden, der dann seinerseits an einer geeigneten Stelle geerdet ist.

Nachteilig auch bei dieser Netzform ist die Abschaltung bereits im 1. Fehlerfall.

Der Einsatz von Fehlerstrom-Schutzschaltern ist möglich, jedoch besteht bei Verwendung von empfindlichen Typen die Gefahr der Abschaltung bei unsymmetrisch geschalteten Entstörkondensatoren mit entsprechender Kapazität. Körper- und Erdschlüsse fließen über die Erde bzw. Masse als Bezugsleiter.

Für die TT-Netzform ist nach VG 95376 Teil 6 für den militärischen Einsatz gefordert, daß der Neutralleiter nur an einem Punkt geerdet ist, um zu verhindern, daß Betriebsstrom über die Masse als Bezugsleiter fließt (Ausnahme: Luftfahrzeuge; hier hat die Gewichtseinsparung Vorrang, und als Neutralleiter wird streckenweise die Flugzeugzelle benutzt; die EMV muß ggf. durch andere Maßnahmen sichergestellt werden!).

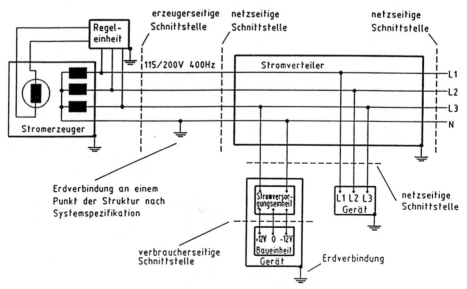

Bild 3.1-3: TT-Netz: Schnittstellen und Erdverhältnisse bei einem Drehstromnetz
          für ein Luftfahrzeug (Beispiel: 155/200-V-Netz)

3.1.3.3   IT-Netz

Die IT-Netzform wird überall dort angewendet, wo es auf hohe Betriebs-, Brand-
und Unfallsicherheit ankommt. In der Bundesrepublik Deutschland werden diese
Netzformen daher vorgeschrieben, empfohlen oder aus anderen Gründen für folgende Anwendungsfälle eingesetzt [1]:

- Schiffe,
- Operations- und Anästhesieräume sowie Intensivstationen der Krankenhäuser,
- Sicherheitsbeleuchtung in Versammlungsstätten,
- Bergwerke über und unter Tage,
- Steuer- und Regelstromkreise,
- Feuerungsanlagen,
- Hüttenwerke,
- Kraftwerke,
- chemische Industrie,
- Betriebe mit störungsempfindlichem Produktionsablauf,
- explosions- und sprengstoffgefährdete Betriebe,
- Prüf- und Laboreinrichtungen,
- Computer-Stromversorgungen,
- Teileinrichtungen der Deutschen Bundesbahn.

Es handelt sich in diesen Fällen um Einzelnetze mit eigenem Trafo, eigenem
Stromerzeuger oder eigener Batterie (Inselnetze). Das IT-Netz hat keine direkte
Verbindung zwischen aktiven Leitern und geerdeten Teilen; die Körper der elek-
trischen Anlage sind geerdet.

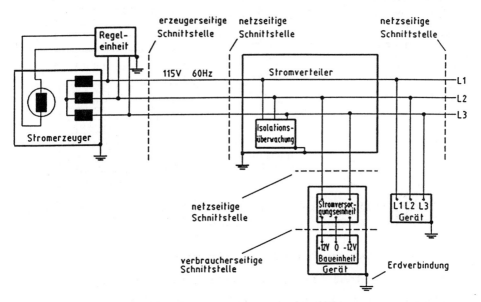

Bild 3.1-4: IT-Netz: Schnittstellen und Erdverhältnisse bei einem Drehstromnetz
    für ein Metallschiff (Beisp.:115-V-Schiffsnetz mit Isolationsüberwachung)

Im Kabel wird kein Schutzleiter mitgeführt. Netzkonfigurationen mit Mittelleiter (Neutralleiter) sind in Deutschland nicht üblich.

Es erfolgt keine Abschaltung im 1. Fehlerfall. Der Fehler wird mit Hilfe einer Isolationsüberwachung erfaßt und gemeldet (auf Schiffen: "Erdschlußalarm"). Das IT-Netz stellt die ideale Netzform für Fahrzeuge, insbesondere für Schiffe dar und ist nach VG 95376 Teil 6 auch für den militärischen Einsatz zugelassen. Die Masse als Bezugsleiter ist im 1. Fehlerfall frei von Ausgleichsströmen mit Netzfrequenz. Diese fließen nur bei unsymmetrisch geschalteten Entstörkondensatoren, und zwar nur auf Teilstrecken, wenn die Kapazitäten unterschiedlich sind.

3.1.3.4   Kleinspannung

Kleinspannungsnetze sind nach DIN VDE 0100 Teil 410 nicht an eine bestimmte Form gebunden. Jedoch fordert VG 95376 Teil 6, daß in Gleichstromversorgungsnetzen aktive Leiter (Minus) aus EMV-Gründen nach Möglichkeit nicht geerdet werden sollen (Ausnahme: Land- und Luftfahrzeuge).

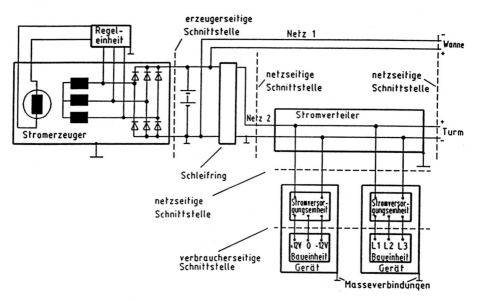

Bild 3.1-5: Kleinspannungsnetz: Schnittstellen und Masseverhältnisse bei einem Gleichstromnetz für ein Landfahrzeug (Beispiel: 24-V-Panzernetz)

3.1.4   Massekonzepte für die Signalübertragung

3.1.4.1   Massefreie und massebezogene Signalübertragung

Die Technik der Signalübertragung kennt zwei grundlegende Betriebsarten:,

   - die symmetrische Betriebsart (massefreie Signalübertragung),

- die unsymmetrische Betriebsart (massebezogene Signalübertragung, Masse als Signalrückleiter).

Beide Betriebsarten finden auch in Verbindung mit galvanischer Trennung (Potentialtrennung) Anwendung.

Die Wahl der Betriebsart ist von vielen geforderten Eigenschaften abhängig, es seien hier nur einige angegeben:

- Art der zu übertragenden Signale,
- Betriebsfrequenz,
- Leitungsart,
- Leitungslänge,
- erforderliches Unsymmetriedämpfungsmaß,
- erforderliche Störfestigkeit.

Hierbei darf natürlich auch die Kostenseite nicht übersehen werden. In den Bildern 3.1-6 und 3.1-7 sind erzielbare Eigenschaften für die verschiedenen Betriebsarten gegenübergestellt.

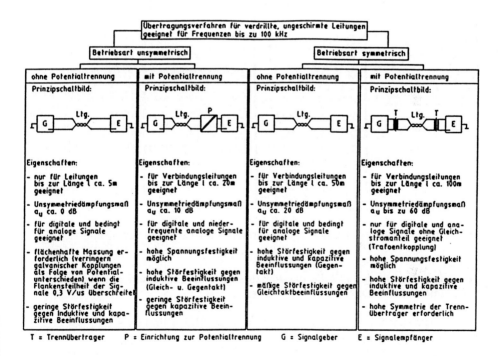

Bild 3.1-6: Beispiele für Übertragungsverfahren für verdrillte ungeschirmte Leitungen

Damit soll folgendes ausgesagt werden:

Sehr gute technische Eigenschaften lassen sich mit der symmetrischen Betriebsart erzielen, allerdings nur im tieferen Frequenzbereich. Sie lassen sich noch steigern, wenn die Verbindungsleitungen geschirmt und verdrillt ausgeführt werden. Nachteilig sind die hohen Aufwendungen und die hohen Kosten. Diese Betriebsart ist darum solchen Anwendungsfällen vorbehalten, in denen besondere Anforderungen gelten, z. B. Übertragung analoger Meßdaten und von Steuersignalen.

Mit steigender Signalfrequenz und -bandbreite wird man dagegen die unsymmetrische Übertragungsart hinnehmen müssen, auch weil sich die Symmetriebedingungen im höheren Frequenzbereich nur noch mit großem Aufwand realisieren lassen.

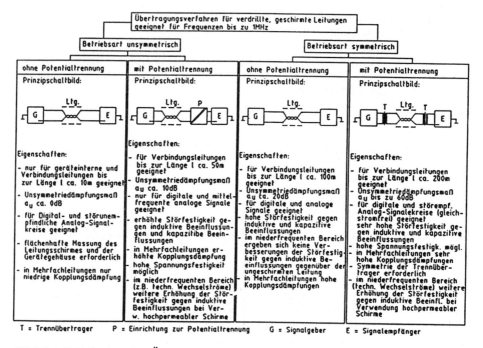

Bild 3.1-7: Beispiele für Übertragungsverfahren für verdrillte geschirmte Leitungen

Im folgenden soll deshalb die unsymmetrische Übertragungsart mit Bezug zur gemeinsamen Masse näher betrachtet werden.

Unsymmetrische Übertragungsarten werfen in der Regel Probleme auf, wie z. B.:

- die Möglichkeit der Verkopplung verschiedener Schaltkreise, bei denen die gemeinsame Masse als Signalrückleiter verwendet wird und eine gewisse räumliche Ausdehnung nicht zu vermeiden ist (Bild 3.1-8),

- die Möglichkeit der Einkopplung von Störgrößen aus der Umgebung, wenn die Masse schleifenförmig ausgeführt ist.

Abhilfe läßt sich durch die Wahl des richtigen Massekonzeptes schaffen.

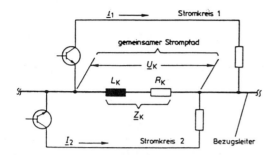

$\underline{I}_1, \underline{I}_2$	Ströme in den Signalkreisen,
L_K	Induktivität des Bezugsleiters,
R_K	Widerstand des Bezugsleiters,
$\underline{Z}_K$	Kopplungsimpedanz,
$\underline{I}_K = \underline{I}_1 + \underline{I}_2$	Strom im Bezugsleiter,
$\underline{U}_K = \underline{U}_{K1} + \underline{U}_{K2}$	Spannung an $\underline{Z}_K$ (Die Spannung $\underline{U}_{K1}$ ist die Störspannung im Stromkreis 2, verursacht durch den Strom $\underline{I}_1$ im Stromkreis 1).

Bild 3.1-8: Kopplung zweier Stromkreise über den gemeinsamen Bezugsleiter (Betriebsstromquelle nicht dargestellt)

3.1.4.2   Konzepte für die massebezogene Signalübertragung

Die vorgenannten Effekte können durch folgende Maßnahmen reduziert werden [2]:

- Verringerung der Kopplungsimpedanz Z_K durch Herstellung eines bei Betriebs- und Störfrequenzen niederohmigen Massesystems,

- Rückführen hoher Betriebsströme über separate Rückleiter anstelle der gemeinsamen Masse.

Zur Verringerung der Kopplungsimpedanzen bieten sich wiederum zwei Konzepte an:

- die sternförmige Massung,
- die flächenhafte Massung.

Bei der sternförmigen Massung sind die Bezugsleiter der Schaltkreise in Baugruppen und Geräten mit einem Punkt der Anlage oder des Systems verbunden (vgl.

Bild 1.2-6). Auf diese Weise herrscht zwischen den einzelnen Bezugsleiteranschlüssen keine Potentialdifferenz, und eine galvanische Kopplung der Schaltkreise ist ausgeschlossen [3].

Dieses Konzept stellt die geringsten Anforderungen an die Schaltungstechnik und ermöglicht die kostengünstigste Lösung.

Aber es bleibt, wie die Betrachtungen zeigen, auf den NF-Bereich beschränkt; man kann sagen: das sternförmige Konzept ist ideal bei Gleichstromkreisen und noch brauchbar bis zu Frequenzen von einigen 100 kHz.

Da aber bei fast jedem komplexen Gerät außer der Netz- und der Betriebsfrequenz auch der Bereich der Störfrequenzen zu berücksichtigen ist, kann davon ausgegangen werden, daß die Grenze von einigen 100 kHz überschritten wird. Bei diesen Frequenzen wirken sich aber schon Streukapazitäten zwischen den Schaltkreisen aus und bewirken eine kapazitive Kopplung zwischen den Bezugsleitern (Bild 1.2-7). Es kommt wegen der Schleifenbildung im Bezugsleitersystem zu Potentialdifferenzen, die zu unerwünschten Funktionsbeeinträchtigungen der einzelnen Schaltkreise führen können.

Die Bildung von Masseschleifen gehört zu den häufigsten Ursachen von Funktionsstörungen!

Die kapazitive Kopplung ist in solchen Schaltungen, wie in Bild 1.2-7 dargestellt, unvermeidlich. Man kann aber die induzierten Störspannungen durch Verkleinern der Koppelschleifen und der Leitungsinduktivitäten vermindern.

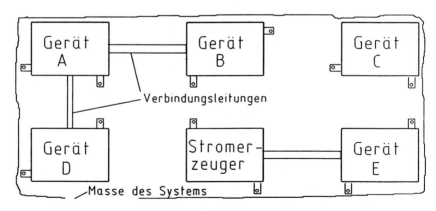

Bild 3.1-9: Flächenhafte Massung von Baugruppen und Geräten in einem System

Ein sehr wirkungsvolles Mittel ist die Gestaltung der Signalkreise mit flächenhaft erweiterten Bezugsleitern. In Bild 1.2-8 ist die gesamte freie Fläche der dargestellten Baugruppe zu einem flächenhaften Bezugsleiter erweitert. Verbindet man nun alle flächenhaften Bezugsleiter der Schaltungen mit den Metallgehäusen der Geräte, diese wiederum an möglichst vielen Punkten oder flächenhaft mit der zur Verfügung stehenden Masse des Systems (miteinander verbundene Metallteile, Chassis des Fahrzeugs . . .) oder der Anlage (Schrankwände, Montagegestell), so wird deren Masse Teil eines flächenhaften Bezugsleiters (Bild 3.1-9). Dieses Gebilde ist insgesamt sehr niederohmig und niederinduktiv, so daß die Erzeugung unerwünschter induzierter Spannungen auf ein Minimum herabgesetzt wird.

3.1.4.3   Störspannungen bei einem flächenhaften Bezugsleiter

In einem komplexen System, in dem der Betriebs- und Störfrequenzbereich 100 kHz überschreitet, wird nach VG 95373 Teil 6 gefordert, daß die Bezugsleiter aller Geräte und Einrichtungen niederohmig mit der Massefläche des Systems verbunden sein müssen (Prinzip des flächenhaften Massekonzeptes). Dabei sind Störströme auf der Masse in Form von Ausgleichsströmen bei bestimmten Gegebenheiten unvermeidbar (Erdschlußströme, kapazitive Ableitströme . . .).

Die hierdurch erzeugte Potentialdifferenz $\phi_2 - \phi_1$ hat im Rückstrompfad eines empfindlichen Signalkreises eine Störspannung Δu zur Folge, die bei entsprechender Höhe zu Funktionsstörungen führen kann (Bild 3.1-10).

Zur Bestimmung des Potentials wird das Linienintegral des elektrischen Feldes gelöst. Die Höhe der Störspannung Δu kann nach den u. a. Beziehungen berechnet werden (Bild 3.1-11). Die Ableitung gilt für räumliche Ausdehnungen der Signalkreise von $< \lambda/10$ und unter der Voraussetzung einer unendlich großen Massefläche.

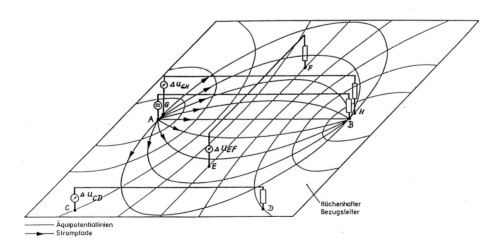

Bild 3.1-10: Schematische Darstellung der Strom- und Potentialverteilung in einem flächenhaften Bezugsleiter

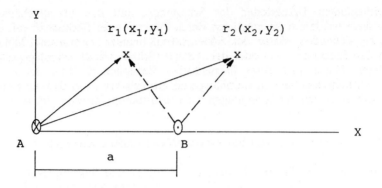

Bild 3.1-11: Geometrie zur Herleitung einer Erdpotentialdifferenz, an den Punkten A und B ist der beeinflussende Stromkreis mit Masse verbunden

$$\Delta u = \phi_2 - \phi_1$$

$$\phi = \frac{I}{2\pi\kappa d} \int_{r_1}^{r_2} \frac{1}{r} \, dr = \frac{I}{2\pi\kappa d} \ln \frac{r_2}{r_1} \; ;$$

$$d = \sqrt{\frac{2}{\omega\mu\kappa}} \quad \text{(äquivalente Leitschichtdicke);}$$

$$\Delta u = \frac{I}{4\pi\kappa \sqrt{\dfrac{2}{\omega\mu\kappa}}} \ln \frac{(x_2^2+y_2^2)\,((x_1-a)^2+y_1^2)}{(x_2^2+y_2^2)\,((x_2-a)^2+y_2^2)} \; .$$

Die Höhe der Störspannung ist wesentlich abhängig von der Lage der Signalkreise zum beeinflussenden Störstromkreis. Sie kann Werte von 0 (Stromkreis EF im Bild 3.1-10) bis zum Maximum (Stromkreis GH) annehmen. Bei allen anderen Anordnungen liegen die Störspannungen dazwischen, maßgebend ist die Potentialdifferenz. Im übrigen ergeben sich für die Störspannung noch folgende Abhängigkeiten:

- Sie nimmt zu mit steigendem Störstrom und steigender Frequenz der Störquelle.
- Sie nimmt ab mit steigender Leitfähigkeit (κ) der Massefläche.

Beispiel:

Berechnung der Störspannung auf einer durchströmten Massefläche aus Stahl für die Strecken C-D, E-F, G-H im Bild 3.1-10 mit folgenden Annahmen:

In die Strecke A-B der Massefläche eingeleitete Masseströme:

Fall 1:   I = 5 A;   f = 400 Hz   (z. B. Rückstrom im Versorgungskreis);

Fall 2:   I = 5 kA;   f = 60 Hz   (z. B. Kurzschluß mit Erdberührung);

μ_{rFe} = 200; μ_o = 1,256 · 10^{-6} H/m;

κ_{Fe} = 8 · 10^6 S/m;

a   = 50 m;

Strecke C-D im Abstand von 1 m zu A-B:

Fall 1: Δu_{CD} = 1,43 mV;
          ==========

Fall 2: Δu_{CD} = 4880 mV;
          ==========

Strecke E-F rechtwinklig zu A-B:

Fall 1: Δu_{EF} = 0 V;
          =======

Fall 2: Δu_{EF} = 0 V ;
          =======

Strecke G-H im Abstand von 1 cm zu A-B:

Fall 1: Δu_{GH} = 3,1 mV;
          =========

Fall 2: Δu_{GH} = 1050 mV.
          ==========

Werden diese Störspannungen in einer EMV-Bilanz [4] mit den Nutzsignalspannungen der Schaltkreise verglichen (z. B. TTL), so zeigt sich, daß im Fall 1 mit Fehlfunktionen nicht zu rechnen ist. In Fall 2 der Strecke G-H wird die Schaltschwelle (800 mV) überschritten, Fehlfunktionen sind nicht auszuschließen. Hier zeigt sich u. a. der Vorteil eines IT-Netzes, in dem der Erdschlußstrom erst im 2. Fehlerfall fließen kann.

3.1.5   Massung von Kabelschirmen

Ein wichtiger Teilaspekt der Massung ist die Anschlußtechnik von Kabelschirmen an die Gerätemasse, allgemein als "Kabelschirmauflegung" bezeichnet. Dieses Thema ist immer wieder sehr leidenschaftlich diskutiert worden.

Unter Anschlußtechnik wird die Behandlung der Schirme von Leitungen sowohl an ihren Enden als auch an Durchführungen durch metallische Wände verstanden. Hierzu gehören auch die Außenleiter von Koaxialkabeln.

Eine im Sinne der EMV wirksame Verbindung der Schirme mit der Masse hat nicht punktuell, sondern auf dem gesamten Umfang zu erfolgen ("Rundumkontaktierung"). In der Praxis haben sich folgende Verfahren bewährt:

- Schirmkontaktierung über das metallene Endgehäuse des Steckverbinders,

- Schirmkontaktierung mittels Kabeleinführung mit konischen Masseeinsätzen (Kabelendverschraubung, DIN 89280),

- Schirmkontaktierung mittels leitfähiger Vergußmasse (Bild 3.1-12).

Unzweckmäßig sind dagegen alle Verfahren, bei denen der Schirmanschluß über einen Zopf oder einen angelöteten Draht ("Schweineschwanz") realisiert wird. Auch die Kontaktierung des Schirmes über einen Steckerstift, der im Geräteinnern mit Masse verbunden ist, ist nahezu wirkungslos.

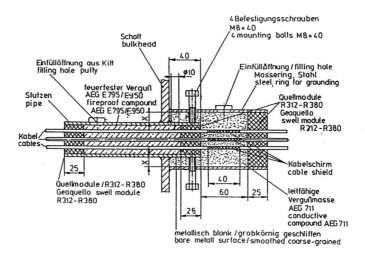

Bild 3.1-12: Beispiel für eine richtige Rundumkontaktierung des Leitungsschirmes mittels leitfähiger Vergußmasse

3.1.6   Prüfungen

3.1.6.1   Sachgebiet Erdung

Im Kap. 3.1.2 wurde der Unterschied zwischen Schutzerdung und Signalmassung deutlich gemacht. Entsprechend der Aufgabe des Personenschutzes sind die Vorschriften zur Erdung recht umfangreich und detailliert.

Anforderung, Objekt	Vorschrift	Meßgeräte
Gesamterdungswiderstand	DIN VDE 0100 Teil 410	DIN VDE 0413 Teil 5
Fehlerstrom, -spannung, Berührungsspannung	DIN VDE 0100 Teil 600	DIN VDE 0413 Teil 6
Isolationswiderstand	DIN VDE 0100 Teil 600	DIN VDE 0413 Teil 1
Schleifenimpedanz	DIN VDE 0100 Teil 600	DIN VDE 0414 Teil 3
Widerstand von Erdleitern, Schutzleitern	DIN VDE 0100 Teil 600	DIN VDE 0413 Teil 4
Potentialausgleichsleiter	DIN VDE 0100 Teil 600	
Erdungswiderstand	DIN VDE 0100 Teil 600	DIN VDE 0413 Teil 5
Widerstand von Fußböden und Wänden gegen Erde	DIN VDE 0100 Teil 600	DIN VDE 0413 Teil 1, 5 und 7
Ausbreitungswiderstand	DIN VDE 0100 Teil 540 DIN VDE 0800 Teil 2	DIN VDE 0185
Erdungsmaßnahmen bei Fernmeldegeräten	DIN VDE 0804	DIN VDE 0804
Prüfungen von Masseverbindungen und Masseanschlußpunkten	DIN 29576 Teil 3	

Tabelle 3.1-1: Prüfvorschriften für die Erdung

3.1.6.2   Sachgebiet Massung, EMV

Zur Überprüfung einer angemessenen Signalmassung sind die in der Tabelle 3.1-2 enthaltenen Vorschriften zu nennen.

Anforderung, Objekt	Vorschrift	Meßgerät
Einkopplung von Störgrößen in Leitungsschirmanschlüsse (10 Hz - 400 MHz; ns-Impulse)	VG 95373 Teil 14	VG 95377
Einkopplung in metallische Strukturen wie Gehäuse, Leitungen, Leitungsschirme (150 kHz - 400 MHz)	VG 95373 Teil 14	VG 95377
Störfestigkeit gegen Störungen auf Masseleitungen (100 kHz - 50 Hz)	IEC 90 (CO) 20	

Tabelle 3.1-2: Vorschriften zur Überprüfung der Massung

3.1.7   Vorschriften und Richtlinien, Literatur

3.1.7.1   Sachgebiet Erdung

DIN VDE 0100 Teil 200/7.85   Errichten von Starkstromanlagen mit Nennspannungen bis 1000 V; allgemeingültige Begriffe

DIN VDE 0100 Teil 410/11.83   dto.; Schutz gegen gefährliche Körperströme

DIN VDE 0100 Teil 540/5.86   dto.; Auswahl und Errichtung elektrischer Betriebsmittel. Erdung, Schutzleiter, Potentialausgleichsleiter

DIN VDE 0100 Teil 600/11.78   dto.; Erstprüfungen

DIN VDE 0160/5.88   Ausrüstungen von Starkstromanlagen mit elektronischen Betriebsmitteln

DIN VDE 0190/5.86	Einbeziehen von Gas- und Wasser-leitungen in den Hauptpotentialaus-gleich von elektrischen Anlagen
DIN VDE 0228 Teil 1/12.87	Maßnahmen bei Beeinflussung von Fern-meldeanlagen durch Starkstromanlagen; allgemeine Grundlagen
DIN VDE 0800 Teil 1/4.84	Fernmeldetechnik; Errichtung und Betrieb der Anlagen
DIN VDE 0800/7.85	dto.; Erdung und Potentialausgleich
DIN VDE 0804/5.89	dto.; Zusatzfestlegungen für Herstellung und Prüfung der Geräte
DIN VDE 0804 Teil 100/4.89	Besondere Sicherheitsanforderungen zum Anschluß an Fernmeldenetze
DIN IEC 435/VDE 0805	Sicherheit von Datenverarbeitungs-einrichtungen
DIN IEC 380/VDE 0806	Sicherheit elektrisch versorgter Büromaschinen
DIN VDE 0845 Teil 1/10.87	Schutz von Fernmeldeanlagen gegen Blitzeinwirkung, statische Aufladun-gen und Überspannungen aus Starkstromanlagen
DIN 29576	Elektrische Bordnetze für Luftfahrzeuge
MIL-STD 1310 D	Shipboard Bonding, Grounding and other Techniques for Electromagnetic Com-patibility and Safety
MIL-STD 454	Standard General Requirements for Electronic Equipment
BV 30 Bgr. 3011	Bauvorschrift für Schiffe der Bundeswehr, Marine; Betriebs-, Schutz- und Blitz-schutzerdung

3.1.7.2   Sachgebiet Massung, EMV

VG 95375 Teil 6/11.89   Elektromagnetische Verträglichkeit;
                                        Grundlagen und Maßnahmen für die
                                        Entwicklung von Systemen; Massung

VG 95376 Teil 6/11.81   dto.;
                                        Grundlagen und Maßnahmen für die
                                        Entwicklung von Geräten; Massung

BV0   Bgr. 012/3.86   Bauvorschrift der Bundeswehr,
                                        Elektromagnetische Verträglichkeit
                                        für Überwasserschiffe und U-Boote

MIL-STD 461 C/10.87   Electromagnetic Emission and Suscept-
                                        ibility Requirements for the Control
                                        of Electromagnetic Interference

MIL-STD 1310 D/2.79   Shipboard Bonding, Grounding and
                                        other Techniques for Electromagnetic
                                        Compatibility and Safety

MIL-B 5087 B, 1964   Bonding, Electrical and Lightning
                                        Protection, for Aerospace Systems

MIL-HDBK 241 B/9.83   Design Guide for Electromagnetic
                                        Interference (EMI) Reduction in
                                        Power Supplies

MIL-HDBK 419 Vol. 1/1.82   Grounding, Bonding and Shielding

3.1.7.3   Literatur

[1]   Hofheinz, W.: Schutztechnik mit Isolationsüberwachung. 1983 VDE-Verlag
       Berlin, 1983

[2]   White, D.R.J.: EMI Control in the Design of Printed Circuit Boards and
       Backplanes. Gainesville, USA, DWCI 1982

[3]   Hesse, D.: Handbuch des 19"-Aufbausystems. Verlag Markt & Technik,
       1986

[4]   Stoll, D.: EMC Elektromagnetische Verträglichkeit. Elitera Verlag
       Berlin, 1976

3.2 Räumliche Entkopplung und Schirmung
H. Singer

3.2.1 Definitionen zu EMV-Zonen und Schirmdämpfungen

Wichtige Maßnahmen zur Sicherstellung der EMV sind u. a. Schirmung und Filterung. Beide Maßnahmen sind in unmittelbarem Zusammenhang miteinander zu sehen. Denn die in einem geschirmten Raum oder Gehäuse befindlichen Komponenten haben i. a. eine Verbindung zum Raum außerhalb des Schirms, und eine Schirmung als alleinige Maßnahme reicht dann nicht aus, sondern alle durch die Schirmwand hindurchgehenden elektrischen Leitungen müssen über Filter geführt werden. Der folgende Abschnitt bezieht sich auf räumliche Entkopplung und Schirmung, während die Filterung im anschließenden Kapitel 3.3 behandelt wird.

Um die EMV überschaubar zu machen und möglichst kostengünstig verwirklichen zu können, werden für komplexe Systeme nach Bedarf mehrere Zonen eingeführt, also räumliche Bereiche unterschiedlicher elektromagnetischer Störklimata. Solche Zonen liegen zum Teil bereits konstruktionsbedingt vor; so führen beispielsweise Armierungseisen zu einer gewissen Schirmwirkung von Wänden und Decken, die dann in das Zonenkonzept einbezogen werden können. Zum Teil sind die EMV-Zonen durch spezielle Schirmgehäuse zu verwirklichen. Im Abschnitt 1.3 ("EMV auf der Systemebene") wurde über die EMV-Zonen bereits berichtet.

An Bord von Schiffen der Bw-Marine wird nach BV 3012 beispielsweise zwischen zwei Zonen unterschieden. So ist bei Schiffen mit Metallschiffskörper Zone 1 der Bereich oberhalb des Hauptdecks, Zone 2 der Bereich darunter. In diesen beiden Zonen dürfen von elektrischen Geräten oder Systemen herrührende Felder in bestimmten Frequenzbereichen festgelegte Grenzwerte nicht übersteigen. Für elektrische Felder gelten dort beispielsweise die nachstehenden Grenzwerte für schmalbandige Aussendungen (Bild 3.2-1).

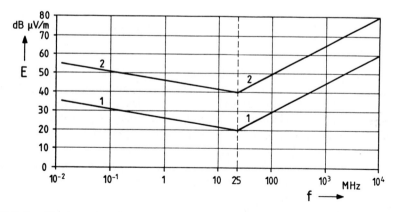

Bild 3.2-1: Grenzwerte der elektrischen Feldstärke für die Prüfung SA 2 (BV 3012) bei schmalbandigen Aussendungen im Frequenzbereich 14 kHz bis 10 GHz

Um diesen relativ niedrigen Pegel zu erreichen, werden erforderlichenfalls Schirmungen vorgesehen, die in den gewünschten Frequenzbereichen die notwendigen Schirmdämpfungen ergeben.

Die Definition der Schirmdämpfung lautet, formelmäßig ausgedrückt:

$$a_S = 10 \cdot {}_{10}\log \frac{\text{Leistungsdichte in einem Meßpunkt vor Anbringen eines Schirms}}{\text{Leistungsdichte im selben Meßpunkt bei Vorhandensein der Schirmung}} = 10 \cdot {}_{10}\log \frac{S_a}{S_i} \quad \text{(in dB)}.$$

Verständlicherweise kann diese Definition für realistische Verhältnisse oft nicht genau verifiziert werden, wenn beispielsweise bestehende größere Abschirmungen zu vermessen sind, die nicht abgebaut werden können. Deshalb werden meist die Werte außerhalb und innerhalb des Schirms aufeinander bezogen. Die einschlägigen Normen wie beispielsweise MIL-STD-285 legen die entprechenden Punkte fest, wie im Abschnitt 5 ("EMV-Meßtechnik") noch ausgeführt wird. Die Schirmdämpfung kann auch als Funktion der Feldstärke definiert werden, wenn sich die zwei Feldstärken auf dasselbe Medium der gleichen Wellenimpedanz beziehen:

$$a_S = 20 \cdot {}_{10}\log \left| \frac{E_a}{E_i} \right| \quad \text{(in dB)} \quad \text{für elektrische Felder,}$$

$$a_S = 20 \cdot {}_{10}\log \left| \frac{H_a}{H_i} \right| \quad \text{(in dB)} \quad \text{für magnetische Felder.}$$

Um eine Vorstellung von der Größenordnung von Schirmdämpfungen zu vermitteln, sind in der folgenden Zusammenstellung Schirmdämpfungswerte von 0 bis 120 dB dargestellt und kommentiert.

Schirmdämpfung
----

0 - 10 dB	Sehr geringe Schirmung. Keine Abschirmung gegen Störungen, aber Effekt durchaus meßbar.
10 - 30 dB	Minimaler Bereich für erwähnenswerte Schirmung. In leichten Fällen können Störungen eliminiert werden. Schirmkonstruktion sehr einfach.
30 - 60 dB	Durchschnittliche Schirmung für alle kleinen und einige mittlere Probleme im HF-Bereich. Hohe Schirmdämpfung gegen Magnetfelder im NF-Bereich. Auf gute Schirmkonstruktion achten! Messung der Schirmung noch mit gewöhnlichen Einrichtungen möglich.
60 - 90 dB	Sehr gute Schirmung für mittlere bis große EMV-Probleme im HF-Bereich. Messung der Schirmwirkung mit speziellen Einrichtungen.
90 - 120 dB	I. a. das Maximum, das mit äußerst guten Schirmungsausführungen möglich ist. Messung nur mit Einrichtungen, die speziell für diese Messungen entworfen sind.
ca. 120 dB	Nachweisgrenze der heutigen Technik (mit einigen spezifischen Ausnahmen), abhängig von der Frequenz, Feldstärke usw.

3.2.2 Berechnung der Schirmdämpfung

Die folgenden Ausführungen umfassen sowohl den Bereich niedriger Frequenzen, wo die Wellenlängen sehr viel größer sind als die Ausdehnungen der betrachteten Geräte, als auch den Bereich hoher Frequenzen, in dem die Wellenlängen im Bereich der Geräteabmessungen liegen oder darunter.

3.2.2.1 Abschirmung niederfrequenter Felder

Bei tiefen Frequenzen ist es für einfache Schirmgeometrien ohne große Schwierigkeiten möglich, eine streng analytische Berechnung der Schirmdämpfung durchzuführen [1]; diese Rechnung wird im folgenden gezeigt, wobei auf Darstellungen, wie sie für EMV-Probleme sinnvoll sind, eingegangen wird. Daneben sind auch Näherungsmethoden bekannt geworden; davon soll die sog. Stromkreismethode kurz vorgestellt werden [3, 4].

3.2.2.1.1 Feldmethode nach Kaden

Im folgenden sind die Ergebnisse der exakten Feldberechnung nach Kaden [1] für einige einfache Geometrien wie Parallelplattenschirm, Hohlzylinder und Hohlkugel dargestellt.

a) Parallelplattenschirm im quasistationären Magnetfeld

Betrachtet wird ein abgeschirmter Raum zwischen zwei unendlich großen leitenden parallelen Platten (Bild 3.2-2). Der Plattenabstand beträgt 2s, die Plattenstärke t; die Leitfähigkeit der Platten ist κ ; ihre Permeabilität μ. Das umgebende Medium sei Luft. Außerhalb des Plattenschirms wird ein homogenes Magnetfeld H_a vorausgesetzt.

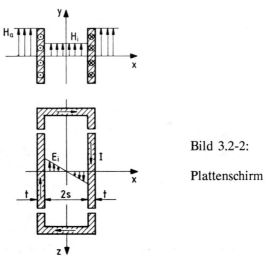

Bild 3.2-2:

Plattenschirm

Das äußere Wechselfeld induziert in den Schirmwänden eine Feldstärke und damit einen Strom I, der den Innenraum umschließt, da der Metallschirm als Kurzschlußwindung für den Innenraum wirkt; dieser Vorgang ist über das Induktionsgesetz zu berechnen. Der induzierte Schirmstrom erzeugt nun im Innenraum ein sekundäres Magnetfeld, das über das Durchflutungsgesetz zu ermitteln ist; dieses Magnetfeld überlagert sich dem ursprünglichen Feld und ist ihm entgegengerichtet. Das Feld im Innenraum wird deshalb geschwächt. Im Außenraum erzeugt der Schirmstrom kein sekundäres Magnetfeld, da sich die Feldanteile der Schirmströme der linken und der rechten Schirmwand aufheben.

Induktionsgesetz:

$$\text{rot}_y \ \underline{E}_z = -\frac{\partial B_y}{\partial t} = -j\omega\mu \cdot \underline{H}_y \ ;$$

$$-\frac{d\underline{E}_z}{dx} = -j\omega\mu \cdot \underline{H}_y \ ;$$

Durchflutungsgesetz:

$$\text{rot}_z \ \underline{H}_y = \kappa \cdot \underline{E}_z \ ;$$

$$\frac{d\underline{H}_y}{dx} = \kappa \cdot \underline{E}_z \ .$$

Aus der Kombination beider Gleichungen kann nun eine Differentialgleichung für die Magnetfeldstärke H_y aufgestellt werden:

$$\frac{d^2\underline{H}_y}{dx^2} - \underbrace{j\omega\mu\kappa}_{\underline{k}^2} \cdot \underline{H}_y = 0 \qquad \rightarrow \qquad \frac{d^2\underline{H}_y}{dx^2} = \underline{k}^2 \cdot \underline{H}_y \ .$$

Die in dieser Gleichung auftretende Wirbelstromkonstante ist $\underline{k} = \sqrt{j\omega\mu\kappa}$.

- Lösung dieser Gleichung für Außen- und Innenraum:

Für die Wirbelstromkonstante gilt: $\underline{k} = 0$, weil die Luftleitfähigkeit $\kappa = 0$ ist. Somit wird die allgemeine Lösung der Differentialgleichung:

$$\boxed{\underline{H}_y = \underline{H}_{1y} \cdot x + \underline{H}_{2y}}$$

Im Außenraum gilt: $\underline{H}_{1y} = 0$, da für große x $\ \underline{H}$ nicht $\rightarrow \infty$ streben darf; also wird dort $\underline{H}_y = H_a$.

Im Innenraum gilt: $\underline{H}_{1y} = 0$, da H_y aus Symmetriegründen eine gerade Funktion sein muß. Die Feldstärke im Innenraum ergibt sich also zu $\underline{H}_y = \underline{H}_{2y} = \underline{H}_i$ (Homogenfeld, Größe vorläufig unbekannt).

- Lösung für Feldstärke E im Außen- und Innenraum:

Die elektrische Feldstärke muß nicht mehr aus der Differentialgleichung bestimmt werden. Es genügt nun, das oben angeschriebene Induktionsgesetz zu verwenden:

$$\frac{d\underline{E}_z}{dx} = j\omega\mu_0 \cdot \underline{H}_y \quad \rightarrow \quad \underline{E}_z = \int j\omega\mu_0 \cdot \underline{H}_y \; dx = j\omega\mu_0 \cdot \underline{H}_y \cdot x + E_0 \quad \rightarrow$$

Im Innenraum ergibt sich: $\underline{E}_z = j\omega\mu_0 \cdot \underline{H}_i \cdot x$;

die Integrationskonstante E_0 ist Null, weil E wegen der Wandströme eine ungerade Funktion sein muß.

- Lösung für leitende Platten:

Hier kann keine Vereinfachung bezüglich $\underline{k}$ und κ getroffen werden wie im Außen- und Innenraum, so daß für die allgemeine Lösung Exponentialfunktionen auftreten:

$$\boxed{\underline{H}_y = \underline{A} \cdot e^{\underline{k}x} + \underline{B} \cdot e^{-\underline{k}x}}$$

Die elektrische Feldstärke wird hier am einfachsten aus dem Durchflutungsgesetz bestimmt:

$$\underline{E}_z = \frac{1}{\kappa} \cdot \frac{d\underline{H}_y}{dx} = \frac{\underline{k}}{\kappa} \cdot (\underline{A} \cdot e^{\underline{k}x} - \underline{B} \cdot e^{-\underline{k}x}).$$

- Bestimmung der Konstanten $\underline{H}_i$, $\underline{A}$ und $\underline{B}$:

Schließlich sind die noch unbekannten Konstanten $\underline{H}_i$, $\underline{A}$ und $\underline{B}$ zu ermitteln, und zwar aus der Stetigkeit der Tangentialfeldstärken an den Plattenoberflächen.

α) Stetigkeit von $\underline{H}$ an der inneren Oberfläche x = s :

$$\underline{H}_i = \underline{A} \cdot e^{-\underline{k}s} + \underline{B} \cdot e^{-\underline{k}s}$$

β) Stetigkeit von $\underline{H}$ an der äußeren Oberfläche x = s + t :

$$\underline{H}_a = \underline{A} \cdot e^{\underline{k}(s+t)} + \underline{B} \cdot e^{-\underline{k}(s+t)}$$

γ) Stetigkeit von $\underline{E}$ an der inneren Oberfläche x = s :

$$s \cdot j\omega\mu_0 \cdot \underline{H}_i = \frac{\underline{k}}{\kappa} \cdot (\underline{A} \cdot e^{\underline{k}s} - \underline{B} \cdot e^{-\underline{k}s}) \quad \rightarrow$$

$$\underbrace{\frac{j\omega\mu_0\kappa}{\underline{k}}}_{\underline{K}} \cdot s \cdot \underline{H}_i = \underline{A} \cdot e^{\underline{k}s} - \underline{B} \cdot e^{-\underline{k}s}$$

$$\text{mit } \underline{K} = \frac{j\omega\mu_0 \cdot \kappa}{\underline{k}} \cdot s = \frac{j\omega\mu\kappa}{\underline{k}} \cdot \frac{\mu_0}{\mu} \cdot s = \underline{k} \cdot \frac{\mu_0}{\mu} \cdot s .$$

Aus den Bedingungen α) bis γ) folgen die 3 Konstanten und damit das

- Ergebnis

$$\frac{\underline{H}_a}{\underline{H}_i} = \cosh \underline{k}t + \underline{K} \cdot \sinh \underline{k}t.$$

Anzumerken ist noch, daß in den vorstehenden Formeln sämtliche Feldstärken sowie die Größen $\underline{k}$ und $\underline{K}$ komplexe Werte haben können.

Wichtig: Inneres und äußeres Magnetfeld sind phasenverschoben.

Die Schirmung ist umso besser, je dicker das Blech (t),
je größer der Innenraum (s),
je höher die Frequenz (f, $\underline{k}$, $\underline{K}$) ist.

Bei f = 0 wird $H_i = H_a$, d.h. daß dann keine Schirmung bei dieser Geometrie vorhanden ist; das hängt damit zusammen, daß die Platten in y-Richtung unendlich weit reichen.

- Schirmfaktor $\underline{Q} = \underline{H}_i/\underline{H}_a$

Der sog. Schirmfaktor stellt, wie aus der Formel hervorgeht, das Verhältnis von magnetischer Innen- zu Außenfeldstärke dar. Für den EMV-Ingenieur am gebräuchlichsten ist der Begriff der Schirmdämpfung, die für die Plattenstruktur im Niederfrequenzfall mit der folgenden Formel beschrieben wird.

- Schirmdämpfung:

$$a_s = 20 \cdot {}_{10}\log \left| \frac{\underline{H}_a}{\underline{H}_i} \right| = 10 \cdot {}_{10}\log \left\{ (\frac{\mu_0}{\mu} \cdot \frac{s}{d})^2 \cdot (\cosh \frac{2t}{d} - \cos \frac{2t}{d}) \right.$$
$$\left. + \frac{\mu_0}{\mu} \cdot \frac{s}{d} (\sinh \frac{2t}{d} - \sin \frac{2t}{d}) + \frac{1}{2} (\cosh \frac{2t}{d} + \cos \frac{2t}{d}) \right\}$$

Dieses Ergebnis ist dargestellt in Bild 3.2-3 als f (t/d) mit dem

$$\text{Parameter } p = \frac{\mu_0}{\mu} \cdot \frac{s}{d} ;$$

dabei ist die äquivalente Leitschichtdicke (Eindringtiefe), die sich aus dem Skineffekt ergibt,

$$d = \sqrt{\frac{2}{\omega \kappa \mu}} = \frac{0{,}0667}{\sqrt{\mu_r \cdot \kappa_r \cdot f_{MHz}}} \quad \text{(in mm)} .$$

κ_r bezeichnet die relative spezifische Leitfähigkeit des Schirmwerkstoffs, bezogen auf die Leitfähigkeit von Kupfer $\kappa_{Cu} = 57 \cdot 10^4$ S/cm; die Frequenz f ist im letzten Teil dieser Formel in MHz einzugeben.

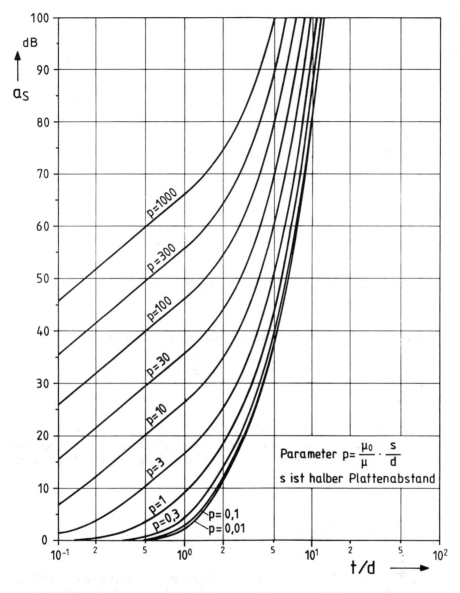

Bild 3.2-3: Schirmdämpfung von Parallel-Plattenschirmen als Funktion des Verhältnisses von Plattenstärke zu Eindringtiefe

Dieselbe Methode zur Ermittlung des Innenfeldes bzw. der Schirmdämpfung kann auch bei anderen Schirmformen wie Hohlzylinder- und Hohlkugelschirm ange-wandt werden; die damit erzielten Ergebnisse für diese Geometrien werden in einem der nächsten Abschnitte gezeigt.

- Näherungsformeln für Sonderfälle:

α) Sehr tiefe Frequenzen (t < d):

$$a_S \approx 10 \cdot {}_{10}\log \left[1 + \left(\frac{\mu_0}{\mu} \cdot \frac{2 \cdot s \cdot t}{d^2} \right)^2 \right] \qquad \text{(in dB)};$$

aus dieser Formel kann die für einen geforderten Schirmdämpfungswert a_S notwendige Wandstärke t errechnet werden:

$$t \approx \frac{\mu}{\mu_0} \cdot \frac{d^2}{2s} \cdot \sqrt{10^{0,1 \cdot a_S} - 1} \, .$$

β) Hohe Frequenzen (t > d):

$$a_S \approx 20 \cdot {}_{10}\log \left(\frac{s}{\sqrt{2} \cdot d} \cdot \frac{\mu_0}{\mu} \right) + 8,686 \cdot \frac{t}{d} \qquad \text{(in dB)};$$

auch hieraus läßt sich die erforderliche Wandstärke leicht bestimmen:

$$t \approx \frac{d}{8,686} \cdot \left[a_S - 20 \cdot {}_{10}\log \left(\frac{s}{\sqrt{2} \cdot d} \cdot \frac{\mu_0}{\mu} \right) \right] \, .$$

- Beispiel:

Als Beispiel soll die Abschirmung eines Meßgerätes behandelt werden, das bei f = 50 kHz arbeitet. Gewünscht wird eine Schirmdämpfung a_S = 60 dB. Die Behälterbreite ist $2 \cdot s$ = 180 mm. Die Abschirmung soll mit Kupferblech erfolgen. Wie dick muß das Blech sein?

Lösung:

$$d = \sqrt{\frac{2}{\omega \kappa \mu}} = \frac{0,0667}{\sqrt{\mu_r \cdot \kappa_r \cdot f_{MHz}}} = \frac{0,0667}{\sqrt{1 \cdot 1 \cdot 0,05}} = 0,3 \text{ mm} \, .$$

Die Dämpfung ist relativ hoch, deswegen wird zunächst angenommen, daß für diese Schirmdämpfung eine Blechstärke t > d erforderlich ist. Aus der Formel im zuletzt genannten Fall β) ergibt sich

$$t = \frac{0,3}{8,686} \left[60 - 20 \cdot {}_{10}\log \frac{90}{\sqrt{2} \cdot 0,3} \cdot 1 \right] = 0,47 \text{ mm} \, ;$$

gewählt wird t = 0,5 mm. Das Ergebnis deckt sich mit der vorhergehenden Annahme t > d .

Werkstoff	Spez. Leitfähig-keit κ in S/cm	Relative Leitfähig-keit κ_r	Permeabilität zahl μ_r
Aluminium	$34 \cdot 10^4$	0,6	1
Blei	$4,8 \cdot 10^4$	0,084	1
Eisen	$10 \cdot 10^4$	0,175	65 ... 200 ... 2000
Graphit	$0,066 \cdot 10^4$ ... $0,025 \cdot 10^4$	0,0012 ... 0,00044	1
Hipernik	$2,0 \cdot 10^4$	0,035	4500 ... 100000
Kupfer	$57 \cdot 10^4$	1	1
Messing	$20 \cdot 10^4$	0,351	1
Mumetall	$1,8 \cdot 10^4$	0,032	30000 ... 70000
Vacoperm 100	$1,7 \cdot 10^4$	0,030	50000 ... 130000
Vitrovac 6025X	$0,74 \cdot 10^4$	0,013	25000 ... 100000
Zink	$16 \cdot 10^4$	0,281	1
Zinn	$8,4 \cdot 10^4$	0,147	1

Tabelle 3.2-1: Werkstoffgrößen (spez. Leitfähigkeit, relative spezifische
Leitfähigkeit κ_r bezogen auf Kupfer, Permeabilitätszahl μ_r)

Die in der Tabelle genannten Werkstoffgrößen beruhen zum Teil auf Firmenanga-
ben. Die Werte von μ_r variieren in einem weiten Bereich. Insbesondere bei
weichmagnetischem ferromagnetischem Material ist μ_r nicht konstant, es hat einen
prinzipiellen Verlauf wie in Bild 3.2-4.

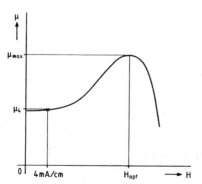

Oft wird μ_4 angegeben; das
ist die Permeabilität bei einer
Aussteuerung von H = 4
mA/cm, die sich oft kaum
von der Anfangspermeabili-
tät bei H = 0 unterscheidet.

Bei Feldstärken in der Größenordnung H > 0,5 T geht
die Permeabilität steil nach
unten, ebenso bei Frequenzen im MHz-Bereich.

Bild 3.2-4: Prinzipieller Verlauf der Permeabilitäts-
konstante weichmagnetischer Materialien

b) Hohlzylinder im quasistationären Längsfeld

In den folgenden Abschnitten sind Formeln aus [1] für das Verhältnis $\underline{H}_a/\underline{H}_i$ angegeben, die für die einfachen Schirmgeometrien Hohlzylinder bzw. Hohlkugel gelten. In den drei folgenden Fällen herrscht im Innenraum jeweils ein Homogenfeld, wenn von einem äußeren Homogenfeld $\underline{H}_a$ ausgegangen wird.

$$\frac{\underline{H}_a}{\underline{H}_i} = \frac{1}{\underline{Q}} = \cosh \underline{k}t + \frac{1}{2}\underline{K}\cdot \sinh \underline{k}t$$

$$\text{mit } \underline{K} = \frac{\mu_0}{\mu}\cdot \underline{k}\cdot R_z \;;\; \underline{k} = \sqrt{j\omega\mu\kappa}\;.$$

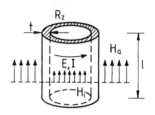

Die Graphik des Bildes 3.2-3 gilt auch hier, wenn gesetzt wird

$$p = \frac{1}{2}\cdot \frac{\mu_0}{\mu}\cdot \frac{R_z}{d} = \frac{1}{2}\cdot \frac{\underline{K}}{\underline{k}\cdot d}\;.$$

Bild 3.2-5:
Hohlzylinder im Längsfeld

c) Hohlzylinder im quasistationären Querfeld

$$\frac{\underline{H}_a}{\underline{H}_i} = \frac{1}{\underline{Q}} = \cosh \underline{k}t + \frac{1}{2}\left(\underline{K} + \frac{1}{\underline{K}}\right)\cdot \sinh \underline{k}t$$

$$\text{mit } \underline{K} = \frac{\mu_0}{\mu}\cdot \underline{k}\cdot R_z\;.$$

Bild 3.2-3 gilt auch für unmagnetische Hohlzylinder (große K) im Querfeld mit

$$p = \frac{1}{2}\cdot \frac{\mu_0}{\mu}\cdot \frac{R_z}{d} = \frac{1}{2}\cdot \frac{\underline{K}}{\underline{k}\cdot d}\;.$$

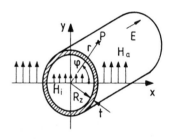

Im Innenraum herrscht ein homogenes Magnetfeld
mit

$$H_r = H_i\cdot \sin\varphi\;;$$
$$H_\varphi = H_i\cdot \cos\varphi\;.$$

Bild 3.2-6:
Hohlzylinder im Querfeld

d) Hohlkugel

$$\frac{\underline{H}_a}{\underline{H}_i} = \frac{1}{\underline{Q}} = \cosh \underline{k}t + \frac{1}{3}\left(\underline{K} + \frac{2}{\underline{K}}\right)\cdot \sinh \underline{k}t$$

$$\text{mit } \underline{K} = \frac{\mu_0}{\mu}\cdot \underline{k}\cdot R_k\;;$$

$$\underline{k} = \sqrt{j\omega\mu\kappa}\;.$$

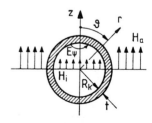

Bild 3.2-3 gilt auch für unmagnetische Hohlkugeln (große K) mit dem Parameter

$$p = \frac{1}{3}\cdot \frac{\mu_0}{\mu}\cdot \frac{R_k}{d} = \frac{1}{3}\cdot \frac{\underline{K}}{\underline{k}\cdot d}\;.$$

Bild 3.2-7:
Hohlkugel im Magnetfeld

Das Ergebnis für die Hohlkugel soll für zwei wichtige Sonderfälle, sehr tiefe bzw. hohe Frequenzen, näher analysiert werden, wobei auf den Betrag des Feldstärkeverhältnisses abgehoben wird, der für die Schirmdämpfung wichtig ist.

α) Niedrige Frequenzen   (t/d klein, $|\underline{k}t|$ klein) :

$$\left|\frac{\underline{H}_a}{\underline{H}_i}\right| \approx \left|1 + \frac{1}{3}(\underline{K} + \frac{2}{\underline{K}})\cdot \underline{k}t\right| = \sqrt{(1 + \frac{2}{3}\mu_r \cdot \frac{t}{R_k})^2 + (\frac{2}{3\mu_r}\cdot \frac{R_k \cdot t}{d^2})^2} \ ;$$

$$a_s = 20 \cdot {}_{10}\log\left|\frac{H_a}{H_i}\right| =$$

$$\approx 10 \cdot {}_{10}\log\left[(1+\frac{2}{3}\mu_r \cdot \frac{t}{R_k})^2 + (\underbrace{\frac{2}{3\mu_r}\cdot \frac{R_k \cdot t}{d^2}}_{\text{entfällt für } f = 0})^2\right] \qquad \text{(in dB)}.$$

Beispiel: Für eine Kupferkugel mit dem Radius R_k = 50 mm und der Blechstärke t = 0,5 mm soll die Schirmdämpfung bei der Frequenz f = 50 Hz ermittelt werden.

Lösung: $\mu_r = 1$; $\kappa_r = 1$ → d = 9,43 mm ;

$$\left|\underline{k}\cdot t\right| = \sqrt{2}\cdot \frac{t}{d} = \sqrt{2}\cdot \frac{0,5}{9,43} << 1 \text{ (Annahme des kleinen } |\underline{k}t| \text{ ist erfüllt)};$$

$$\left|\frac{\underline{H}_a}{\underline{H}_i}\right| = \sqrt{(1+\frac{2}{3}\cdot 1\cdot \frac{0,5}{50})^2 + (\frac{2}{3\cdot 1}\cdot \frac{50\cdot 0,5}{9,43^2})^2} = 1,024 \ ;$$

a_s = 0,2 dB (keine nennenswerte Schirmwirkung) .

β) Hohe Frequenzen (t/d groß, $|\underline{k}t|$ groß) :

$$\left|\frac{\underline{H}_a}{\underline{H}_i}\right| \approx \left|\frac{e\underline{k}t}{2}\cdot \left(1+\frac{K}{3}\right)\right| = \frac{e^{t/d}}{2}\cdot \sqrt{\left(1+\frac{R_k}{3\cdot \mu_r \cdot d}\right)^2 + \left(\frac{R_k}{3\cdot \mu_r \cdot d}\right)^2} \ ;$$

für $R_k >> \mu_r \cdot d$ (insbesondere unmagnetische Kugelschirme) gilt

die Vereinfachung $\left|\frac{\underline{H}_a}{\underline{H}_i}\right| \approx e^{t/d} \cdot \dfrac{R_k}{3\cdot \sqrt{2}\cdot \mu_r \cdot d}$;

damit wird die Schirmdämpfung

$$a_s \approx 8,686 \cdot \frac{t}{d} + 20 \cdot {}_{10}\log \frac{R_k}{3\cdot \sqrt{2}\cdot \mu_r \cdot d} \qquad \text{(in dB)}.$$

Beispiel: Kupferkugel wie oben, aber f = 800 kHz   →

Lösung: d = 0,0746 mm ;

$$|\underline{k}\cdot t| = \sqrt{2}\cdot\frac{t}{d} = \sqrt{2}\cdot\frac{0,5}{0,0746} \gg 1 \quad \text{(großes } |\underline{k}t|) ;$$

$$\left|\frac{\underline{H}_a}{\underline{H}_i}\right| \approx e^{0,5/0,0746}\cdot\frac{50}{3\cdot\sqrt{2}\cdot 1\cdot 0,0746} = 1,29\cdot 10^5 ;$$

$$a_S \approx 102 \text{ dB} .$$

Bild 3.2-8 zeigt die unterschiedliche Feldausbildung und damit den unterschiedlichen Mechanismus der Abschirmung bei einem Gleichfeld und bei hohen Frequenzen.

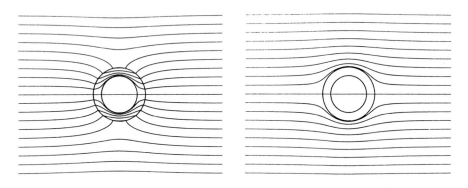

a) hochpermeables Schirmmaterial   b) leitfähiges Schirmmaterial
      bei f = 0 Hz   bei hohen Frequenzen

Bild 3.2-8: Abschirmung eines Magnetfeldes

3.2.2.1.2   Stromkreismethode

Diese Methode basiert auf einer Näherungslösung, bei der der geschirmte Raum als RL-Kreis betrachtet wird, in dem ein Kreisstrom die Schirmung gegen Magnetfelder bewirkt. Zwei Fälle sollen kurz dargestellt werden.

a)   Hohlzylinder im Längsfeld

Der Zylinder, dargestellt schon in Bild 3.2-5, wird als kurzgeschlossene Windung eines Transformators angesehen. Dann gilt nach [3,4]:

$$\underline{H}_a/\underline{H}_i = 1 + j\omega L/R$$

mit der Induktivität $L = \dfrac{\mu_0\cdot\pi\cdot R_z^2}{l}$

und dem Widerstand R = $\dfrac{2\pi \cdot R_z}{\kappa \cdot t \cdot l}$.

Die Gleichung für den Widerstand R gilt dann, wenn der Strom über die Wandstärke t homogen verteilt ist, wenn also d > t ist. Damit ergibt sich

$$a_s = 10 \cdot {}_{10}\log \left[1 + \left(\tfrac{1}{2}\omega\kappa\mu_0 t R_z\right)^2\right] = 10 \cdot {}_{10}\log \left[1 + \left(\frac{1}{\mu_r} \cdot \frac{R_z \cdot t}{d^2}\right)^2\right] \qquad \text{(in dB).}$$

b) Hohlkugel im Magnetfeld

Für die Kugel, die bereits in Bild 3.2-7 skizziert ist, gilt entsprechend

$$a_s = 10 \cdot {}_{10}\log \left[1 + \left(\tfrac{1}{3}\omega\kappa\mu_0 \cdot t \cdot R_k\right)^2\right] = 10 \cdot {}_{10}\log \left[1 + \left(\frac{2}{3 \cdot \mu_r} \cdot \frac{R_k \cdot t}{d^2}\right)^2\right] \qquad \text{(in dB).}$$

Diese Formel deckt sich für nicht zu kleine Frequenzen mit der in Abschnitt 3.2.2.1.1 für die Hohlkugel im Sonderfall α) abgeleiteten Formel, wenn berücksichtigt wird, daß dort der zweite Term in der ersten Klammer sehr klein ist. Die Näherung gilt in ausreichender Genauigkeit für unmagnetische Werkstoffe. Der Skineffekt ist in den hier angegebenen Formeln nicht berücksichtigt.

3.2.2.2 Abschirmung hochfrequenter Felder

Bei hochfrequenten Feldern liegen definitionsgemäß die Wellenlängen in der Größenordnung der Geräteabmessungen oder sind kleiner. Im folgenden werden für den Hochfrequenzfall die exakte Feldrechnung nach Kaden [1] und die Wanderwellenmethode nach Schelkunoff [2, 5] gegenübergestellt. In beiden Fällen wird angenommen, daß eine ebene elektromagnetische Welle auf die Struktur einfällt. Nahfelder, die von Dipolen oder Stromschleifen erzeugt werden, sind mit den folgenden Formeln nicht zu behandeln.

3.2.2.2.1 Feldmethode nach Kaden

Es wird vorausgesetzt, daß beide Feldstärken (E und H) der ebenen elektromagnetischen Welle senkrecht zur Ausbreitungsrichtung jeweils in einer Richtung schwingen (linear polarisierte Welle). In diesem Fall lassen sich nach Kaden [1] für Hohlzylinder und Hohlkugel Feldverteilungen und Schirmdämpfungswerte exakt berechnen.

a) Hohlzylinder in einem ebenen Wellenfeld, dessen elektrische Feldstärke parallel zur Zylinderachse gerichtet ist

Die einfallende Welle induziert im Metallzylinder Wirbelströme, die ihrerseits als Strahler wirken. Ihr Feld überlagert sich dem ursprünglichen Feld. Die resultierenden Felder werden durch Besselfunktionen J_n bzw. Hankelfunktionen $H_n^{(1)}$ und $H_n^{(2)}$ beschrieben [1].

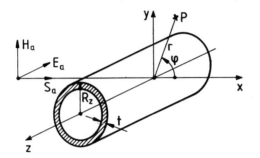

Bild 3.2-9:

Hohlzylinder in einem ebenen Wellenfeld, dessen elektrische Feldstärke parallel zur Zylinderachse gerichtet ist

Feld im Innenraum :

$$\underline{E}_{zi} = -\frac{j}{\pi} \cdot \underline{Q} \cdot \Gamma_0 \cdot \underline{H}_a \cdot \left\{ \frac{J_0(k_0 r)}{\underline{H}_0^{(2)}(k_0 R_z) \cdot J_0(k_0 R_z)} + \right.$$

$$\left. + 2 \cdot \sum_{n=1}^{\infty} (-j)^n \cdot \frac{J_n(k_0 r) \cdot \cos n\varphi}{\underline{H}_n^{(2)}(k_0 R_z) \cdot J_n(k_0 R_z)} \right\} ;$$

$$\underline{H}_{ri} = \frac{-1}{j\omega\mu_0 \cdot r} \frac{\partial \underline{E}_{zi}}{\partial \varphi} =$$

$$= -\frac{2\underline{Q} \cdot \underline{H}_a}{\pi \cdot k_0 \cdot r} \cdot \sum_{n=1}^{\infty} n \cdot (-j)^n \frac{J_n(k_0 r)}{\underline{H}_n^{(2)}(k_0 R_z) \cdot J_n(k_0 R_z)} \cdot \sin n\varphi ;$$

$$\underline{H}_{\varphi i} = \frac{1}{j\omega\mu_0} \cdot \frac{\partial \underline{E}_{zi}}{\partial r} = \frac{-\underline{Q} \cdot \underline{H}_a}{\pi} \cdot \left\{ \frac{1}{\underline{H}_0^{(2)}(k_0 R_z) \cdot J_0(k_0 R_z)} \cdot \frac{\partial J_0(k_0 r)}{\partial (k_0 r)} + \right.$$

$$\left. + 2 \sum_{n=1}^{\infty} (-j)^n \cdot \frac{\cos n\varphi}{\underline{H}_n^{(2)}(k_0 R_z) \cdot J_n(k_0 R_z)} \cdot \frac{\partial J_n(k_0 r)}{\partial (k_0 r)} \right\} .$$

Für Wellenlängen $\lambda_0 >> R_z$ gehen diese Gleichungen über in die Formeln für

H_r und H_φ in Abschnitt 3.2.2.1.1 c), weil für $k_0 \rightarrow 0$ nur das Glied $n=1$ übrig bleibt.

Dabei tritt die Wellenzahl auf: $k_0 = \omega \sqrt{\mu_0 \varepsilon_0}$.

In der Zylinderachse $(r=0)$ zeigt die Magnetfeldstärke in y-Richtung und lautet

$$\underline{H}_{yi}(r=0) = \underline{H}_{\varphi i}(r=0, \varphi=0) = \frac{j}{\pi} \frac{Q \cdot H_a}{\underline{H}_1^{(2)}(k_0 R_z) \cdot J_1(k_0 R_z)} .$$

Die elektrische Feldstärke in der Zylinderachse ist

$$\underline{E}_{zi}(r=0) = \frac{-j}{\pi} \cdot \frac{Q \cdot \Gamma_0 \cdot H_a}{\underline{H}_0^{(2)}(k_0 R_z) \cdot J_0(k_0 R_z)}$$

$$\text{mit } \underline{Q} \approx \frac{2}{\underline{k} \cdot R_z \cdot \sinh(\underline{k} \cdot t)} \text{ nach Abschnitt 3.2.2.1.1 c).}$$

Das Feld im Inneren des Zylinders ist im Gegensatz zu Vorgängen bei tiefen Frequenzen nicht mehr homogen, es schwankt örtlich sogar sehr stark. Deshalb ist es etwas problematisch, eine Schirmdämpfung zu definieren. Kaden [1] wählt den Bezugspunkt auf der Zylinderachse. Dieses Vorgehen führt für die Schirmdämpfung dann teilweise zu recht problematischen Ergebnissen, da unter Umständen auf der Achse extrem kleine Feldstärken auftreten können. Eine klarere Definition der Schirmdämpfung könnte sich beispielsweise auf das Maximum der Feldstärke innerhalb des Schirms beziehen, das nach Größe und Ort zunächst zu bestimmen wäre. Da in diesem Kapitel auf die Ergebnisse von Kaden [1] abgehoben werden soll und weil der Schirmdämpfungsverlauf über der Frequenz in beiden Fällen qualitativ zu ähnlichen Ergebnissen führt, soll hier die magnetische Schirmdämpfung nach Kaden angegeben werden:

$$a_m = 20 \cdot {}_{10}\log \left| \frac{H_a}{\underline{H}_{yi}(r=0)} \right| =$$

$$= \underbrace{20 \cdot {}_{10}\log \left| \frac{1}{\underline{Q}} \right|}_{a_s} + \underbrace{20 \cdot {}_{10}\log \left| \pi \cdot \underline{H}_1^{(2)}(k_0 R_z) \cdot J_1(k_0 R_z) \right|}_{\Delta a_m} .$$

a_m setzt sich aus 2 Anteilen zusammen, nämlich aus der Schirmdämpfung a_s für das quasistationäre Wechselfeld $(\lambda_0 \rightarrow \infty)$ gemäß Bild 3.2-3, die aus dem Verhältnis $|\underline{H}_a/\underline{H}_i|$ aus Abschnitt 3.2.2.1.1 c) für tiefe Frequenzen zu ermitteln ist, und dem Zusatzterm Δa_m, aufgetragen in Bild 3.2-10; dieser Zusatzterm ist für quasistationäre Felder vernachlässigbar (wenn etwa $\lambda_0 > 3 R_z$ ist).

Die elektrische Schirmdämpfung wird aus der elektrischen Feldstärke auf der Zylinderachse und dem äußeren elektrischen Feld der ebenen Welle bestimmt:

$$a_e = 20 \cdot \text{10 log} \left| \frac{\underline{H}_a \cdot \Gamma_0}{\underline{E}_{zi}(r=0)} \right| =$$

$$= \underbrace{20 \cdot \text{10 log} \left| \frac{1}{\underline{Q}} \right|}_{a_S} + \underbrace{20 \cdot \text{10 log} \left| \pi \underline{H}_0^{(2)}(k_0 R_z) \cdot J_0(k_0 R_z) \right|}_{\Delta a_e}.$$

Diese Schirmdämpfung besteht wiederum aus zwei Anteilen, der quasistationären Schirmdämpfung a_S des Magnetfeldes gemäß Bild 3.2-10 und dem Zusatzterm Δa_e; dieser Term geht $\rightarrow \infty$ für statische Felder ($\lambda_0 \rightarrow \infty$), weil eine geschlossene Metallhülle im elektrostatischen Fall kein Feld im Inneren liefert (Faraday-Käfig).

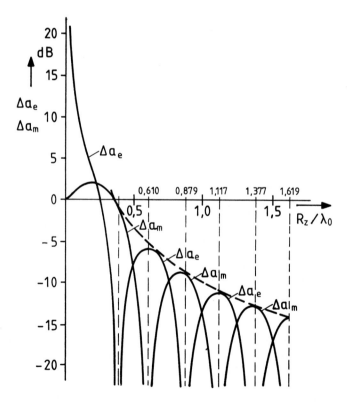

Bild 3.2-10: Zusatzterme Δa_m, Δa_e der Schirmdämpfung eines Hohlzylinders nach Bild 3.2-9, abhängig vom Verhältnis Zylinderradius R_z zu Wellenlänge λ_0

a_m und a_e können theoretisch bei bestimmten Werten von R_z/λ_0 negativ unendlich werden (Nullstellen der Besselfunktionen), wie aus Bild 3.2-10 hervorgeht. Dann wird das Feld sehr groß (Eigenresonanz). Bei realistischen Größen der Leitfähigkeit ergeben sich noch Einbrüche von 60 bis 80 dB. In der Praxis sind die Einbrüche jedoch weit geringer, da die Schirmgehäuse meistens mit Bauteilen oder Geräten vollgepackt sind. Nur in großräumigen geschirmten Laboratorien lassen sich Einbrüche von ca. 30 ... 40 dB messen. Das Einbringen von Geräten in den geschirmten Raum reduziert diese Einbrüche und verschiebt auch erfahrungsgemäß die Resonanzfrequenzen.

b) Hohlzylinder in einem ebenen Wellenfeld, dessen magnetische Feldstärke parallel zur Zylinderachse gerichtet ist

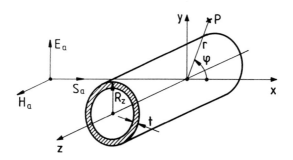

Bild 3.2-11: Hohlzylinder in einem ebenen Wellenfeld, dessen magnetische Feldstärke parallel zur Zylinderachse gerichtet ist

Unter den gleichen Voraussetzungen wie bei a) führen die magnetische und die elektrische Schirmdämpfung auf ähnliche Formeln wie vorher:

$$a_m = 20 \cdot {}_{10}\log \left| \frac{\underline{H}_a}{\underline{H}_z(r=0)} \right| = \underbrace{20 \cdot {}_{10}\log \left| \frac{1}{\underline{Q}} \right|}_{a_S} + \underbrace{20 \cdot {}_{10}\log \left| \pi \cdot \underline{H}_1^{(2)}(k_0 R_z) \cdot J_1(k_0 R_z) \right|}_{\Delta a_m};$$

$$a_e = 20 \cdot {}_{10}\log \left| \frac{\underline{H}_a \cdot \Gamma_0}{\underline{E}_y(r=0)} \right| = \underbrace{20 \cdot {}_{10}\log \left| \frac{1}{\underline{Q}} \right|}_{a_S} + \underbrace{20 \cdot {}_{10}\log \left| \pi \cdot \left(\frac{\partial \underline{H}_1^{(2)}(k_0 r)}{\partial(k_0 r)} \cdot \frac{\partial J_1(k_0 r)}{\partial(k_0 r)} \right)_{r=R_z} \right|}_{\Delta a_e};$$

über R_z/λ_0 aufgetragen, weisen diese Schirmdämpfungen einen ähnlichen Verlauf auf wie unter a), haben aber Resonanzen bei

$$R_z/\lambda_0 = 0{,}293, \quad 0{,}610, \quad 0{,}849, \quad 1{,}117, \quad 1{,}359, \quad 1{,}619, \ldots$$

c) Hohlkugel in einem ebenen Wellenfeld

Für die Hohlkugel, die sich in einem ebenen Wellenfeld befindet, gelten ähnliche Überlegungen. Sie werde von einer Welle beaufschlagt, deren Poynting-Vektor in z-Richtung zeigt, mit einer y-Komponente des Magnetfeldes und einer x-Komponente des elektrischen Feldes:

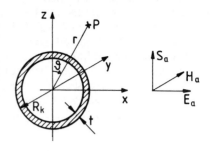

$$\underline{H}_{ay} = \underline{H}_a \cdot e^{-jk_0z} ;$$

$$\underline{E}_{ax} = \Gamma_0 \cdot \underline{H}_a \cdot e^{-jk_0z} .$$

Bild 3.2-12: Hohlkugel in einer ebenen Welle

Auch hier ergeben sich ähnliche Formeln für die beiden Schirmdämpfungen:

$$a_m = 20 \cdot {}_{10}\log \left| \frac{H_a}{\underline{H}_y(r=0)} \right| =$$

$$= \underbrace{20 \cdot {}_{10}\log \left| \frac{1}{\underline{Q}} \right|}_{a_s} + \underbrace{20 \cdot {}_{10}\log \frac{3 \cdot \sqrt{1+(k_0R_k)^2} \cdot |\sin k_0R_k - k_0R_k \cdot \cos k_0R_k|}{(k_0R_k)^3}}_{\Delta a_m}$$

$$a_e = 20 \cdot {}_{10}\log \left| \frac{\underline{H}_a \cdot \Gamma_0}{\underline{E}_x(r=0)} \right| = \underbrace{20 \cdot {}_{10}\log \left| \frac{1}{\underline{Q}} \right|}_{a_s} +$$

$$+ \underbrace{20 \cdot {}_{10}\log \frac{3 \cdot \sqrt{1-(k_0R_k)^2+(k_0R_k)^4} \cdot |[(k_0R_k)^2-1]\sin k_0R_k + k_0R_k \cdot \cos k_0R_k|}{(k_0R_k)^5}}_{\Delta a_e} ;$$

Der Verlauf von Δa_m, Δa_e über R_k/λ_0 ist wieder ähnlich dem bei Zylindern, der in a) bzw. b) errechnet wurde. Folgende Resonanzen treten auf:

für Δa_m bei R_k/λ_0 = 0,715, 1,227, . . .
für Δa_e bei R_k/λ_0 = 0,437, 0,974, 1,483, . . .

d) Vergleich Zylinder/Kugel

In Bild 3.2-13 ist der Verlauf der Hüllkurven für Δa_m, Δa_e von Zylindern (Abschnitte a) und b)) und Kugeln (Abschnitt c)) aufgetragen. Für $R/\lambda_0 < 0,35$ geht $\Delta a_e \rightarrow \infty$ (gute Schirmung gegen elektrische Felder nach dem Prinzip des sog. Faraday-Käfigs), und Δa_m bleibt unter etwa 2 dB, wobei dann die Formeln für tiefe Frequenzen nach Abschnitt 3.2.2.1.1 gelten.

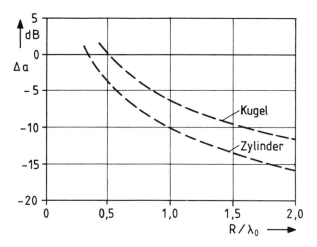

Bild 3.2-13: Hüllkurven Δa der Zusatzterme Δa_m bzw. Δa_e der Schirmdämpfung von Hohlzylindern und Hohlkugeln gegen ebene Wellen, abhängig vom Verhältnis Zylinder- bzw. Kugelradius R zu Wellenlänge λ_0

3.2.2.2.2 Wanderwellenmethode nach Schelkunoff

Die Rechnung nach der Wanderwellenmethode basiert auf Reflexionserscheinungen, die beim Auftreffen einer elektromagnetischen Welle auf eine leitende Wand unendlicher Ausdehnung auftreten. Damit lassen sich behandeln

- Fernfelder (ebene Wellen) mit $\Gamma_0 = E/H = 377\ \Omega$ in Luft,
- Nahfelder in der Form von Hochimpedanzfeldern mit $|E/H| > 377\ \Omega$
  bzw. von Niederimpedanzfeldern mit $|E/H| < 377\ \Omega$.

Der Wellenwiderstand eines isotropen Mediums (z. B. Metall oder Isolierstoff) ist

$$\underline{\Gamma} = \sqrt{\frac{j\omega\mu}{\kappa + j\omega\varepsilon}}\ ,$$

der Wellenwiderstand eines Metalls mit $\kappa \gg \omega\varepsilon$ berechnet sich daraus zu

$$\underline{\Gamma}_m = \sqrt{\frac{j\omega\mu}{\kappa}} = (1+j) \cdot \sqrt{\frac{\pi f \mu}{\kappa}} = \frac{(1+j)}{d \cdot \kappa}$$

$$\text{mit der Eindringtiefe } d = \sqrt{\frac{2}{\omega\kappa\mu}} = \sqrt{\frac{1}{\pi f \kappa\mu}}\ .$$

Für Luft mit $\kappa \ll \omega\varepsilon$ gilt im Fernfeld:

$$\Gamma_a = \Gamma_0 = \sqrt{\frac{\mu_0}{\varepsilon_0}}\ ,$$

im Niederimpedanzfeld $\underline{\Gamma}_a = \underline{k}_r \cdot \Gamma_0 = \dfrac{j2\pi r}{\lambda} \cdot \Gamma_0$ mit dem Faktor $\underline{k}_r = \dfrac{j2\pi r}{\lambda}$,

im Hochimpedanzfeld $\underline{\Gamma}_a = \underline{k}_r \cdot \Gamma_0 = \dfrac{\lambda}{j2\pi r} \cdot \Gamma_0$ mit dem Faktor $\underline{k}_r = \dfrac{\lambda}{j2\pi r}$.

Im Fernfeld ist der Faktor $k_r = 1$. Beim Auftreffen auf eine Metalloberfläche wird die Welle z. T. reflektiert, z. T. tritt sie durch und läuft weiter (s. Bild 3.2-14). Die Anteile der durchtretenden, reflektierten und weiterlaufenden Wellen berechnen sich entsprechend den Reflexions- und Transmissionsfaktoren, die für senkrechten Einfall die folgende Form haben:

Reflexion an Fläche ① $\qquad r_{am} = \dfrac{1 - \underline{\Gamma}_a/\underline{\Gamma}_m}{1 + \underline{\Gamma}_a/\underline{\Gamma}_m}$;

Reflexion an Fläche ② $\qquad r_{ma} = \dfrac{\underline{\Gamma}_a/\underline{\Gamma}_m - 1}{\underline{\Gamma}_a/\underline{\Gamma}_m + 1}$;

Transmissionsfaktor $\qquad t_{am} = 1 + r_{am}$ bzw. $t_{ma} = 1 + r_{ma}$.

Der transmittierte (durchtretende bzw. weiterlaufende) Anteil ist die Differenz zwischen an der betrachteten Fläche ankommender Feldstärke und davon jeweils reflektiertem Anteil. Das Pluszeichen in der zuletzt dargestellten Formel steht wegen der gewählten Vorzeichenrichtung der Feldstärken. Aus dem Transmissionsfaktor berechnet sich die durchtretende Welle.

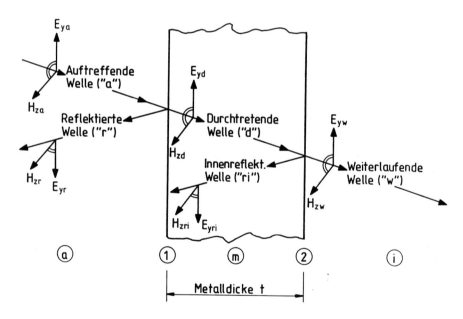

Bild 3.2-14: Verlauf der Feldstärkeanteile bei Reflexion an einer Schirmwandung

Durchtretende Welle "d" an der Fläche ① : $\qquad \underline{E}_{yd1} = t_{am} \cdot \underline{E}_{ya}$;

an der Fläche ② : $\qquad \underline{E}_{yd2} = \underline{E}_{yd1} \cdot e^{-\underline{\gamma}t}$.

Dabei taucht die Ausbreitungskonstante des Metalls auf:

$$\chi = \alpha + j\beta = j\underline{k}_m = \sqrt{j\omega\mu(\kappa + j\omega\varepsilon)} \approx \sqrt{j\omega\mu\kappa} \,.$$

An der zweiten Fläche wird die Welle "d" z. T. wieder reflektiert, z. T. als weiterlaufende Welle "w" durch den Schirm durchgelassen usw. Dieser Reflexionsvorgang ist auch in Bild 3.2-15 skizziert, wobei die Seite links von der Schirmwandung (a) das Äußere des Schirmgehäuses bildet und die Seite rechts von der Wandung (i) das Innere des Gehäuses. Die Transmissions- und Reflexionsfaktoren sowie die Ausbreitungskonstante sind auch hier komplex, auf den kennzeichnenden Strich unter dem jeweiligen Formelzeichen wurde verzichtet.

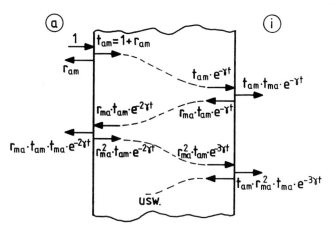

Bild 3.2-15: Änderung der Feldintensität bei Reflexion an einer Schirmwandung

Die weiterlaufende Welle "w" setzt sich also aus mehreren Anteilen zusammen; ihr resultierender Transmissionsfaktor lautet

$$\underline{t}_w = \underline{t}_{am} \cdot \underline{t}_{ma} \cdot e^{-\chi t} \cdot \underbrace{(\ 1}_{\substack{\text{direkt}\\\text{transmittiert}}} + \underbrace{\underline{r}^2_{ma} \cdot e^{-2\chi t}}_{\text{1.Reflexion}} + \underbrace{\underline{r}^4_{ma} \cdot e^{-4\chi t} + \ldots)}_{\substack{\text{Reflexion aus}\\\text{mehreren Umläufen}}} \,.$$

Mit der Summenformel für die unendliche Reihe (Klammerausdruck) wird daraus

$$\underbrace{\underline{t}_w = \underline{t}_{am} \cdot \underline{t}_{ma}}_{\text{Reflexion}} \cdot \underbrace{e^{-\chi t}}_{\substack{\text{Absorp-}\\\text{tion}}} \cdot \underbrace{\frac{1}{1 - \underline{r}^2_{ma} \cdot e^{-2\chi t}}}_{\text{mehrfache Reflexionen}} \cdot$$

Aus diesem Wert $\underline{t}_w$ ermittelt sich die Feldstärke im Inneren des Schirmgehäuses, wobei die äußere Feldstärke auf 1 normiert ist. Der Kehrwert führt also zur Schirmdämpfung:

$$a_S = 20 \cdot {}_{10}\log \left| \frac{1}{\underline{t}_w} \right| = 20 \cdot {}_{10}\log \left| \frac{1}{\underline{t}_{am} \cdot \underline{t}_{ma}} \cdot e^{\underline{\gamma}t} \cdot (1 - \underline{r}_{ma}^2 \cdot e^{-2\underline{\gamma}t}) \right| \ .$$

Die Schirmdämpfung kann mit dieser Formel, die sich in drei Terme aufteilen läßt, physikalisch durch drei Effekte interpretiert werden:

- Reflexion an den beiden Flächen der Schirmwandung:
  Reflexionsverluste $a_R = 20 \cdot {}_{10}\log \left| \dfrac{1}{\underline{t}_{am} \cdot \underline{t}_{ma}} \right| ;$

- Absorption im Metall der Schirmwandung:
  Absorptionsverluste $a_A = 20 \cdot {}_{10}\log e^{\alpha t} = 8{,}686 \cdot \alpha t \ ;$

- Mehrfachreflexionen:
  Korrektur $a_M = 20 \cdot {}_{10}\log \left| 1 - \underline{r}_{ma}^2 \cdot e^{-2\underline{\gamma}t} \right| .$

Die Summe dieser drei Terme ist die Schirmdämpfung:

$$a_S = a_R + a_A + a_M \ .$$

a) Reflexionsverluste

$$a_R = 20 \cdot {}_{10}\log \left| \frac{1}{\underline{t}_{am} \cdot \underline{t}_{ma}} \right| = 20 \cdot {}_{10}\log \left| \frac{(1 + \underline{\Gamma}_a/\underline{\Gamma}_m)^2}{4\underline{\Gamma}_a/\underline{\Gamma}_m} \right| \ =$$

$$= 20 \cdot {}_{10}\log \ \frac{2 + (|k_r| \cdot \Gamma_0 \cdot \kappa \cdot d)^2 + 2 \cdot |k_r| \cdot \Gamma_0 \cdot \kappa \cdot d}{4 \cdot \sqrt{2} \cdot |k_r| \cdot \Gamma_0 \cdot \kappa \cdot d} \ ;$$

in dieser Formel stellen κ und d Werte für das Metall der Schirmwandung dar, während Γ_0 den Wellenwiderstand des freien Raumes bezeichnet; k_r ist das bereits angegebene Verhältnis zwischen Wellenwiderstand im Nahfeld und Wellenwiderstand im Fernfeld. Werden die relative spezifische Leitfähigkeit und die Permeabilitätszahl des Metalls eingeführt und die Frequenz in MHz angegeben, gelangt man zu den folgenden Formeln, die für $\Gamma_a \gg \Gamma_m$ gelten. Dabei ist im Hochimpedanz- bzw. Niederimpedanzfeld r_m der Abstand der Schirmwand von der Spannungs- bzw. Stromquelle in Metern.

Fernfeld:	$a_R = 108 - 10 \cdot {}_{10}\log \dfrac{\mu_r \cdot f_{MHz}}{\kappa_r}$ (in dB)
Hoch-impedanz-feld:	$a_R = 142 - 10 \cdot {}_{10}\log \dfrac{f_{MHz}^3 \cdot r_m^2 \cdot \mu_r}{\kappa_r}$ (in dB)
Nieder-impedanz-feld:	$a_R = 74{,}5 - 10 \cdot {}_{10}\log \dfrac{\mu_r}{f_{MHz} \cdot \kappa_r \cdot r_m^2}$ (in dB).

In Bild 3.2-16 sind die Reflexionsverluste für einige Leitermaterialien im Fernfeld zusammengestellt, wobei eine Abnahme dieser Verluste mit steigender Frequenz deutlich wird. Im Nahfeld, das in diesem Bild nicht berücksichtigt ist, ergibt sich mit wachsendem Abstand von der Quelle für das Niederimpedanzfeld (Stromschleife als Quelle) eine Zunahme der Reflexionsverluste, im Hochimpedanzfeld (z. B. Dipol als Quelle) eine Abnahme der Reflexionsverluste.

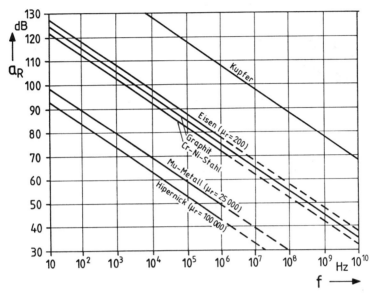

Bild 3.2-16:   Reflexionsverluste für einige Leitermaterialien im Fernfeld

b) Absorptionsverluste

$$a_A = 20 \cdot {}_{10} \log e^{\alpha t} = 8{,}686 \cdot \alpha t \qquad \text{(in dB)} \; ;$$

für Metalle mit $\kappa >> \omega\varepsilon$ gilt

$$\chi = \sqrt{j\omega\mu \cdot (\kappa + j\omega\varepsilon)} \approx \sqrt{j\omega\mu\kappa} = (1+j) \cdot \sqrt{\pi f \mu \kappa} \; ;$$

also wird $\alpha \approx \beta \approx \sqrt{\pi f \mu \kappa} = 1/d$ und

$$\boxed{\begin{aligned} a_A &= 8{,}686 \cdot t/d \qquad \text{(in dB)} \\ &= 130 \cdot t_{mm} \cdot \sqrt{f_{MHz} \cdot \mu_r \cdot \kappa_r} \qquad \text{(in dB)} \end{aligned}}$$

mit der Wandstärke t_{mm} in mm und den restlichen Größen wie oben. In Bild 3.2-17 sind die spezifischen Absorptionsverluste a_A/t pro mm Wandstärke für einige Leitermaterialien aufgetragen.

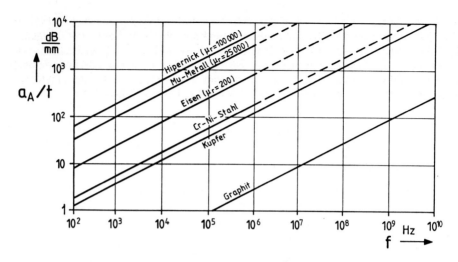

Bild 3.2-17: Spezifische Absorptionsverluste a_A/t (in dB pro mm Blechstärke)
              für einige Leitermaterialien in Abhängigkeit von der Frequenz

c) Korrektur durch Mehrfachreflexionen

Die Korrektur durch Mehrfachreflexionen ist nur für sehr dünnwandige Schirme
im Niederimpedanzfeld relevant, sofern $a_A < 4$ dB ist; sie ist vernachlässigbar im
Fernfeld.

d) Beispiel

In Bild 3.2-18 ist als Beispiel die nach der Wanderwellenmethode errechnete
Schirmdämpfung eines 0,5 mm dicken Kupferschirms im Fernfeld aufgetragen. Die

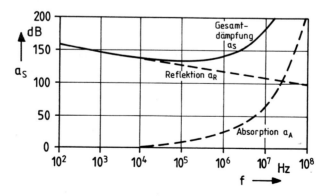

Bild 3.2-18: Schirmdämpfung eines 0,5 mm starken Kupferschirms
              im Fernfeld als Funktion der Frequenz nach [7]

Reflexionsverluste sinken mit steigender Frequenz, wogegen die Absorptionsverluste wegen der abnehmenden Eindringtiefe exponentiell anwachsen. Die minimale Schirmdämpfung liegt in diesem Beispiel bei ca. 100 kHz. Für niedrige Frequenzen überwiegt die Reflexionsdämpfung, für hohe Frequenzen die Absorptionsdämpfung. Inwieweit die mit dieser Methode errechnete Schirmdämpfung vertrauenswürdig ist, wird im nächsten Teilabschnitt behandelt.

3.2.2.3 Vergleich der geschilderten Rechenmethoden zur Ermittlung der Schirmdämpfung

In der nachstehenden Tabelle sind Schirmdämpfungswerte, die nach den geschilderten Rechenverfahren für eine Standardanordnung, nämlich eine Kupferhohlkugel mit 250 mm Radius und 1 mm Wandstärke, ermittelt wurden, für Frequenzen von 10 kHz bis 10 MHz aufgetragen. Erwartungsgemäß steigen die Schirmdämpfungswerte mit zunehmender Frequenz an. Wie die Tabelle zeigt, sind an der oberen genannten Frequenzgrenze die Schirmdämpfungswerte bereits unrealistisch groß, so daß auf die Berücksichtigung noch höherer Frequenzen verzichtet werden kann.

Schirmdämpfung nach	f = 10 kHz $\lambda_0/R_k = 120000$	f = 100 kHz $\lambda_0/R_k = 12000$	f = 1 MHz $\lambda_0/R_k = 1200$	f = 10 MHz $\lambda_0/R_k = 120$
KADEN NF-Bereich (Abschn. 3.2.2.1.1)	52 dB	90 dB	189 dB	481 dB (unrealistisch hoch!)
KADEN HF-Bereich (Abschn. 3.2.2.2.1)	52 dB ($\Delta a_m = 0$)	90 dB ($\Delta a_m = 0$)	189 dB ($\Delta a_m = 0$)	481 dB ($\Delta a_m = 0$)
Stromkreismethode (Abschn. 3.2.2.1.2)	51,5 dB	(71,5 dB)	(91,5 dB)	(111,5 dB)
Wanderwellenmethode (Abschn. 3.2.2.2.2) (Fernfeldformel)	(141 dB)	(155 dB)	(238 dB)	498 dB (unrealistisch hoch!)
Wanderwellenmethode (Abschn. 3.2.2.2.2) (Niederimpedanzfeld mit $r_m = R_k = 250$ mm)	55,5 dB	94 dB	193 dB	484 dB (unrealistisch hoch!)

Tabelle 3.2-2: Schirmdämpfung einer Kupfer-Hohlkugel (Radius R_k = 250 mm, Wandstärke t = 1 mm), ermittelt nach mehreren Methoden

Die Formeln der exakten Feldberechnung nach Kaden [1] liefern exakte Werte für den idealen Schirm über den gesamten hier behandelten Frequenzbereich; die Änderung Δa braucht erst für sehr hohe Frequenzen berücksichtigt zu werden, bei dem Schirm mit $R_k = 250$ mm oberhalb von etwa 400 MHz, bei einem kleineren Schirm bei entsprechend höheren Frequenzen. Im NF-Bereich beziehen sich die Formeln nach Kaden auf die Magnetfeld-Schirmdämpfung.

Die Formeln der Wanderwellentheorie nach [2] und [5] gelten gut im Bereich $\lambda_0/R_k < 100$, also bei hohen Frequenzen, sofern man hier mit den Fernfeldformeln für die Reflexionsverluste rechnet. Bei niedrigen Frequenzen ergeben sich mit diesen Fernfeldformeln viel zu große Werte, weil die Reflexionsdämpfung dann viel zu hoch liegt und die Ergebnisse - anschaulich gedeutet - einen Wert zwischen magnetischer und elektrischer Schirmdämpfung annehmen. Da bei EMV-Problemen in der Regel die magnetische Schirmdämpfung die kritische Größe darstellt, empfiehlt es sich dann, für die Reflexionsdämpfung mit den Nahfeldformeln des Niederimpedanzfeldes zu rechnen, und zwar erfahrungsgemäß mit einem Abstand r_m, der dem Krümmungsradius des betrachteten Schirmgehäuses entspricht. Generell sind in den Formeln der Wanderwellentheorie stehende Wellen und HF-Resonanzen im Schirmgehäuse nicht berücksichtigt, die freilich bei vollgepackten Schirmgehäusen keine Bedeutung haben. Außerdem können die Formeln der Wanderwellentheorie Schirmformen wie Kugeln oder Zylinder und deren Größe streng genommen nicht berücksichtigen; die Formeln gelten umso besser, je größer und ebener ein Schirmgehäuse ist.

Die Näherungsrechnung nach der Stromkreismethode liefert nur bei niedrigen Frequenzen im Bereich $t/d < 1{,}5$ richtige Werte, da in den angegebenen Formeln der Skineffekt nicht berücksichtigt ist.

Bei theoretisch ermittelten Schirmdämpfungen besteht das generelle Problem, daß Werte oberhalb $100 \ldots 120$ dB kaum realistisch sind (siehe Abschnitt 3.2.3).

Der realistische Verlauf der Schirmdämpfung in Abhängigkeit von der Frequenz für Kugeln, Zylinder oder Quader mit Querschnittsabmessungen im Bereich um 1 Meter ist qualitativ im nächsten Bild aufgetragen, wobei sich die Kurve im unteren Frequenzbereich auf die Schirmung gegen Magnetfelder bezieht [6].

Die einzelnen Bereiche der Kurve können wie folgt erklärt werden [6]:

$0 < f < f_1$: Wirbelströme führen nur zu einer geringen Schirmdämpfung (z. B. < 3 dB). Bessere Schirmdämpfung ist nur durch hochpermeables Material mit magnetostatischer Schirmung erzielbar.

f_1: Bei dieser Frequenz ist nach der Stromkreismethode $\omega L = R$. Die Frequenz liegt in der Größenordnung von 10 Hz.

$f_1 < f < f_2$: Bis zur Frequenz f_2 liefern Stromkreismethode und die exakte Feldmethode für niedrige Frequenzen praktisch identische Resultate.

f_2: Bei dieser Frequenz (Größenordnung 1 kHz) ist $d = t$. Das Verhältnis

$$f_2/f_1 \approx \frac{2R_k}{3 \cdot \mu_r \cdot t}$$ ist klein (≈ 1) für Eisenschirme und groß (≥ 100)

für Kupfer- oder Aluminiumschirme.

$f_2 < f < f_3$:   Als Folge des Skineffekts liegt die Schirmdämpfung höher, als mit der Stromkreismethode zu erwarten ist. Nur die Feldmethode liefert exakte Werte.

$f_3 < f < f_4$:   Unvollkommenheiten der Schirmwände (Öffnungen, Spalte, Leitungseinführungen, Türen usw.) begrenzen die Schirmdämpfung auf Werte von 100 ... 120 dB.

$f > f_4$:   Stehende Wellen und Resonanzen in einem leeren Schirmgehäuse.

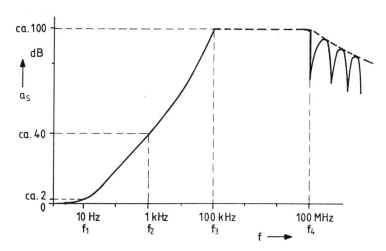

Bild 3.2-19: Qualitativer Verlauf der Schirmdämpfung eines Kupferschirms in Abhängigkeit von der Frequenz

3.2.2.4   Schirmdämpfung bei transientem Vorgang

Transiente Vorgänge können direkt im Zeitbereich behandelt werden, z. B. mit Differenzenverfahren; es ist aber auch möglich, diese Vorgänge mit Hilfe der bisher dargestellten Theorien zunächst im Frequenzbereich zu analysieren und dann mit Hilfe der Fouriertransformation in den Zeitbereich überzugehen. Von diesen beiden Möglichkeiten wird hier die zweite an Hand einiger Ergebnisse dargestellt.

Als Beispiel wird gewählt eine Kupferkugel mit Radius R_k = 250 mm und mehreren Werten der Wandstärke. Die Kugel befinde sich in einem homogenen, äußeren transienten Magnetfeld H_a.

Ein erster Impuls in Trapezform mit einer Anstiegszeit von 1 ms, einer anschließenden Zeit von 1 ms mit konstanter Amplitude von 150 A/m und einer Abfallzeit von 1 ms wird als erstes Beispiel gewählt. Dieser Impuls wurde in den Frequenzbereich transformiert; es wurden dabei Frequenzen von 2,5 Hz bis 29500

Hz berücksichtigt. Die Dämpfung wurde mit den Formeln in Abschnitt 3.2.2.1.1 d) errechnet. Die Rücktransformation in den Zeitbereich lieferte für H_a und das Innenfeld H_i der Kugel das in Bild 3.2-20 dargestellte Ergebnis. Dabei wird das Tiefpaßverhalten des Schirms deutlich. Die Dämpfung ist mit ca. 11 dB nicht hoch, da die am Impuls beteiligten Frequenzen relativ niedrig sind. Die Feldstärke H_i gilt für eine Wandstärke des Kugelschirms von t = 1 mm.

Als zweiter Impuls an dem bereits behandelten Kugelschirm wird ein Exo-EMP in Vierfachexponentialform [11, 12] verwendet, in Abhängigkeit der Zeit t darstellbar als

$$\text{Außenfeld } H_a(t) = H_{ao} \cdot [e^{-\alpha t} - e^{-\beta t} - D \cdot (e^{-\gamma t} - e^{-\delta t})]$$

mit $\alpha = 1,5 \cdot 10^6 s^{-1}$;

$\beta = 2,6 \cdot 10^8 s^{-1}$;

$\gamma = 2,0 \cdot 10^5 s^{-1}$;

$\delta = 5,0 \cdot 10^5 s^{-1}$;

$$H_{ao} = \frac{51,8 \text{ kV/m}}{377 \ \Omega} = 137,4 \text{ A/m} ;$$

$$D = \frac{1/\alpha - 1/\beta}{1/\gamma - 1/\delta} = 0,221 .$$

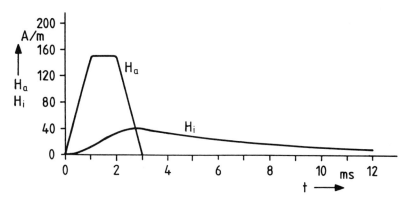

Bild 3.2-20: Zeitlicher Verlauf eines Trapezimpulses H_a und des entsprechenden Kugelinnenfeldes H_i (Kugelradius R_k = 250 mm, Wandstärke t = 1 mm)

Da die bei diesem Impuls maximal zu berücksichtigenden Frequenzen von einigen 100 MHz Wellenlängen von ≥ 1 m haben, reichen für die Berechnungen der Schirmdämpfung der gewählten Kugel mit R_k = 250 mm die Formeln der Schirmdämpfung des Abschnitts 3.2.2.1.1 d) für niederfrequente Felder noch aus. Die Ergebnisse der Rechnung, die mit Hilfe der Fouriertransformation durchgeführt wurde, sind in Bild 3.2-21 zusammengefaßt. Dabei wurden in drei Fällen Wandstärken von t = 10 μm, 100 μm und 1 mm behandelt.

In Bild 3.2-21 ist neben dem zeitlichen Verlauf des Originalimpulses $H_a(t)$ in den Teilbildern b), c), d) jeweils die Innenfeldstärke angegeben. Da der Schirm ein sehr ausgeprägtes Tiefpaßverhalten zeigt und das Innenfeld gegenüber dem Originalimpuls schon bei relativ kleinen Wandstärken stark verschliffen wird, wurde in Tabelle 3.2-3, in der einige wichtige numerische Ergebnisse dieser Rechnung zusammengestellt sind, die Schirmdäpfung a_{ss} mit Quotientenbildung der beiden Maximalwerte $H_{a\,max}$ und $H_{i\,max}$ angegeben. Für Induktionseffekte ist die Feldänderung H_i wichtig; die entsprechende Dämpfung, die schon bei $t < 1$ mm beachtliche Werte aufweist, ist in der Tabelle ebenfalls eingetragen; auch die bei der numerischen Fouriertransformation berücksichtigten oberen Frequenzgrenzen f_{max} für das Innenfeld H_i sind in Tabelle 3.2-3 mit eingetragen.

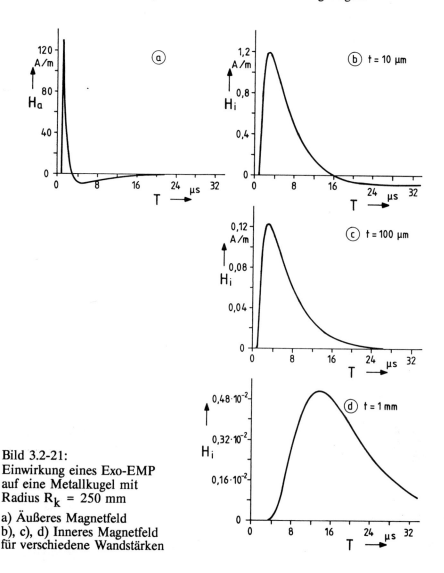

Bild 3.2-21:
Einwirkung eines Exo-EMP
auf eine Metallkugel mit
Radius R_k = 250 mm

a) Äußeres Magnetfeld
b), c), d) Inneres Magnetfeld
für verschiedene Wandstärken

t	f_{max}	$H_{i\ max}$	$a_{ss} = 20 \cdot {}_{10}\log\left\|\dfrac{H_{a\ max}}{H_{i\ max}}\right\|$	$a_{Steilh.} = 20 \cdot {}_{10}\log\left\|\dfrac{(\dot{H}_a)_{max}}{(\dot{H}_i)_{max}}\right\|$
10 μm	5,4 MHz	1,202 A/m	40,8 dB	85 dB
100 μm	1,8 MHz	0,123 A/m	60,6 dB	106 dB
1 mm	360 kHz	5,157 mA/m	88,2 dB	151 dB

Tabelle 3.2-3: Schirmwirkung einer Kupfer-Hohlkugel (Radius $R_k = 250$ mm, verschiedene Wandstärken) gegen einen Exo-EMP mit $H_{a\ max} = 132{,}6$ A/m

3.2.2.5 Mehrschalige Schirme

Vor allem im Bereich niedriger Frequenzen, wo die Stromverdrängung nicht stark ist, haben mehrschalige Schirme eine hohe Schirmdämpfung. Mehrschalige Schirme weisen dort eine Schirmdämpfung auf, die größer ist als die Dämpfung gleich dicker Schirme, die aus nur einer Schicht bestehen. Besonders dann, wenn die einzelnen Metallschalen durch Luftschichten getrennt sind, wirkt sich dieses aus. Der Grund dafür liegt im Prinzip darin, daß an den einzelnen Grenzflächen starke Reflexionen bzw. Rückwirkungen auftreten.

Für unendlich lange Zylinder im transversalen Feld und Kugeln werden im folgenden Formeln angegeben, die unter Zugrundelegung eines statischen Magnetfeldes abgeleitet wurden.

a) Einzelzylinder im transversalen Magnetfeld

Für einen beliebig dicken Schirm und für große μ gilt [1,15]:

$$\frac{H_a}{H_i} = 1 + \frac{\mu_r}{4}\left(1 - \frac{D_i^2}{D_a^2}\right) =$$

$$= 1 + \mu_r \cdot t \cdot \frac{D_m}{D_a^2} \; ;$$

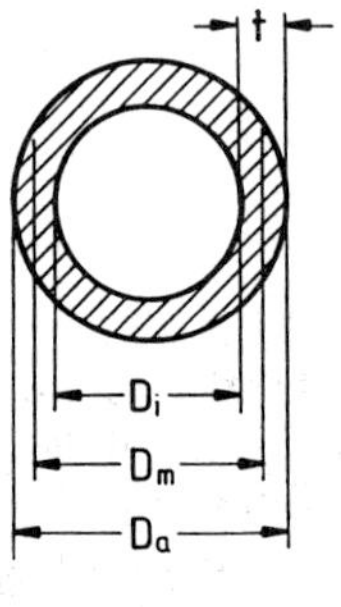

Beispiel: $D_a = 100$ mm, $D_i = 70$ mm $\rightarrow$
$D_m = 85$ mm, $t = 15$ mm; $\mu_r = 10000$
ergibt $H_a/H_i = 1051$, also $a_s = 60$ dB.

Bild 3.2-22: Bemaßung eines Einzelzylinders

b) Mehrschaliger Zylinderschirm im transversalen Magnetfeld [15]

$$\frac{H_a}{H_i} = S_1 \cdot S_2 \cdot \left[1 - \left(\frac{D_2}{D_a}\right)^2\right] + S_1 + S_2 + 1$$

$$\text{mit } S_1 = \mu_r \cdot \frac{t_1}{D_a} \quad \text{und} \quad S_2 = \mu_r \cdot \frac{t_2}{D_2};$$

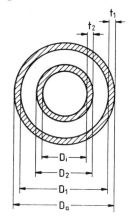

Beispiel: $D_a = 100$ mm, $D_1 = 90$ mm, $D_2 = 80$ mm,
$D_i = 70$ mm, $t_1 = t_2 = 5$ mm, $\mu_r = 10\,000$
ergibt $S_1 = 500$, $S_2 = 625$,
$H_a/H_i = 113626$, $a_s = 101$ dB.

Bild 3.2-23: Bemaßung eines
mehrschaligen
Zylinderschirms

c) Einzelkugel

Für beliebige Dicke $t = (D_a - D_i)/2$ und
großes μ_r gilt [1]:

$$\frac{H_a}{H_i} = 1 + \frac{2}{9}\mu_r \cdot \left(1 - \frac{D_i^3}{D_a^3}\right)$$

Beispiel: $D_a = 100$ mm, $D_i = 70$ mm,
$\mu_r = 10000$ ergibt
$H_a/H_i = 1461 \rightarrow a_s = 63$ dB.

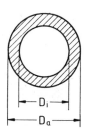

Bild 3.2-24: Bemaßung einer
Einzelkugel

d) Mehrschaliger Kugelschirm

Für große μ_r gilt [1]:

$$\frac{H_a}{H_i} = 1 + \frac{2}{9}\cdot\mu_r \cdot \left(\frac{D_i^3}{D_a^3}\cdot\frac{D_1^3}{D_2^3}\right) + \left(\frac{2}{9}\mu_r\right)^2 \cdot \left(1 - \frac{D_1^3}{D_2^3}\right) \cdot \left(1 - \frac{D_2^3}{D_1^3}\right) \cdot \left(1 - \frac{D_i^3}{D_a^3}\right),$$

wobei die Maßbezeichnungen aus Bild 3.2-23 für den Zylinder auch hier gelten. Die ersten beiden Summanden enthalten die Schirmwirkung des Metalles ohne Luftzwischenraum, der dritte Term die Wirkung der Luftschicht.

Beispiel: $D_a = 100$ mm, $D_1 = 90$ mm, $D_2 = 80$ mm, $D_i = 70$ mm, $\mu_r = 10000$
ergibt $H_a/H_i = 1 + 1137 + 131492 = 132630 \rightarrow a_s = 102$ dB.

Bei Erhöhung der Frequenz ergibt sich i. a., wie oben schon geschildert, eine Erhöhung der Schirmdämpfung wegen der Wirkung der Wirbelströme.

Die praktische Ausführung der Schirme muß Rücksicht nehmen auf die unvermeidbaren Nichthomogenitäten der Schirmwände, etwa Fugen. Bei ferromagnetischen Materialien sollten die Fugen parallel zur Feldrichtung angeordnet werden, um den magnetischen Widerstand so gering wie möglich zu halten. Bei hochwertigen Schirmen wird eine hochleitfähige Schicht eingebaut, die fugenlos geschlossen ist.

3.2.3 Realistische Grenzwerte der Schirmdämpfung

Alle bisherigen Ausführungen gehen davon aus, daß das Abschirmmaterial homogen ist und weder Leckagen noch Eckeneffekte auftreten. Im wirklichen Schirm sind solche Erscheinungen nicht zu verhindern; sie können die Schirmdämpfung ganz erheblich verringern.

3.2.3.1 Leckagen

In einem ausgeführten Schirmgehäuse sind verschiedenartige Öffnungen vorzusehen, um Verbindungen für Signale und Energie durch die Schirmwandung hindurch zu ermöglichen. Außerdem treten oft auch ungewollte Leckagen auf, die meist mit der Konstruktion des Schirms zusammenhängen. Folgende wichtige Beispiele von Leckagen seien herausgestellt:

- Öffnungen für elektrische Signalleitungen, Energiezuführung, Glasfaserleitungen, Beobachtungsfenster, Schalter, Tasten, Sicherungen, Ventilation und Heizung,
- Türen,
- Fugen an Steckverbindungen, Schrauben, Umbördelungen, Lötstellen, Schweißnähten und Abdeckplatten.

Nach [5] lassen sich diese Leckverluste L (in dB) bei Annahme einer kohärenten Überlagerung (ungünstiger Fall) berücksichtigen in folgender Form:

$$a_{S\ \text{wirklich}} = -20 \cdot {}_{10}\log \left[10^{-a_S/20} + \sum_{i=1}^{n} 10^{-L_i/20} \right] \quad \text{(in dB)}$$

mit a_S als dem bisherigen theoretisch errechneten Wert und n einzelnen Leckverlusten L_i .

Beispiel: Ein Abschirmung habe a_S = 100 dB für einen bestimmten idealen Schirm, weise aber folgende Leckagen (separate Schirmdämpfungen) auf:
- Ventilation L_1 =   85 dB,
- Filter L_2 =   92 dB,
- Türfugen L_3 =   75 dB;

damit errechnet sich

$$a_{S\ \text{wirklich}} = -20 \cdot {}_{10}\log \left[10^{-100/20} + 10^{-85/20} + 10^{-92/20} + 10^{-75/20} \right] = 71,4\,\text{dB}.$$

Entscheidend sind hier die Leckverluste. Das Ergebnis $a_{S\ wirklich}$ wird kaum davon beeinflußt, wie groß die Schirmdämpfung a_S des Abschirmmaterials selbst ist, solange sie etwa 10 dB über dem kleinsten Wert der Leckverluste liegt.

Im folgenden sind zwei weitere Beispiele zum Einfluß von Fugen dargestellt, wobei Meßwerte der Schirmdämpfung an Rohren bzw. Abschirmschläuchen [14] wiedergegeben sind. Bild 3.2-25 zeigt das Ergebnis an einem Rohr mit 10 mm ϕ, das durch Aufwicklung eines Mumetall-Bandes 12 mm × 0,35 mm auf einen nichtschirmenden Trägerkörper entstand. Alternativ wurden die dabei entstehenden Fugen der Wendel verlötet oder nicht. Die Meßkurve bei verlöteten Fugen ist erwartungsgemäß besser, fällt bei den oberen Frequenzen aber wieder ab, da das Lötmaterial nicht ferromagnetisch war.

Bild 3.2-26 zeigt den Frequenzgang der Schirmdämpfung von Mumetall-Abschirmschläuchen (20 mm ϕ, 0,3 mm Wandstärke). Dabei ist ebenfalls der geschlossene Wellschlauch deutlich besser, während die Fugen am Wickelschlauch besonders bei höheren Frequenzen die Schirmdämpfung verschlechtern.

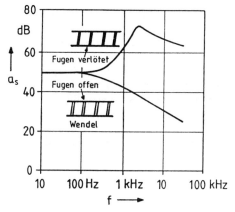

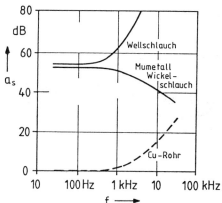

Bild 3.2-25: Meßwerte der Schirmdämpfung von gewendelten Mumetall-abschirmungen (Rohr 10 mm ϕ)

Bild 3.2-26: Meßwerte der Schirm-dämpfung von Abschirm-schläuchen (20 mm ϕ)

3.2.3.2 Stehende Wellen

Bei der Wanderwellenmethode nach Abschnitt 3.2.2.2.2 ist nicht berücksichtigt, daß der realistische Schirm einen dreidimensionalen Aufbau hat, daß mindestens insbesondere eine zweite Schirmwand auf der Rückseite vorhanden ist, die zu stehenden Wellen zwischen den Wänden führen kann und zu Resonanzen bei hohen Frequenzen.

Für einen rechtwinkligen Quader mit den Seiten a, b, l (in Metern) lauten diese Resonanzfrequenzen

$$f_r = 150 \cdot \sqrt{\left(\frac{m}{a}\right)^2 + \left(\frac{n}{b}\right)^2 + \left(\frac{k}{l}\right)^2} \qquad \text{(in MHz)} ,$$

m, n, k = 0, 1, 2, . . . unabhängig voneinander.

Wenn im einfachsten Fall a = b = l ist, dann lautet die kleinste Resonanzfrequenz
$f_{r\,min} = 150 \cdot \sqrt{2}/l$ (in MHz)
entsprechend den TE_{011} - , TE_{101} - , TE_{110} - Resonanzen.

Beispiele: Meßkabine mit a = b = l = 2,5 m   → $f_{r\,min}$ = 84,8 MHz ;
19-Zoll-Rack: a = 1,52 m, b = 0,76 m, l = 0,56 m   → $f_{r\,min}$ = 221 MHz.

Diese Resonanzen führen, wie in Abschnitt 3.2.2.2.1 a) bereits betont, nur bei verhältismäßig leeren Schirmgehäusen zu deutlichen Einbrüchen in der Schirmdämpfung.

3.2.3.3   Übereinstimmung Rechnung - Messung

Die Übereinstimmung der theoretisch ermittelten Werte mit Meßresultaten ist gut bei Schirmdämpfungen bis ca. 40 dB [5]. Bei Schirmdämpfungen zwischen 40 und 100 dB kann die Übereinstimmung von gut bis schlecht reichen; sie hängt ab von der Frequenz, vom Grad der Inhomogenität des Schirmgehäuses und insbesondere von den Leckstellen; wenn die Übereinstimmung schlecht ist, liegen die Meßwerte meistens niedriger als die Rechenergebnisse. Theoretisch ermittelte Schirmdämpfungen über 100 . . . 120 dB müssen mit Vorsicht betrachtet werden, da sich wegen der in der Praxis nicht zu vermeidenden Leckstellen Schirmdämpfungen über 100 . . . 120 dB kaum verwirklichen oder solch hohe Schirmdämpfungen sich zumindest kaum messen lassen.

3.2.4   Besondere Schirmmaterialien und ausgeführte Schirme

Im folgenden werden einige Abschirmmaterialien und -geometrien behandelt, die bei EMV-Aufgaben eingesetzt werden und sich vom einfachen Fall des homogenen Metallschirms unterscheiden.

3.2.4.1   Gitter

Die Schirmdämpfung von Gittern erreicht bei hohen Frequenzen nicht die großen Werte wie bei Blechen. Im Bereich Drahtradius r = Eindringtiefe d geht a_S in einen nahezu konstanten Wert über. Ein Beispiel aus [1], dargestellt in Bild 3.2-27, soll dieses Verhalten illustrieren.

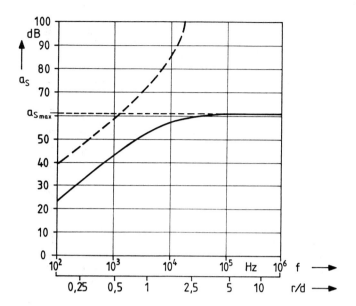

Bild 3.2-27: Verlauf der Schirmdämpfung eines Meßkäfigs aus Kupfer für das Magnetfeld bei niedrigen Frequenzen. Daten: s = 100 cm (s. Bild 3.2-2), Gittermaschenweite g = 1 cm, Drahtradius r = 1 mm.
Gestrichelte Kurve gilt für geschlossenen Schirm nach Bild 3.2-2 mit t = 2r = 2 mm.

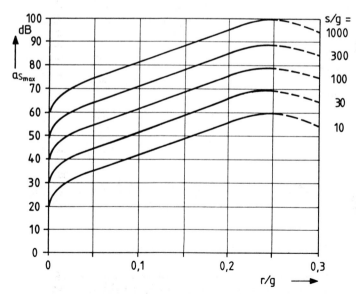

Bild 3.2-28: Maximale Schirmdämpfung $a_{s\,max}$ von Parallel-Gitterschirmen (Abstand 2s, Maschenweite g, Drahtradius r)

Das Maximum des Gitters liegt hier bei ca. 60 dB. Maximalwerte für verschiedene Gittergeometrien sind nach [1] dadurch zu ermitteln, daß für Plattenschirme (Bild 3.2-2), die aus zwei parallelen Drahtgittern im Abstand 2s mit der Gittermaschenweite g bestehen, das Magnetinnenfeld berechnet wird, unter der Voraussetzung, daß starker Skineffekt auftritt (d → 0). Dann wird

$$a_{s\ max} = 20 \cdot {}_{10} \log \left| \frac{H_a}{H_i} \right| = 20 \cdot {}_{10} \log \left| \frac{2\pi \frac{s}{g} - \ln[2\sinh\frac{\pi r}{g}] - (\frac{\pi r}{g})^2}{(\frac{\pi r}{g})^2 - \ln[2\sinh\frac{\pi r}{g}]} \right| .$$

Der Verlauf von $a_{s\ max}$ ist in Abhängigkeit von r/g für verschiedene Werte von s/g in Bild 3.2-28 dargestellt [1].

Bei hohen Frequenzen (etwa für g/λ ≥ 0,01) sinkt die Schirmdämpfung nach [5] mit 20 dB pro Frequenzdekade (Bild 3.2-29) gemäß den Formeln

$$a_S = 20 \cdot {}_{10} \log \frac{\lambda/2}{g} \quad \text{(in dB)} \quad \text{für } g \leq \lambda/2 \ ;$$

$$a_S = 0 \quad \text{für } g \geq \lambda/2 \ .$$

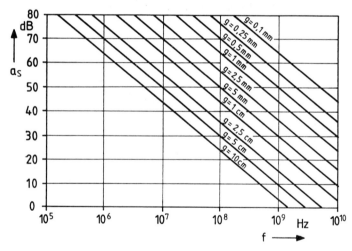

Bild 3.2-29: Schirmdämpfung von Gitterschirmen bei hohen Frequenzen (Maschenweite g als Parameter)

3.2.4.2 Wabenfenster und Rohrdurchführungen

Felder mit einer Frequenz f << f_g (Grenzfrequenz) erfahren an einer Wabe eine Dämpfung, die nach der Hohlleitertheorie für verschiedene Wabenformen mit den folgenden Formeln ermittelt werden kann [10].

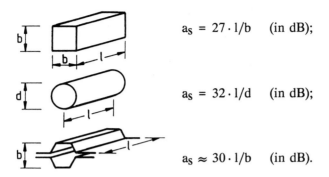

$$a_S = 27 \cdot l/b \quad \text{(in dB)};$$

$$a_S = 32 \cdot l/d \quad \text{(in dB)};$$

$$a_S \approx 30 \cdot l/b \quad \text{(in dB)}.$$

Bild 3.2-30: Schematische Darstellung von Wabenfenster-Geometrien

Die Grenzfrequenz f_g für einen luftgefüllten kreisrunden Hohlleiter ist beispielsweise

$$f_g = \frac{17{,}6 \cdot 10^9}{d} \text{ Hz},$$

wobei der Hohlleiterdurchmesser d in cm einzusetzen ist. Im Fall eines mit einem Dielektrikum ausgefüllten Hohlleiters reduziert sich diese Grenzfrequenz mit $\sqrt{\varepsilon_r}$, also in Abhängigkeit von der Dielektrizitätszahl ε_r des Dielektrikums.

Wanddurchbrüche, die mit einer Rohrdurchführung versehen sind, lassen sich unterhalb der Grenzfrequenz dazu benutzen, um Verbindungen über dielektrische Medien (z. B. Glasfaserleitungen oder Schalterwellen aus Isolierstoff oder nichtleitende Schläuche zur Druckluftversorgung) durch die Schirmwand hindurch zu schaffen. Durch eine solche Rohrdurchführung darf aber keine metallische Leitung geführt werden, auch nicht ein Koaxialkabel, weil sonst die Hohlleiterdämpfung verloren geht. Metallische Wellen dürfen nur durchgeführt werden, wenn sie mit einer leitfähigen Dichtung an der Durchbruchstelle abgedichtet werden; allerdings ist dann nicht die gerade angesprochene Hohlleiterdämpfung wirksam.

3.2.4.3 EMV-Dichtungen

Wie bereits erwähnt, führen Trennfugen, Nähte, Verschlüsse zu Leckagen. Wenn zwei Flächen ohne Dichtung aufeinander gelegt werden, können selbst hohe Schließkräfte die beiden Oberflächen nicht zu vollständigem Schluß bringen. Dann treten Schlitzstrahlungseffekte auf, die große HF-Störpegel ergeben. Dabei bestimmt die maximale Ausdehnung in einer Richtung (nicht die Fläche) den Betrag der Leckage. Eine große Anzahl kleiner Öffnungen führt im NF-Bereich zu weniger Leckverlusten als eine große Öffnung mit derselben Gesamtfläche. Eine Dichtung, die elastisch genug ist, um beide Oberflächen auszufüllen, verhindert die Leckagen. Im wesentlichen existieren folgende Typen von Dichtungen:

- Dichtungen aus gewirktem Drahtnetz,
- Dichtungen mit eingegossenen Drähten, z. B. aus Monel (Kupfer-Nickel-Legierung) oder VA-Stahl,
- Elastomere, z. B. auf der Basis von Silikon, Äthylen-Propylen oder Fluorkarbon-Kautschuk, mit leitfähigen Füllstoffen (z. B. Silber, Nickel, silberbeschichtetes Kupfer, Kohlenstoff),
- Kontaktleisten-Dichtungen.

3.2.4.4 Leitfähige Kunststoffe

Durch verschiedenartige Technologien können Kunststoffe Leitfähigkeiten in bestimmten Größenordnungen erhalten. Mögliche Kunststoff-Basismaterialien sind ABS, EVA, PA, PC, PE, PP, PPO, PS, PVC.

3.2.4.4.1 Kunststoffe mit künstlicher Volumenleitfähigkeit

Die gängigste Methode, eine künstliche Volumenleitfähigkeit zu erzielen, besteht darin, dem Kunststoff elektrisch leitende Füllstoffe beizumengen. Solche Füllstoffe lassen sich im wesentlichen in zwei Gruppen einteilen:

- faserförmige Füllstoffe (= Verstärkung), z. B. Kohlenstoffasern, Aluminiumfasern, metallisierte Glasfasern,

- pulver- oder flockenförmige leitfähige Zusätze, z. B. Aluminiumflocken, Kohlenstoffpulver, Metallpulver.

In beiden Fällen wird durch Beimengung leitender Füllstoffe die Leitfähigkeit erhöht bzw. der spez. Widerstand gesenkt. Damit erreicht man Werte des spezifischen Widerstandes von $< 10^3$ Ω cm; es ist etwas schwieriger, den Bereich $10^6 \ldots 10^9$ Ω cm abzudecken. Mit den vom Hersteller angegebenen Widerstandswerten können die in Abschnitt 3.2.2.1 bzw. 3.2.2.2 angegebenen Schirmdämpfungsformeln verwendet werden. Die erreichbaren Schirmdämpfungen liegen nach Herstellerangaben bei folgenden Werten:

Al-Flocken-gefüllte Kunststoffe : 20 . . . 40 dB (Füllungsgrad bis 40 %),
PAN-Kohlenstoffaserfüllung   : 40 . . . 50 dB,
Stahlfaserfüllung   : 45 dB,
Ni-beschichtete Kohlenstoffasern: 50 . . . 60 dB.

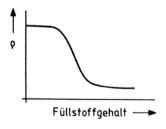

Füllstoffgehalt ⟶

Bild 3.2-31:
Grundsätzliches Verhalten des Widerstands von Kunststoffen in Abhängigkeit des Füllstoffgehaltes

Leitfähiges Pulver oder Flocken erfordern bis zu 40 % Gewichtszuschlag zum Kunststoffgrundmaterial, um etwa 35 . . . 40 dB zu erreichen. Dagegen brauchen nur etwa 5 % Gewichtsanteile von leitfähigen Fasern zugegeben werden, um dieselbe Schirmdämpfung zu erzielen.

Antistatische Kunststoffe entstehen durch Zusatzstoffe, die den Widerstand durch Bindung von Wasser an die Oberfläche reduzieren; deshalb sind die Widerstandswerte stark feuchtigkeitsabhängig. Die Größenordnung des spezifischen Widerstands beträgt etwa 10^{11} Ω cm, erreicht damit also i. a. keine Werte, die für eine Anwendung in der EMV ausreichen. Diese Kunststoffe sind, streng genommen, Kunststoffe mit künstlicher Oberflächenleitfähigkeit, aber wegen der Übersicht in die Tabelle mit aufgenommen worden.

Manchmal ist dabei noch die Umrechnung von Oberflächenwiderständen R_S in spezifische Widerstände ρ hilfreich, wobei die Wandstärke t (bei hohen Frequenzen die Eindringtiefe d) heranzuziehen ist:

$$\rho = R_S \cdot t \ .$$

Material	Widerstandsbereich in Ω cm				
	$<10^{-2}$	$<10^{+2}$	$<10^9$	$<10^{12}$	$<10^{14}$
unbehandelter Kunststoff					xxxxxx
antistatischer Kunststoff				xxxxxxx	
rußgefüllter Kunststoff		xxxxxx	x		
fasergefüllter Kunststoff	xx	xxxxx			
mit Al-Flocken gefüllter Kunststoff	xxxxx	xx			
intrinsisch leitender Kunststoff	xxxxxxx	xxxxxxx	xxx		
Metalle	xxxxxx				
Anwendung EMV	xxxxxx				

Tabelle 3.2-4: Bereiche des spezifischen Widerstands verschiedener Materialien

Ein weiterer Schritt besteht darin, intrinsisch leitende Polymere zu entwickeln, die von sich aus leitfähig sind. Sie sind bisher nur im Labormaßstab realisiert und aus kosten- und fertigungstechnischen Gründen noch nicht in großem Maßstab einsetzbar.

In [13] ist eine gemessene Abhängigkeit der Schirmdämpfung a_S (in dB) vom spezifischen Widerstand ρ (in Ω cm) angegeben, die in Bild 3.2-32 skizziert ist.

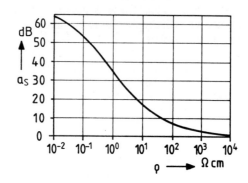

Bild 3.2-32: Gemessene Schirmdämpfung a_S (in dB) in Abhängigkeit des spezifischen Volumenwiderstands ρ (in Ω cm) des Kunststoffs

3.2.4.4.2 Kunststoffe mit künstlicher Oberflächenleitfähigkeit

Neben der schon erwähnten Möglichkeit der antistatischen Beschichtung kommt die Beschichtung von Kunststoffen mit Metallen in Frage; die sich damit ergebenden Materialien sind für Aufgabenstellungen aus der EMV wegen des geringen Werts des erreichbaren Oberflächenwiderstands und der damit verbundenen Schirmdämpfung sehr viel wichtiger. Als bewährte Produktionsvarianten haben sich erwiesen:

- Stromlose (chemisch-reduktive) Verkupferung/Vernickelung; erzielbare Eigenschaften nach Herstellerangaben:
  - Oberflächenwiderstand $R_S < 25$ mΩ,
  - $a_S > 60$ dB für 30 MHz . . . 1000 MHz,
  - gleichmäßige Schichtdicken,
  - guter Korrosionsschutz,
  - geringes Gewicht (z. B. 1 m² mit 10 g),
  - gutes Alterungsverhalten.

- Aufdampfung von Metallschichten (z. B. Aluminium) von mehreren Mikrometern Schichtdicke im Vakuum; erzielbare Eigenschaften nach Herstellerangaben:

- Oberflächenwiderstand R_S < 10 mΩ,
- a_S ≈ 50 dB bei Schichtdicke 5 μm für 30 MHz . . . 1000 MHz,
- gleichmäßige Schichtdicke,
- guter Korrosionsschutz durch Aluminiumoxydschicht,
- geringes Gewicht,
- gute Langzeitstabilität.

3.2.4.5 Beispiele von Abschirmkabinen und abgeschirmten Räumen

Abschirmkabinen werden in vielfachen Varianten gebaut. Es ist dabei zu unterscheiden nach mehreren Gesichtspunkten:

- mechanische Konstruktion:
  - selbsttragende Konstruktion,
  - Metallplatten an freistehendem Trägergerüst befestigt,
  - Folien oder Bleche auf Mauerwerk,
  - modularer Aufbau aus verschraubten Platten,
  - Schweißkonstruktion;

- Zahl der aufeinander folgenden Wandschichten:
  - einschalige Abschirmkabinen,
  - mehrschalige Abschirmkabinen;

- Werkstoff:
  - ferromagnetisches Material (Stahl, Mumetall etc.),
  - hochleitfähiges Material (Kupfer, Aluminium).

Neben dem konstruktiv einwandfreien, elektromagnetisch dichten Aufbau der Kabinenkonstruktion ist bei allen Ausführungen besonderes Augenmerk zu legen auf die möglichen Leckagen und ihre Verhinderung, also auf Türen mit den erforderlichen Türdichtungen, Filterung der Signal- und Energieleitungen, Wabenkaminfenster und Belüftung sowie auf Montageöffnungen für nachträgliche Anbauten. Wert zu legen ist auch auf eine störungsfreie Beleuchtung des Innenraums. Für größere geschirmte Räume kommt eine Auskleidung mit Absorbermaterial in Frage, die in Abschnitt 5 ("EMV-Meßtechnik") angesprochen wird. Die Notwendigkeit, an allen Öffnungen EMV-Dichtungen vorzusehen, wurde bereits in Kapitel 3.2.4.3 betont.

In Bild 3.2-33 ist der gemessene erreichbare Schirmdämpfungsverlauf typischer einschaliger Kabinen wiedergegeben, in Bild 3.2-34 der Verlauf der gemessenen Schirmdämpfung mehrschaliger Abschirmkabinen, die sich insbesondere durch eine hohe Dämpfung im unteren Frequenzbereich auszeichnen. Bild 3.2-35 zeigt als Beispiel die Konstruktion eines geschirmten Raumes mit Trägergerüst, während in Bild 3.2-36 eine selbsttragende Abschirmkabine schematisch dargestellt ist.

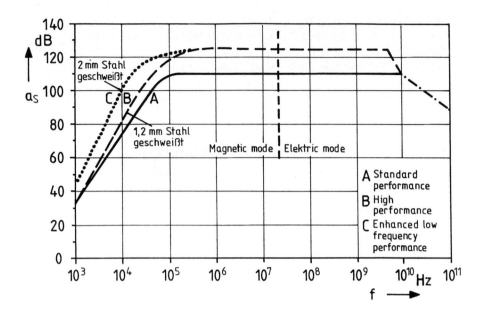

Bild 3.2-33: Erreichbarer Schirmdämpfungsverlauf von geschirmten Kabinen (nach Belling Lee Intec Ltd)

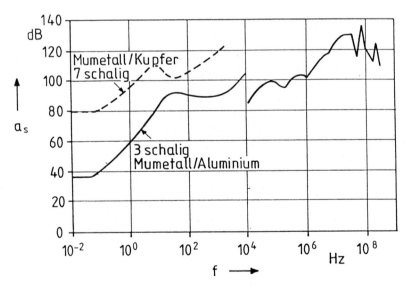

Bild 3.2-34: Verlauf der gemessenen Schirmdämpfung mehrschaliger Abschirmkabinen (Vacuumschmelze) [14]

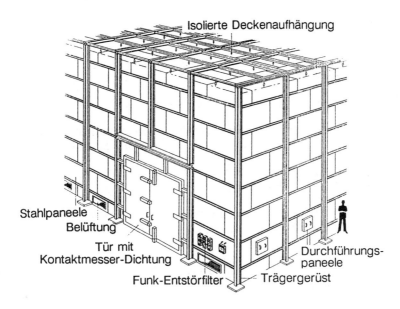

Isolierte Deckenaufhängung

Stahlpaneele
Belüftung

Tür mit
Kontaktmesser-Dichtung

Durchführungs-
paneele

Funk-Entstörfilter

Trägergerüst

Bild 3.2-35: Beispiel einer Konstruktion eines geschirmten Raumes mit Trägergerüst (Belling Lee Intec Ltd)

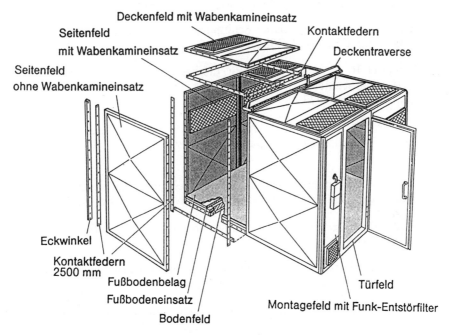

Deckenfeld mit Wabenkamineinsatz

Seitenfeld
mit Wabenkamineinsatz

Kontaktfedern

Deckentraverse

Seitenfeld
ohne Wabenkamineinsatz

Eckwinkel

Kontaktfedern
2500 mm

Fußbodenbelag

Fußbodeneinsatz

Bodenfeld

Türfeld

Montagefeld mit Funk-Entstörfilter

Bild 3.2-36: Beispiel einer selbsttragenden Abschirmkabine (Siemens Matsushita)

3.2.5   Literatur

[1] Kaden, H.:   Wirbelströme   und   Schirmung   in   der   Nachrichtentechnik.
Springer, Berlin/Göttingen/Heidelberg und J. F. Bergmann, München 1959

[2] Schelkunoff, S. A.: Electromagnetic Waves. Van Nostrand, Princeton 1943

[3] Cooley, W. W.: Low Frequency Shielding Effectiveness of Non-Uniform Enclosures. Trans. IEEE EMC, Vol. 10, No. 1, 1968, S. 34-43

[4] Miller, D. A., Bridges, J. E.: Review of Circuit Approach to Calculate
Shielding Effectiveness. Trans. IEEE EMC, Vol. 10, No. 1, 1968, S. 52-62

[5] White, D. R. J.: Handbook of Electromagnetic Shielding, Materials and Performance. Don White Consultants, Gainesville, Virginia 1988

[6] van der Laan, P. C. T.,   Steenis, E. F.,   Jansen, W. J. L.: Design of Shielding
High Voltage Laboratories. Int. Symp. on High Voltage Engineering, Athen
1983, Beitrag 64.11

[7] Ott, H. W.: Noise Reduction Techniques in Electronic Systems.   John Wiley,
New York/London, 1976

[8] Ricketts, L. W., Bridges, J. E.,   Miletta, J.:   EMP Radiation and Protective
Techniques. John Wiley, New York/London, 1976

[9] Bier, M: Elektromagnetische Schirmung von Räumen als Mittel der Funk-
Entstörung. ETZ-A 77 (1956), S. 321-325

[10] White, D. R. J.:   Electromagnetic Interference and Compatibility. Vol. 3.
EMI Control Methods and Techniques. Don White Consultants, German-
town/Maryland 1973

[11] Peale, W. D. et al.: Federal Aviation Administration Electromagnetic Pulse
(EMP) Protection Study. Department of Defense, U.S. Airforce, Rome, New
York 1972

[12] Graf, W.: Einkopplung des Exo-EMP in Freileitungen. Fraunhofer-Institut für
Naturwissenschaftlich-Technische Trendanalysen (INT), Bericht Nr. 113, 1983

[13] White, D. R. J.: Shielding Design, Methodology and Procedures.
Gainsville 1986

[14] Best, K.-J., Bork, J.: Abschirmkabinen in medizinischer Diagnose und Halb-
leiter-Technologie. etz 110 (1989), S. 814-819

[15] Firmenschrift "Magnetische Abschirmungen", Vacuumschmelze Hanau, 1988

3.3   Verkabelung und Filterung

H. Garbe, D. Hansen

3.3.1   Einleitung

Kabelauswahl und Verlegung sowie ggf. die zusätzliche Anbringung von Entstörfiltern sind wichtige Bausteine auf dem Weg zur Realisation zuverlässig arbeitender Elektroniksysteme.

Hierbei unterteilt man vorteilhafterweise die Anlagen und Geräte in natürliche topologische Zonen. An ihren Grenzen (Anlage - innere Verkabelung - Schaltschrank - Baugruppenträger - Printplatte - elektronisches Bauelement) wird das Maß der zulässigen Störung oder Beeinflussung durch vorherige Systemplanung und Analyse schrittweise abgebaut und an den Grenzen auf den zulässigen Pegel festgelegt. Die Bedrohungsgrößen sind leitungs- oder feldgebundener Natur und können im Frequenz- oder Zeitbereich definiert werden. Die verschiedenen Kopplungsmechanismen werden in diesem Kapitel analysiert. Die kabelspezifische Kopplungsform über die Transferimpedanz wird detailliert beschrieben. Eindringende oder ausströmende unerwünschte elektromagnetische Energie darf die normativ festgelegten Grenzwerte nicht übersteigen. Das heißt z. B., daß Leitungen, die eine elektromagnetische Barriere durchdringen, zu behandeln sind. Hierbei spielen Systemaufgabe und Anwendung sowie geometrische Größe eine entscheidende Rolle, da z. B. feldinduzierte Kabelmantelströme und Brummschleifen bildende Verkabelungsflächen sowie Kabelresonanzfrequenzen systemspezifisch sind.

Die räumliche Trennung koppelnder Kabel bietet oft ein kostengünstigeres Mittel als die Verbesserung der Schirmwirkung des Kabels (Transferimpedanz). Hochfrequenzdichte Kabelschirmgeflechte sowie entsprechende Stecker/Kabelanschlußtechniken als auch Leitungsfilter sind nicht nur teurer als z. B. topologische Trennungen, sondern oft aus Gewichtsgründen oder Fertigungsvorgaben heraus problematisch. Praktische Hinweise zur Realisation der Anschlußtechnik und Verlegungstechnik werden im folgenden behandelt.

Neueste Filter-/Kabelentwicklungen mit verteilten Leitungsparametern werden experimentell eingehend auf Dämpfung sowie das Feldein- und -abstrahlungsverhalten in einer Breitband-TEM-Zelle untersucht. Hieraus ergeben sich wiederum klare Grenzen für die praktische Anwendung. Bei Filtern, die als konzentriertes Element im Gegensatz zu den verteilten Parametern beim Kabel betrachtet werden können, kommt die Funktionsgüte in Abhängigkeit der angeschlossenen Last als mögliches Problem hinzu. Das Last/Filterinterfacegebilde ist oft schwingungsfähig und wirkt dann kontraproduktiv. Ebenfalls ist es u. a. aus Personenschutz-Gründen nicht möglich, die Filterwirkung beliebig durch größere Ableitkondensatoren zu steigern. Eine oft in Filterkatalogen verschwiegene Angabe ist das Verhalten bei pulsförmiger Belastung. Hierzu werden im folgenden abschätzende Aufbauregeln und Filterauswahlkriterien angegeben.

3.3.2   Verkabelung

Dieses Kapitel behandelt die Problematik, wie durch entsprechende Maßnahmen die Störeinkopplung in Kabelsysteme reduziert oder vermieden werden kann. Hierbei sind zwei Schritte zu unterscheiden:

1. Reduzierung des Störstromes auf dem Kabelsystem (Ursachenbekämpfung),
2. Reduzierung der ins Kabelsystem eingekoppelten Störspannungen (Bekämpfung der Auswirkungen).

Schritt 1 beschreibt die verschiedenen Einkopplungsmechanismen. Es findet eine Bedrohungsanalyse statt.

Die Einkopplungsarten lassen sich, wie bereits mehrfach angesprochen, in die folgenden "4 Grundarten" einteilen:

- galvanische Einkopplung,
- induktive Einkopplung,
- kapazitive Einkopplung,
- elektromagnetische Strahlungskopplung.

Diese Einkopplungsarten sind allgemein gültig. Speziell bei geschirmten Kabelsystemen beschreibt man die Einkopplung von einem Störstrom auf dem Kabelschirm in das geschirmte Kabel hinein mit Hilfe des Kopplungswiderstandes (engl.: transfer impedance).

Im Schritt 2 wird das betrachtete System analysiert. Dabei gilt das Augenmerk besonders der geschickten Auswahl der einzelnen Systemkomponenten wie z. B. der Kabel und der Filter.

3.3.2.1   Galvanische Einkopplung

Die galvanische Einkopplung erfolgt z. B. über einen gemeinsamen Rückleiter (Leitungsstück, Chassis, Struktur), auf dem ein Fremdstrom fließt. Siehe hierzu Bild 3.3-1.

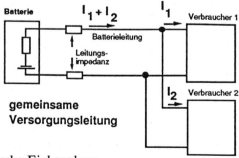

Bild 3.3-1: Galvanische Einkopplung

Gemeinsame Rückleiter sollten deshalb in der Praxis nach Möglichkeit vermieden werden.

3.3.2.2   Induktive Einkopplung

Maßgebend für die induktive Kopplung ist die Durchdringung eines Magnetfelds durch eine Leiterschleife. Wird eine Leiterschleife von einem zeitlich veränderlichen Strom durchflossen, so verursacht dies ein zeitlich variables Magnetfeld, das in anderen Leiterschleifen Beeinflussungen induziert, siehe Bild 3.3-2.

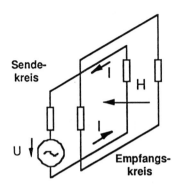

Bild 3.3-2: Beispiel einer induktiven Kopplung zwischen zwei Leiterschleifen

Das Beeinflussungsresultat ist ersatzweise durch Einführung der Gegeninduktivität beschreibbar. Durchdringungseffekt und somit auch Gegeninduktivität sind bei parallelen Leiterschleifenflächen am größten. Die folgende Tabelle 3.3-1 zeigt einfache Maßnahmen zur Verringerung der induktiven Kopplung.

Maßnahmen zur Verringerung der induktiven Einkopplung
* Vergrößerung des Abstandes zwischen den Leitungen, * Verlegung dicht an leitenden Flächen, * Verwendung kurzer Leitungen, * Verhinderung einer Parallelführung, * Verwendung verdrillter Kabel, * Einsatz von hochpermeablen Schirmungen (Mumetall).

Tabelle 3.3-1: Maßnahmen zur Verringerung der induktiven Einkopplung

3.3.2.3   Kapazitive Einkopplung

Existieren in elektrischen Systemen Stellen unterschiedlicher Potentiale wie z. B. zwischen offenen Kontakten, verschiedenen Leitern oder Leitern und einer Masseplatte (Gehäuse), so treten zwischen diesen Stellen elektrische Felder und im

Fall von Wechselfeldern Verschiebungsströme auf. Der Einfluß dieser "Nahfelder" ist ersatzweise durch Kapazitäten darstellbar, vgl. Bild 3.3-3.

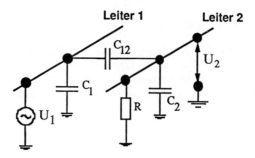

Bild 3.3-3: Beispiel einer kapazitiven Einkopplung

Maßnahmen zur Verringerung der kapazitiven Einkopplung

* großer Abstand zwischen den Leitungskreisen,
* möglichst kurze Leitungen,
* Vermeidung einer Parallelführung,
* Symmetrierung,
* Schirmungsmaßnahmen.

Tabelle 3.3-2: Maßnahmen zur Verringerung der kapazitiven Kopplung

3.3.2.4   Elektromagnetische Strahlungskopplung

Elektromagnetische Wellen, die auf Antennenstrukturen (Antennen, metallische Aufbauten, Leitungen) einstrahlen, koppeln in diese Ströme und Spannungen ein, vgl. Bild 3.3-4.

Maßnahmen zur Verringerung der Feldeinkopplung

* möglichst kurze Leitungen,
* Verwendung geschirmter Leitungen, Erdungskonzept
  des Kabelschirms beachten!
* Verlegung der Leitungen möglichst nahe an Masseflächen.

Tabelle 3.3-3: Maßnahmen zur Verringerung der Feldeinkopplung

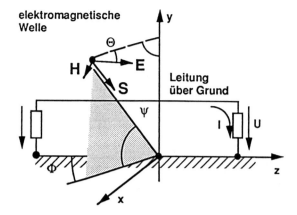

Bild 3.3-4: Feldeinkopplung in eine Leitung über Grund

3.3.2.5 Kopplungswiderstand / Transferimpedanz

Zur Beschreibung der Einkopplung in geschirmte Kabel hinein benutzt man die Kabeltransferimpedanz. Sie ist definiert als das Verhältnis einer Spannung an der Innenseite eines Kabelschirms zum Störstrom, der auf der Außenseite des Kabelschirmes fließt.

Diese Impedanz ist, wie angedeutet, eine Definitionsgröße. Kleine Werte bedeuten eine gute Entkopplung zwischen den Störströmen außen und den Störspannungen innen. Die Kabeltransferimpedanz ist eine kabelspezifische Größe, die man im allgemeinen längenbezogen angibt:

$$Z'_T = \frac{dU}{dz} \frac{1}{I(z)} .$$

Für Gleichstrom ist der Wert der Kabeltransferimpedanz gleich dem des längenbezogenen Gleichstromwiderstandes. Mit zunehmender Frequenz tritt Stromverdrängung auf, so daß die Spannungsabfälle im Kabel kleiner und damit die Transferimpedanz kleiner wird. Hat man ein Vollmantelkabel, also ein Kabel ohne Löcher, dann nimmt der Wert kontinuierlich mit der Frequenz ab.

Der durch den Skineffekt gedämpfte Strom fließt über eine resistive Oberfläche und erzeugt einen Spannungsabfall dU an der Innenseite des Außenleiters. Bildet man das Verhältnis der Spannung dU zum Störstrom I(z) auf der Außenseite des Schirmes, so ergibt sich die Transferimpedanz pro Leitungsstück dz.

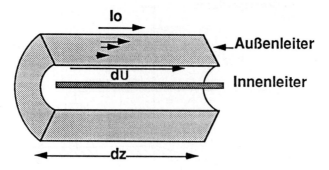

Bild 3.3-5: Modell zur Darstellung der Transferimpedanz

Das Kabelteilstück dz wird als homogen angesehen. Ebenso ist der Strom I(z) über dem Teilstück dz konstant. Für zylindrische Schirme ohne Löcher ergibt sich ein Verlauf der Transferimpedanz, wie im Bild 3.3-6 [1] dargestellt.

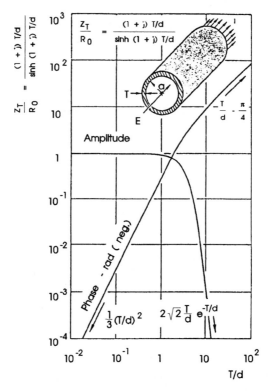

Bild 3.3-6: Normierte Transferimpedanz für dünne zylindrische Schirme

In Bild 3.3-6 gelten folgende Formelwerte:

$$R_0 = \frac{1}{2\pi a \kappa T} \quad \rightarrow \text{DC-Widerstand des Schirmes,}$$

$T \qquad \rightarrow$ Wandstärke des Schirmes,

$a \qquad \rightarrow$ Radius des Schirmes,

$\kappa \qquad \rightarrow$ Leitfähigkeit des Schirmes,

$$d = \frac{1}{\sqrt{\pi f \mu \kappa}} \quad \rightarrow \text{Skineindringtiefe,}$$

$f \qquad \rightarrow$ Frequenz.

Man beachte, daß dieser Widerstand einen negativen Phasenwinkel hat. Dies rührt daher, daß die Ausbreitung des Stromes im Material des Schirmes langsamer als die Lichtgeschwindigkeit ist. Diese Verzögerung wird durch die negative Phase berücksichtigt.

Betrachtet man die üblicherweise vorhandenen Geflechtsschirme, so kommt es durch die Maschen des Geflechtes zu zusätzlichen Einkopplungen. Die Transferimpedanz steigt für hohe Frequenzen wieder an. Man beschreibt dieses Einkopplungsverhalten als induktive Kopplung M. Eine einfache formelmäßige Darstellung dieses Faktors M ist nicht möglich, da diese Beschreibung erheblich von den Geflechtsparametern abhängt. Außerdem verändert sich die Geflechtsstruktur im Gebrauch, so daß auch hier erhebliche Variationsmöglichkeiten gegeben sind.

Der Kopplungswiderstand Z_T besteht somit aus einem sogenannten Realteil R, der den Skineffekt berücksichtigt, und einem Imaginärteil ωM, der die induktive Einkopplung durch Aperturen berücksichtigt:

$$Z_T = R + j\omega M .$$

Es bleibt festzuhalten, daß die Transferimpedanz kein passives Element ist. Die Transferimpedanz stellt mit dem treibenden Strom eine längs der Leitung verteilte, stromgesteuerte Spannungsquelle dar.

Die eingekoppelte Spannung dU pro Leitungsstück dz wird durch folgende Beziehung dargestellt:

$$dU = I(z) \cdot Z'_T \cdot dz .$$

Diese Spannung dU treibt 2 Leitungen, die jeweils mit den Abschlußimpedanzen des Kabels abgeschlossen sind. Will man die zu erwartenden Spannungen an diesen Kabelabschlußimpedanzen ermitteln, so muß man mit Hilfe der Leitungs-gleichungen die Auswirkungen der Spannung dU über den Abschlüssen des Kabels bestimmen. Da der Strom I(z) abhängig von z ist, liegt ebenfalls für dU eine Abhängigkeit von z vor. Weiterhin kann im allgemeinen Fall von einer mecha-nischen Inhomogenität des Kabels ausgegangen werden, so daß auch der Kopplungswiderstand mit z variiert. Das folgende Integral [2] ist zur korrekten Bestimmung der Spannung über dem Abschluß zu lösen:

$$U_A = \frac{\int\limits_0^s K(z) \cdot [\Gamma \cdot \cosh(\gamma(s-z)) + Z_B \cdot \sinh(\gamma(s-z))]\, dz}{(\Gamma \cdot Z_A + \Gamma \cdot Z_B) \cdot \cosh(\gamma s) + (\Gamma^2 + Z_A \cdot Z_B) \cdot \sinh(\gamma s)}$$

mit $K(z)$ = $Z'_T\, I(z)$
       s = Länge des Kabels,
       γ = Ausbreitungskonstante auf dem Kabel,
       Γ = Wellenwiderstand des Kabels,
       Z_A = Abschlußimpedanz des Kabels bei z = 0,
       Z_B = Abschlußimpedanz des Kabels bei z = s.

Da in die Berechnung der Spannungen über den Abschlüssen die Länge des Kabels eingeht, ist vielfach in der Literatur die falsche Behauptung zu finden, daß Z_T eine kabellängenabhängige Größe sei. Der Kopplungswiderstand Z'_T ist nur durch die mechanisch konstruktiven Eigenschaften des Kabels bestimmt. Der Kopplungswiderstand ist nicht längenabhängig oder abhängig von dem gegebenen Kabelsystem.

3.3.2.6   Ferritbeschichtete Kabel

Ausgehend von der Frage, wie hochfrequente Störungen zu unterdrücken sind, wurde untersucht, einen neuartigen Typ Kabel einzusetzen. Diese sogenannten "Low-Paß"-Kabel unterscheiden sich im grundsätzlichen Aufbau nicht von vergleichbaren Kabeltypen. Im Unterschied hierzu sind aber Leiter dieser neuartigen Kabel mit einem Ferritmaterial ummantelt, was zu einer Dämpfung im hohen Frequenzbereich führen soll. Der Hersteller eines solchen Kabels gibt die untere Frequenzgrenze mit 20 MHz an und behauptet, daß diese Kabel nach oben keine Beschränkung haben.

So sind speziell beschichtete Signal- (z. B. Typbezeichnung CMS) und Energie-kabel (z. B. Typbezeichnung GNLM) auf dem Markt verfügbar, die die oben beschriebenen Eigenschaften haben sollen. Nach Auskunft der Kabelhersteller ist eine Beschichtung spezieller Kundenkabel jederzeit möglich. Der grundsätzliche Aufbau dieser Kabel ist in den Bildern 3.3-7 und 3.3-8 dargestellt.

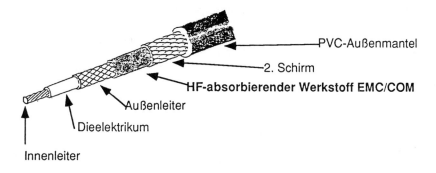

Bild 3.3-7: Beschichtetes Signalkabel (CMS)

Die Besonderheit bei dem in Bild 3.3-7 dargestellten Kabel ist die, daß die Ferritbeschichtung keinen Einfluß auf die Signalausbreitung in dem Kabel hat. Es ist deutlich zu sehen, daß die Beschichtung auf dem Außenleiter angebracht ist. Damit wird der Strom, der außen auf dem Außenleiter fließt, bedämpft. Hingegen fließt der Signalstrom auf der Innenseite des Außenleiters und erfährt damit keine Bedämpfung durch die Ferritbeschichtung. Eine Signalübertragung ist damit ohne Beeinträchtigungen wie bisher möglich.

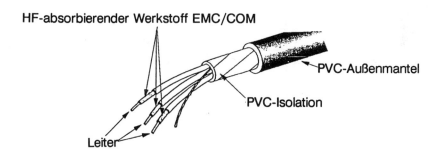

Bild 3.3-8: Beschichtetes Energiekabel (GNLM)

Im Gegensatz zum Signalkabel ist beim Energiekabel jede Ader mit Ferrit beschichtet worden. Demnach ist auch eine Dämpfung bei höheren Frequenzen zu erwarten. Dieses fällt aber im Hinblick auf die zu erwartende Anwendung dieser Leitung als Netzversorgungsleitung nicht ins Gewicht. Problematisch wird es nur, wenn zum Beispiel die Hausinstallation als Kommunikationsleitung "mißbraucht" werden soll. In diesem Sonderfall ist diese beschichtete Leitung nicht anzuwenden.

Wie allgemein bekannt ist, zeigen Ferritmaterialien stark frequenzabhängige

Eigenschaften und zum Teil auch Sättigungserscheinunugen. Zur Quantifizierung dieser Aussagen bezüglich Dämpfungsverhalten wurde ein handelsübliches Netzleitungkabel (3∗1,5mm² mit Aluschirm und Beidraht) mit dem Kabel GNLM (siehe Bild 3.3-8) verglichen. Der grundsätzliche Aufbau des GNLM-Kabels war gleich dem des Signalkabels, jedoch sind nun die Adern blau, braun und gelb-grün mit Ferritmaterial beschichtet. Der Aluschirm und Beidraht sind weiterhin unbeschichtet.

Folgende Versuche wurden durchgeführt:

- Durchgangsdämpfungsmessung,
- Einkopplung eines Störstroms auf den Aluschirm/Beidraht
  (Transferimpedanz),
- Feldeinkopplung.

3.3.2.6.1 Durchgangsdämpfungsmessung

Gemessen wurde mit dem Vektorvoltmeter ZPV gesteuert durch den PCA von Rohde & Schwarz.

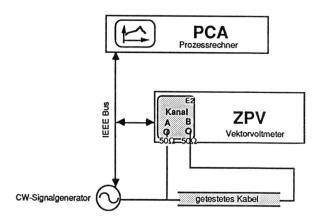

Bild 3.3-9: Schematischer Meßaufbau

Unter der Annahme, daß bereits an anderer Stelle in das Kabel eine Einkopplung stattgefunden hat, wurde hier untersucht, welchen Einfluß die Ferritbeschichtung auf eine leitungsgeführte Störung hat. Hierzu wurden folgende Ausbreitungsformen untersucht:

- Common mode (CM), erdunsymmetrische Ausbreitung (Ader gegen Beidraht),
- Differential mode (DM), erdsymmetrische Ausbreitung (Ader gegen Ader).

Bild 3.3-10 zeigt die Ergebnisse der Durchgangsmessung für ein unbeschichtetes Kabel (obere Kurve) und ein beschichtetes Kabel (untere Kurve). Beide Kurven wurden nachträglich geglättet. Fragt man nach der Verbesserung der Durchgangsdämpfung durch die Ferritbeschichtung, so ergibt sich die Kurve nach Bild 3.3-11, die aus der Differenz der beiden ungeglätteten Kurven von Bild

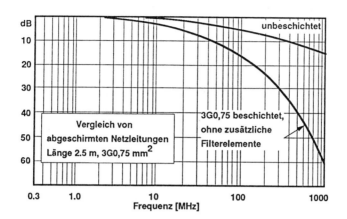

Bild 3.3-10: Meßergebnisse der Durchgangsdämpfung bei beschichteten und unbeschichteten Netzleitungen

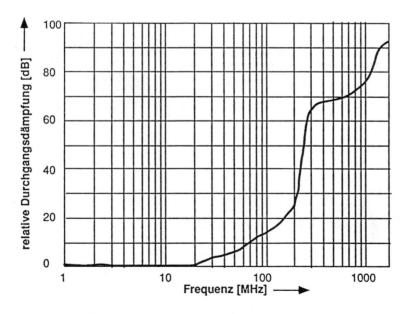

Bild 3.3-11: Verbesserung der Durchgangsdämpfung durch die Ferritbeschichtung bei Netzleitungen

3.3-10 gewonnen wurde. Es fällt auf, daß die vom Hersteller genannte untere Grenzfrequenz von 20 MHz recht gut mit den Meßwerten übereinstimmt.

Die anfänglich geäußerte Vermutung, daß die Wirkung der Ferritbeschichtung im höheren Frequenzbereich nachlassen bzw. nicht existieren wird, wurde nicht bestätigt. Die in Bild 3.3-11 zu beobachtenden Einkopplungen beim beschichteten Kabel sind auf direkte Einstrahlungen bei den Meßanschlüssen zurückzuführen. Diese Aussagen sind auch durch Messungen der Schweizerischen PTT mit einem neuartigen Kabelmeßverfahren bis 4 GHz bestätigt worden. Als wichtigste Zahl bleibt bei diesen Messungen festzuhalten, daß beim Einsatz von beschichteten Kabeln oberhalb von 20 MHz eine Dämpfung von mindestens 5 dB/m zu erreichen ist und oberhalb von 100 MHz eine Dämpfung von mindestens 20 dB/m. Diese Dämpfung bezieht sich auf den leitungsgeführten Störstrom.

3.3.2.6.2 Feldeinkopplung

In diesem Kapitel soll der Frage nachgegangen werden, ob die Ferritbeschichtung z. B. auf einer Netzleitung ein wirksames Mittel gegen Feldeinkopplungen ist. Ein bewährtes Mittel zur Erzeugung von homogenen Feldern unter Freifeldbedingungen ist eine GTEM-Zelle [3], wie sie in Bild 3.3-12 dargestellt ist. Diese breitbandige Präzisionsprüfzelle eignet sich sowohl für Ein- als auch für Abstrahlungsmessungen.

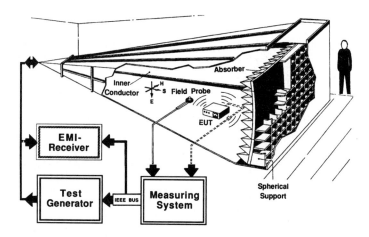

Bild 3.3-12: ABB–GTEM-Zelle 1500 (international patentiert [4,5])
für Feldein/abstrahlung im Frequenz- und Zeitbereich

In diesem vorliegenden Fall wurde die Zelle als Einstrahlungsmeßmittel benutzt. Hierzu wurde im Prüfvolumen eine Drahtschleife mit den Dimensionen nach Bild

3.3-13 plaziert. Für diese Meßserie wurde die Zelle jeweils mit einem Pegel von 0 dBm betrieben. Dieses führt zu folgenden Feldstärken:

E-Feld   0,2 V/m,
H-Feld   530 µA/m.

Aus Sicherheitsgründen wurden diese Werte nicht höher gewählt. Darüber hinaus ist nach Herstellerangaben auch bei höheren Feldstärken keine Sättigung des Ferritmaterials zu erwarten.

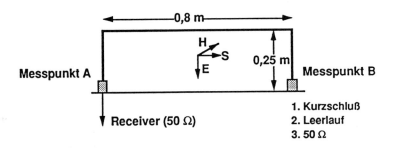

Bild 3.3-13: Meßaufbau für Kabeleinstrahlungsmessungen

Als 1. Meßobjekt (unbeschichtet) wurde eine normale Netzleitung 3*1,5 mm² mit Aluminiumschirm und Beidraht gewählt. Das Kabel GNLM, 2. Meßobjekt (unbeschichtet), zeigte denselben Aufbau. Im Unterschied zu Meßobjekt 1 waren hier die Adern mit Ferritmaterial beschichtet (siehe Bild 3.3-8).

Die Kabel waren vom Aufbau her ähnlich, jedoch ist der Durchmesser der unbeschichteten (1,5 mm²) Leitung etwas größer als im beschichteten Fall (0,75 mm²), was zu einer um ca. 6 dB höheren Einkopplung führte.

Um ein annähernd koaxiales Meßystem zu erhalten, wurde als Außenleiter jeweils der Aluminiumschirm mit Beidraht gewählt. In Meßunkt A wurde die Spannung zwischen Außenleiter und Innenleiter (Ader) über 50 Ω gemessen. Diese Spannung wurde bezogen auf die Eingangsspannung der Zelle dargestellt.

Bei jeder Konfiguration wurde für Kurzschluß, Leerlauf und 50-Ω-Abschluß in B gemessen. Vergleicht man den Effekt der Ferritbeschichtung gegenüber dem unbeschichteten Fall, so erhält man die Ergebnisse der Bilder 3.3-14 bis 3.3-16. Dabei fällt auf, daß oberhalb von 20 MHz eine Dämpfung durch die Ferritbeschichtung von ca. 10 dB hervorgerufen wird. Dieser Effekt ist unabhängig von der Art des Abschlusses in B. Alle Meßdaten oberhalb von 1 GHz können durch Instrumentenfehler verfälscht sein.

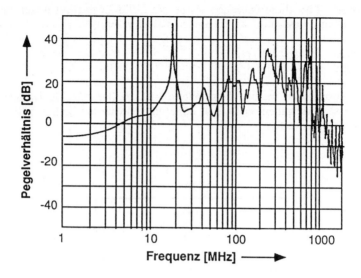

Bild 3.3-14: Vergleich, Differenzbildung ohne/mit Ferrit bei Kurzschluß in B

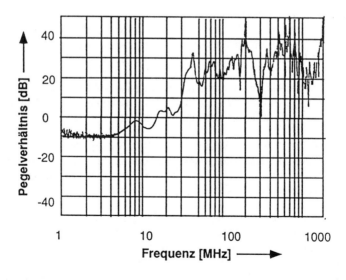

Bild 3.3-15: Vergleich, Differenzbildung ohne/mit Ferrit bei Leerlauf in B

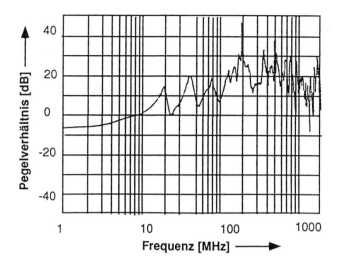

Bild 3.3-16: Vergleich, Differenzbildung ohne/mit Ferrit bei 50-Ω-Abschluß in B

3.3.2.7 Einfluß der Schirmerdung bei ein-/zweiseitiger Erdung

Grundsätzlich sollte nur die zweiseitige Kabelschirmauflegung in Erwägung gezogen werden. Es lassen sich aber Beeinflussungen im tiefen Frequenzbereich (< 1 kHz) feststellen, die in einfacher Weise durch nur einseitige Kabelschirmauflegung beseitigt werden können. Das zu dieser Beeinflussung gehörende Modell geht von einer eingeprägten Spannung auf der Bezugsfläche zwischen den beiden Auflegungspunkten aus. Diese eingeprägte Spannung produziert bei beidseitiger Kabelschirmauflegung einen Störstrom auf dem Schirm, der über die Transferimpedanz eine Störspannung zwischen den Adern und dem Schirm erzeugt. Ist das mit diesem Kabel verbundene System empfindlich gegen diese niederfrequenten Störsignale, dann tritt die Beeinflussung als sogenannte Brummspannung auf. Beeinflussungen dieser Art sind festzustellen bei Video-, Sonar- und Lautsprechersystemen.

Aus der Lösung dieses Beeinflussungsfalles durch die einseitige Kabelschirmauflegung nun zu schließen, daß grundsätzlich einseitig aufzulegen sei, ist nicht erlaubt.

Um die Wirkung der ein- und zweiseitigen Kabelschirmauflegung im höheren Frequenzbereich näher zu untersuchen, wurde die Geometrie nach Bild 3.3-13 mit dem autoreneigenen Rechnerprogramm MoMTRI nachgebildet. Zur einfacheren Behandlung im Meßaufbau wurde als Schleife ein Kabel RG58C/U mit beidseitigem impedanzrichtigem Abschluß angenommen. Analog zum realen Test wurde im ersten Fall eine leitende Verbindung zur Bezugsebene (ground plane) angenommen. Im zweiten Fall wurde ein Spalt von 1 cm gelassen.

Als Anregung wurde ein ebenes Feld von 1 V/m entsprechend Bild 3.3-13 angenommen. Dieses führte zu einer Störstromverteilung längs des Kabelschirmes. Basierend auf den Überlegungen, daß sich über den Kopplungswiderstand eine Spannungsverteilung längs der Innenseite des Kabelschirms einstellt, kann man nach der im Kapitel 3.3.2.5 angegebenen Gleichung die sich am Abschluß A ergebende Spannung durch Ausführung der Integration berechnen. Die Ergebnisse der meßtechnischen und der theoretischen Untersuchungen sind den Bildern 3.3-17 und 3.3-18 zu entnehmen. Dabei ist eine gute Übereinstimmung zur Messung ersichtlich.

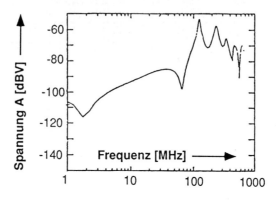

Bild 3.3-17: Spannung bei A bei zweiseitiger Erdung

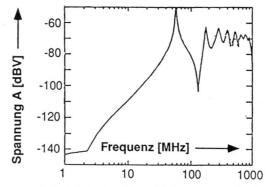

Bild 3.3-18: Spannung bei A bei einseitiger Erdung (1 cm Spalt bei B)

Man erkennt, daß offensichtlich eine erhöhte Einkopplung bei zweiseitiger Erdung im unteren untersuchten Frequenzbereich auftritt. Das heißt, daß bei zweiseitiger Erdung mehr Störstrom in diesem Frequenzbereich eingekoppelt wird als bei einseitiger Erdung. Im Rahmen der Systemanalyse wird aber im allgemeinen Fall nicht gefragt, woher der Störstrom kommt, sondern welche Auswirkungen der vorhandene Störstrom hat. Dieser Fragestellung geht die Simulation gemäß dem folgenden Bild 3.3-19 nach.

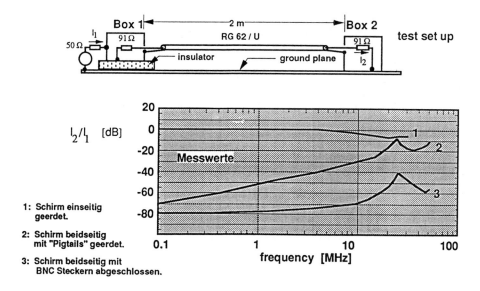

Bild 3.3-19: Simulation von verschiedenen Anschlußtechniken

Untersucht wurden verschiedene Anschlußtechniken des Schirmes. Dieses waren:

- einseitige Erdung,
- zweiseitige Erdung,
- Erdung über Schirmzöpfe (pigtails) ohne Rundumkontaktierung.

Der Störstrom wurde in allen Fällen konstant gehalten. Hierbei ist deutlich zu sehen, daß im Fall eines eingeprägten Stromes eine erhebliche Verschlechterung auch im tiefen Frequenzbereich bei "pigtail"-Erdung und besonders bei einseitiger Erdung eintritt. Bei der einseitigen Erdung wird praktisch der Schirm des Koaxialkabels wirkungslos.

Es kann also nicht die Frage sein, ob einseitig oder zweiseitig zu erden ist, diese Frage ist klar mit zweiseitig zu beantworten, sondern es muß die Frage gestellt werden, wie der Störstrom minimiert werden kann. Führt man sich die Tatsache vor Augen, daß bei einer magnetischen Antenne das eingekoppelte Signal proportional der Schleifenfläche ist, so liegt die Vermutung nahe, die Schleifenfläche entsprechend zu verkleinern. Dieses wurde für den Kurzschluß in B mit einem Blechstreifen, wie in Bild 3.3-20 dargestellt, durchgeführt.

Das Bild 3.3-21 zeigt die Verbesserungen durch diese hochgezogene Bezugsfläche. Dabei ist zu sehen, daß sich diese Maßnahme besonders im tiefen Frequenzbereich ausgewirkt hat.

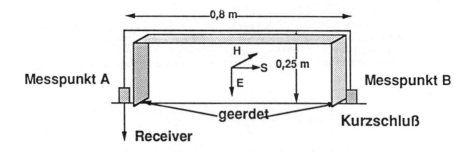

Bild 3.3-20: Testanordnung mit hochgezogener Bezugsfläche

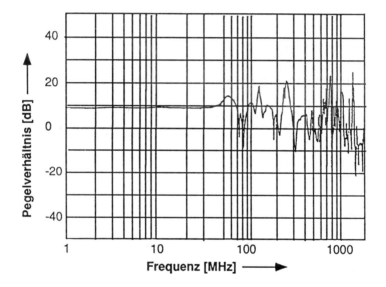

Bild 3.3-21: Verbesserung der Kabeleinkopplung

Unterhalb von ca. 80 MHz hat diese Maßnahme eine Reduktion der Einkopplung um 10 dB gebracht. Es bleibt somit festzuhalten:

1. Ferritbeschichtete Leitungen wirken hervorragend oberhalb von ca. 20 MHz. In diesem Frequenzbereich können sie somit aufwendige Filter ersparen.

2. Einseitige Erdung ist nicht anzuwenden. Im tiefen Frequenzbereich müssen durch Verkleinerung der Einkoppelschleifen etwaige Störungen vermieden werden.

3.3.2.8   Verkabelungsregeln

Allgemeine Regeln zur Verkabelungsplanung sind nicht möglich. Es gibt aber einige Regeln, die grundsätzlich zu befolgen wären. Die VG 95 375 Teil 3 Verkabelung zeigt unter militärischem Aspekt einige interessante Regeln, die auch im zivilen Bereich gültig sind.

3.3.2.8.1 Kabelkategorien

Im ersten Schritt sollten die Systemkabel in Abhängigkeit von der Art der mit dem Kabel übertragenen Nutz- bzw. Störsignale der Geräte festgelegten Kategorien zugeordnet werden. Siehe hierzu Bild 1.3-8 des Kapitels "EMV auf der Systemebene". Die Aufzählung in der dort angegebenen Tabelle ist unvollständig und enthebt den Planer nicht der Verpflichtung, die Zuordnung im Einzelfall zu überprüfen.

3.3.2.8.2   Verlegungsplanung

3.3.2.8.2.1 Bestimmung der Verlegungsabstände

Für eine Parallelverlegung der Kabel bzw. Kabelbündel unterschiedlicher Kategorien von mindestens 10 m Länge zwischen zwei Massungspunkten der Schirme und für eine Verlegung auf der Struktur (Masse) des Systems sollten Abstände von ca. 20 cm eingehalten werden. Für eine Parallelverlegung der Kabel von weniger als 10 m Länge zwischen zwei Massungspunkten der Schirme sind erfahrungsgemäß kleinere Verlegungsabstände ausreichend.

Reicht die Entkopplung nicht aus, so muß der noch fehlende Betrag durch eine der nachstehenden Maßnahmen erbracht werden:

- Verkürzen der Kopplungslänge l,
- Einbringen bzw. Verbessern von Schirmungsmaßnahmen,
- Einfügen von Filtern,
- Ändern der Übertragungsart (z. B. Symmetrierung,
  Lichtwellenleiter, Modulationsart, Frequenzumsetzung).

3.3.2.8.2.2 Auswahl von Leitungsarten

Ausschlagebend für die Bestimmung der Leitungsart ist der Verwendungszweck der Leitung. Bei einer Stromversorgungsleitung liegt in erster Linie ein sehr energiereiches, niederfrequentes Signal vor. Elektromagnetische Störeffekte, die von diesem Kabel ausgehen, werden demnach hauptsächlich magnetischer Natur sein. Im Gegensatz hierzu liegen bei Signal- und Steuerleitungen im allgemeinen hochfrequente und energiearme Signale vor. Es wird demnach mehr die elektromagnetische Feldabstrahlung zu beachten sein.

3.3.2.8.2.3 Stromversorgungsleitungen

Bei der Auswahl der Stromversorgungsleitungen ist auf streufeldarme Aderanordnung zu achten.

Leitungen mit streufeldarmer Aderanordnung sind:

- Vieradrige Kabel mit einer Aderanordnung und -belegung nach Bild 3.3-22,
- Mehrleiterkabel mit verdrillten Adern für Einphasenwechselstrom- und Drehstromversorgungsnetze mit mitgeführtem Schutz- und/oder Mittelpunktleiter. Diese Leitungen sind in ungeschirmter und geschirmter Ausführung verfügbar. Die geschirmte Ausführung ist insbesondere bei Stromversorgungseinrichtungen mit hohen Störaussendungen (z. B. thyristorgesteuerte Stromversorgungen, Schaltnetzteile) sowie in nichtmetallischen Geräteträgern zu bevorzugen.

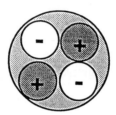

Bild 3.3-22 Aderanordnung und -belegung beim vieradrigen Kabel

3.3.2.8.2.4 Signalleitungen und Steuerleitungen

Als Signal- und Steuerleitungen kommen erdsymmetrische und erdunsymmetrische Leitungen in Betracht.

Bei symmetrischen Leitungen sollten die Leiter jedes Aderpaares miteinander und die Aderpaare untereinander verdrillt sein. Symmetrische Leitungen sind in ungeschirmter und geschirmter Ausführung erhältlich.

Die Auswahl richtet sich hier im speziellen nach dem Frequenzbereich der Störsignale. Im Bereich tiefer Frequenzen ist der Leitungsschirm aus Kupfer gegen magnetische Felder wenig wirksam. Hier kann die Verwendung eines magnetischen Schirmes erforderlich sein (ferromagnetische Materialien). Im Frequenzbereich > 1 MHz ist je nach dem benötigten Kopplungswiderstand ein einfacher oder ein doppelter Geflechtschirm aus Kupfer erforderlich.

Unsymmetrische Leitungen sind als koaxiale Leitungen auszuführen. Der erforderliche Kopplungswiderstand des Außenleiters richtet sich nach dem Frequenzbereich der Störgrößen und nach der Größe des zulässigen Störstromes im Signalstromkreis. Zur Verminderung der Störbeeinflussung im Bereich tiefer Frequenzen kann die Verwendung einer geschirmten Koaxialleitung (Triaxleitung) erforderlich werden. Dies kann insbesondere bei Signalleitungen für Daten- und Fernsprechsignale der Fall sein.

3.3.2.8.3 Leitungsverlegung

Die nachstehenden Hinweise für die Konstruktion von Kabelanlagen in Systemen zielen darauf ab, die effektive Antennenhöhe von Leitungen und damit die Kopplungen zwischen Leitungen und Antennen einerseits und zwischen den Leitungen andererseits so klein wie möglich zu halten.

Kabelanlagen in metallischen Geräteträgern

a) Leitungsverlegung auf oder dicht über der Masse

Die kleinstmögliche effektive Antennenhöhe wird mit der Leitungsverlegung unmittelbar auf der Masse metallischer Geräteträger erzielt. Diese Verlegungsart ist in Geräteträgern mit kleinen Abmessungen anwendbar. Ist die Verlegung unmittelbar auf der Masse nicht durchführbar, so ist die Verlegung dicht über der Masse anzustreben. Die damit erzielbare effektive Antennenhöhe ist noch ausreichend klein.

Die Verlegung unmittelbar auf oder dicht über der Masse ist von besonderer Bedeutung bei Leitungen, die außerhalb schirmender Hüllen in geringer Entfernung von störenden oder beeinflußbaren Systemen zu verlegen sind.

Werden bei beiden Verlegungsarten ausschließlich geschirmte Leitungen verwendet, so ergibt sich eine zusätzliche Entkopplung durch die Reduktionswirkung der Leitungsschirme, wenn diese an beiden Enden mit der Masse verbunden sind. Im Kapitel 3.3.2.6 wird diese Problematik unter der Berücksichtigung der Feldeinstrahlung diskutiert.

b) Leitungsverlegung auf metallischen Kabelbahnprofilen (Kabelkanal)

Sind die Verlegungsarten nach Abschnitt a) nicht durchführbar wie z. B. bei Geräteträgern mit Spanten, so ist die Leitungsverlegung auf metallischen Kabelbahnprofilen anzustreben. Das Kabelbündel kann auch mehrlagig ausgeführt werden (s. hierzu Bild 3.3-23).

Außer der Reduktionswirkung gegenüber äußeren Störeinflüssen der Leitungsschirme tritt hier zusätzlich eine Reduktionswirkung des Kabelbahnprofiles ein, wenn alle Teilstücke der gesamten Kabelbahn miteinander und zumindest beide Enden der Kabelbahn mit der Geräteträgermasse gut leitend verbunden sind.

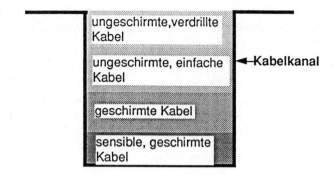

Bild 3.3-23: Mehrlagige Verlegung im Kabelkanal

Bei Kabelbahnkreuzungen sind im Regelfall keine Mindestabstände zwischen den sich kreuzenden Bahnen aus EMV-Gründen erforderlich.

Leitungsschirmung durch metallische Abdeckungen

Leitungen, die besonders hohen Störeinflüssen ausgesetzt sind, können mit metallischen Abschirmungen geschützt werden. Die Abdeckungen müssen z. B. durch Schweißen niederinduktiv leitend mit Masse verbunden sein. Die Abstände dieser Kontaktierungen sollten $\lambda/10$ nicht überschreiten.

3.3.2.8.4   Anschlußtechnik für Leitungen

Unter Anschlußtechnik wird die Behandlung von Leitungen an ihren Enden, insbesondere der Anschluß von Schirmen und koaxialen Außenleitern verstanden. Im Rahmen des Zonenkonzeptes ist der Übergang von einer Zone in eine andere Zone eine besonders kritische Stelle. Die Anschlußtechnik der Leitungen muß so beschaffen sein, daß die Schutz/Schirmwirkung der folgenden Zone nicht beeinträchtigt wird (shielding integrity).

Bei vorgeschlagenen Lösungen ist darauf zu achten, daß die Kontaktierung unter den definierten Umweltbedingungen des Systems erhalten bleibt (z. B. Vibration, Schock, Klima).

Steckverbinder

Steckverbinder an geschirmten Leitungen oder Koaxialleitungen sind mechanischer und elektrischer Bestandteil der Leitungen. Bezüglich der Schirmung heißt das, daß die Ströme auf den Leitungsschirmen bzw. Außenleitern vom Steckverbinder niederohmig und induktivitätsarm auf den nächsten Schirm (z. B. Geräteschirm) oder auf die Masse geleitet werden müssen (siehe Zonenkonzept). Bei kurzen Systemleitungslängen ist oft die Einkopplung über die Stecker dominant.

Zur quantitativen Beschreibung der über den Stecker eingekoppelten Störgrößen definiert man auch für den Stecker einen Kopplungswiderstand oder eine Transferimpedanz. Dieser Kopplungswiderstand verknüpft, analog zum Kopplungswiderstand einer Leitung, den Störstrom über den Stecker mit der Spannung zwischen den Adern und dem Stecker. Im Bild 3.3-24 ist ein Modell für die Umwandlung eines Stromes, der über einen Kabelmantel und über das Steckergehäuse fließt, in eine Störspannung zwischen Ader und Mantel gezeichnet.

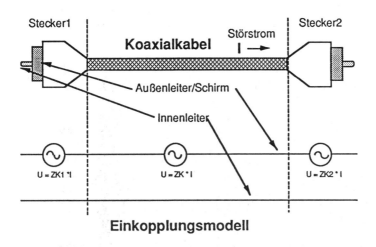

Bild 3.3-24: Einkopplung des Störstroms über Kopplungswiderstände

Die Kopplungsimpedanzen Z_{K1} und Z_{K2} der Steckverbinder (siehe Bild 3.3-24) liegen in Reihe mit der Kopplungsimpedanz Z_K des Leitungsschirmes bzw. Außenleiters und führen damit zu einer Erhöhung der gesamten wirksamen Kopplungsimpedanz.

Die Kopplungsimpedanz der Steckverbindung soll höchstens so groß wie die Kopplungsimpedanz von 1 m des verwendeten Leitungsschirmes sein, jedoch bis 30 MHz nicht größer als 16 mΩ.

Bei den im Regelfall kleinen Kopplungsimpedanzen der Schirme läßt sich das nur erreichen, wenn sowohl der Schirmanschluß am Steckergehäuse als auch die leitende Verbindung zum Gegenstecker als *Rundumkontaktierung* ausgeführt ist. Im Prinzip kann dies durch folgende Maßnahmen erreicht werden:

- Kontaktierung Leitungsschirm/Stecker: z. B. rundum verlötet

- Kontaktierung Stecker/Gegenstecker: Federkontakte auf dem ganzen Umfang
- Kontaktierung Gegenstecker/Metallgehäuse: z. B. kontaktblanke Schraubverbindung mit leitender Dichtung.

Es ist zu berücksichtigen, daß geschraubte Überwurfmuttern aufgrund der mechanisch festen Verbindung günstigere Voraussetzungen zur guten und dauerhaften Kontaktierung schaffen als Bajonettverschlüsse. In Verbindung mit guten Geflechten sind daher Stecker mit Schraubverschluß zu empfehlen. Insbesondere sollten BNC-Stecker vermieden werden.

Mehrpolige Steckverbinder, bei denen die Schirmkontaktierung zum Gehäuse nur über sogenannte "Zöpfe" oder mit Hilfe eines kurzen Drahtes oder auch nur über einen Steckerstift erfolgt, sind wegen der dabei auftretenden zusätzlichen Induktivität zu vermeiden ("pigtails")-

In Bild 3.3-25 ist die Veränderung des Koppelfaktors r_K für Konfigurationen mit und ohne "pigtails" dargestellt. Der Koppelfaktor ist in folgender Weise definiert:

$$r_K = \frac{I_{innen}}{I_{außen}} \cdot$$

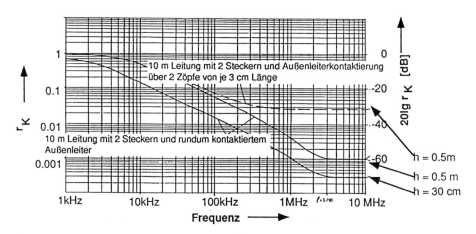

Bild 3.3-25: Koppelfaktor $|r_K|$ eines koaxialen Außenleiters
aus Einfachgeflecht als Funktion der Frequenz
(Leitungslänge l = 10 m, Geflechtdurchmesser d = 4,5 mm,
Parameter: Höhe h des Geflechtes über einer Metallfläche)

Wird z. B. die Verbindung Schirm/Gerätegehäuse (Masse) über einen Zopf, Draht oder Steckerstift von insgesamt 6 cm Länge (d.h. je 3 cm bei jedem der beiden

Stecker einer Leitung) hergestellt, so bedeutet das eine Zusatzinduktivität von ca. 60 nH (1 cm Draht ≙ ca. 10 nH) im Schirmkreis. Der induktive Anteil der Kopplungsimpedanz beträgt bei 1 MHz etwa 380 mΩ, bei 10 MHz etwa 3,8 Ω usw. Berücksichtigt man dies bei einer 10 m langen Leitung mit einem Geflechtschirm durchschnittlicher Ausführung, so erhält man den in Bild 3.3-25 dargestellten Koppelfaktor (gestrichelte Kurve). In bezug auf die Vergleichswerte der Leitung mit geeigneten Steckern (Kurve für h = 0,5 cm in Bild 3.3-25) zeigt sich, daß die Schirmdämpfung dieser Leitung oberhalb von 3 MHz um 30 dB geringer ist als die der Leitung mit geeigneten Steckern. Bei Verwendung hochwertiger Schirmgeflechte sind die Einbußen der Schirmdämpfung durch derartige unzweckmäßige Maßnahmen für Frequenzen oberhalb 1 MHz sehr viel größer als 30 dB.

Feste Anschlüsse

Unter festen Anschlüssen wird im folgenden die Einführung von Leitungen in Gerätegehäuse ohne Verwendung von Steckverbindern verstanden. Für Leitungen mit Schirmen muß zur Erhaltung der Reduktionswirkung die Kontaktierung des Leitungsschirmes mit dem Gerätegehäuse (Masse) an der Einführungsstelle erfolgen.

Die Rundumkontaktierung von Leitungsschirmen, die für den Bereich höherer Frequenzen notwendig ist, läßt sich z. B. mit Kabeleinführungen und Erdungseinsätzen herstellen.

Bei Kabeleinführungen, die in Verbindung mit konischen Erdungseinsätzen die Rundumkontaktierung des Schirmes mit dem Schraubstutzen bzw. mit dem Gerätegehäuse herstellen sollen, ist besonders darauf zu achten, daß keine Gummistopfbuchsen verwandt werden, da sonst die Kontaktierung verloren geht.

Diese Kabeleinführungen sind anwendbar bei folgenden Leitungsdurchmessern:

| Außendurchmesser der Leitungen | von 9,5 mm bis 51 mm, |
| Durchmesser unter dem Schirm | von 5,5 mm bis 48 mm. |

Bei Leitungen mit kleineren als den angegebenen Durchmessern können sogenannte Kabeldurchführungen verwendet werden, wie sie von Herstellern koaxialer Bauteile handelsüblich zu beziehen sind. Bei den Kabeldurchführungen wird der Leitungsschirm nach den in der Koaxialtechnik üblichen Verfahren rundumkontaktiert. Kabeldurchführungen eignen sich für geschirmte Leitungen mit Durchmessern (unter dem Schirm) ab etwa 3 mm.

Eine unzweckmäßige Ausführung zeigt das Bild 3.3-26. Die dargestellte Verbindung mit Hilfe von Schirmkontaktring und Draht als Masseverbindung ergibt eine hohe Zusatzinduktivität im Schirmkreis.

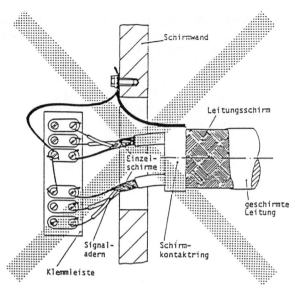

Bild 3.3-26: Beispiel für eine falsche Kontaktierung des Leitungsschirmes mit der Schirmwand

Leitungsdurchführungen durch Schirmwände

Werden Leitungen ohne besondere Maßnahmen durch eine Schirmwand geführt, können Störströme ungehindert durch diese Schirmwand geleitet werden. Diese Störströme sind Ursache eines magnetischen Störfeldes, d.h. die angestrebte Schirmdämpfung wird dadurch gemindert. Dies trifft sowohl für metallische Leitungen zum Transport von Gasen oder Flüssigkeiten (z. B. Hydraulikleitungen) als auch für elektrische Leitungen zu. Durch eine geeignete konstruktive Maßnahme bei der Leitungsdurchführung ist dafür zu sorgen, daß der unerwünschte Strom (unsymmetrischer Störstrom) auf Leitungen an der Durchtrittsstelle über die Schirmwand des Geräteträgers auf dem kürzesten Weg (über Masse des Geräteträgers) zur Störquelle zurückfließen kann. Dazu ist es erforderlich, die metallische Außenhülle von Leitungen an der Durchtrittsstelle auf ihrem ganzen Umfang gut leitend mit der Schirmwand zu verbinden. Bei geschirmten elektrischen Leitungen stellt der Schirm und bei Koaxialkabeln der Außenleiter die metallische Hülle dar und ist mit der Schirmwand zu verbinden. Die erreichbare Schirmdämpfung wird beeinflußt durch die Güte der Verbindung der metallischen Außenhülle mit der Schirmwand.

Bei ungeschirmten Leitungen ist die Ableitung der unsymmetrischen Störströme auf die Schirmwand nur unter Verwendung eines Entstörfilters möglich. Auf diese Problematik wird im Kapitel 3.3.3 gesondert eingegangen. Die nachstehend beschriebenen Maßnahmen bei der Leitungsdurchführung sind bei Schirmwänden von und in Geräteträgern und Gebäuden durchzuführen. Zu den Schirmwänden zählen die Außenwände aller metallischen Geräteträger, die Metallwände zwischen verschiedenen EMV-Zonen in einem Geräteträger, alle metallischen Wände von Schirmkabinen oder geschirmten Räumen in Geräteträgern. Anhand der folgenden Bilder 3.3-27 und 3.3-28 wird das Prinzip für die verschiedenen Maßnahmen gezeigt. Wichtig ist die rundum gut leitende Verbindung der metallischen Außenhülle der Leitung mit der Schirmwand, z. B. durch eine Schweißverbindung. Eine weitere Möglichkeit stellt ein auf die Leitung aufgesetzter Flansch dar, der mittels Schrauben an der Schirmwand befestigt werden kann. Auch hierbei ist auf die Herstellung gut leitender Verbindungen zu achten. Beide Lösungen sind zur Erzielung hoher Schirmdämpfungen geeignet.

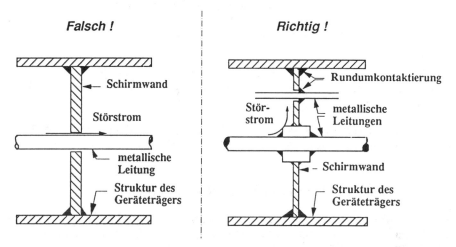

Bild 3.3-27: Beispiel für die Durchführung metallischer Leitungen zur Erzielung hoher Schirmdämpfung

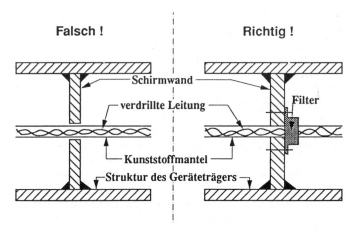

Bild 3.3-28: Beispiel für die Durchführung ungeschirmter Leitungen

Beim Einbau von Filtern ist auf die gut leitende Verbindung des Filtergehäuses mit der Schirmwand zu achten. Ist die Verwendung eines Filters nicht möglich, so ist die Leitung im gesamten Schirmbereich in einem Schirmrohr zu führen.

Konkrete Maßnahmen erfordern eine Klassifikation. Diese hängt ab von der Beeinträchtigung der Schirmwirkung. Je höher die erreichbare Schirmdämpfung sein soll und je größer die effektiven Antennenhöhen dieser Leitungen sowohl im Bereich höherer Störfelder als auch im abgeschirmten Bereich sind, umso höher müssen die Anforderungen an die Güte der Leitungsdurchführung sein. Daraus leitet sich folgendes ab:

- Bei Schirmräumen oder Geräteträgern für hohe Schirmdämpfungswerte (> 60 dB im Bereich 100 kHz bis 30 MHz) sind bei der Leitungsdurchführung Maßnahmen für hohe Anforderungen notwendig.

- Bei Schirmungen oder Geräteträgern für mittlere (30 dB bis 60 dB im Bereich 100 kHz bis 30 MHz) und für geringe (< 30 dB im Bereich 100 kHz bis 30 MHz) Schirmdämpfungswerte sind bei der Leitungsdurchführung Maßnahmen für mittlere Anforderungen notwendig.

Anmerkung: Werden keine Maßnahmen durchgeführt, kann die Schirmdämpfung der Schirmkabine in einigen Fällen auf Null und schlechter reduziert werden.

a) Durchführung geschirmter und koaxialer Leitungen

Die Leitungsschirme bzw. die koaxialen Außenleiter sind an der Durchtrittsstelle mit der Schirmwand gut leitend zu verbinden, oder es ist eine Zusatzschirmung für diese Leitungen erforderlich.

Zu den Maßnahmen für h o h e Anforderungen gehören:

- Rundumkontaktierung von Leitungsschirmen und koaxialen Außenleitern mit der Schirmwand an der Durchtrittsstelle;
- Zusatzschirmung dieser Leitungen durch Verlegung in Metallrohren oder geschirmten Schächten; diese Zusatzschirmung ist nur auf einer Seite der Schirmwand erforderlich.

1. Möglichkeit: Schirmkontaktierung mittels Steckverbinder

Technische einwandfreie Lösungen einer Rundumkontaktierung von Leitungsschirmen und koaxialen Außenleitern erreicht man unter Verwendung von geeigneten Steckverbindern (z. B. Wandsteckdose und Kabelstecker bei mehradrigen Leitungen bzw. Chassis-Kabelbuchse und Stecker bei koaxialen Leitungen).

Weitere Möglichkeiten zur Rundumkontaktierung von Leitungsschirmen mit der Schirmwand sind die folgenden Möglichkeiten 2 bis 5, die aber in der Praxis noch nicht ausreichend erprobt sind.

2. Möglichkeit: Schirmkontaktierung mittels Erdungseinsätzen (nicht geeignet für Koaxialleitungen)

Zur Vorbereitung gehören das Anbringen eines Stutzens in der Schirmwand, das Entfernen des Kabelmantels sowie das Durchtrennen des Schirmgeflechtes im Bereich der Durchtrittsstelle.

3. Möglichkeit: Schirmkontaktierung mit Hilfe eines zusätzlichen Metallgeflechtes

Diese Konstruktion vermeidet das Auftrennen des Leitungsschirmes. Bei diesem Verfahren ist zu beachten, daß beim Herstellen der Lötverbindung die unter dem Leitungsschirm liegende Isolier- oder Füllmasse nicht durch zu hohe Erwärmung beschädigt wird.

4. Möglichkeit: Schirmkontaktierung mittels eines wärmeschrumpfenden Steckerendgehäuses

Es ist darauf zu achten, daß die unter dem Leitungsschirm liegende Isolier- oder Füllmasse nicht durch zu hohe Erwärmung beim Schrumpfen des Steckverbinderendgehäuses beschädigt wird.

5. Möglichkeit: Schirmkontaktierung mittels leitender Vergußmasse (zum Teil feuerhemmend).

Diese Ausführung ist besonders für die Kontaktierung der Schirmgeflechte von Kabeln geeignet, die gebündelt durch eine Schirmwand geführt werden. Hierdurch wird das Auftrennen der Schirmgeflechte oder eine nachteilige Auswirkung durch die Erwärmung beim Löten vermieden.

Es ist darauf zu achten, daß die leitende Vergußmasse ausreichend gut und dauerhaft an der Innenwandung der Kabeldurchführung haftet. Die Wandung muß aufgerauht sowie frei von Verunreinigungen und Farbresten sein; Verzinken ist nicht zulässig. Bei der Verarbeitung der Vergußmasse sind die Herstellerangaben zu beachten (Mischungsverhältnis der Komponenten, Tropfzeit, Temperatur, Verträglichkeit mit den Werkstoffen von Schirmgeflechten und Kabeldurchführungen).

In Abhängigkeit von der Schichtdicke des Vergusses, der Kabelbelegung in der Kabeldurchführung und der Leitfähigkeit der Vergußmasse werden mittlere bis hohe Anforderungen an die erreichbare Schirmdämpfung erfüllt (der Kopplungswiderstand einer 20 mm dicken Schicht silberhaltiger Vergußmasse entspricht etwa dem Kopplungswiderstand eines einfach geschirmten Kabels von 1 m Länge, wobei die Kabelbelegung ca. 60% beträgt). Leitfähige Vergußschichten dürfen zwecks Sicherstellung weiterer Eigenschaften wie z. B. Wasserdichtigkeit und Feuerhemmung mit weiteren (nichtleitfähigen) Vergußschichten versehen werden.

Die leitungsgeführte Störkomponente spielt bis zu Frequenzen von mindestens 100 MHz die dominierende Rolle.

Allen bisher im Abschnitt a) beschriebenen Maßnahmen ist gemeinsam, daß für die richtige Schirmkontaktierung ein nicht unerheblicher Aufwand erforderlich ist. Außerdem erhält man bei Verwendung von Steckverbindern Trennstellen im Leitungszug, die auch zusätzliche Fehlerquellen darstellen. Es ist daher abzuschätzen, ob der Aufwand geringer ist, wenn anstelle der vorstehenden Möglichkeiten ein Zusatzschirm verwendet wird. Dies ist sicher zutreffend, wenn eine Vielzahl von Leitungen durch eine Schirmwand geführt werden muß.

An die Ausführung des Zusatzschirmes sind die gleichen Anforderungen zu stellen wie an die Ausführung des Schirmes (Schirmwand) selbst, d.h. bei den hier betrachteten hohen Schirmdämpfungen ist die gut leitende Verbindung des Zusatzschirmes mit der Schirmwand auf der einen Seite und mit der Masse (meist Gerätegehäuse) auf der anderen Seite erforderlich.

Bei einzelnen Leitungen kann die Zusatzschirmung durch einen übergeschobenen Wellschlauch realisiert werden, der beidseitig mit der Schirmwand bzw. mit der Masse rundum verlötet ist.

Anmerkung: Es ist zu beachten, daß sogenannte Wickelschläuche bei Frequenzen über 10 kHz unzureichende Schirmungseigenschaften besitzen (s. auch Kap. 3.2.3).

Müssen mehrere Leitungen durch einen geschirmten Raum geführt werden, empfiehlt sich die Verlegung in einem gemeinsamen Metallrohr, welches an beiden Enden mit den Schirmwänden rundumkontaktierend zu verbinden ist.

Zu den Maßnahmen für m i t t l e r e Anforderungen gehören:

- Zusatzschirmung der durchgeführten Leitungen bei erleichterten Bedingungen für die Kontaktierung,
- Verlegung der durchgeführten Leitungen unmittelbar auf der Masse.

Die Zusatzschirmung ist anzuwenden wie vorstehend beschrieben. Besteht ein Zusatzschirm aus mehreren Teilen, so dürfen deren Kontaktierungen punktweise erfolgen; die Abstände zwischen den Kontaktpunkten (z. B. Schrauben) sollen höchstens 0,2 m betragen. An den Enden des Zusatzschirmes kann die leitende Verbindung mit der Schirmwand bzw. mit der Masse durch Schrauben oder Massebänder (Metallgeflechtbänder oder Blechstreifen im Abstand von höchstens 0,2 m) erfolgen.

Ist die Länge der durchzuführenden Leitung mindestens auf einer Seite der Schirmwand kleiner als $\lambda/10$ (λ = Wellenlänge der höchsten zu betrachtenden Frequenz), so sind keine weiteren Maßnahmen für die Durchführung erforderlich, wenn die Leitung auf dieser Länge unmittelbar auf der Masse verlegt wird.

b) Durchführung nichtelektrischer Leitungen

Metallische Rohre, Lüftungsschächte, Hydraulikleitungen und ähnliches sind im

Prinzip so zu behandeln wie die Schirme von elektrischen Leitungen, d.h. sie sind an der Durchtrittsstelle mit der Schirmwand gut leitend zu verbinden.

Als Maßnahme für h o h e Anforderungen kommt in Frage:

- Kontaktierung der nichtelektrischen Leitungen mit der Schirmwand auf dem ganzen Umfang (rundum), z. B. durch Schweißen, Löten, mittels Flanschverbindungen usw.

Zweckmäßig ist es, die Kontaktierung an die Seite der Schirmwand zu legen, die im Bereich der störenden Feldstärken liegt. Es ist strengstens auf geeignete Materialauswahl bezüglich Korrosion sowie anderer mechanischer Langzeiteigenschaften zu achten.

Als Maßnahme für m i t t l e r e Anforderungen kommt in Frage:

- Herstellung der notwendigen Verbindungen mit der Schirmwand über Massebänder, Blechstreifen, gut leitende Halterungen o.ä. Zur Erzielung niederohmiger, induktivitätsarmer Verbindungen sind die Bänder/Streifen möglichst kurz auszuführen, mindestens zwei Bänder/Streifen sind je Durchführung vorzusehen.

Ist die Länge der durchzuführenden nichtelektrischen, aber metallischen Leitung mindestens auf einer Seite der Schirmwand kleiner als $\lambda/10$ (λ = Wellenlänge der höchsten zu betrachtenden Frequenz), so sind keine weiteren Maßnahmen für die Durchführung erforderlich, wenn die Leitung auf dieser Länge umittelbar auf der Masse verlegt wird.

c) Durchführung von ungeschirmten Leitungen

Ungeschirmte Leitungen können zu einer Verringerung der Schirmdämpfung führen, wenn sie ohne besondere Vorkehrungen durch eine Schirmwand geführt werden.

Für h o h e Anforderungen sind ungeschirmte Leitungen an der Durchführungsstelle entweder zu filtern oder mit einer zusätzlichen Schirmung zu versehen, wie sie auch für geschirmte Leitungen vorzusehen ist.

Wird die Filterung eingesetzt, ist folgendes zu beachten:

- Bei der Filterwahl (meist Filter mit Tiefpaßcharakter) müssen die Werte der Einfügungsdämpfung denen für die Schirmdämpfung angepaßt werden (siehe Abschnitt 3.3.3).

Für m i t t l e r e und g e r i n g e Anforderungen gilt, falls eine Zusatzschirmung angewendet wird, für diese ein entsprechend herabgesetztes Anforderungsniveau. Bei der Filterung dürfen in diesen Fällen Filter mit entsprechend geringerer Einfügungsdämpfung verwendet werden.

3.3.3   Filterung

Mit dem Einsatz von Filtern erhält man die Möglichkeit, die leitungsgebundene Ausbreitung in unerwünschten Frequenzbereichen und Zeitbereichen zu reduzieren bei gleichzeitiger, wenig eingeschränkter Übertragung der Nutzfrequenz bzw. im Nutzfrequenzbereich. Grundsätzlich können alle Leitungen gefiltert werden, sofern zwischen der Nutzfrequenz und den unerwünschten Frequenzen (Störfrequenzen) ein ausreichender Abstand besteht.

Filter werden in folgenden Bereichen eingesetzt:

- in Stromversorgungsleitungen bei kritischen Störgrenzwertüberschreitungen,
- in Leitungen für die Übertragung von Daten und Signalen an den Grenzen verschiedener EMV - Zonen,
- zur Verbesserung der Selektionseigenschaften von Sendern und Empfängern; Verlagerung der Filterung von den Geräten auf das System.

Nicht immer ist aber ein Filter notwendig. Die konsequente Umsetzung des Zonenkonzeptes kann den Filtereinsatz vermeiden.

3.3.3.1   Filter an den Grenzen verschiedener EMV-Zonen

Können störende Geräte und empfindliche Geräte in jeweils verschiedenen, räumlich begrenzten Bereichen (EMV-Zonen) auf einem Geräteträger angeordnet werden, so erhält man neben dem Vorteil der räumlichen Entkopplung kritischer Geräte auch noch den Vorteil einer zusätzlichen Entkopplung durch schirmende Wände an den Zonengrenzen. Die Schirmwirkung dieser Wände, aber auch zum Teil die räumliche Entkopplung gehen verloren, wenn Leitungen Störströme von einer EMV-Zone in eine andere Zone verschleppen.

Es ist daher notwendig, ungeschirmte Leitungen an den EMV-Zonengrenzen (an der Durchtrittsstelle durch die Schirmwand) zu filtern bzw. zu behandeln (Schirmauflegung).

3.3.3.2   Filter in Datenleitungen

Um das Abstrahlen des hohen Oberwellenanteils von impulsförmigen Signalen und auch die Beeinflussung der Verarbeitungseinrichtungen durch eingekoppelte Störleistung in zulässigen Grenzen zu halten, werden die Leitungsschirmung und die Filterung angewendet.

Bei der symmetrischen Datenübertragung läßt sich die für das Abstrahlen und die Einkopplung maßgebende unsymmetrische Komponente wirkungsvoll filtern, ohne daß die symmetrische Datenübertragung beeinträchtigt wird (Common mode-Drossel).

Bei langen Datenleitungen kann Filterung kostengünstiger sein als die Leitungs-schirmung, wobei zusätzlich noch die nichtlinear wirkende Überspannungsbegren-zung hinzukommen kann. Vom EMV-Standpunkt aus ist aber der Leitungsschir-mung (samt der Schirmerdung) der Vorzug zu geben, da somit auch gleich die Abstrahlungseigenschaften beherrscht werden.

3.3.3.3 Filterverhalten

3.3.3.3.1 Einfügungsdämpfung

Das Verhalten eines Filters wird oft im Frequenzbereich durch die Einfügungs-dämpfung wiedergegeben. Darunter versteht man das Verhältnis der Störspannung über dem zu schützenden Verbraucher bei eingefügtem Filter zu der Störspannung ohne Filter, siehe Bild 3.3-29.

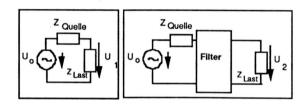

$$\text{Einfügungsdämpfung} = 20 \cdot {}_{10}\log \left| \frac{U_1}{U_2} \right|$$

Bild 3.3-29: Definition der Einfügungsdämpfung

Einfügungsdämpfungskurven (Einfügungsdämpfungen als Funktion der Frequenz) kommerzieller Filter werden vom Filterhersteller für Quellen- und Lastimpedan-zen von jeweils 50 Ω angegeben. Üblicherweise wird dabei unterschieden zwischen "asymmetrischer", "unsymmetrischer" und "symmetrischer Störungseinkopplung", siehe Bild 3.3-30.

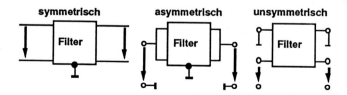

Bild 3.3-30: Einkopplungsformen

Filter können zusätzlich am Eingang noch mit einem Überspannungs-Schutz (z. B. Zinkoxid-Ableiter) ausgestattet sein. Die Wirkung des Überspannungs-Schutzes wird durch Prüfpulse im Zeitbereich charakterisiert.

Die Werte der Einfügungsdämpfungen sind stark von den Impedanzwerten abhängig, mit denen Filter und Bauelemente im Betriebsfall angeschlossen sind, z. B. mit dem HF-Innenwiderstand einer Störquelle, einer Störsenke oder des Stromversorgungsnetzes, mit den Impedanzen von Leitungen und den Ein- oder Ausgängen von elektronischen Schaltungen. Es ist zu beachten, daß die in den Katalogen der Filterhersteller angegebenen Einfügungsdämpfungen für Filter oder einzelne Bauelemente in der Regel für einen beidseitigen Abschluß mit R = 50 Ω gelten und hauptsächlich für einen qualitativen Vergleich von Filtern und Bauelementen geeignet sind.

Für Filter in Leitungen mit definierten und daher bekannten Impedanzen (Nachrichtentechnik) können die Abschlußimpedanzen leicht angegeben werden. Für Leitungen mit undefinierten und daher zunächst nicht bekannten Impedanzen (z. B. Stromversorgungsleitungen) ist die Kenntnis der tatsächlichen Impedanzwerte zur Realisierung der notwendigen Filterung von Bedeutung, da die Impedanzverhältnisse auch die zweckmäßige Filterung bestimmen. Am besten werden die Impedanzen durch eine Messung oder Berechnung ermittelt, ersatzweise auch durch eine Schätzung aufgrund einschlägiger Erfahrungen. In jedem Falle aber sollte bekannt sein, ob es sich um Abschlußimpedanzen mit hochohmigem oder niederohmigem Charakter handelt. Bei Einbau von Filtern in schwingungsfähige Lasten (Verkabelungen) ist der Qualitätsfaktor Q dieser Anordnung zu überprüfen, da es sonst zu ungewollten Resonanzüberhöhungen kommen kann und die Filter dann als "Verstärker" wirken.

3.3.3.3.2 Filter für Quellen- und Lastimpedanz ≠ 50 Ω

Für den Fall, daß Quellen- und Lastimpedanz entweder sehr nieder- oder sehr hochohmig sind, lassen sich Filterschaltungen gemäß Bild 3.3-31 angeben. Dort sind die jeweils günstigsten Filterschaltungen für die Kombinationen Z_G und Z_L angegeben. Voraussetzung ist, daß Quellen- und Lastimpedanz im ganzen betrachteten Frequenzbereich entweder nieder- oder hochohmig sind.

3.3.3.3.3 Wichtige Filtermerkmale

Die Filter und Bauelemente müssen hinsichtlich der Spannungsfestigkeit, der Strombelastbarkeit und der Netzfrequenz für die im Betrieb auftretenden Größen dimensioniert sein. Die Betriebsströme dürfen keine unzulässige Erwärmung der Bauelemente und auch keine wesentliche Reduzierung der Filtereigenschaften (z.B. Abnahme der Induktivität von Drosselspulen) hervorrufen. Bei der Spannungsfestigkeit von Bauelementen sind neben den Betriebsspannungen auch mögliche Überspannungen (Spannungsspitzen in Stromversorgungsleitungen) zu berücksichtigen.

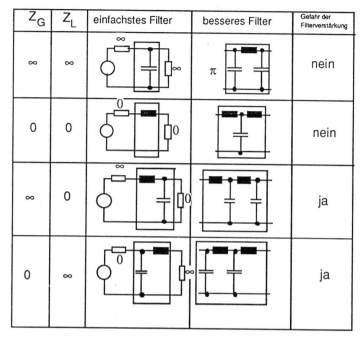

Bild 3.3-31: Einfache Filterschaltungen für verschiedene Kombinationen von Quellen- und Lastimpedanz

Für die Auswahl von Filtern oder einzelnen Bauelementen ist weiter zu beachten, ob es sich um symmetrische ("common mode" bzw. Gleichtakt) oder unsymmetrische Störsignale ("differential mode" bzw. Gegentakt) handelt, vgl. Bild 3.3-32. Störquellen erzeugen häufig sowohl symmetrische als auch unsymmetrische Störsignale. Die Störform "common mode" ist besonders wichtig für die Feldabstrahlung. Je nach Art der Störquelle (sofern bekannt !) ist die Filterschaltung zu wählen.

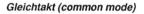

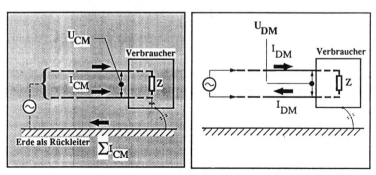

Bild 3.3-32: Symmetrische und unsymmetrische Störungen

Die Sicherheitsbestimmungen (Vermeiden von unzulässigen Berührungsspannungen und von Ableitströmen) sollen bei der Auswahl der Bauelemente beachtet werden. Außerdem dürfen durch eine Filterung die Schutzart und die Schutzklasse eines Geräts nicht beeinträchtigt werden.

3.3.3.4 Bauelemente gegen Überspannungen

Gegen Überspannungen, die sowohl in Stromversorgungsnetzen (verursacht z. B. durch Schaltvorgänge) als auch in Signalleitungen (durch induktiv oder kapazitiv eingekoppelte Spannungsspitzen) auftreten, werden Bauelemente mit stark spannungsabhängigem Widerstandsverlauf eingesetzt. Solche Bauelemente sind z. B. Überspannungsableiter, Varistoren und Zenerdioden. Zur Beurteilung ihrer Eigenschaften hinsichtlich der Spannungsbegrenzung dienen die U/I-Kennlinien und zusätzlich der Verlauf der Stoßansprechspannung.

Mit zunehmendem Alter von Überspannungsbegrenzern können sich deren Kennlinien verschieben (z. B. in Richtung höherer Leckströme bei Varistoren) oder andere Degradationserscheinungen (verminderte Pulsbelastbarkeit) bemerkbar machen.

3.3.3.5 EMI-Filter

Im Sprachgebrauch der EMV-Ingenieure bedeutet EMI-Filterung Schutz gegen leitungsgebundene Störungen.

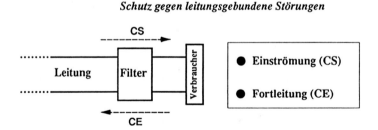

Schutz gegen leitungsgebundene Störungen

Bild 3.3-33: EMI-Filterung

EMI-Filter haben meist Tiefpaß-Charakteristik (siehe Skizze) und müssen sowohl für die Störfestigkeit als auch für Störaussendung die folgenden zwei Funktionen erfüllen:

- Schutz gegen hochfrequente Transienten,
- Schutz gegen hohe Überspannungen.

Tiefpass - Verhalten

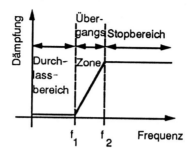

Bild 3.3-34: Typisches EMI-Filterverhalten

Bei der Filterung von EMI-Störungen ist auf die folgenden Besonderheiten zu achten.

Unterschiedliche Störungsarten:	z. B. Schaltvorgänge in Leitungsnetzen, induktive, kapazitive oder Feldeinkopplung.
Unterschiedliche Lastimpedanzen:	Lastimpedanzen sind im allgemeinen frequenzabhängig. Folge: Filter wirken nicht gleich wie bei 50-Ω-Lasten, was gelegentlich zu unliebsamen Überraschungen führt.
Montage der Filter:	Durch falschen Filtereinbau kann die Filterwirkung zunichte gemacht werden.
Sicherheitsvorschriften:	Filtergehäuse müssen auch aus Gründen des Personenschutzes vorschriftsmäßig permanent geerdet werden (Ableitströme der Y-Kondensatoren).
Einfügungsdämpfung eines Filters:	Ist in der Praxis oft nicht den Erwartungen entsprechend aus o. a. Gründen.
Dämpfungsverhalten eines Filters bei Pulsen:	Ebenfalls oft enttäuschend klein. Grund: ungenügende Filterwirkung bei tiefen Frequenzen.
Filter als Ersatz für ein gutes EMV-Design ?	Der Einsatz von kommerziellen Filtern scheint oft kostengünstiger zu sein als die Befolgung von EMV-Regeln. EMI Filter = Notlösung, z. B. Retrofit.

3.3.3.5.1 Filterdegradation durch fehlerhafte Montage

Im folgenden Bild 3.3-35 ist eine Netzfilteranordnung (220V/50Hz) so ungünstig montiert, daß im Hochfrequenzbereich oberhalb 2 MHz ein kapazitives Übersprechen von Eingang auf Ausgang des Filters stattfindet. Dadurch ist das sonst einwandfreie Filter wirkungslos (Bild 3.3-36).

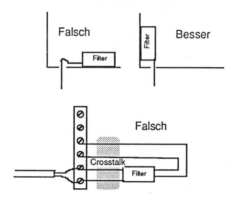

Bild 3.3-35: Fehlerhafte Montage eines Filters

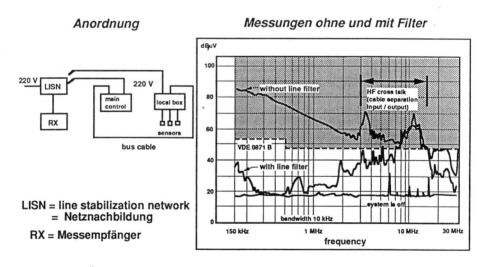

Bild 3.3-36: Übersprechen durch falsche Montage

3.3.3.5.2 Sicherheitsgesichtspunkte

In den beiden folgenden Bildern 3.3-37 und 3.3-38 [7] ist von seiten des Personenschutzes bzw. aus der Sicht der Fehlerstromschutzschalterauslösung durch große Ableitströme die Problematik dargestellt sowie ein Lösungsansatz skizziert.

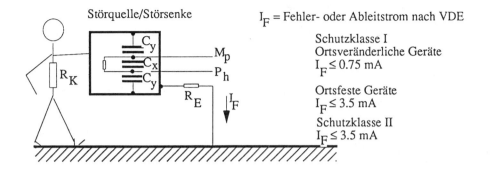

Bild 3.3-37: X- und Y-Kondensatoren und Ableitstrom

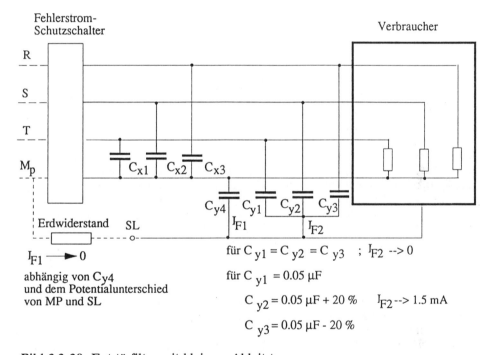

Bild 3.3-38: Entstörfilter mit kleinem Ableitstrom

3.3.3.5.3 Filterwirkung bei Pulsbelastung

Da aus den Filterkatalogen nur der Amplitudengang der Filterdämpfung (Tiefpaß-verhalten) ersichtlich ist, kann durch die folgende Graphik mit zusätzlicher Kenntnis der Pulsbreite d das zu erwartende Filterverhalten abgeschätzt werden.

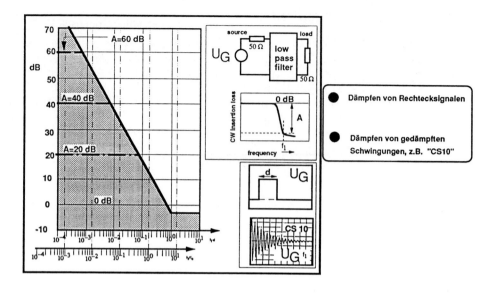

Bild 3.3-39: Pulsdämpfung bei Tiefpaßfiltern

3.3.3.6 Filter - "Hardware"

Unter einem Filter im engeren Sinne versteht man eine Filterbox, meist metallisch, mit Eingangs- und Ausgangsanschlüssen. Solche Filterboxen wirken in der Regel so, daß die unerwünschten (d.h. die zu unterdrückenden) Signale auf der Leitung zum Filter nur reflektiert, nicht aber absorbiert werden. Mit anderen Worten: die Störsignale werden vom Filter nicht vernichtet, sondern nur um- oder eventuell gegen Masse abgeleitet (z. B. mit Gasableitern). Grund: Filterboxen, die Störsignale absorbieren, müßten zur Bewältigung der auftretenden Verlustleistungen sehr voluminös dimensioniert werden und wären dadurch in der Herstellung wesentlich teurer.

Für die Filterung leitungsgebundener Störgrößen ("CE" und "CS") steht aber neben den Filterboxen noch weitere "Hardware" zur Verfügung:

Einzelne Filterboxkomponenten:	z. B. Durchführungskondensatoren, Ferritringe.
Ferritkabel:	z. B. im Prinzip jede Art von Kabel. Es gibt aber Kabel mit besonderen frequenzabhängigen Absorptionseigenschaften. Solche Kabel wirken im oberen (MHz), nicht aber im unteren Frequenzbereich.
Transformatoren:	Transformatoren in Kombination mit Filterboxen wirken sehr gut im unteren Frequenzbereich.

3.3.3.7 Verlagerung der Filterung

Es kann durchaus vorkommen, daß die Filterung von Geräten aus verschiedenen Gründen unzweckmäßig ist. Tiefpaßfilter z. B. sind sehr oft mit Induktivitäten (L) und Kapazitäten (C) aufgebaut. Soll die Grenzfrequenz eines solchen Filters tief sein (auf Stromversorgungsleitungen typisch im Bereich 1 kHz ... 1 MHz), so sind hohe Werte des Produkts L · C erforderlich. Aus Sicherheitsgründen sind die Kapazitätswerte der Y-Kondensatoren (C gegen Filtergehäusemasse) nach oben begrenzt (maximal zulässige Ableitströme!). Hohe L-Werte können aber mit Luftspulen kaum mehr erreicht werden, also sind ferro- oder ferrimagnetische Spulenkerne erforderlich. Solche Spulenbauformen sind oft so voluminös, daß für den Filtereinbau einfach kein Platz mehr vorhanden ist. Überdies sind die Filter unhandlich schwer und teuer. Bei hohen Betriebsströmen und zusätzlich überlagerten transienten Signalen besteht zudem die Gefahr der Spulensättigung, so daß die Filterwirkung ungenügend wird.

3.3.3.8 Beispiel eines ungünstigen Filterverhaltens

Im Bild 3.3-40 ist ein einfaches kommerzielles Netzfilter (Tiefpaßfilter) dargestellt. Wird an ein solches Filter eine Last mit Schaltverhalten angeschlossen, so kann es vorkommen, daß ein solches Filter nicht nur nichts nützt, sondern sogar schadet.

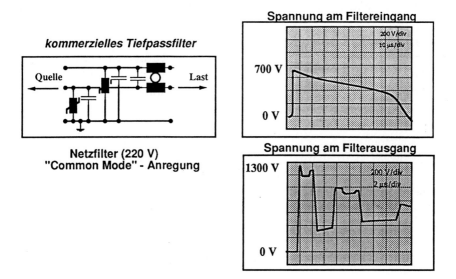

Bild 3.3-40: Kommerzielles Netzfilter (Tiefpaßfilter) mit zeitlichem Kurvenverlauf von Ein- und Ausgangssignal

Die Schaltung im Bild 3.3-40 ist mit 2 Varistoren zur Überspannungsbegrenzung ausgestattet. Ein Eingangspuls von ca. 700 Volt Amplitude "unterläuft" den ZnO-Schutz (Ableiter spricht noch nicht an) und erzeugt ein Ausgangssignal von 1300 Volt. Das heißt, die Spannung ist am Filterausgang zu klein für den Überspannungsschutz und am Filterausgang fast doppelt so groß wie am Eingang.

Folgerung:
Speziell bei hochohmigen Lasten kann durch den Filtereinbau ein Störsignal noch verstärkt werden. Filter dürfen also nicht unter dem Motto "Nützt es nichts, so schadet es nichts." eingebaut werden.
Siehe auch Bild 3.3-40.

3.3.3.9 Zusammenfassung zu den EMI-Filtern

Tabellarisch lassen sich die Probleme bei der Auswahl von Filtern wie folgt zusammenfassen:

Angaben von Filterherstellern:	oft zu optimistisch wegen 50-Ω-Meßtechnik.
Transformatoren in Kombination mit Filtern:	sehr zu empfehlen zur Unterdrückung der niederfrequenten Komponenten.
Kabel in Kombination mit Filtern:	günstig zur Absorption der hochfrequenten Signale.
untere Grenzfrequenz f_1 (Tiefpaßfilter):	Um f_1 tief zu halten, sind leider große Induktivitäten L und Kapazitäten C nötig.
Filter mit beliebigen Lasten:	können unliebsame Überraschungen ergeben (Filter wirkt als Verstärker).
Filter bei ungeschirmten Leitungen:	als Barriere zwischen zwei EMV-Zonen.
Filter als Ersatz für EMV-gerechtes Design oder für geschirmte Kabel:	nur als Notlösung, z. B. bei Retrofit.

3.3.4   Zusammenfassung

Der Einsatz von EMV-gerechter Verkabelung und Filterung sollte sorgfältig geplant werden, um technisch effiziente und wirtschaftlich vertretbare Lösungen zu erhalten.

Bei der Verkabelung ist neben einem kleinen Wert der Transferimpedanz und einer beidseitigen bzw. allseitigen, elektrisch kurzen Schirmauflage darauf zu achten, daß die Verlegung möglichst dicht an der Massepotentialbezugsfläche erfolgt, da hierdurch die Einkoppelfläche (Masse - Kabelschirm / effektive Antennenhöhe) minimiert wird. Eine gute praktische Ausführungsform ist der metallische Kabelkanal. Innerhalb des Kanals werden die Kabel nach Störempfindlichkeit und Funktion getrennt.

Das aus Unwissenheit gelegentlich benutzte Argument: "Durch beidseitiges Schirm-auflegen brennt in energietechnischen Anlagen ggf. durch hohen betriebs-frequenten Ausgleichsstrom der Signalkabelschirm ab." ist übertrieben und bedeutet lediglich, daß schwerwiegende Erdkonzeptfehler vorliegen. Flächenhafte HF-Erde und sternförmige Betriebserde sorgen stattdessen dafür, daß der Ausgleichsstrom im betriebsmäßigen Erdnetz verbleibt.

Dieses gilt auch für neuartige, ferromagnetisch beschichtete Kabel, die auch mög-lichst nahe an Masseflächen verlegt werden sollten, da sonst, wie gezeigt wurde, die Dämpfungswirkung geringer wird. Die magnetische Durchflutung des ferro-magnetischen Materials wird hierdurch maximiert.

Während im unteren Frequenzbereich bis etwa 30 MHz bei der Einkopplung vorwiegend symmetrische Störströme zu bekämpfen sind, gewinnen die direkten feldgebundenen Störeffekte bei höheren Frequenzen an Bedeutung. Praktisch heißt dies bei der Kabelverlegung, Aperturen weitläufig zu umgehen, um lokale Stromeinkopplungen ins Kabel zu vermeiden.

Erst wenn obige Maßnahmen ausgeschöpft sind, sollte zusätzlich mit Filtern gearbeitet werden. Hierbei ist das von 50 Ω Prüflastimpedanz abweichende Filterverhalten besonders zu berücksichtigen. Gleichfalls sind Nichtlinearitäten wie z. B. das Sättigungsverhalten der Filterinduktivitäten und transiente Belastungen zu berücksichtigen.

Besonders bei tiefen Störfrequenzen helfen Kombinationen aus Netztrafos und Tiefpaßfiltern, Raum und Geld zu sparen, um dennoch hohe Filterwirkung zu erzielen. Diese wird jedoch im hochfrequenten Bereich schon ab ca. 10 MHz ernsthaft von Kopplungen zwischen Filtereingang und -ausgang verschlechtert. Konstruktive Montagemaßnahmen können diesem Effekt entgegen wirken.

Kochbuchartige Empfehlungen allgemeingültiger Art können nicht abgegeben werden, jedoch ist die Abschätzung der unteren Grenzfrequenz des Tiefpaßverhal-tens eine wichtige Größe im Frequenz- und Zeitbereich.

3.3.5 Literatur

[1] Vance, E. F.: Coupling to Shielded Cables. John Wiley & Sons, New York 1978

[2] Smith A.: Coupling of External Electromagnetic Field to Transmission Lines. ICT Inc. 1987

[3] Hansen, D., Garbe, H.: Eigenschaften und Anwendungen der GTEM-Zellen. GME-FA 7.3 EMV, TEM-Wellenleiter, Frankfurt, Februar 1991

[4] Hansen D., Königstein, D.: Vorrichtung zur EMI-Prüfung elektronischer Geräte. EP O 246 544 B1

[5] Hansen, D., Königstein, D.: Reflexionsfreier Abschluß eines TEM-Wellen-leiters. Amt für geistiges Eigentum, Nr. 3853/88-8, Okt. 1988

[6] Garbe, H., Hansen, D.: EMI Analysis of Cable Systems Allowing an Arbitrary Current Distribution and Surface Transfer Impedance. 6th Int. Conf. on EMC, York, UK, 1988

[7] Wilhelm, J.: EMV. Band 41, Expert Verlag, 4. Auflage, 1989

3.4 Schutzschaltungen zur Begrenzung von Überspannungen

J. L. ter Haseborg

3.4.1 Einleitung

In diesem Abschnitt geht es um Schutzmaßnahmen gegen transiente Störungen, wobei hier Schutzmaßnahmen gegen leitungsgeführte transiente Störungen, d. h. Schutzschaltungen im Vordergrund stehen sollen. Es wird ein generelles Problem behandelt, das beim Entwurf von Schutzschaltungen besteht, nämlich die Realisierung der folgenden Eigenschaften:

- Unterdrückung bzw. ausreichende Dämpfung der transienten Störungen auf der Leitung durch die Schutzschaltung,

- keine bzw. minimale Beeinflussung der Nutzsignale auf der Leitung durch die Schutzschaltung.

Neben den Parametern der zu unterdrückenden Transienten werden der Entwurf und die Realisierung von Schutzschaltungen wesentlich von der Art der zu schützenden Leitung bzw. den Nutzsignalen auf diesen Leitungen bestimmt.

Der hier vorgegebene Rahmen reicht nicht aus, um Schutzschaltungen für alle möglichen Leitungen erschöpfend zu behandeln. Deswegen soll hier der Schwerpunkt auf den Überspannungsschutz gegen transiente Vorgänge in Verbindung mit Leitungen der Meß-, Steuer- und Regelungstechnik sowie Datenleitungen und HF-Leitungen gelegt werden.

3.4.2 Schutzmaßnahmen gegen transiente Störungen

3.4.2.1 Schutzmaßnahmen gegen Störungen durch ESD

Die Schutzmaßnahmen gegen Störungen durch ESD lassen sich in drei Bereiche einteilen:

- Schutzmaßnahmen gegen durch ESD verursachte leitungsgeführte Störströme bzw. Überspannungen,
- Schutzmaßnahmen gegen durch ESD verursachte elektromagnetische Störfelder,
- Maßnahmen gegen ESD, die durch Potentialdifferenzen zwischen unterschiedlichen, mangelhaft kontaktierten Geräteteilen aufgrund elektrostatischer Aufladungen entstehen.

Diese drei Schutzmaßnahmen erfordern unterschiedliche Vorgehensweisen. Die Schutzmaßnahmen gegen durch ESD verursachte Überspannungen sind hinsichtlich der Anstiegszeit weitgehend identisch mit denen gegen leitungsgeführte NEMP-Störungen. Es handelt sich hier um Störungen, die im worst case ähnlich kurze Anstiegszeiten (Größenordnung einige Nanosekunden) aufweisen. Wirksame Schutzmaßnahmen gegen derartige Überspannungen bzw. Störströme sind nichtlineare Schutzschaltungen, die ausführlich im Abschnitt 3.4.2.2 beschrieben werden.

Um die Einkopplung elektromagnetischer Störfelder, wie sie durch ESD verursacht werden, in Leitungen, Leiterbahnen und empfindliche Bauelemente zu unterdrücken oder wenigstens zu reduzieren, sind Abschirmungen erforderlich, insbesondere Abschirmungen gegen höhere Frequenzen. Diese Abschirmungen sind dort problematisch, wo aus betrieblichen Gründen Öffnungen vorhanden sind wie z. B. bei optischen Anzeigen, Schaltern, Tastaturen, Bildschirmen.

Elektrostatische Entladungen erfolgen nicht notwendigerweise nur direkt über empfindliche Bauelemente, z. B. ICs, sondern ESD-Funken können auch - und das ist ein häufig in der Praxis vorkommender Fall - zwischen unterschiedlich stark elektrostatisch aufgeladenen Objekten und Gehäuseteilen eines Gerätes auftreten. Bei mangelhafter Erdung bzw. Kontaktierung dieser Gehäuseteile, d.h. durch unzulässig hohe Kontaktwiderstände insbesondere für die hochfrequenten Stromanteile, nehmen diese Gehäuseteile kurzzeitig ein relativ hohes Potential an und können damit außerdem als Antenne wirken. Die Antennenwirkung bzw. Korona führen dann zur Abstrahlung elektromagnetischer Energie. Aus diesen Gründen ist zur Vermeidung von ESD-Störungen eine niederohmige Kontaktierung zwischen unterschiedlichen zu erdenden Geräte- und Gehäuseteilen von entscheidender Bedeutung, und zwar nicht nur für niedrige Frequenzen, sondern insbesondere auch für hohe Frequenzen.

3.4.2.2 Schutzmaßnahmen gegen leitungsgeführte Störungen (nichtlineare Schutzschaltungen)

Bei den hier zur Diskussion stehenden Störungen handelt es sich um nichtperiodische Störspannungen bzw. Störströme. Diese transienten Störungen können sowohl

- Einzelimpulse als auch
- Impulspakete (bursts)

sein.

Zu betrachten sind hier Transienten mit Amplituden (Spannungs- bzw. Stromamplituden), die deutlich höhere Werte aufweisen als die Amplituden der Nutzsignale. Um solche Störungen wirksam unterdrücken oder wenigstens bedämpfen zu können, ist der Einbau nichtlinearer Schutzschaltungen (Filter) erforderlich. Das Bild 3.4-1 verdeutlicht den Einsatz nichtlinearer Filter mit Hilfe einer Darstellung im Frequenzbereich. Ausgehend von einer Störung, deren

Frequenzspektrum sich ganz oder teilweise mit dem Nutzsignalspektrum über-schneidet, ist eine selektive Filterung zur Unterdrückung der Störung mit linearen Komponenten nicht möglich. Wie die Dimensionierung auch vorgenommen wird, es kommt entweder zu einer unvollständigen Störunterdrückung, oder aber relevante Anteile des Nutzsignals werden zusätzlich bedämpft.

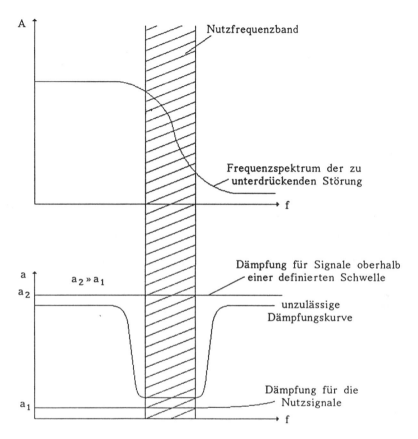

Bild 3.4-1: Einsatz nichtlinearer Schutzschaltungen gegen transiente Störungen

3.4.2.2.1 Transientes Ansprechverhalten

Es ist nicht möglich, wie leicht einzusehen ist, eine für alle Anwendungsfälle, d. h. für alle Leitungen und alle nur erdenklichen Nutzsignale geeignete universelle Schutzschaltung zu realisieren. Generell ist zu unterscheiden, ob es sich bei den zu schützenden Leitungen um Stromversorgungsleitungen oder um Leitungen für steuerungs- und regelungstechnische Zwecke bzw. um NF- oder HF-Leitungen handelt. Die Schutzschaltung soll ähnlich wie bei einem linearen Filter die Störung wirksam unterdrücken und das Nutzsignal ungedämpft passieren lassen. Aus diesem Grunde lassen sich die Forderungen, die an Schutzschaltungen zu stellen sind, gemäß Tabelle 3.4-1 in zwei Gruppen einteilen. Die erste Gruppe enthält die Eigenschaften, die die Unterdrückung von transienten Störsignalen beschreiben, während durch die in der zweiten Gruppe aufgeführten Eigenschaften die Übertragung bzw. Beeinflussung der Nutzsignale durch die Schutzschaltung im nicht angesprochenen Zustand charakterisiert wird.

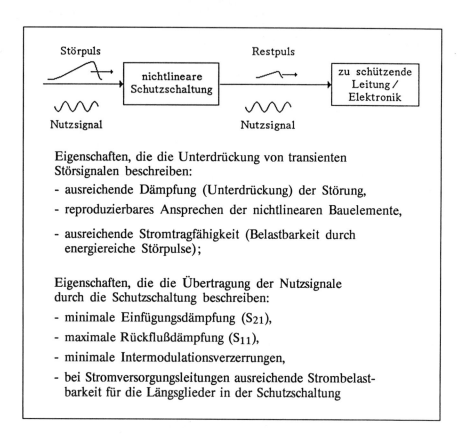

Tabelle 3.4-1: Einige Eigenschaften von Schutzschaltungen

Die nichtlinearen Bauelemente, die hier im wesentlichen zur Anwendung kommen, sind:

- Funkenstrecken, gasgefüllte Überspannungsableiter,
- Varistoren (MOV),
- Suppressordioden (unipolar, bipolar).

Einige dieser Bauelemente zeigen ein von der Anstiegsflankensteilheit des zu unterdrückenden Störimpulses abhängiges Ansprechverhalten, d. h. je steiler die Pulsanstiegsflanke desto höher die dynamische Ansprechspannung. Besonders ausgeprägt ist dieses Verhalten bei gasgefüllten Überspannungsableitern. Beschrieben wird dieses Verhalten durch die sogenannte Stoßkennlinie. Das dynamische Verhalten eines Überspannungsableiters ist damit durch eine spezielle Stoßkennlinie charakterisiert. Aus diesem Grunde ist es absolut nichtssagend, ohne Angabe einer Flankensteilheit bei einem Ableiter eine Ansprechverzögerung anzugeben. Im Bild 3.4-2 sind die Stoßkennlinien der beiden gasgefüllten Überspannungsableiter mit den statischen Ansprechspannungen 90 V und 230 V angegeben. Für die Dimensionierung sind die Stoßkennlinien von großer Bedeutung, denn obwohl der 230-V-Ableiter die größere statische Ansprechspannung aufweist, zeigt dieser Ableiter für Steilheiten im kV/ns-Bereich eine kleinere dynamische Ansprechspannung als der 90-V-Ableiter. Die im Bild 3.4-3 dargestellten Oszillogramme zeigen das transiente Ansprechverhalten (Meßwerte) zweier unterschiedlicher Ableiter mit den statischen Ansprechspannungen 230 V und 470 V für eine Steilheit des Störpulses von 5 kV/ns. Wie bereits den Stoßkennlinien zu entnehmen war, sind die dynamischen Ansprechspannungen des 90-V- und des 230-V-Ableiters für die Steilheit von 2 kV/µs nahezu identisch. Die Steilheit von 2 kV/µs entspricht ungefähr der Steilheit, wie sie unter bestimmten Voraussetzungen bei induzierten Blitzstörungen zu erwarten ist. Die um ungefähr drei Zehnerpotenzen höhere

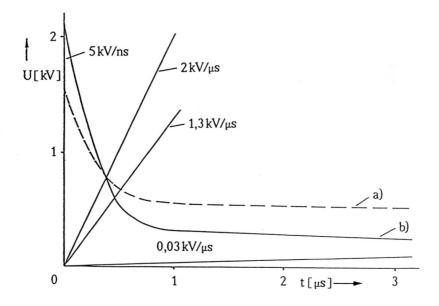

Bild 3.4-2: Stoßkennlinien (Meßwerte) gasgefüllter Überspannungsableiter mit den statischen Ansprechspannungen
a) 230 V , b) 90 V

Steilheit von ca. 5 kV/ns ist typisch für NEMP-induzierte Störungen. Ähnlich steile Pulse können jedoch auch im ESD-Bereich auftreten.

Gasgefüllte Ableiter werden heute z. B. in hohem Maße zum Schutz von Fernmeldeanlagen und -elektronik eingesetzt.

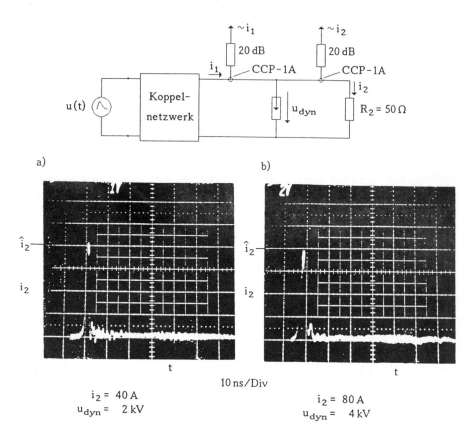

Bild 3.4-3: Transientes Ansprechverhalten $i_2(t)$ von gasgefüllten Überspannungsableitern für die Steilheit 5 kV/ns
a) 230-V-Ableiter,   b) 470-V-Ableiter

Das Bild 3.4-4 zeigt den Testaufbau zur Bestimmung des transienten Ansprechverhaltens von nichtlinearen Bauelementen und Schutzschaltungen.

Es ist üblich, die Stromtragfähigkeit (Nennableitstoßstrom, Stoßstrom-Grenzwert) von Ableitern für den 8/20-µs-Puls anzugeben. Der häufig zum Einsatz kommende Ableiter (Länge = 8 mm, Durchmesser = 8 mm) ist für einen Stoßstrom-Grenzwert von 30 kA ausgelegt.

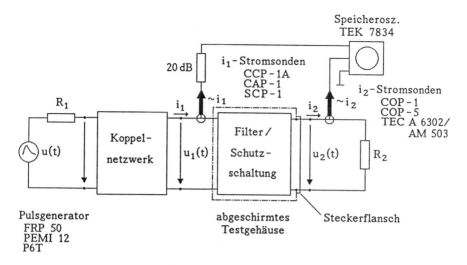

Bild 3.4-4: Testaufbau zur Bestimmung des transienten Ansprechverhaltens nichtlinearer Bauelemente und Schutzschaltungen

Bezüglich HF-Übertragungseigenschaften sind diese Ableiter ebenfalls sehr gut
geeignet. Aufgrund des hohen Isolationswiderstandes $\geq 10^{10}\ \Omega$ und einer
Eigenkapazität von ungefähr 2 pF können Signale mit Frequenzen bis in den GHz-
Bereich übertragen werden. Hier ist jedoch anzumerken, daß die obere Frequenzgrenze außerdem ganz wesentlich von der Aufnahmeeinrichtung für den Ableiter
(soweit realisierbar koaxialer Aufbau) abhängt.

Wie das Bild 3.4-3 bereits verdeutlicht hat, sind die dynamischen Ansprechspannungen besonders für extrem steile Störpulse unter Berücksichtigung des
Schutzes empfindlicher Elektronik viel zu hoch. Um am Ausgang der Schutzschaltung zu deutlich kleineren Restspannungen zu kommen, sind mehrstufige
Schutzschaltungen erforderlich. Im Bild 3.4-5 sind übliche in der Praxis oft
anzutreffende Ausführungsformen zweistufiger Schutzschaltungen dargestellt. Die
Schaltungen bestehen im wesentlichen aus einem Grobschutz (dem Element auf
der ungeschützten Seite), einem Feinschutz (dem Element auf der der zu
schützenden Elektronik zugewandten Seite) und einer geeigneten Entkoppel-
impedanz zwischen beiden Schutzschaltungsstufen. Diese Schaltungen, die von
ihrem schaltungstechnischen Aufbau her relativ einfach erscheinen, bereiten jedoch
Probleme, wenn es darum geht, eine Schutzschaltung für HF-Leitungen zu
entwickeln, die dann für Pulssteilheiten $\geq 1\ kV/\mu s$ auf der Ausgangsseite eine
relativ kleine Restspannung von z. B. 10 V und kleiner aufweisen soll. Die
Längsimpedanz (Widerstand oder Induktivität) soll eine leitungsgebundene Entkopplung bewirken. Neben dieser Entkopplung ist jedoch zusätzlich eine Feldentkopplung zwischen beiden nichtlinearen Stufen erforderlich. Denn, wenn es sich
gemäß z. B. dem Bild 3.4-5c und d bei der Grobschutzstufe um einen Über-

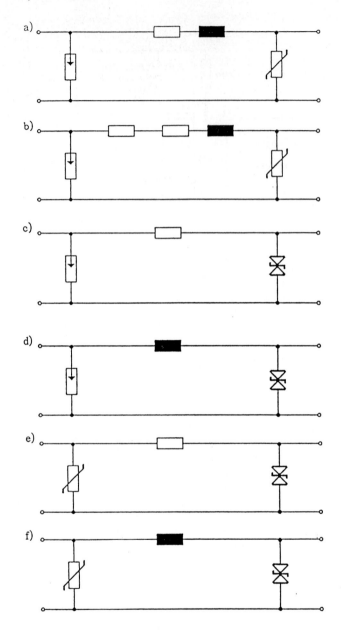

Bild 3.4-5: Ausführungsformen zweistufiger Schutzschaltungen

spannungsableiter handelt, dann bricht die Ableiterspannung gemäß Bild 3.4-3 zum Ansprechzeitpunkt innerhalb weniger Nanosekunden zusammen, d. h. die

Ableiterströme weisen ebenfalls entsprechend kurze Anstiegszeiten auf. In Verbindung mit den Stromamplituden werden somit relativ starke Magnetfelder erzeugt, die in Leiterschleifen insbesondere auf der Feinschutzseite (Schutzschaltungsausgang) unzulässig große Störspannungen induzieren. Diese Störspannungen können dann unberücksichtigt bleiben, wenn deren Amplituden kleiner sind als die Ansprechspannung der Feinschutzstufe (z. B. Ansprechspannung der Suppressordiode).

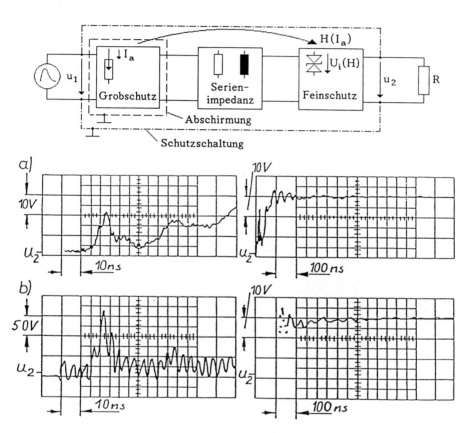

Bild 3.4-6: Einfluß einer nicht ausreichenden Feldentkopplung (hier: Abschirmung des Überspannungsableiters) zwischen Grob- und Feinschutzstufe
a) $u_2(t)$:   ausreichende Abschirmung
b) $u_2(t)$:   Abschirmung mit Öffnungen

Je kleiner die Ansprechspannung der Feinschutzstufe, desto wirksamer muß die Feldentkopplung zwischen beiden Schutzschaltungsstufen sein, um die aufgrund der starken Magnetfelder induzierten Störspannungen zu reduzieren. Eine ausreichende Feldentkopplung läßt sich generell mit zwei Maßnahmen realisieren:

- spezielle Anordnung der einzelnen Schutzschaltungselemente,
- Abschirmung der Quelle und/oder der Senke; in der Praxis liefert
die Abschirmung der Grobschutzstufe befriedigende Ergebnisse.

Die Wirkung einer Abschirmung des Überspannungsableiters im Falle einer 2-stufigen Schutzschaltung ist Bild 3.4-6 zu entnehmen. Diese Schaltung enthält als Feinschutzstufe eine bipolare Suppressordiode mit einer Durchbruchspannung (breakdown voltage) $U_B \approx 30$ V. Im Fall a ist der Überspannungsableiter mit einer HF-dichten Abschirmung versehen, im Fall b mit einer unvollständigen Abschirmung, die Öffnungen und Schlitze aufweist. Deutlich ist hier der durch das Ansprechen des Ableiters hervorgerufene Peak zu sehen, dessen Amplitude (≈ 23 V) im Fall a kleiner ist als die Durchbruchspannung $U_B \approx 30$ V. Im Fall b (schlechte Abschirmung) erreicht diese Störspannung jedoch einen um den Faktor 5 höheren Wert (150 V) als die Durchbruchspannung der Diode.

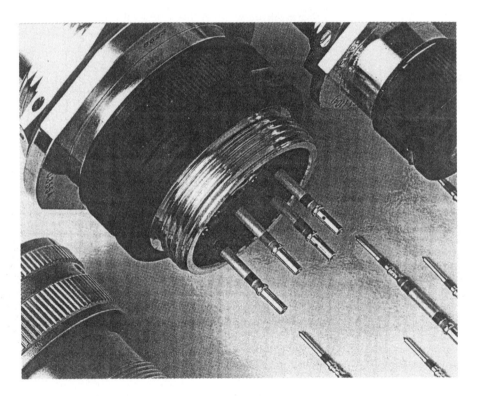

Bild 3.4-7: Foto von Filter-Pin-Connectoren (Amphenol Products)

Von besonderem Interesse sind Schutzschaltungen bestehend aus Filter-Pin-Connectoren (FPC). Das Bild 3.4-7 zeigt ein Foto von FPCs. Die einzelnen Bauelemente sind hier in Steckerpins untergebracht, die sowohl lineare als auch nichtlineare Bauelemente, wie

- Überspannungsableiter,
- Varistoren,
- unipolare Suppressordioden,
- bipolare Suppressordioden,

enthalten können.

Filter-Pin-Connectoren kommen im Rahmen von Filterentwicklungen überall dort zum Einsatz, wo kleines Gewicht und kleines Volumen gefragt sind, insbesondere dort, wo nicht eine einzige Leitung zu schützen ist, sondern, wo es darum geht, die einzelnen Adern von Mehrfachleitungen, z. B. in der Flugzeugelektronik, mit Filtern zu versehen.

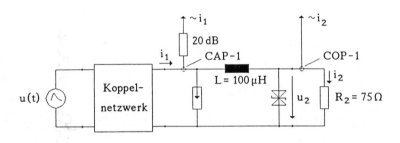

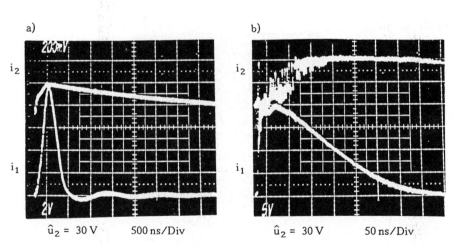

Bild 3.4-8: Das transiente Ansprechverhalten einer zweistufigen Schutzschaltung, bestehend aus zwei FPC (Überspannungsableiter/bipolare Suppressordiode mit $U_B = \pm 27$ V), Längsimpedanz: L

    a) $du/dt \approx 2$ kV/μs, $\hat{i}_1 = 100$ A
    b) $du/dt \approx 5$ kV/ns, $\hat{i}_1 = 200$ A

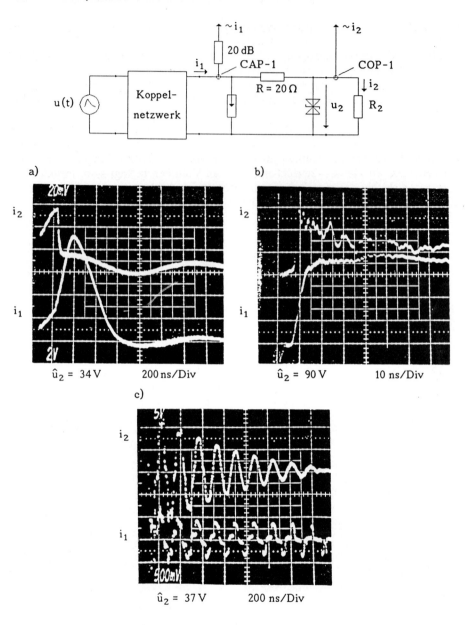

Bild 3.4-9: Das transiente Ansprechverhalten einer zweistufigen Schutzschaltung, bestehend aus zwei FPC wie in Bild 3.4-8, Längsimpedanz: R
a) $du/dt \approx 2 \, kV/\mu s$, $R_2 = 620 \, \Omega$, $\hat{i}_1 = 90 \, A$
b) $du/dt \approx 5 \, kV/ns$, $R_2 = 620 \, \Omega$, $\hat{i}_1 = 190 \, A$
c) abklingende Oszillation, $f = 6,5 \, MHz$, $R = 75 \, \Omega$, $\hat{i}_1 = 100 \, A$

Für den Fall, daß eine Schutzschaltung aus mehreren FPC besteht, ist die Feldentkopplung unter Umständen wegen der geringen Pinabstände im Stecker ein besonderes Problem. Im Bild 3.4-8 ist das transiente Ansprechverhalten einer 2-stufigen Schutzschaltung dargestellt, bei der der gasgefüllte Überspannungsableiter und die bipolare Suppressordiode mit U_B = ± 27 V in zwei getrennten Filter-Pin-Connectoren untergebracht sind. Ähnlich wie bei Bild 3.4-6 ist das Zünden des Ableiters gut zu erkennen. Der dazugehörige, im transienten Ansprechsignal $i_2(t)$ auftauchende Peak ist in diesem Fall noch nicht zu groß. Sollte jedoch durch den Einbau einer Suppressordiode mit einer deutlich kleineren Durchbruchspannung der Überspannungsschutz einer empfindlicheren Elektronik erforderlich sein, könnte dieser Störpeak die Ansprechspannung der Diode überschreiten, und der erforderliche Überspannungsschutz wäre eventuell nicht mehr sichergestellt.

Das Bild 3.4-9 zeigt das transiente Ansprechverhalten einer ähnlichen 2-stufigen Schutzschaltung mit dem Unterschied, daß hier gegenüber der Schaltung nach Bild 3.4-8 als Längsimpedanz zwischen Grob- und Feinschutz ein ohmscher Widerstand fungiert. Ebenfalls handelt es sich auch hier um 2 Filter-Pin-Connectoren, die die nichtlinearen Bauelemente enthalten. Zusätzlich enthält dieses Bild das Ansprechverhalten für den Fall einer abklingenden Oszillation als Testsignal [1], [2], [3].

3.4.2.2.2 HF-Übertragungseigenschaften

Wie bereits in Tabelle 3.4-1 aufgeführt, spielen die Übertragungseigenschaften, insbesondere die HF-Übertragungs- und Reflexionseigenschaften von nichtlinearen Schutzschaltungen, eine wichtige Rolle. Es geht hier um die Eigenschaften der Schutzschaltung für Spannungspegel unterhalb der Ansprechspannungen bzw. Durchbruchspannungen. Es muß unterschieden werden zwischen Schutzschaltungen für

- Stromversorgungsleitungen,
- Nachrichtenleitungen,
- Meß- und Steuerleitungen,
- NF-, HF-Leitungen.

Im folgenden sollen die damit in Verbindung stehenden Probleme am Beispiel der Schutzschaltungen für NF- und HF-Leitungen verdeutlicht werden. Maßgebend sind hier die nichtlinearen Kennlinien der entsprechenden Bauelemente unterhalb der Ansprechschwelle. Das Bild 3.4-10 zeigt die Parameter S_{11} und S_{21} zweier nichtlinearer Schutzschaltungen bestehend aus konventionellen Elementen (also keine Filter-Pin-Connectoren) mit einem ohmschen Widerstand als Längsimpedanz. Im Gegensatz zu anderen Schaltungen besteht die Feinschutzstufe nicht aus einer bipolaren Suppressordiode, sondern aus 2 antiseriell verbundenen unipolaren Suppressordioden. Die Größe S_{21} stellt dabei die Einfügungsdämpfung (insertion loss) und S_{11} die Rückflußdämpfung (return loss = $-20 \cdot_{10} \log r$) dar. Für praktische Anwendungsfälle können für die Beträge dieser Parameter in etwa die folgenden Grenzwerte angegeben werden:

- insertion loss $|S_{21}| \leq 1$ dB,
- return loss $|S_{11}| \geq 20$ dB.

Im Bild 3.4-10 sind diese Größen für beide Schutzschaltungen für den Frequenzbereich 1 MHz $\leq$ f $\leq$ 10 MHz dargestellt. Die Schaltungen sind dabei am Ein- und Ausgang mit 50 Ω abgeschlossen.

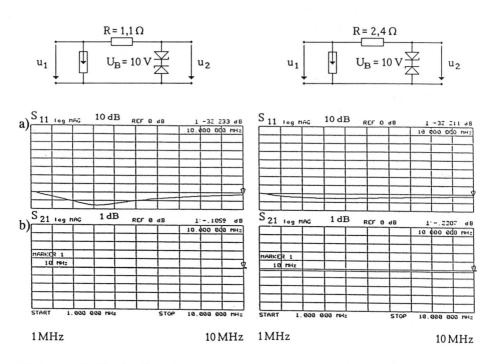

Bild 3.4-10: Zweistufige Schutzschaltungen mit konventionellen nichtlinearen Elementen
a) Rückflußdämpfung
b) Einfügungsdämpfung

Das Bild 3.4-11 zeigt Meßergebnisse ähnlicher Schutzschaltungen, die im Gegensatz zu denen des Bildes 3.4-10 jeweils Filter-Pin-Connectoren aufweisen, die den Überspannungsableiter und die bipolare Suppressordiode enthalten. Unter Berücksichtigung der oben angeführten maximalen bzw. minimalen Grenzwerte zeigen die Schutzschaltungen der Bilder 3.4-10 und 3.4-11 gute bis sehr gute Übertragungseigenschaften.

Auf eine dritte Übertragungseigenschaft soll hier bis auf einige kurze Anmerkungen nicht näher eingegangen werden. Es handelt sich dabei um Intermodulationsverzerrungen, das sind Frequenzkomponenten, die aufgrund der nichtlinearen

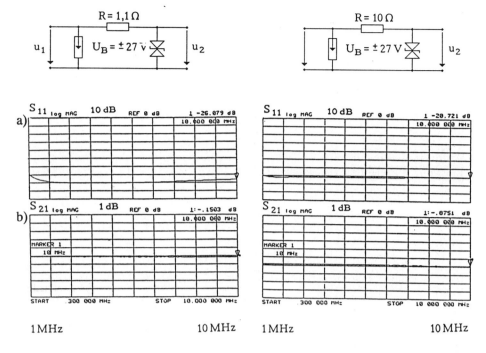

Bild 3.4-11: Zweistufige Schutzschaltungen mit nichtlinearen Filter-Pin-Connectoren
a) Rückflußdämpfung
b) Einfügungsdämpfung

Bauelementeparameter erzeugt werden. Insbesondere bei Antennenleitungen in der Peiltechnik wird dies bei mehr als einer Signalfrequenz zum Problem. Spezielle Schwierigkeiten machen dann die Intermodulationsverzerrungen 3. Ordnung, d. h. die Frequenzprodukte $2f_1 - f_2$ und $2f_2 - f_1$. Diese Frequenzlinien liegen so dicht bei den Nutzsignalfrequenzen, daß eine selektive Filterung mit herkömmlichen linearen Filtern nicht möglich ist.

Aus diesem Grunde muß die Schutzschaltung so dimensioniert werden, daß die erzeugten Modulationsprodukte von vornherein ein bestimmtes Maß nicht überschreiten. Die Höhe der Intermodulationsverzerrungen ist außer von den nichtlinearen Kennlinien der Bauelemente von der Frequenz abhängig. Die im Bild 3.4-12 dargestellten Meßergebnisse, die die Intermodulationsverzerrungen 3. Ordnung der angegebenen 2-stufigen Schutzschaltung zeigen, verdeutlichen diesen Sachverhalt. Da hier, wie bereits erwähnt, das Verhalten der Schutzschaltung unterhalb der Ansprechschwelle von Interesse ist, werden die Intermodulationsverzerrungen im Bild 3.4-12 nur von der nichtlinearen Charakteristik der bipolaren Suppressordiode für Spannungen der Nutzsignale $U_{Nutz} < U_B = 8$ V bestimmt [2], [3], [4].

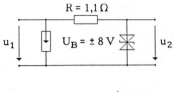

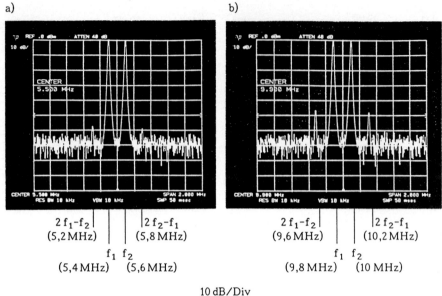

$$2f_1-f_2 \qquad\qquad 2f_2-f_1$$
$$(5,2\,\text{MHz}) \qquad\qquad (5,8\,\text{MHz})$$

$$f_1 \quad f_2$$
$$(5,4\,\text{MHz}) \quad (5,6\,\text{MHz})$$

$$2f_1-f_2 \qquad\qquad 2f_2-f_1$$
$$(9,6\,\text{MHz}) \qquad\qquad (10,2\,\text{MHz})$$

$$f_1 \quad f_2$$
$$(9,8\,\text{MHz}) \quad (10\,\text{MHz})$$

10 dB/Div

Bild 3.4-12: Einfluß der Frequenz auf Intermodulationsverzerrrungen 3. Ordnung einer zweistufigen Schutzschaltung; Durchbruchspannung der bipolaren Suppressordiode $U_B = \pm 8\,\text{V}$

3.4.3 Zusammenfassung

Wie bereits in der Einleitung erwähnt wurde, ging es hier u. a. darum, die Probleme des Überspannungsschutzes gegen transiente Leitungsstörungen bei hochfrequenten Nutzsignalen aufzuzeigen und Lösungen anzugeben. Dabei hat sich gezeigt, daß bezüglich der nichtlinearen Schutzkomponenten Varistoren nur bedingt geeignet sind. Die Gründe dafür sind sowohl bei dem transienten Ansprechverhalten als auch bei dem HF-Übertragungsverhalten dieser Bauelemente zu suchen. Bei Anstiegssteilheiten im kV/ns-Bereich zeigen Varistoren als Feinschutzstufe aufgrund ihres nicht ausreichenden transienten Ansprechverhaltens für viele Anwendungsfälle eine zu große dynamische Ansprechspannung, während die relativ hohe Varistorkapazität den Einsatz dieser Bauelemente in HF-Leitungen bei höheren Frequenzen verbietet.

3.4.4 Literatur

[1]   ter Haseborg, J.L.,Trinks, H.: Protection against lightning surge voltages on communication lines and power lines. 8th Int. Aerospace and Ground Conf. on Lightning and Static Electricity, Fort Worth, USA, June 21 - 23, 1983

[2]   ter Haseborg, J. L., Wolf, F.: Intermodulation Distortions Caused by Protection Circuits Against Transient Interfering Voltages for Receiving Systems. 1988 Int. Symp. on EMC, Seattle Washington, USA, Aug. 2 - 4, 1988

[3]   ter Haseborg, J. L., Kruse, K.-D., Wolf, F.: Transmission characteristics of nonlinear EMC-protection circuits consisting of filter-pin-connectors. 1989 Int. Symp. on EMC, Nagoya/Japan, Sept. 8 - 10, 1989

[4]   ter Haseborg, J. L., Wolf, F.: Schutzkonzept für Empfängereingangsstufen im Frequenzbereich von 10 kHz - 500 MHz. EMV'90, Karlsruhe, 13. - 15.3.90

4. EMV in verschiedenen Anwendungsbereichen

Die vorangehenden Kapitel haben die Grundlagen und die Maßnahmen zur Erreichung der EMV aufgezeigt. Es ist die Schwierigkeit zu erkennen, allgemeine Regeln aufzustellen, die in jeder Technologie und in jedem Anwendungsfall zu beachten sind. In keiner anderen technischen Disziplin ist die Betrachtung des Einzelfalles so wichtig wie auf dem Gebiet der EMV. Die beidseitige Kabelschirmauflegung ist das einzig wirksame Mittel, um im Hochfrequenzbereich empfindliche Schaltungen vor Einkopplungen von Fremdsignalen zu schützen. Im unteren Frequenzbereich bzw. bei Schaltungen, die empfindlich sind gegen Netzfrequenzen mit ihren Oberschwingungen, wie z. B. Videosysteme, kann die beidseitige Kabelschirmauflegung aber gerade erst diese Probleme bringen. In den folgenden 4 Abschnitten wird nun versucht, die Spezifika verschiedener Technologien bzw. die Besonderheiten der EMV in verschiedenen Anwendungsbereichen aufzuzeigen.

4.1 Störfestigkeit in der Automatisierungstechnik

B. Deserno

4.1.1 Einleitung

Beim Einsatz elektronischer Geräte und Anlagen in der Automatisierungstechnik treten in vielfältiger Weise Probleme sowohl der geräteinternen EMV als auch der EMV von Geräten in und mit ihrer jeweiligen Umwelt am Einsatzort auf. Das hat vor allem folgende Gründe:

Zum einen bestehen Geräte der Automatisierungstechnik meist aus einer Vielzahl von Komponenten, die sich hinsichtlich Funktionsweise, elektrischer Leistung und insbesondere der Störaussendungen einerseits und der Störempfindlichkeiten andererseits oft erheblich voneinander unterscheiden. Sie stellen damit ein Feld vielfältig möglicher interner elektromagnetischer Störbeeinflussungen dar. Hier liegt das Aufgabengebiet der geräteinternen EMV.

Zum anderen werden Geräte der Automatisierungstechnik üblicherweise in unmittelbarer Nähe der jeweils zu steuernden und zu regelnden Prozesse installiert, d.h. in enger Nachbarschaft zu starken industriellen Störquellen. Insbesondere bei dichten und weitläufigen Parallelführungen von Signalleitungen mit störungsbehafteten Leitungen muß mit der Möglichkeit intensiver und kritischer Störverkopplungen gerechnet werden. Hier liegt das Aufgabengebiet der externen EMV.

Die konkreten Maßnahmen zur Erreichung der EMV - intern sowie extern - ergeben sich aus den prinzipiellen physikalischen Möglichkeiten zur Verringerung

der unterschiedlichen Verkopplungen (galvanisch, induktiv, kapazitiv) unter
Berücksichtigung der spezifischen Gegebenheiten des jeweiligen Anwendungs-
bereiches - hier der Automatisierungstechnik. Dies soll am Beispiel einfacher
Beeinflussungsmodelle und typischer Anwendungsfälle erläutert werden.

4.1.2   Grundsätzliche Arten der Verkopplung

Wie in Kapitel 1.1 schon dargestellt, können die Störverkopplungen erfolgen

- galvanisch,
- induktiv,
- kapazitiv,
- als Wellenkopplung zwischen elektrisch langen Leitungen,
- als Strahlungskopplung (siehe hierzu Kapitel 3.2).

4.1.2.1   Galvanische Verkopplung

Galvanische Verkopplungen (Bild 4.1-1a) entstehen, wenn zwei oder mehr Stromkreise gemeinsame Leiterstücke besitzen. Die Verkopplungen können kritisch
werden, wenn es sich um Stromkreise unterschiedlicher Kategorien hinsichtlich
Leistungsniveau einerseits bzw. Störempfindlichkeit andererseits handelt.

Übliche Erscheinungen sind:

- Spannungsabfälle auf gemeinsamen Signalrückleitern,
- Potentialdifferenzen im gemeinsamen Bezugsleitersystem,
- Spannungseinbrüche im gemeinsamen Versorgungsspannungssystem.

Die galvanische Verkopplung kann beschrieben werden durch die Kopplungsimpedanz des gemeinsamen Leiterstücks. Hier ist unbedingt zu beachten, daß bei
höheren Frequenzen die Kopplungsimpedanz einen dominierenden induktiven
Anteil erhält.

Beispiel: Rundleiter; Querschnitt 2,5 mm^2; Frequenz f = 1 MHz:

$$R' \quad = \quad 7 \cdot 10^{-3} \text{ Ohm/m},$$
$$L' \quad \approx \quad 1,5 \cdot 10^{-6} \text{ H/m},$$
$$\omega L' \quad \approx \quad 10 \text{ Ohm/m} \quad \approx \quad 1400 \cdot R' \ !$$

4.1.2.2   Induktive Verkopplung

Induktive Verkopplungen (Bild 4.1-2a) entstehen, wenn die Magnetfelder zeitlich
sich ändernder Ströme benachbarte Stromkreise durchfluten. Dadurch werden in
letzteren Spannungen und - im Falle geschlossener Kreise - Ströme induziert. Die

Verkopplungen sind proportional der zeitlichen Änderung der primären Ströme. Sie können daher kritisch werden, wenn die primären Ströme groß sind oder hohe Frequenzanteile enthalten.

Die induktive Verkopplung kann beschrieben werden durch die Gegeninduktivität zwischen den Stromkreisen. Diese ist in hohem Maße geometrieabhängig; d.h. induktive Entkopplung ist u. U. durch geschickte geometrische Konfiguration möglich.

4.1.2.3   Kapazitive Verkopplung

Kapazitive Verkopplungen (Bild 4.1-3a) entstehen durch die elektrischen Felder zeitlich sich ändernder elektrischer Ladungen auf primären Leitern. Diese Ladungen werden durch die Spannung und die Kapazität zwischen den primären Leitern bestimmt. Die elektrischen Felder verursachen zwischen sekundären Leitern Spannungen und - im Falle galvanisch verbundener Leiter - Leitungsströme, die wiederum mitbestimmt werden durch die Kapazität zwischen den sekundären Leitern. Die Verkopplungen sind proportional der zeitlichen Änderung der primären Spannungen. Sie können daher kritisch werden, wenn die primären Spannungen groß sind oder hohe Frequenzanteile enthalten.

Die kapazitive Verkopplung kann beschrieben werden durch die Koppelkapazität zwischen den Stromkreisen.

Die Koppelkapazität ist im allgemeinen noch etwas schwieriger zu berechnen als die Gegeninduktivität und bei üblichen Elektronik-Schaltungen - d.h. unsymmetrischem Signalaustausch - nur in sehr bescheidenem Maße durch die Geometrie beeinflußbar. Die kapazitive Verkopplung ist daher bei Elektronik mit unsymmetrischem Signalaustausch schwieriger zu beherrschen als die induktive Verkopplung.

4.1.2.4   Wellenkopplung zwischen elektrisch langen Leitungen

Bei elektrisch langen Leitungen und Anpassung sind Ströme und Spannungen sowohl auf den primären als auch auf den sekundären Leitungen über die jeweiligen nahezu reellen Wellenwiderstände miteinander verknüpft. Induktive und kapazitive Verkopplungen müssen gleichzeitig berücksichtigt werden, wobei Gegeninduktivität M und Koppelkapazität C_K über die jeweiligen Wellenwiderstände der primären bzw. der sekundären Leitung, Γ_1, Γ_2, miteinander verknüpft sind:

$$\frac{M}{C_k} = \Gamma_1 \cdot \Gamma_2 \ .$$

Die Wellenverkopplung kann dann auch vorteilhaft durch Koppelfaktoren für Spannung und Strom, k_u, k_i, beschrieben werden, die ebenfalls über die jeweiligen Wellenwiderstände miteinander verknüpft sind:

$$\frac{k_u}{k_i} = \frac{\Gamma_2}{\Gamma_1} \; .$$

Die Koppelfaktoren sind in folgender Weise definiert:

$$k_u = \frac{U_2}{U_1} \quad \text{bzw.} \; k_i = \frac{I_2}{I_1} \; .$$

Der Index 1 bezeichnet das beeinflussende, Index 2 das beeinflußte System.

Zum nahen Ende hin addieren sich induktive und kapazitive Verkopplungen, zum fernen Ende hin kompensieren sie sich, so daß eine zum nahen Ende hin laufende Welle entsteht, deren Amplitude (Strom oder Spannung) sich aus dem jeweiligen Koppelfaktor ergibt. Durch exakte Anpassung kann also erreicht werden, daß am fernen Ende keine Überkopplungen erscheinen.

4.1.3 Entkopplung, prinzipiell

Im folgenden werden für die verschiedenen grundsätzlichen Arten der Verkopplung die prinzipiellen physikalischen Möglichkeiten zu ihrer Verringerung erläutert.

4.1.3.1 Entkopplung, galvanisch

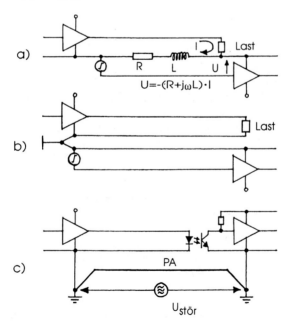

Bild 4.1-1: a) Galvanische Kopplung
　　　　　 b) Entkopplung
　　　　　 c) Potentialgetrennte Signalübertragung mit Potentialausgleich PA

- Es genügt, gemeinsame Leiterstücke für unterschiedliche Stromkreise zu vermeiden oder zumindest die Stromkreise so zu verknüpfen, daß Ströme leistungsstärkerer Kreise nicht über Leiterstücke leistungsschwächerer Kreise fließen.

- Die Stromkreise dürfen an *einem* Punkt, vorzugsweise Bezugspunkt (Bezugspotential, Masse), potentialmäßig verbunden bleiben.

  Die potentialmäßige Verbindung der Stromkreise an geeigneter Stelle ist natürlich in aller Regel erforderlich (z. B. auch bei potentialgetrennter Signalübertragung), um Gleichtakt-Störspannungen in Grenzen zu halten (Bild 4.1-1c).

- Erdungsleiter dürfen nicht, auch nicht nur stückweise, als Signal-Rückleiter verwendet werden, da Erdströme, insbesondere Erd-Störströme, praktisch immer vorhanden sind und störende Potentialdifferenzen verursachen können.

- Insbesondere dürfen Signalrückleiter nicht über Leiterstücke geführt werden, die ausdrücklich als Störstrom-Ableiter vorgesehen sind, etwa Anschluß-Laschen für Entstör-Filter oder Leitungsschirme.

- Sofern potentialgetrennte Signalübertragung vorliegt, sollen auch Potentialausgleichsleiter und Leitungsschirme nicht als eigentliche Signalrückleiter verwendet werden, sondern ausschließlich Potentialausgleichs- bzw. Schirmungsfunktion erfüllen.

- Liegt jedoch ohnehin potentialgebundene Signalübertragung vor, so sind natürlich zugeordnete, eng parallelgeführte Potentialausgleichsleiter oder gar Leitungsschirme weitaus bessere Signalrückleiter als weit entfernt verdrahtete Leiter des Bezugspotentialsystems (siehe Abschnitt 4.1.4.2).

- Wo die konsequente Verwendung separater Rückleiter unmöglich ist (z. B. bei digitaler Signalverarbeitung auf Leiterplatten), muß der Rückleiter so niederohmig und niederinduktiv wie möglich gestaltet werden. Dies kann erreicht werden durch Vermaschung und insbesondere durch flächenhafte Rückleiter (ground layer, ground planes; siehe hierzu Abschnitt 4.1.3.5).

4.1.3.2   Entkopplung, induktiv

Die Maßnahmen zur induktiven Entkopplung (Bild 4.1-2) schließen diejenigen zur galvanischen Entkopplung ein. Sie können interpretiert werden als Maßnahmen zur Verringerung der Gegeninduktivität M.

- Die Magnetfelder der Hin- und Rückströme potentiell störender Kreise sollen so gut wie möglich kompensiert werden; die Summe der Ströme bzw. Stromänderungen soll in einem möglichst kleinen Gebiet Null werden; d.h. die entsprechenden Leiter sollen möglichst eng benachbart geführt werden.

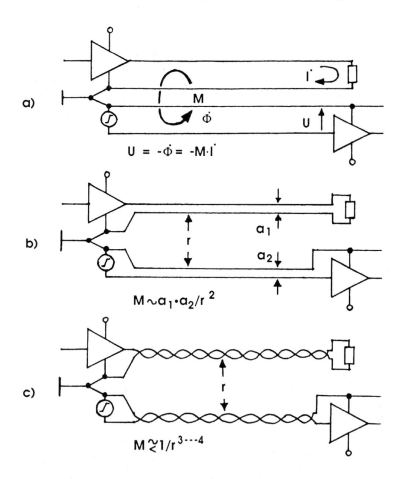

Bild 4.1-2: a) Induktive Verkopplung
b) Räumliche Entkopplung
c) Verdrillung

- Die von Hin- und Rückleiter störempfindlicher Kreise aufgespannte Fläche soll möglichst klein sein; d.h. auch diese Leiter sollen eng benachbart geführt werden.

- Die Leiterpaare unterschiedlicher Stromkreise sollen voneinander räumlich getrennt werden, um die Feldabschwächung durch den Abstand zu nutzen.

- Eine weitere Verringerung der Gegeninduktivität wird durch Verdrillen der jeweiligen Leiter eines Paares erreicht. Bei gleichsinniger Verdrillung gilt dies auch für gleiche Schlaglänge in beiden Paaren. Bei gegensinniger Verdrillung und gleicher Schlaglänge wird der Effekt verhindert.

4.1.3.3 Entkopplung, kapazitiv

Zur kapazitiven Entkopplung genügt es nicht mehr allein, durch Potentialtrennung die Ströme zu symmetrieren. Da die elektrischen Felder bzw. Feldänderungen, durch die die Verkopplung geschieht, einerseits von den Ladungsänderungen im störenden Stromkreis ausgehen, andererseits Ladungsverschiebungen im beeinflußten Stromkreis verursachen, müssen beide Stromkreise hinsichtlich der Ladungen und damit der Potentiale vollkommen symmetriert werden. Beide Kreise müssen sender- *und* empfängerseitig symmetrisch sein (gleiche Impedanzen der Adern eines jeweiligen Paares zur Umwelt); insbesondere muß der Sender des potentiell störenden Kreises auch symmetrisch betrieben werden (Gegentaktausgang).

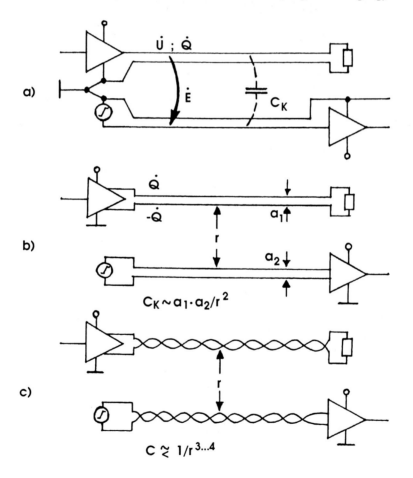

Bild 4.1-3: a) Kapazitive Verkopplung
b) Symmetrierung und räumliche Entkopplung
c) Verdrillung

Mit obigen Voraussetzungen kann die Koppelkapazität durch Maßnahmen analog zu Abschnitt 4.1.3.2 weiter verringert werden:

- Die Hin- und Rückleiter störender Kreise sollen möglichst eng benachbart geführt werden (Summe der Ladungsänderungen in einem kleinen Gebiet gleich Null).

- Die Hin- und Rückleiter störempfindlicher Kreise sollen möglichst eng benachbart geführt werden (kleine influenzierte Potentialdifferenz zwischen den Leitern).

- Die Leiterpaare unterschiedlicher Stromkreise sollen voneinander räumlich getrennt werden (Feldabschwächung durch Abstand).

- Die jeweiligen Leiter eines Paares sollen verdrillt werden.

Sind Symmetrie und symmetrischer Betrieb nicht gegeben, so kann die Koppelkapazität durch die Geometrie der beteiligten Leiter allein nur sehr bescheiden verringert werden.

So ergibt sich der kapazitive Koppelfaktor k_c für eine Anordnung gemäß Bild 4.1-4 näherungsweise zu

$$k_c = \frac{U_2}{U_1} = \frac{\ln(2a_2/d_2)}{2\ln(4r^2/d_1 d_2)} \; ; \qquad \begin{array}{l} a_{1/2} \geq 2\, d_{1/2} \\[2mm] r \geq 10\, a_{1/2} \end{array}$$

er nimmt also mit wachsender Entfernung nur logarithmisch ab.

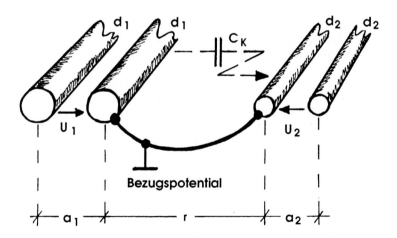

Bild 4.1-4: Kapazitive Verkopplung zwischen unsymmetrischen Stromkreisen

Da ein Großteil der elektronischen Signalverarbeitung über weite Bereiche unsymmetrisch und sogar potentialgebunden realisiert wird (etwa digitale Signalverarbeitung auf und zwischen Baugruppen innerhalb von Geräten), müssen weitere Maßnahmen zur Entkopplung - insbesondere kapazitiv - vorgesehen werden (Kap. 4.1.3.5).

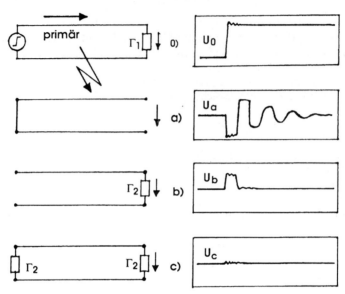

Bild 4.1-5: Unterdrückung von Überkopplungen am fernen Ende durch Anpassung

4.1.3.4   Entkopplung, Leitungswellen

Hier sind die Maßnahmen zur kapazitiven Entkopplung anzuwenden, da diese die Maßnahmen zur induktiven Entkopplung einschließen.

Systeminterne Verkopplungen entlang einer Signalübertragungsstrecke können u. U. dadurch vermieden werden, daß z. B. innerhalb eines Kabels nur *unidirektionale* Übertragung durchgeführt wird. Hier kann durch exakte Anpassung am Anfang und am Ende das Erscheinen der Überkopplungen am Ende verhindert werden (Bild 4.1-5).

4.1.3.5   Entkopplung durch große leitende Flächen

Durch die Anordnung von Leitern dicht über großen leitenden Flächen (Bild 4.1-6) wird nach dem Prinzip des Spiegelleiters und der Spiegelladung ein Feldlinienbild erzwungen, das demjenigen symmetrischer und symmetrisch betriebener Doppelleitungen entspricht. Infolgedessen ergeben sich auch die wirksamen Koppelkapazitätsbeläge C_k' sowie die Koppelfaktoren k_c analog zum Falle der symmetrischen Doppelleitungen. Für eine Anordnung gemäß Bild 4.1-6 erhält man dann:

$$C'_k = \frac{C'_1 \cdot C'_2}{\pi\varepsilon} \cdot \frac{h_1 h_2}{r^2} \; ,$$

$$k_c = \frac{U_2}{U_1} = \frac{C'_1}{\pi\varepsilon} \cdot \frac{h_1 h_2}{r^2} \quad \text{für } r \geq 5 \, h_{1/2}$$

mit

$$C'_{1/2} = \frac{2\pi\varepsilon}{\ln (4h_{1/2}/d_{1/2})} \; .$$

In kritischen Fällen - etwa bei hochfrequenter Signalübertragung - sollen daher unsymmetrisch betriebene Signalleiter dicht über leitenden Flächen (etwa Masse) geführt werden.

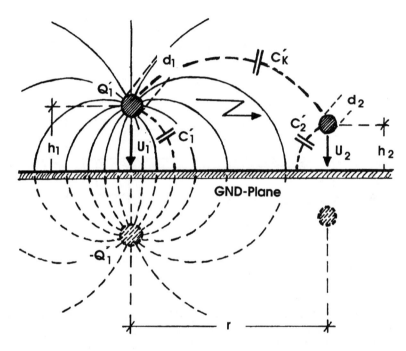

Bild 4.1-6: Entkopplung durch Leiteranordnung dicht über leitenden Flächen (z. B. Masse-Fläche; GND plane)

Folgende Maßnahmen sind sinnvoll:

- Bezugspotential-Lage auf Leiterplatten,
- mitgeführte Bezugsleiter-Folie bei Übertragung mit Flachkabeln,
- Verlegung von Kabeln auf leitenden Kabelwannen.

Diese Maßnahmen verringern natürlich auch galvanische und induktive Verkopplungen. Zum einen wird der ohmsche Widerstand um Größenordnungen gegenüber demjenigen gleich dicker Einzelleiter (-bahnen) verringert. Zum anderen konzentriert sich der Rückstrom stets und mit zunehmender Frequenz immer stärker im Bereich des primären Signalleiter-Pfades, so daß galvanische und induktive Verkopplungen mit zunehmendem Abstand rasch abnehmen.

Man muß dem Rückstrom - oder einem potentiellen Störstrom - nur einen möglichst bequemen, umwegfreien, impedanzarmen Weg bieten, dann wird er ihn auch nehmen und weiter entfernte Rückleiter weit weniger belasten.

4.1.3.6   Leitungsschirme

Einseitig angeschlossene Leitungsschirme wirken *ausschließlich* gegen niederfrequente kapazitive Einkopplungen (Bild 4.1-7). Dies erfordert also, daß galvanische und induktive Verkopplungen durch eine sorgfältige Potentialtrennung der Übertragungsstrecke auf der Seite des offenen Schirmendes verhindert werden (große Widerstände R* von Kriechstrecken, MΩ-Bereich; kleine Streukapazitäten C*, Bereich einige 10 pF).

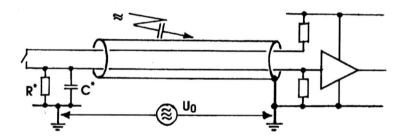

Bild 4.1-7: Leitungsschirmung gegen niederfrequente kapazitive Einkopplungen
(R* sehr groß, C* sehr klein)

Mit zunehmender Frequenz gewinnen nun Verkopplungen über die Streukapazität C* an Bedeutung, deren Quellen die Erdpotentialdifferenzen U_0 darstellen. Dann muß der Reduktionsfaktor (Koppelfaktor) des beidseitig angeschlossenen Schirmes k_r genutzt werden (Bild 4.1-8). Dieser gibt an, welche Spannung U im Inneren des Schirmes aufgrund der äußeren Spannung U_0 wirksam wird. Er ist gegeben durch:

$$k_r = \frac{U}{U_0} = \frac{R_K}{|R+j\omega L|} \ .$$

Hierbei bedeuten:

R_K :   Kopplungswiderstand des Schirmes; er gibt an, welche Spannung im Inneren eines Schirmes durch einen außen eingeprägten Strom erzeugt wird.

Er kann gemessen werden und ist bei guten Schirmen in der Automatisierungstechnik üblicherweise bis in den MHz-Bereich mit dem Gleichstrom-Widerstand des Schirmes identisch.

R; L   Widerstand und Induktivität des äußeren Kreises, die den durch die äußere Spannung hervorgerufenen Strom begrenzen. Üblicherweise wird ab etwa 1 kHz der induktive Anteil der Impedanz dominierend.

Im Bereich bis ca. 1 MHz kann die Gleichung durch die nachfolgende Näherung ersetzt werden:

$$k_r \approx \frac{1}{|1 + j\omega L'/R'|} \; .$$

R' und L' sind die längenbezogenen Werte von R und L .

Im Bereich 1 kHz bis 1 MHz kann daher angenommen werden:

$$k_r \approx 1/(f/kHz) \; .$$

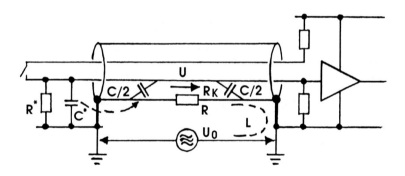

Bild 4.1-8: Beidseitiger Schirmanschluß
            Reduktionswirkung: galvanische, induktive und HF-Entkopplung

Der beidseitige Schirmanschluß hat im unteren Frequenzbereich, in dem die Reduktionswirkung noch gering ist, einen kleinen Nachteil: Die wirksame Störkapazität erhöht sich von der Streukapazität C^* auf die halbe Schirmkapazität $C/2$. Dies wirkt sich jedoch nur nachteilig aus, wenn R^* wirklich sehr groß ist. Bei einem 100 m langen beidseitig angeschlossenen Schirm mit üblichen Daten und bei einer Frequenz von 50 Hz (der wichtigsten für niederfrequente Störvorgänge) wird z. B. weniger Störstrom über die Schirmkapazität eingekoppelt als über einen parasitären Widerstand R^* von 1 MΩ.

Auf jeden Fall ist der beidseitige Schirmanschluß günstiger, wenn der von der reduzierten Spannung $U = k_r \cdot U_0$ über die halbe Schirmkapazität eingekoppelte Strom kleiner ist als der von der nichtreduzierten Spannung U_0 über die Streukapazität C^* eingekoppelte Strom, d.h. für

$$\omega \, \frac{C}{2} \, k_r \, U_0 < \omega \, C^* \, U_0.$$

Mit $C = C' \cdot l$, $C' = 50$ pF/m; $C^* = 25$ pF ist das der Fall für

$$f/kHz > l/m.$$

Berücksichtigt man die Wirkung der parasitären Widerstände R^* sowie die Tatsache, daß bei großen Längen und Frequenzen - und zwar schon weit unterhalb der Grenze für die elektrisch lange Anordnung - beidseitiger Schirmanschluß ebenfalls erforderlich wird, so erhält man ein Diagramm (Bild 4.1-9), in dem nur ein kleiner Bereich übrig bleibt, in dem einseitiger Schirmanschluß theoretisch günstiger wäre.

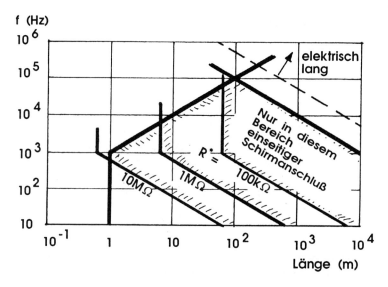

Bild 4.1-9: Kriterien für Schirmanschluß; einseitiger Schirmanschluß nur in einem kleinen Restbereich

Bei Anwendungen der Automatisierungstechnik liegen in aller Regel sowohl die Frequenzanteile von Störgrößen (Bursts bei Schalthandlungen) als auch die Frequenzen für die potentielle Beeinflußbarkeit von Einrichtungen im hohen kHz- und MHz-Bereich, so daß grundsätzlich beidseitiger Schirmanschluß anzustreben ist.

In wirklich heiklen Fällen, in denen auch niederfrequente Einkopplungen kritisch werden können (Empfindlichkeitsgrenze im 0,1-mA-Bereich oder kleiner), besteht die physikalisch korrekte Lösung in der Verwendung eines Kabels mit zwei separaten Schirmen (Bild 4.1-10).

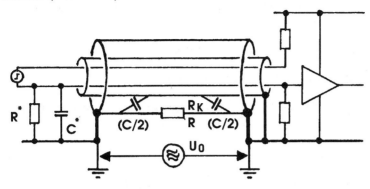

Bild 4.1-10: Optimale Schirmung,
HF-Entkopplung durch beidseitig angeschlossenen äußeren Schirm;
NF-Entkopplung durch einseitig angeschlossenen inneren Schirm.

Der äußere Schirm wird beidseitig angeschlossen und bewirkt Reduktionsfaktor und HF-Entkopplung; der innere Schirm wird einseitig angeschlossen (dort wo die Übertragungsstrecke mit Bezugspotential und Umwelt verbunden ist) und entkoppelt von der Störwirkung der äußeren Schirmkapazität.

4.1.4 Konkrete Entkopplung interner Störsignale (interne EMV)

Die vielfältig möglichen systeminternen Störbeeinflussungen bei Geräten der Automatisierungstechnik haben vor allem folgende Ursachen:

- hohe Pegelunterschiede der beteiligten Teilsysteme, auch schon im systeminternen Bereich; Beispiele sind

  * Sensorkreise   100 μV,
  * Analogteil   10 mV,
  * Digitalteil   1 V,
  * Leistungsteil   100 V;

- besonders verkopplungsträchtige Eigenschaften des digitalen Signalverarbeitungsteils:

  * kurze Ansprechzeiten (10 ns), d.h. hohe Empfindlichkeit,

  * sehr schneller Signalwechsel (10 ns), d. h. hohe dU/dt, dI/dt, d.h. hohe elektromagnetische Koppelfähigkeit,

* getaktete Signalverarbeitung, viele simultane Signalwechsel, daraus resultierende hohe impulsförmige Belastung der Stromversorgungsleitungen sowie weitere Erhöhung der elektromagnetischen Koppelfähigkeit;

- normalerweise keine systembedingte Störunterdrückung, etwa durch Selektivität, Schmalbandigkeit o.ä.

Will man systeminterne Filterung und deren einschränkende Wirkung (Verringerung der Verarbeitungsgeschwindigkeit) vermeiden, so muß man Störverkopplungen von vornherein so weit wie möglich reduzieren.

Im folgenden werden am Beispiel einiger typischer systeminterner Beeinflussungsphänomene Entkopplungsmaßnahmen aufgezeigt.

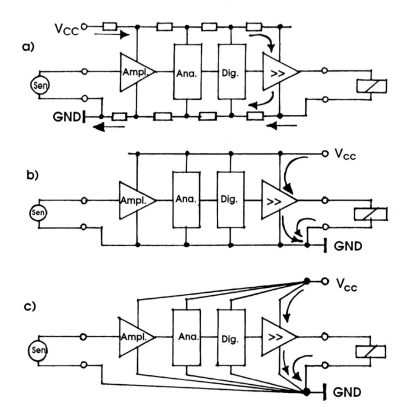

Bild 4.1-11: a) Galvanische Verkopplung
b) Laststromfreie Potentialverbindungen
c) Sternförmige Potentialverbindungen

4.1.4.1 Galvanische Verkopplung zwischen Teilsystemen unterschiedlicher Leistung

In vielen Fällen erfolgt der Signalaustausch - auch zwischen Komponenten unterschiedlicher Leistung - potentialgebunden, d.h. bezogen auf *ein* gemeinsames Bezugspotential. Die EMV-gerechte Verbindung der Bezugspotentiale und Versorgungsspannungen der einzelnen Komponenten miteinander sowie mit der Stromversorgungs-Quelle ist dann in hohem Maße eine topologische Aufgabe; und zwar müssen die erforderlichen Potentialverbindungen laststromfrei ausgeführt werden, in der Weise, daß Ströme von Signalkreisen und Komponenten höherer Leistung nicht über Teilstücke von Signalkreisen geringerer Leistung fließen.

Bild 4.1-11 skizziert eine potentialgebundene Signalverarbeitungs-Kette. Sie beginnt links mit einem Sensoreingangskreis und führt über analoge und digitale Signalverarbeitungteile schließlich zu einer Leistungs-Ausgabestufe, etwa zur Ansteuerung von Stellgliedern. Leistungsniveau und Störpotential der Komponenten nehmen von links nach rechts zu.

Hier ist leicht zu erkennen, daß bei Einspeisung des Bezugspotentials und der Versorgungsspannung von links (a) galvanische Störverkopplungen auftreten, während sie bei Einspeisung von rechts vermieden werden (b). In der Praxis ist die Situation meist nicht so leicht zu durchschauen. Eine übersichtliche EMV-gerechte Konfiguration kann dann dadurch geschaffen werden, daß Bezugspotentiale und Versorgungsspannungen der verschiedenen Komponenten sternförmig an zentralen Punkten - z. B. bei der Stromversorgungs-Quelle - zusammengefaßt werden (c).

4.1.4.2 Galvanische Verkopplungen innerhalb des digitalen Signalverarbeitungsteils

Im digitalen Signalverarbeitungsteil, dem Herzen jeder Automatisierungseinrichtung, erfolgt der Signalaustausch zwischen den einzelnen, hier jedoch leistungsmäßig gleichwertigen Logik-Bauelementen eng gebunden an *ein* gemeinsames Bezugspotential. Die Situation wird verschärft durch die starken impulsförmigen Belastungen, insbesondere bei simultanem Signalwechsel vieler Bauelemente. Bei den hohen Frequenzanteilen dominieren dann die induktiven Spannungsabfälle und Verkopplungen. Hier ist sternförmige Potentialzuführung - etwa zu den einzelnen digitalen Modulen eines Gerätes - nicht mehr sinnvoll. Vielmehr müssen die Bezugspotentiale aller korrespondierenden Komponenten direkt und möglichst dicht parallel zu den jeweiligen Signalleitungen miteinander verbunden werden, so daß ein vermaschtes System HF-mäßig "zugeordneter" Rückleiter entsteht und die wirksamen Signalschleifen erheblich reduziert werden. So ergibt sich in Teil (a) des Bildes 4.1-12 die Störspannung U_1 als Summe der galvanischen und induktiven Spannungsabfälle und der durch benachbarte Kreise induktiv eingekoppelten Spannung, kurz, als Summe aller in der großen Schleife wirksamen Spannungen:

$$U_1 = (R_1 + j\omega L_1) \cdot I_1 + \dot{\Phi} \equiv \sum U \ .$$

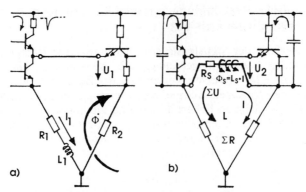

Bild 4.1-12: a) Störverkopplung bei großer Signalschleife wegen sternförmiger
Potentialzuführung
b) Entkopplung durch Vermaschung der Rückleiter

Die Spannung U_2 in Teil (b) des Bildes ergibt sich dagegen als Spannungsabfall
und induktive Streuung des zugeordneten Rückleiters, wobei der Strom auf
letzterem aus der Summe der ursprünglich wirksamen Spannungen und der
Gesamtimpedanz der kurzgeschlossenen Schleife resultiert:

$$U_2 = (R_S + j\omega L_S) \cdot I = \frac{R_S + j\omega L_S}{\sum R + j\omega L} \cdot \sum U \quad .$$

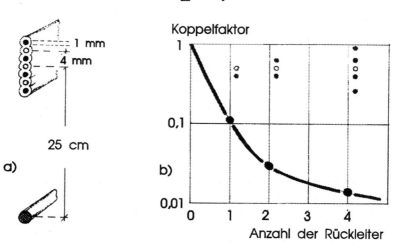

Bild 4.1-13: Reduktionswirkung mehrfach mitgeführter Rückleiter
a) Anordnung im Schnitt
b) Koppelfaktor in Abhängigkeit von der Anzahl der Rückleiter

Es ergibt sich also ein Koppelfaktor k_r, der für höhere Frequenzen im wesentlichen durch das Verhältnis von Streuinduktivität zu Schleifen-Induktivität bestimmt wird.

Der Koppelfaktor kann durch Mitführung mehrerer, gleichmäßig z. B. über ein Signalkabel verteilter Rückleiter noch deutlich verringert werden. Bild 4.1-13 verdeutlicht dies am Beispiel eines Flachkabels, in welchem 1, 2 bzw. 4 Rückleiter zusätzlich zu einem in 25 cm Entfernung verlegten Potentialausgleichsleiter mitgeführt werden. Ähnliche Verhältnisse ergeben sich für Rundkabel, in denen jede Signalader mit "ihrem" Rückleiter verdrillt wird.

Für die Praxis ergeben sich daraus folgende Maßnahmen:

- Vermaschung des Bezugspotentials
  * auf Leiterplatten und Flachbaugruppen,
  * in Baugruppenträger-Zeilen,
  * zwischen Baugruppenträgern;

- mehrfache Mitführung des Bezugspotentials in Übertragungskabeln zur Schaffung eines niederinduktiven Pfades für den Signal-Rückstrom und Entlastung des Bezugspotentials sowie zur Reduktion induktiver Verkopplungen (Bild 4.1-14);

- mehrfache Zuführung des Bezugspotentials über Steckerstifte (Bild 4.1-14), insbesondere auf Sender- und Empfänger-Baugruppen mit vielen synchron arbeitenden Treibern;

- bei höheren Anforderungen ist das Bezugspotential flächenhaft auszulegen, (Ground Plane, ideale Vermaschung)
  * auf Leiterplatten,
  * bei Rückwandverdrahtungen,
  * als Ground-Folie, etwa bei der Signalübertragung mit Flachkabeln;

- verkopplungsarme Bereichsbildung und Entflechtung auf Leiterplatten, z. B. Leitungstreiber mit impulsförmigen Strömen unmittelbar beim Stecker.

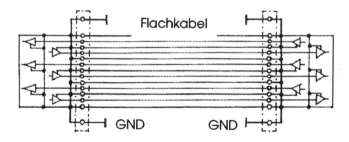

Bild 4.1-14: Mehrfache Mitführung von Signalrückleitern über Kabel sowie über Stecker

Für die Stromversorgungspotentiale gilt prinzipiell dasselbe wie für das Bezugspotential. Es würde jedoch einen zu hohen Aufwand bedeuten, mehrere Potentialsysteme gleichermaßen durchgängig vermascht oder gar flächenhaft zu realisieren. Ein guter Kompromiß besteht darin, die Versorgungspotentiale bereichsweise hochfrequenzmäßig gegen das Bezugspotential zu stabilisieren. Dazu sind folgende Maßnahmen geeignet:

- Abstützung der Versorgungsspannung durch sogenannte Stützkondensatoren, insbesondere unmittelbar bei Bauelementen, die starke impulsförmige Belastungen hervorrufen (Leitungstreiber);

- bei höheren Anforderungen sollten auch die impulsförmig belasteten Versorgungspotentiale (z. B. 5 V) bereichsweise flächig ausgelegt werden. Dadurch kann die Hochfrequenz-Wirksamkeit der Abstützung erheblich verbessert werden (Reduzierung von Zuleitungsinduktivitäten).

4.1.4.3   Hochfrequente Signalübertragung

Bei hochfrequenter Signalübertragung, insbesondere über "größere" Entfernungen, können Probleme durch Signalreflexionen und in verstärktem Maße durch Nebensprechen auftreten. Um Signalreflexionen auf ein unkritisches Maß zu begrenzen, ist zumindest näherungsweise Anpassung an den Wellenwiderstand Γ der Leitung erforderlich. Dies setzt aber voraus, daß ein Wellenwiderstand für die Leitung überhaupt sinnvoll definiert werden kann. Das ist nur möglich, wenn die Übertragungsleitung über ihre gesamte Länge ein einigermaßen homogenes System von zugeordneten Hin- und Rückleitern bildet (etwa gemäß Bild 4.1-12b oder Bild 4.1-14). Mit sternförmiger Bezugspotentialzuführung und weit entfernten Rückleitern (4.1-12a) ist hochfrequente Signalübertragung nicht mehr zu realisieren. Bereits bei TTL-Signalübertragung über 2 m Flachkabel wurde festgestellt, daß unzulässige Signalschwingungen und Überkopplungen auftreten, wenn nur jede 3. Ader (statt jeder 2.) als Rückleiter genutzt wird.

Das heißt für die Praxis:

- Zwischenfügung je eines Bezugspotential-Rückleiters zwischen zwei Signalleitern
  * auf ausgedehnten Leiterplatten (Bussen),
  * in Flachleitungen (Bild 4.1-14);

- in Rundkabeln: Verdrillung der Signalleiter mit ihren jeweiligen Rückleitern;

- Entflechtung bzw. Anordnung der Signaladern dicht über flächenhaften Rückleitern
  * auf Leiterplatten (ground plane),
  * in Flachleitungen (Rückleiter-Folie);

- zur weiteren Verringerung des Nebensprechens kann die zusätzliche Zwischenfügung von Bezugspotential-Rückleitern erforderlich sein;

- zumindest ungefähre Anpassung der Übertragungsstrecke an den Wellenwiderstand Γ der Leitung (Bild 4.1-15).

Durch dynamische Anpassung (Bild 4.1.-15 a) kann bei kleinen Signalraten eine Verringerung der Verlustleistung erreicht werden.

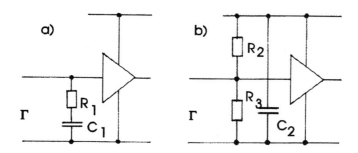

Bild 4.1-15: Anpassung der Übertragungsstrecke
a) dynamisch; $R_1 \approx \Gamma$; $R_1 \cdot C_1 \approx 5\tau$ (Laufzeit)
b) Kombination von Widerständen gegen Bezugs- und Versorgungspotential; $(R_2 \parallel R_3) \approx \Gamma$; C_2 : Stützkondensator

Durch eine Schaltungskombination gemäß Bild 4.1-15 b) kann eine zusätzliche Optimierung bezüglich der Signalschwellen erreicht werden. Diese Beschaltung führt beim Eintreffen des Signals am Empfänger zu einer impulsförmigen Belastung des dortigen Versorgungspotentials, so daß auch am Empfänger Stützkondensatoren erforderlich werden.

4.1.5 Konkrete Entkopplung gegen Störbeeinflussungen aus der Umwelt (externe EMV)

Die physikalischen Zusammenhänge und prinzipiellen Maßnahmen sind identisch mit denjenigen im Problemkreis der internen EMV.

Unterschiede in Umfang und technischer Durchführung der Maßnahmen resultieren im wesentlichen aus den absoluten Amplituden der Störgrößen (Spannungen von vielen kV, Ströme von vielen kA sowie entsprechend starke elektrische, magnetische und elektromagnetische Felder).

Der Problemkreis der externen EMV ist i.a. umfangreicher, die quantitative Abschätzung von Maßnahmen schwieriger als bei der internen EMV. Gründe sind:

- Vielfalt der Störphänomene und Störgrößen,
- Vielfalt der Wege bzw. Schnittstellen, über die Störeinkopplungen erfolgen können,
- i.a. unvollkommene Kenntnis über EMV-relevante Gegebenheiten.

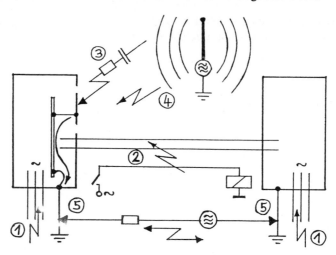

Bild 4.1-16: Wege bzw. Schnittstellen für externe Störverkopplungen

Untersucht man, welche Störphänomene in welcher Art und Weise über die verschiedenen Schnittstellen wirksam werden, so können einige grundsätzliche Verkopplungsprobleme erkannt werden. Bild 4.1-16 skizziert die wesentlichen Schnittstellen für externe Störverkopplungen:

(1) Stromversorgung,
(2) Signalleitungen,
(3) berührbare leitfähige Gehäuseteile,
(4) freier Raum (elektromagnetische Felder),
(5) Erdung (Potentialunterschiede der Orts-Erden).

Als wichtige Störphänomene sind zu nennen:

- elektrische und magnetische Felder hoher technischer Wechselspannungen und Wechselströme,
- Oberschwingungen, Netz-Harmonische, Kommutierungs-Einbrüche,
- energiereiche transiente Impulse (Leistungs-Schaltstöße),
- transiente Impulse großer Steilheit sowie "Bursts" solcher Impulse (Abschalten induktiver Lasten; z. B. Schütze),
- Entladung statischer Elektrizität (ESD),
- Blitz,
- schmalbandige hochfrequente elektromagnetische Felder.

Die Verkopplungen über die einzelnen Schnittstellen können i.a. nicht streng getrennt werden. Sie sind fast immer miteinander verknüpft, vor allem durch Rück-wirkungen über die Erde (Ableitströme), und erscheinen daher, insbesondere wegen der resultierenden Potentialdifferenzen zwischen den Komponenten, auch fast immer als Verkopplungen über die Signalleitungen. Neben Maßnahmen zur Unterdrückung primärer Störwirkungen ist daher grundsätzlich eine sorgfältige Entkopplung der Signalübertragungsschnittstellen erforderlich (Kap. 4.2.2).

4.1.5.1 Maßnahmen an Störquellen

Maßnahmen zur Verminderung von Störaussendungen bzw. zur Entschärfung von Störphänomenen können mitunter sehr wirkungsvoll sein. Dazu einige Beispiele:

a) Kompensation magnetischer und elektrischer Felder

Diese Maßnahme ist insbesondere in Hochstrom- und Hochspannungs-Installatio-nen ratsam, z.B. durch Wahl streufeldarmer Transformatoren oder durch geschickte Anordnung von Energie-Leiter/-Rückleiter-Systemen (Bild 4.1-17). Die Feldab-nahme mit der Entfernung ist umso effektiver, je kleiner der Bereich ist, in dem die Stromsumme (Spannungssumme) Null wird und je besser die Symmetrie der Leiteranordnung ist. Hier ist auch ein wesentlicher Vorteil von TNS-Installations-netzen (separater Erdleiter) gegenüber TNC-Netzen (gemeinsamer Null- und Erd-leiter) begründet (siehe hierzu Kap. 3.1.3).

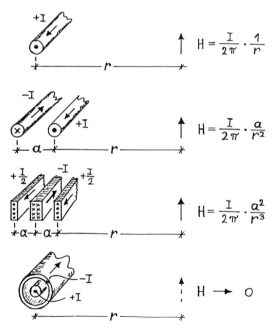

$$H = \frac{I}{2\pi} \cdot \frac{1}{r}$$

$$H = \frac{I}{2\pi} \cdot \frac{a}{r^2}$$

$$H = \frac{I}{2\pi} \cdot \frac{a^2}{r^3}$$

$$H \rightarrow 0$$

Bild 4.1-17: Feldkompensation durch Stromkompensation und Symmetrierung
(analog für elektrische Ladungen und E-Felder)

b) Beschaltung induktiver Stellglieder (Schütze)

Beim Abschalten von Induktivitäten entstehen Induktionsspannungen, die während des Abschaltvorgangs wiederholt die zunehmende Durchbruchspannung des schaltenden Kontaktes überschreiten (Bild 4.1-18). Dadurch entstehen Lichtbogen-Rückzündungen mit hohen Amplituden und sehr steilen Flanken, die intensive Netzrückwirkungen und Überkopplungen von hoher Störfähigkeit verursachen können.

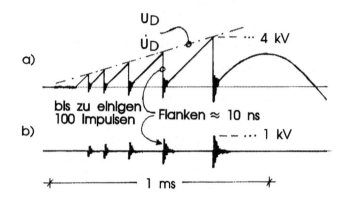

Bild 4.1-18: Schütze als Störquelle
     a) Spannung auf der Schütz-Steuerleitung
     b) Netzrückwirkungen, Überkopplungen

Das Störphänomen kann dadurch entschärft werden, daß der Induktivität vorübergehend ein Bypaß parallelgeschaltet wird (Bild 4.1-19). Der Strom in der Induktivität kann "langsam" abklingen; die Induktionsspannung erreicht nicht mehr die

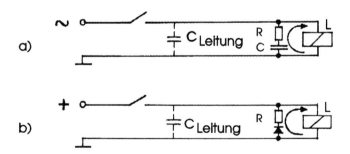

Bild 4.1-19: Beschaltung von Schützen
     a) Wechselstrom-betätigt (RC-Kombination)
     b) Gleichstrom-betätigt (Lösch-Diode mit Reihenwiderstand)

Durchbruchspannung des schaltenden Kontakts; die für das Störvermögen verantwortlichen Lichtbogen-Rückzündungen treten nicht mehr auf.

Grundsätzlich können Beschaltungen mit RC-Kombinationen durchgeführt werden (Bild 4.1-19a). Die Kapazität C kann unter Berücksichtigung des maximalen Spulenstromes I_{max} und des Anstiegs der Kontakt-Durchbruchspannung U_D (Bild 4.1-18) so abgeschätzt werden, daß letztere nicht mehr von der Induktionsspannung erreicht wird:

$$C = \frac{I}{\dot{U}} > \frac{I_{max}}{\dot{U}_D} \ .$$

Übliche Beschaltungen für Hilfsschütze sind etwa

$$C = 0{,}25 \ \mu F, \quad R = 220 \ \Omega \ .$$

Bei gleichstrombetätigten Schützen können auch parallelgeschaltete "Lösch"-Dioden in Verbindung mit Dämpfungswiderständen eingesetzt werden (Bild 4.1-19 b). In beiden Fällen sollte berücksichtigt werden, daß die Reaktion des von der Spule betätigten Stellgliedes etwas verzögert werden kann.

c) Vermeidung der Entladung statischer Elektrizität (ESD)

Die sinnvolle Maßnahme zur Vermeidung dieses Phänomens besteht darin, schon die elektrostatische Aufladung zu verhindern, z. B. durch geerdete Bodenbeläge geeigneter Leitfähigkeit sowie durch Sicherstellung ausreichender Luftfeuchtigkeit.

Weiterhin besteht die Möglichkeit, die schnelle, niederohmige Entladung mit hohen Spitzenströmen zu vermeiden, z. B. durch hochohmige, stromschwache, "langsame" Vorentladung, wie dies etwa bei Arbeitsplätzen geschieht, an denen empfindliche Bauelemente (MOS) gehandhabt werden.

Schließlich kann die Entladung über das Gerät durch vollkommene Isolierung (Lackierung) ausreichender Spannungsfestigkeit verhindert werden. Hier ist jedoch zu beachten, daß alle Effekte durch "indirekte Entladung" über andere leitfähige Gegenstände dadurch nicht beseitigt werden.

4.1.5.2   Maßnahmen an den Verkopplungs-Schnittstellen

Den einzelnen Schnittstellen, über die Störgrößen auf ein Gerät einwirken können, lassen sich grundsätzlich spezifische Maßnahmen zuordnen, durch welche die Störverkopplungen unmittelbar über die jeweilige Schnittstelle verringert werden (Bild 4.1-20):

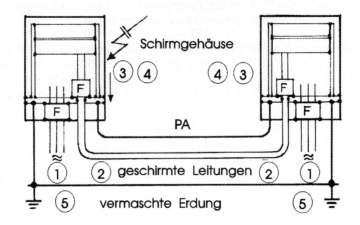

Bild 4.1-20: Maßnahmen an Verkopplungs-Schnittstellen

1) Schnittstelle Stromversorgung:
   Entkopplung durch
   - Filter (Kapitel 3.3),
   - Überspannungs-Schutzschaltungen (Kapitel 3.4);

2) Schnittstelle Signalleitungen:
   Entkopplung durch
   - Filter,
   - Überspannungs-Schutzschaltungen (Kap. 3.4),
   - Anschluß von Signalleitungs-Schirmen;

3) Schnittstelle berührbare leitfähige Gehäuseteile:
   Diese Schnittstelle ist vor allem im Hinblick auf die Entladung statischer
   Elektrizität von Bedeutung (Kapitel 1.4).
   Wesentliche Entkopplungsmaßnahme:
   Gestaltung des Gehäuses als gut leitender, möglichst dichter Schirm (Kapitel 3.2);
   Ableitung mit gleichmäßiger "geringer" Stromdichte über Oberfläche;

4) Schnittstelle freier Raum:
   Über diese Schnittstelle gelangen vor allem HF-Felder in Geräte.
   Entkopplungsmaßnahme:
   Gestaltung des Gehäuses als HF-Schirm (Kapitel 3.2);

5) Schnittstelle Erdung:
   Durch alle in 1) bis 4) genannten Maßnahmen entstehen funktionsbedingt hochfrequente und starke impulsförmige Ströme, die üblicherweise zur Erde

abgeleitet werden. Die Schnittstelle Erde selbst, die ohnehin nie zuverlässig frei von Störgrößen ist, wird also durch EMV-Maßnahmen zusätzlich belastet. Potentialunterschiede im Erdungssystem haben wiederum Rückwirkungen auf die Signalschnittstellen zwischen weiter voneinander entfernten Geräten.

Entkopplungsmaßnahme:
Möglichst niederimpedantes, eng vermaschtes Erdungssystem (Kapitel 3.1). Dies reicht jedoch als Einzelmaßnahme für den Potentialausgleich zwischen korrespondierenden Komponenten i.a. nicht aus.

Alle Maßnahmen sind also auch mit der Ableitung von Störströmen verbunden, durch die bei ungünstigem Aufbau innerhalb des Gerätes oder zwischen dem Gerät und seinen peripheren Signalpartnern kritische Potentialdifferenzen entstehen können.

Neben der funktionellen Wirksamkeit der Maßnahmen ist daher auch die Beachtung folgender Punkte notwendig:

- Alle Leiter, die vorgesehen oder geeignet sind, externe Störströme oder Ausgleichsströme abzuleiten, sollen an *einer* geeigneten Stelle des Gerätes (externe Schnittstellen, Stecker-Bereich) möglichst impedanzarm und möglichst "punktförmig" zusammengefaßt und mit dem leitfähigen Gehäuse verbunden werden (Bezugspunkt; Abschnitt 4.1.5.3).

- Zwischen Geräten, die elektrisch miteinander korrespondieren, muß ein im Hinblick auf die betrachtete Signalschnittstelle ausreichend wirksamer Potentialausgleich geschaffen werden (zugeordneter Potentialausgleichsleiter, beidseitig angeschlossener Schirm, Bild 4.1-20 sowie Kapitel 4.2.2). Auch diese externen Potentialausgleichsleiter sind an dem oben definierten Bezugspunkt anzuschließen.

4.1.5.3 Bezugspunkt; Topologie, konstruktive Maßnahmen

Wesentliches Ziel der konstruktiven Maßnahmen ist es, die durch externe Verkopplungen bedingten Ausgleichs-, Ableit- und Störströme auf einen möglichst kleinen, niederohmigen, potentialmäßig starren Bereich am Rande des Gerätes (Gehäuse, Steckerbereich) zu beschränken, so daß geräteinterne Potentialverbindungen nicht belastet werden.

Wesentliches Konstruktionselement ist eine niederimpedante flächenhafte Montageplatte, -schiene (Bild 4.1-21) im Bereich der externen Geräte-Schnittstellen (Stecker). Bei kleinen Geräten (Baugruppen, Leiterplatten) kann dies durch eine flächenhafte Masse-Kaschierung (ground layer) realisiert werden.

An dieser Bezugsschiene sind insbesondere anzuschließen:

- Netzfilter, Überspannungs-Schutzschaltungen,

- Signalleitungsschirme,
- Filter, Schutzbeschaltungen, Umsetz-Module für stark störgrößenbehaftete Signalleitungen (Bild 4.1-22),
- Erdungsleitung,
- Potentialausgleichsleitungen,
- ggf. Schirmungs-Gehäuse.

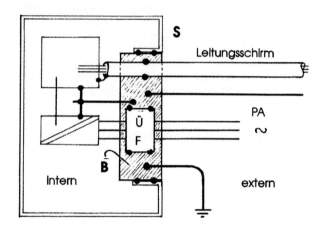

Bild 4.1-21: Masse-Bezugs-Potential,
           B: Bezugs-Platte, -Schiene, -Layer
           Ü: Überspannungsschutz
           F: Filter
           PA: Potentialausgleichsleiter
           S: Schirmungs-Gehäuse

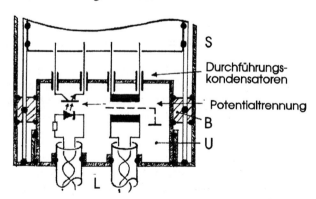

Bild 4.1-22: Entkopplung stark störgrößenbehafteter Signalleitungen
           B: Bezugsschiene
           S: Geräte-Schirmungsgehäuse
           U: Umsetz-Modul, geschirmt
           L: Signalleitung, geschirmt

Werden geschirmte Leitungen ohne vorheriges Abfangen und Kontaktieren der Leitungsschirme unmittelbar über Stecker angeschlossen, so sind die Leitungsschirme über geeignete metallene Steckergehäuse mit der Bezugsschiene zu kontaktieren. Das geräteseitige Steckergehäuse soll dabei mit der Bezugsschiene verschraubt sein.

4.1.6   Zusammenfassung

Die wesentlichen Maßnahmen zur Erreichung von Störfestigkeit bei Geräten der Automatisierungstechnik seien kurz zusammengefaßt.

4.1.6.1 Maßnahmen zur geräteinternen Störfestigkeit

Folgende Maßnahmen sind zu ergreifen:

- Bildung von Bereichen unterschiedlicher Leistung und Störempfindlichkeit,

- räumliche Trennung der Bereiche voneinander (erforderlichenfalls Abschirmung, Abschottung),

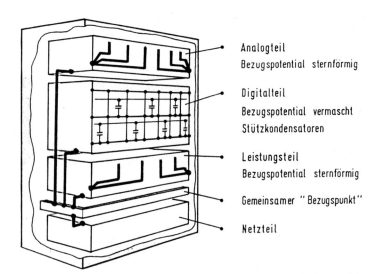

Analogteil
Bezugspotential sternförmig

Digitalteil
Bezugspotential vermascht
Stützkondensatoren

Leistungsteil
Bezugspotential sternförmig

Gemeinsamer "Bezugspunkt"

Netzteil

Bild 4.1-23: Geräteinterne Störfestigkeitsmaßnahmen;
Geräteaufbau schematisch

- Schaffung getrennter Bezugspotentialsysteme für
  * Analogteil, insbesondere Sensor-Signalkreise:
    sternförmig; erforderlichenfalls galvanisch getrennte, einzeln zugeordnete Rückleiter,

* Digitalteil:
  vermascht, flächenhaft, niederimpedant, ground layer,
* Leistungsteil:
  getrennte Rückleiter für verschiedene Stromkreise,

- laststromfreie Verbindung der einzelnen Potentialsysteme miteinander und mit dem zentralen Bezugssystem (Masse, Erde),

- im Hinblick auf Übersichtlichkeit evtl. auch sternförmige Potentialzuführung,

- Signalaustausch zwischen den Bereichen erforderlichenfalls potentialgetrennt,

- Abstützung der Versorgungsspannung, insbesondere im Digitalteil, durch Stützkondensatoren unmittelbar bei den kritischen Bauelementen (schnelle Schaltungen, Treiber usw.),

- bei hochfrequenter Signalübertragung über größere Entfernungen (Meter-Bereich):
  * Signalleiter mit zugeordneten Rückleitern und definierten Übertragungsparametern (Wellenwiderstand, Laufzeit),
  * näherungsweise Widerstandsanpassung an Wellenwiderstand der Leitung,
  * erforderlichenfalls Signaladern über ground layer (Flachkabel mit Bezugs-, Rückleiter-Folie).

4.1.6.2   Maßnahmen zur Störfestigkeit gegenüber externen Einwirkungen

Folgende Maßnahmen sind zu ergreifen:

- Bereitstellung einer niederimpedanten Masse zur Ableitung aller durch externe Einkopplungen bedingten Stör- und Ausgleichsströme (Schiene, Platte, Blech, ground layer),

- störstromfreie Verbindung des internen Bezugspotentials mit der Masse-Schiene,

- Bereitstellung extern benötigten Bezugspotentials über Anschluß an der Masse-Schiene,

- Ableitung der Ströme von Netzfiltern und Überspannungs-Schutzschaltungen auf die Masse-Schiene,

- Ableitung von Signal-Filter-Strömen vorzugsweise auf die Masse-Schiene,

- Kontaktierung der Masse-Schiene mit
  * Signalleitungsschirmen,
  * Potentialausgleichsleitern zu korrespondierenden Geräten,
  * Erdungsleiter,

- Schaffung einer HF-tauglichen Gehäuse-Schirmung,

- Kontaktierung der Gehäuse-Schirmung mit der Masse-Schiene,

- Anwendung geeigneter Signalübertragungsverfahren (Kapitel 4.2.2).

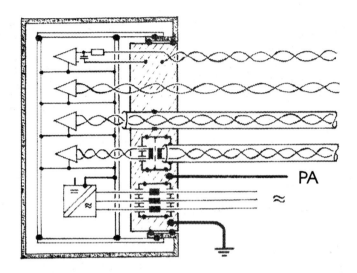

Bild 4.1-24: Externe Störfestigkeitsmaßnahmen;   Geräteaufbau schematisch

4.2   Besonderheiten der EMV in der Informationstechnik

B. Deserno

4.2.1   Einleitung

In der Informationstechnik liegt das Aufgabengebiet der EMV schwerpunktmäßig bei der physikalischen Übertragung der Information, d.h bei der Realisierung geeigneter Signalschnittstellen und Übertragungsverfahren sowie bei der Auswahl und EMV-gerechten Handhabung geeigneter Übertragungsmedien (Leitungen, Kabel, Schirmung, Verlegung). Dies gilt sowohl für Punkt-zu-Punkt-Datenübertragung über größere Entfernungen als auch in besonderem Maße für lokale Daten-Netze und Daten-Busse. EMV-relevant sind hier im wesentlichen die Schichten 0 und 1 im ISO-Modell (Medium, Physical Layer). Die besondere Herausforderung der EMV-Problematik bei der Informationsübertragung über größere Entfernungen, speziell mit Bussen, hat vor allem folgende Gründe:

1) Systembedingte Gründe

   - Vergleichsweise niedrige Signalpegel; ETHERNET z. B. ca. 2 V an der jeweiligen Signalquelle.

   - Erhebliche Signaldämpfungen auf dem Übertragungsmedium infolge großer Leitungslängen, vergleichsweise hoher Frequenz sowie zusätzlicher Dämpfung durch die Vielzahl von Busteilnehmern; bei ETHERNET z. B. spezifizierte zulässige Dämpfung von 6 dB/8 dB bei 5 MHz/10 MHz; bei anderen Systemen teilweise wesentlich höhere Dämpfungen (30 dB und mehr). Solch hohe Dämpfungen können z. B. bei parallelen bzw. antiparallelen Bussen (Hin- und Rückkanal) schon ernste Anforderungen an die erforderliche Nebensprechdämpfung stellen. Vor allem aber resultiert daraus die Notwendigkeit der zuverlässigen Erkennung kleiner Nutzsignale in Gegenwart von Störbeeinflussungen.

   - Teilweise sehr breitbandige Funktion; bei ETHERNET z. B. sogar Auswertung des Gleichspannungs-Anteils zur Erkennung von Signal-Kollisionen.

2) Einsatz-/umgebungsbedingte Gründe

   - Verlegung der Übertragungskabel in enger Nachbarschaft mit der Verkabelung starker elektromagnetischer Störquellen (Steuerleitungen für Schütze; Spannungssprünge 3 kV in etwa 10 ns).

   - Bedingt durch die Buslänge auch teilweise sehr große Koppelstrecken, dadurch große Zeitkonstanten und hohe Amplituden der Einkopplungen.

Eine Ausfilterung der Störeinkopplungen ist nur sehr begrenzt möglich, da sich die Frequenzanteile der Nutzsignale und der Störsignale in weiten Bereichen überschneiden. Die Störverkopplungen müssen daher von vornherein so weit wie möglich reduziert werden.

Bei Datenbussen im Nahbereich, speziell bei Leiterplatten-Bussen, bestimmt die Belastung durch die in dichter Folge angeschlossenen Teilnehmer entscheidend die Übertragungsparameter. Insbesondere wegen der extrem niedrigen Wellenwiderstände und der begrenzten Leistungsfähigkeit von Bus-Treibern werden hier physikalische Grenzen erkennbar.

Im folgenden werden an einigen Beispielen auf der physikalischen Ebene Zusammenhänge und geeignete EMV-Maßnahmen erläutert.

4.2.2   Signalschnittstellen, Übertragungsverfahren

Im folgenden werden nach zunehmender Tauglichkeit einige Übertragungsverfahren erläutert und bewertet (siehe hierzu auch Kap. 4.1.3).

4.2.2.1   Beidseitig auf Erde bezogene Signalübertragung (Bild 4.2-1)

Dieses Verfahren ist denkbar ungünstig, da alle Arten der Verkopplung möglich sind, insbesondere auch galvanische Verkopplungen durch unterschiedliche Erdpotentiale an den Orten von Sender bzw. Empfänger.

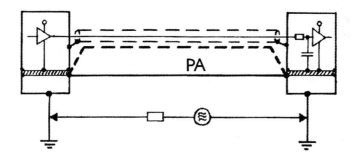

Bild 4.2-1: Beidseitig auf Erde bezogene Signalübertragung
PA: Potentialausgleich

- Es ist ein wirksamer Potentialausgleich erforderlich. Da Erdpotentialunterschiede kaum kurzgeschlossen werden können, sollte der Potentialausgleichsleiter so dicht wie möglich parallel zum Signalleiter verlegt werden, um bei höheren Frequenzen zumindest Reduktionswirkung zu erzielen (Bild 4.2-1, gestrichelt).

- Ein beidseitig angeschlossener Schirm ist ein optimaler Potentialausgleich (Streuinduktivität nahe Null).

- Unterhalb etwa 1 kHz ist jedoch keine Reduktion wirksam.

- Auf Erde bezogene TTL-Signalübertragung wird damit unmöglich, sobald die "Erd-Brummspannung" etwa 0,3 V erreicht.

- Die Reduktionswirkung kann durch Aufwickeln eines Stücks der geschirmten Signalleitung auf einen Eisenkern erhöht werden.

- In aller Regel sind Filter großer Zeitkonstante erforderlich; dadurch wird die Effektivität der Übertragungsstrecke stark verringert.

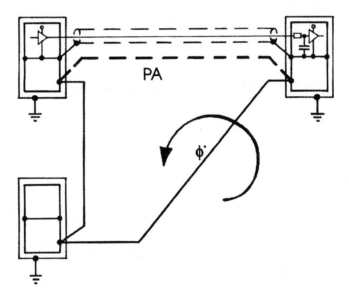

Bild 4.2-2: Erdfreie, aber beidseitig potentialgebundene Signalübertragung
          PA: Zugeordneter Potentialausgleich

4.2.2.2 Erdfreie, jedoch beidseitig potentialgebundene Signalübertragung

Bei diesem Verfahren werden galvanische Einkopplungen - zumindest im niederfrequenten Bereich - vermieden. Kapazitive und insbesondere induktive Verkopplungen bleiben weiter möglich, da Signal-Rückleiter-Schleifen bei vernetzten Anlagen praktisch nicht vermieden werden können.

- Induktive Einkopplungen werden durch dichte parallele Mitführung zugeordneter Potentialausgleichsleiter reduziert (Bild 4.2-2, gestrichelt).

- Optimale Reduktionswirkung wird durch beidseitig mit Bezugspotential kontaktierten Schirm erreicht (Streuinduktivität nahe Null).

- Unterhalb etwa 1 kHz ist jedoch keine Reduktion wirksam.

- Erdfrei aufgebaute Bezugspotentialsysteme sind verknüpft mit einigen oft schwierig zu lösenden Problemen bezüglich
  * Isolation, Spannungsfestigkeit, Berührungssicherheit,
  * Wirksamkeit der Gehäuseschirmung und damit der Gesamtschirmung,
  * Kontaktierung der Signalleitungsschirme.

4.2.2.3 Potentialgetrennte, jedoch unsymmetrische Signalübertragung

Bei diesem Verfahren werden die Signal-Rückleiter-Schleifen nicht über das allgemeine Bezugspotentialsystem geschlossen, sondern ausschließlich über jeweils den Signalleitern zugeordnete Rückleiter, die sehr kleine Rest-Schleifen gewährleisten und nur an *einer* Stelle - Sender *oder* Empfänger - Verbindung mit dem Bezugspotential haben.

Hier werden auch induktive Einkopplungen - zumindest im niederfrequenten Bereich - vermieden. Kapazitive Einkopplungen bleiben weiter möglich, da die kapazitiv eingekoppelten Ströme an den ungleichen Impedanzen der beiden Adern eines Paares gegen Bezugspotential verschiedene Spannungsabfälle und damit störende Differenzspannungen zwischen den Adern eines Paares hervorrufen.

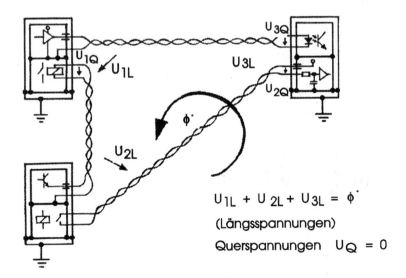

$$U_{1L} + U_{2L} + U_{3L} = \dot{\phi}$$

(Längsspannungen)

Querspannungen $U_Q = 0$

Bild 4.2-3: Potentialgetrennte Signalübertragung

- Bezugspotentiale *brauchen nicht* erdfrei zu sein; sie *sollen* daher aus EMV-Sicht mit Gehäuse-, Schirmungs-, Erd-Potential verbunden sein (Bild 4.1-21). Diese Handhabung der Bezugspotentiale kann am wenigsten zu Komplikationen führen.

- Verdrillung von Hin- und Rückleiter verringert deutlich die Restschleife für induktive Einkopplungen.

- Potentialtrennung kann erzielt werden z. B. mit
  * Relais,
  * Optokopplern.

- Die Potential-Trennstelle muß ausreichende Spannungsfestigkeit bezüglich der zu erwartenden Gleichtakt-Spannungen, -Störspannungen besitzen.

- In kritischen Fällen können die wirksamen höherfrequenten sowie impulsförmigen Gleichtakt-Spannungen durch beidseitig angeschlossene Leitungsschirme reduziert werden. Der Schirm verringert natürlich auch drastisch die kapazitiven Einkopplungen.

4.2.2.4 Symmetrische Signalübertragung

Bei diesem Verfahren werden innerhalb der Grenzen, die durch Rest-Unsymmetrien sowie durch Gleichtakt-Unterdrückung bzw. -Spannungsfestigkeit gegeben sind, alle Einkopplungen unwirksam gemacht.

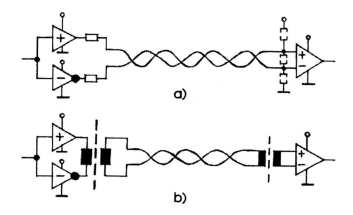

Bild 4.2-4: Symmetrische Signalübertragung
        a) Integrierte Line Driver/Receiver
        b) Induktive Übertrager

- Bei mäßiger Gleichtakt-Beanspruchung können integrierte Gegentakt-Sender bzw. Differenz-Empfänger (Line Driver, Line Receiver) verwendet werden.

- Bei hoher Gleichtakt-Beanspruchung müssen symmetrische Übertrager mit entsprechend hoher Spannungsfestigkeit eingesetzt werden, z. B. induktive Übertrager.

- Durch gleichmäßige Verdrillung von Hin- und Rückleiter können Rest-Unsymmetrien verringert werden.

- Durch beidseitig angeschlossene Leitungsschirme können Rest-Einkopplungen sowie die Wirkung höherfrequenter und impulsförmiger Gleichtakt-Spannungen reduziert werden.

4.2.3 Einkopplungen in koaxiale Busse

Die folgenden Untersuchungen behandeln Signalübertragungsstrecken, wie sie in gleicher oder vergleichbarer Konfiguration erfolgreich im praktischen Einsatz sind. Die Ergebnisse zeigen, daß bei worst case-Verkopplungsanordnungen insbesondere im höheren Frequenzbereich durchaus sehr kritische Einkopplungen entstehen können.

Eine wesentliche EMV-Aufgabe besteht also darin, worst case-Verkopplungsanordnungen zuverlässig und systematisch auszuschließen.

4.2.3.1   Niederfrequente Einkopplungen in triaxiale Systeme (Beispiel ETHERNET)

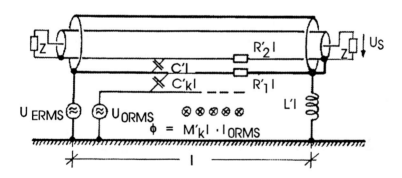

Bild 4.2-5: Niederfrequente Einkopplungen in Triax-Anordnung

Für elektrisch kurze Leitungs- und Kopplungsanordnungen können die Einkopplungen relativ einfach *rechnerisch* abgeschätzt werden. "Elektrisch kurz" heißt:

$$f \cdot l \ll 30 \text{ kHz} \cdot \text{km} .$$

Für maximale Leitungslängen (Verkopplungslängen) von einigen Kilometern gilt das also bis zu Frequenzen von einigen kHz (Netzfrequenz, Stromrichterfrequenzen und deren Harmonische).

Beim ETHERNET-System mit Koax-Übertragung und Gleichspannungsauswertung zur Kollisionsüberwachung hat man recht bald die Notwendigkeit eines zusätzlichen Schirmes erkannt, den man freizügig - d.h. möglichst oft - erden kann. Die Berechnungen werden für eine solche - triaxiale - Anordnung angegeben (Bild 4.2-5). Bei der elektrisch kurzen Anordnung kann man zwischen galvanischen, induktiven und kapazitiven Verkopplungen unterscheiden. Mit den Bezeichnungen von Bild 4.2-5 und den gemessenen bzw. abgeschätzten Daten für die Koppelanordnung,

$$
\begin{array}{llll}
R'_1 & = & 3,4 \ \Omega/\text{km} & \text{gemessen,} \\
R'_2 & = & 2,3 \ \Omega/\text{km} & \text{gemessen,} \\
C' & = & 580 \ \text{nF}/\text{km} & \text{gemessen,} \\
L' & = & 1,5 \ \text{mH}/\text{km} & \text{typisch,} \\
M'_k & = & 0,5 \ \text{mH}/\text{km} & \text{worst case,} \\
C'_k & = & 50 \ \text{nF}/\text{km} & \text{worst case,}
\end{array}
$$

erhält man folgende Ergebnisse:

* galvanisch:

$$U_{SG} = \frac{1}{6} \sqrt{2} \cdot \omega R'_2 \, C'l^2 \cdot \frac{1}{|1 + j\omega L'/R'_1|} \cdot U_{ERMS} \ ;$$

$$\left(\frac{U_{SG}}{mV}\right) = 2 \cdot \left(\frac{U_{ERMS}}{V}\right) \cdot \left(\frac{f}{kHz}\right) \cdot \left(\frac{1}{km}\right)^2 \cdot \frac{1}{|1 + jf/360 \text{ Hz}|} \ ;$$

* induktiv (worst case-Koppelfaktor):

$$U_{SI} = \frac{1}{6} \sqrt{2} \cdot \omega^2 R'_2 \, C' \, M'_k l^3 \cdot \frac{1}{|1 + j\omega L'/R'_1|} \cdot I_{ORMS} \ ;$$

$$\left(\frac{U_{SI}}{mV}\right) = 6,3 \cdot \left(\frac{I_{ORMS}}{A}\right) \cdot \left(\frac{f}{kHz}\right)^2 \cdot \left(\frac{1}{km}\right)^3 \cdot \frac{1}{|1 + jf/360 \text{ Hz}|} \ ;$$

* kapazitiv (worst case-Koppelfaktor):

$$U_{SC} = \frac{\sqrt{2}}{48} \cdot \omega^2 R_1' C_k' R_2' C' \, l^4 \cdot U_{ORMS} \; ;$$

$$\left(\frac{U_{SC}}{mV}\right) = 0{,}264 \cdot \left(\frac{U_{ORMS}}{kV}\right) \cdot \left(\frac{f}{kHz}\right)^2 \cdot \left(\frac{l}{km}\right)^4 \; .$$

Bild 4.2-6 zeigt die worst case-Einkopplungen für eine 1 km lange Anordnung und die primären Störgrößen

$$\begin{aligned} U_{ERMS} &= 100 \text{ V} \,, \\ I_{ORMS} &= 1 \text{ A} \,, \\ U_{ORMS} &= 100 \text{ V} \,. \end{aligned}$$

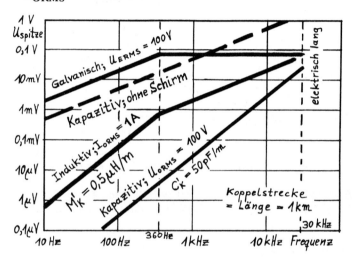

Bild 4.2-6: Niederfrequente Einkopplungen in Triax-Anordnung (worst case), gestrichelt: kapazitive Einkopplung *ohne* triaxialen Schirm

Bild 4.2-7 zeigt die worst case-Einkopplungen unter der Annahme, daß die primären Störgrößen Netzharmonische sind, die linear mit der Frequenz abnehmen.

Zum Vergleich seien Einkopplungen in eine koaxiale Anordnung *ohne* zusätzlichen triaxialen Schirm betrachtet. Hier interessieren nur kapazitive Einkopplungen, da galvanische und induktive Einkopplungen wegen der höchstens einmaligen Erdung des koaxialen Systems theoretisch nicht in diesem erscheinen.

Für die kapazitive Einkopplung erhält man hier:

$$U_{SC, \, koax} = \frac{1}{2}\sqrt{2} \cdot \omega R_2' C_k' l^2 \cdot U_{ORMS}$$

und mit den angegebenen Werten für R_2' und C_k':

$$\left(\frac{U_{SC,koax}}{mV}\right) = 510 \cdot \left(\frac{U_{ORMS}}{kV}\right) \cdot \left(\frac{f}{kHz}\right) \cdot \left(\frac{1}{km}\right)^2.$$

Die entsprechenden Kurven sind in Bild 4.2-6 und Bild 4.2-7 zum Vergleich gestrichelt eingezeichnet.

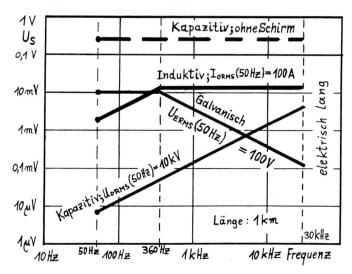

Bild 4.2-7: Einkopplungen durch 50-Hz-Harmonische, die mit 1/f abklingen, gestrichelt: kapazitive Einkopplung *ohne* triaxialen Schirm

Die Abschätzungen zeigen:

1) Bei der triaxialen Anordnung sind selbst bei worst case-Verkopplung (Koppelfaktor nahe bei 1) bis zu Längen von 1 km und Frequenzen im 10-kHz-Bereich die Einkopplungen eher harmlos, wenn realistische primäre Störgrößen angenommen werden.

2) Nähert man sich der Grenze für die elektrisch kurze Anordnung, so nähern sich auch die galvanischen, induktiven und kapazitiven Einkopplungen einander an (Verhältnis der primären Störspannungen und -ströme durch Wellenwiderstand gegeben, 100-Ω-Bereich; Bild 4.2-6).

3) Bei einseitigem Anschluß des äußeren Schirms werden galvanische und induktive Einkopplungen rein rechnerisch gleich Null; die kapazitiven Einkopplungen werden jedoch 5-mal so hoch (Rechnung hier nicht demonstriert).

Der vielfache Anschluß des äußeren Schirmes an möglichst ruhiges Erdungspotential ist vor allem im hohen Frequenzbereich vorteilhaft, wenn die hier nicht berücksichtigten parasitären Störverkopplungen an den offenen Stellen des Busses (Schirmungs-Lücken) wirksam werden.

4) Die Einkopplungen ins ungeschirmte Koax-System sind im gesamten Frequenzbereich mehrere Größenordnungen höher als die Einkopplungen ins Triax-System. Dies gilt auch noch bei Annäherung an den ohnehin kritischen Bereich der elektrisch langen Anordnung.

Nutzen und Notwendigkeit der triaxialen Anordnung sind damit begründet.

4.2.3.2 Einkopplung von Sprüngen in triaxiale Systeme (Beispiel ETHERNET)

Diese Situation liegt in der Praxis vor, wenn z. B. über parallelverlegte Leitungen Schütze abgeschaltet werden. Insbesondere die hohen und steilen Sprünge beim Rückzünden des Schalt-Lichtbogens regen Schwingungen an auf der Schützsteuerleitung, dem Schirm des Koax-Systems und schließlich auch im Koax-System selbst. Die Frequenz entspricht dabei üblicherweise dem Kehrwert der 4-fachen Laufzeit.

An einem 520 m langen ETHERNET-Kabel mit zusätzlichem äußeren Schirm wurden Meßserien mit echten Schützeinkopplungen durchgeführt (Bild 4.2-8; Verlegung über Rasen).

Variiert wurden bei diesen Messungen:

- Länge der Koppelstrecke,
- Verkopplungs-Abstand; dichte Parallelführung / 10 cm Abstand,
- Position der eigentlichen Störquelle (Schaltkontakt); nahes/fernes Ende,
- Schirmerdung; nahes Ende/beidseitig.

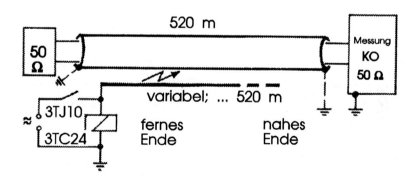

Bild 4.2-8: Einkopplungen mit Schützen in Triax-Anordnung

Die Messungen zeigten:

1) Bei enger Kopplung (dichte Parallelverlegung) sind die Einkopplungen etwa doppelt so hoch wie bei 10 cm Verlegeabstand. Die geringe Wirkung des Abstands liegt wahrscheinlich an der geringen Boden-Leitfähigkeit.

2) Bei beidseitiger Schirmerdung sind die Einkopplungen etwa halb so hoch wie bei Schirmerdung nur am Meßort.

3) Bei Einkopplung am fernen Ende sind die Amplituden etwa halb so groß wie bei Einkopplung am nahen Ende.

4) Die Amplituden der Einkopplungen wachsen etwa linear mit der Länge der Koppelstrecke.

(Die Buslänge war konstant. Bei gleichzeitiger Variation der Verkopplungslänge mit der Buslänge wird eine quadratische Längenabhängigkeit erwartet). Bild 4.2-9 zeigt, mit welchen Schütz-Einkopplungen bei einem 520 m langen Bus in Abhängigkeit von der Verkopplungslänge gerechnet werden muß. Bild 4.2-10 zeigt die worst case-Einkopplungen, wenn die Verkopplungslänge gleich der Buslänge ist.

5) Bei langen Koppelstrecken können also auch in der triaxialen Anordnung kritische Einkopplungen entstehen. Eine zusätzliche Verringerung der Verkopplung ist also dringend notwendig.

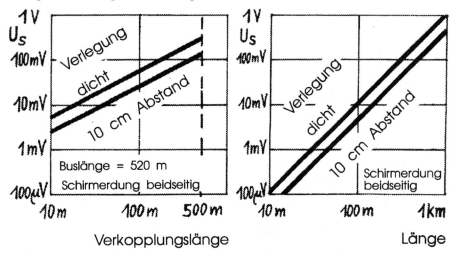

Bild 4.2-9: Einkopplungen bei konstanter Buslänge und variabler Verkopplungslänge

Bild 4.2-10: Worst case-Einkopplungen; Verkopplungslänge gleich Buslänge

4.2.3.3   Schirmungslücken; Lücken im Koax-System

Bei ETHERNET entstehen an den Einbauorten der Transceiver Lücken sowohl im Schirm als auch im Koax-System, durch die sich - insbesondere im hochfrequenten Bereich - die Einkopplungen wesentlich erhöhen.

Die Lücken sind unglücklicherweise bei manchen Transceivern wesentlich ausgeprägter als bei der ursprünglichen "Vampirizing"-Anschlußtechnik am einfachen Koax-System (Bild 4.2-11).

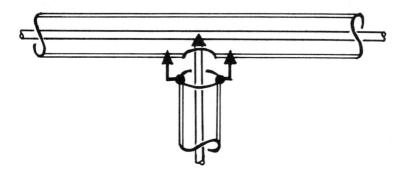

Bild 4.2-11: "Vampirizing"-Anschlußtechnik; kleine Koax-Lücken

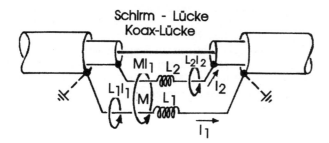

Bild 4.2-12: Induktive Verkopplung durch Schirm- und Koax-Lücken, insbesondere M

An den Anschlußstellen der Transceiver erhalten daher die Kopplungswiderstände sowohl des Schirms als auch des Koax-Außenleiters zusätzliche induktive Anteile, die zu induktiven Einkopplungen in die jeweils inneren Systeme führen (Bild 4.2-12), die um Größenordnungen über denen liegen, die durch das HF-dichte Triax-System eindringen (etwa ohne angeschlossene Transceiver). Folgende wesentliche Ergebnisse wurden gefunden:

1) Für ETHERNET kritische Einkopplungen in das dichte Triax-System treten nur bei Spannungssprüngen bzw. Impulsen hinreichender Dauer und bei langen Koppelstrecken auf (größer etwa 100 m; echte Schützeinkopplungen; Abschnitt 4.2.3.2).

2) Versuche mit Prüfgeneratoren (Bursts mit Spikes kurzer Dauer; Bereich 100 ns) bewirkten im dichten System und bei *beidseitiger Schirmerdung* nur Einkopplungen von wenigen mV.

3) Die beidseitige Schirmerdung bzw. die Erdung aller an den Orten der Transceiver "anfallenden" Schirm-Enden kann die Einkopplungen bei vorliegender Anordnung bis zum Faktor 20 gegenüber fehlender oder mangelhafter Schirmerdung reduzieren.

4) Die *Transceiver - bedingten Schirmungslücken* bewirken sehr hochfrequente *kritische Einkopplungen* (ca. 25 MHz; bis etwa 300 mV). Diese sind für Schütze und Prüfgenerator praktisch gleich und kaum von der Länge der Koppelstrecke abhängig. Sie sind auch für die verwendeten Transceiver ähnlich. Die Transceiver stellen also wegen der durch sie bedingten Schirmungslücken eine deutliche Schwachstelle dar - insbesondere auch für hochfrequente Einkopplungen.

4.2.3.4   Frequenzspektrum von Schützeinkopplungen in Koax-Kabel

Bei frequenz-selektiven Systemen ist das Frequenzspektrum bzw. das Amplitudendichtespektrum der Einkopplungen von Interesse. Wegen der hohen Datenraten ist die Bandbreite allerdings ziemlich hoch. Gleichzeitig sind wegen der hohen Leitungsdämpfung die Signalpegel recht gering. Folglich sind nur sehr geringe Amplitudendichten der Einkopplungen zulässig; bei Breitbandbussen z. B. darf die Störspannung nur 50 dBµV bei 13 MHz Bandbreite betragen. Bei bisherigen Untersuchungen wurden statistische Störpegel auf den Bussen an ihren Einsatzorten

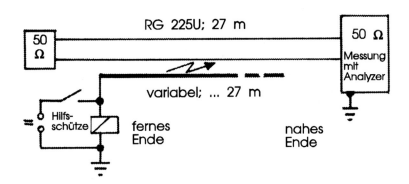

Bild 4.2-13: Einkopplungen mit Schützen in Koaxkabel (Spektrum)

gemessen. Die theoretischen Überlegungen zu Signal-Rausch-Abstand und Bit-fehlerraten basieren auch auf statistischem Rauschen. Bei enger Verkopplung mit Schützleitungen können jedoch Spektren entstehen, die sich hinsichtlich Charakteristik und Größenordnung gewaltig vom Rauschen unterscheiden. Dazu wurden einige zigtausend Einkopplungen durchgeführt und mit einem Spektrum-Analyzer im Maximum-Hold-Modus die Spektren aufgebaut.

Folgende Versuchsdaten (Bild 4.2-13) wurden eingestellt:

- Koaxkabel RG 225 U, beidseitig abgeschlossen (50 Ω), Länge 27 m,
- Störer: 2 Hilfsschütze, 24 V_{DC}, teilweise in Wechselschaltung,
- Ankopplung über dicht parallelgeführte Leitung,
- Variation der Verkopplungslänge: 6,8 m . . . 27 m,
- Variation des Meßortes: nahes/fernes Ende,
- Variation der Meßbandbreite: 10 kHz . . . 1 MHz.

Bild 4.2-14 zeigt die auf 10 MHz Bandbreite (etwa wie bei Breitbandbussen) hochgerechneten Amplituden am nahen Ende. Folgende Ergebnisse scheinen wesentlich:

1) Im Unterschied zum statistischen Rauschen zeigen die gemessenen Amplituden eine fast lineare Abhängigkeit von der Meßbandbreite.

2) Die unter Berücksichtigung dieses Sachverhalts auf 10 MHz Bandbreite (etwa wie bei Breitbandbussen) hochgerechneten Pegel liegen um einige Größenordnungen über den zulässigen.

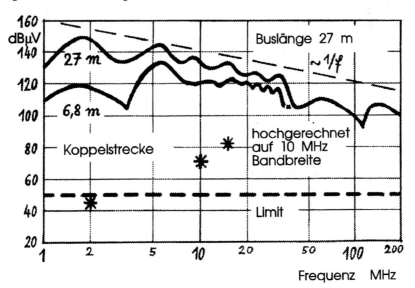

Bild 4.2-14: Frequenzspektren von Schütz-Einkopplungen in Koaxkabel RG 225U
Sternchen: Messungen vor Ort [1]

3) Die Spektren zeigen im mittleren Frequenzbereich (5 . . . 50 MHz) etwa lineare Abnahme mit der Frequenz (20 dB/Dekade). Im höheren Frequenzbereich wird die Abnahme stärker.

4) Die Spektren beginnen mit der Grundschwingung für die Koppelstrecke und zeigen Resonanzen bei den ungeraden Vielfachen. Ist die Koppelstrecke nur ein Bruchteil der Buslänge, so sind Grundschwingung und Harmonische für die Buslänge mit geringen Amplituden überlagert.

5) Die Pegel am nahen oder fernen Ende unterscheiden sich hier nicht gravierend. Das dürfte aber bei längeren Bussen anders sein.

6) Auch die zum Vergleich eingezeichneten Ergebnisse von statistischen Messungen an installierten Anlagen (Ford Motor Company [1]) liegen selbst bei geringeren Meßbandbreiten (300 kHz) teilweise deutlich über dem hier gegebenen Limit.

Sofern also nicht in der Praxis einzelne Schützeinkopplungen (Dauer ca. 1 ms) logisch ausgeblendet werden, dürften bei wirklich intensiver Prozeßnähe doch einige Entkopplungsmaßnahmen erforderlich sein.

4.2.4 Symmetrische Übertragung (Feldbusse)

Mit Feldbussen werden teilweise sehr große Entfernungen überbrückt (viele Kilometer z. B. im Braunkohlen-Tagebau), so daß geringe Leitungsdämpfungen sehr wesentlich sind. Hier werden mit Vorteil auch symmetrische Übertragungssysteme mit symmetrischen Doppelleitungen realisiert. Letztere sind bei vorgegebener Dämpfung hinsichtlich der Abmessungen und des konstruktiven Aufwandes sowie vor allem der Kosten günstiger als Koaxsysteme.

In elektromagnetisch wirklich rauher Umgebung dürften Leitungsschirme unerläßlich sein. Die Koppeldämpfung geschirmter symmetrischer Übertragungsstrecken wird bestimmt durch die Qualität sowohl des Schirms als auch der Symmetrie der Strecke.

Die Symmetrie der Strecke wiederum wird bestimmt einmal durch die Symmetrie des Adernpaares innerhalb der (geschirmten) Leitung, zum anderen durch die Symmetrie der Anschaltungen an die angeschlossenen Bus-Teilnehmer.

Die Symmetrie von Adernpaaren kann je nach Kabel sehr unterschiedlich sein. Mit einer Anordnung entsprechend Bild 4.2-15 wurden für zwei Kabel,

(1) Sternviererkabel, J-Li-YCY-2x2x0,5$^\square$, Länge 144 m,

(2) Prozeßrechnerkabel, J-Li-YCY-23-2x0,09$^\square$, Länge 18 m,

die relevanten Koppeldämpfungen ermittelt:

Schirmdämpfung: $\qquad a_{SCH} = 20 \cdot {}_{10}\log (U_o/U_L),$

Symmetriedämpfung: $\qquad a_{SYM} = 20 \cdot {}_{10}\log (U_L/U_Q),$

Symmetrische
Koppeldämpfung: $\qquad a_{KS} = 20 \cdot {}_{10}\log (U_o/U_Q)$

$$= a_{SCH} + a_{SYM}.$$

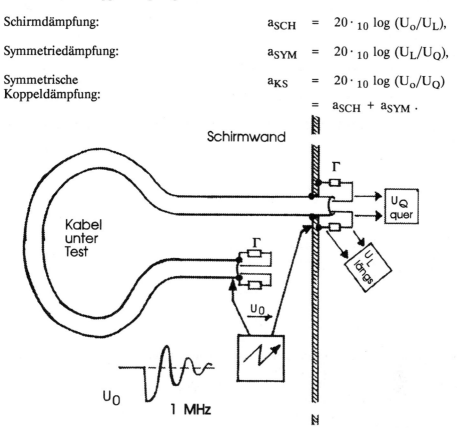

Bild 4.2-15: Einkopplung in den Schirm einer symmetrischen Übertragungsstrecke

Die Messungen wurden im Zeitbereich mit einem genormten Prüfimpuls als primärer Störgröße durchgeführt (IEC 255.4; 1 MHz abklingend). Die Koppeldämpfungen in der Tabelle 4.2-1 gelten daher für Störgrößen mit ähnlichen Frequenzspektren.

	a_{SCH} (dB)	a_{SYM} (dB)	a_{KS} (dB)
Sternviererkabel, 144 m	54	32	86
Prozeßrechnerkabel, 18 m	64	6	70

Tabelle 4.2-1: Koppeldämpfungen

Den starken Einfluß der Symmetrie der Anschaltungen demonstriert Bild 4.2-16;
es zeigt beispielhaft die symmetrische Koppeldämpfung bei dichter Parallelführung
eines störenden Leiters über eine Länge von 15 m einmal für eine mit Widerständen symmetrierte sowie für eine mit induktiven Übertragern realisierte Strecke.

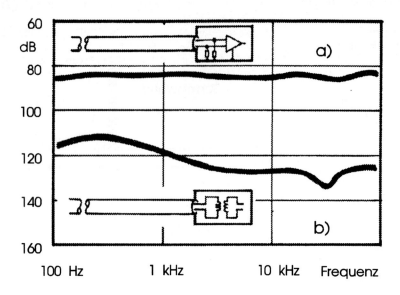

Bild 4.2-16: Koppeldämpfung geschirmter symmetrischer Übertragungsstrecken
a) Symmetrierung durch Widerstände
b) Symmetrische induktive Übertrager
(verändert nach [2])

Wesentliche Ergebnisse:

- Die Schirmdämpfung des sehr guten, aber elektrisch langen Sternviererkabels ist
etwas geringer als die des elektrisch kurzen Prozeßrechnerkabels; das braucht
nicht zu verwundern, da im Übergangsbereich elektrisch kurz/lang die Schirmdämpfungen etwas schwanken (siehe auch Bild 4.2-19, Punkte A, B).

- Die Symmetriedämpfung des vieladrigen Prozeßrechnerkabels ist sehr bescheiden.

- Die Symmetriedämpfung des Sternviererkabels ist recht gut. Dabei ist noch zu
berücksichtigen, daß sie wesentlich durch die Unsymmetrie der verwendeten
Abschlußwiderstände bestimmt sein dürfte (Vergleiche dazu mit Bild 4.2-16a).

- Die hohe Symmetrie geeigneter induktiver Übertrager ermöglicht bei guten
symmetrischen Leitungen eine mehr als 30 dB höhere Koppeldämpfung als
symmetrische Widerstandsbeschaltungen (Bild 4.2-16b).

4.2.5   Leitungsschirme bei elektrisch langen Anordnungen

Für elektrisch lange Anordnungen sind die Überlegungen zur Schirmwirkung etwas komplizierter als für elektrisch kurze. Der primäre Koppelmechanismus ist jedoch in beiden Fällen identisch und durch den von der elektrisch kurzen Anordnung her bekannten spezifischen Kopplungswiderstand R'_K zu beschreiben. Einkopplungen und Koppelfaktor (Reduktionsfaktor) sind also auch bei der elektrisch langen Anordnung proportional zu der längenunabhängigen Kenngröße R'_K, die auch hier ein Maß für die Schirmqualität ist. Bei der elektrisch langen Anordnung haben die differentiellen Einkopplungen entlang des Schirmes zunehmenden Phasenversatz, so daß sie sich sogar teilweise kompensieren. In den Formeln äußert sich dies durch einen Faktor $(\sin x)/x$.

Dabei ist x ein Produkt aus Frequenz, Länge und spezifischen Laufzeiten bzw. Laufzeitdifferenzen. Der Betrag von $(\sin x)/x$ ist nie größer als Eins; er hat die Einhüllende $1/x$ und wird periodisch sogar gleich Null.

Das heißt: Die Einkopplungen in die elektrisch lange Anordnung sind auf jeden Fall kleiner als die Formel für die elektrisch kurze Anordnung angeben würde (siehe dazu auch [3]).

Nachfolgend seien - als Ergebnis ohne Herleitung - für eine Anordnung entsprechend Bild 4.2-17 und für die angegebenen Werte der bezeichneten Parameter die Reduktionsfaktoren k_{RN} und k_{RF} für nahes und fernes Ende angegeben (Bild 4.2-18, Bild 4.2-19). Dabei ist zu berücksichtigen, daß für die elektrisch lange Anordnung die Impedanz des äußeren Kreises gegen dessen Wellenwiderstand geht.

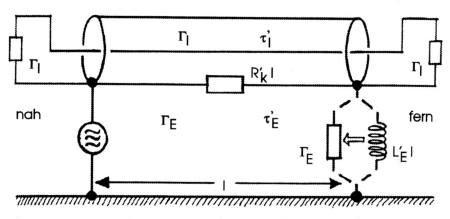

Bild 4.2-17: Elektrisch lange Kopplungsanordnung

Im Bild 4.2-17 werden folgende Bezeichnungen verwendet:

l			: Länge der Anordnung,
R'_K	=	10 mΩ/m	: spezifischer Kopplungswiderstand bis 3 MHz, ab da mit der Frequenz ansteigend,
Γ_E	=	430 Ω	: Wellenwiderstand des äußeren Kreises,
Γ_I			: Wellenwiderstand zwischen Innenader und Schirm,
L'_E	=	1,5 μH/m	: spezifische Induktivität des äußeren Kreises,
τ'_E	=	3,5 ns/m	: spezifische Laufzeit im äußeren Kreis,
τ'_I	=	5,5 ns/m	: spezifische Laufzeit im Inneren des Schirms.

Schirm-Resonanzen werden nicht berücksichtigt. Für die elektrisch lange Anordnung wird der Schirm als mit dem Wellenwiderstand des äußeren Kreises abgeschlossen betrachtet. Bei wirklich langen Anordnungen dürfte die Dämpfung durch Inhomogenitäten so hoch sein, daß Resonanzen kaum auftreten und die Annahme gerechtfertigt ist.

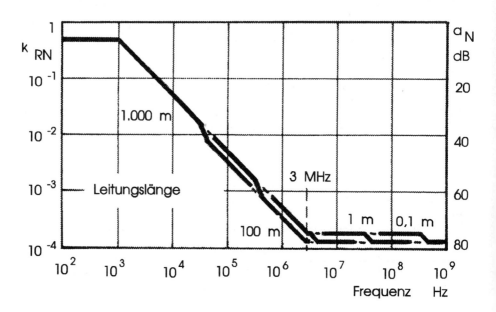

Bild 4.2-18: Reduktionsfaktor k_{RN} und Schirmdämpfung a_N am nahen Ende der elektrisch langen Schirmanordnung

Es sei darauf hingewiesen, daß die Möglichkeit von Resonanzen bei beidseitig niederohmig angeschlossenen Schirmen *kein* Grund ist, Schirme nur einseitig anzuschließen; dabei dürften nämlich mindestens ebenso ausgeprägte Resonanzen angeregt werden, ohne daß hier auch nur die geringste Reduktionswirkung genutzt werden könnte.

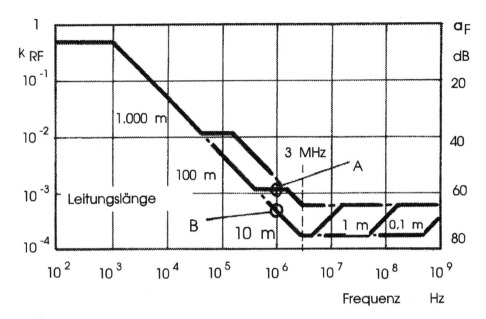

Bild 4.2-19: Reduktionsfaktor k_{RF} und Schirmdämpfung a_F am fernen Ende der elektrisch langen Schirmanordnung

Beidseitiger Schirmanschluß an das Gehäuse ist im höheren Frequenzbereich auch bei absolut potentialgetrennten Signalschnittstellen erforderlich, da sich Verkopplungen über Streukapazitäten zu störungsbehafteten geerdeten Gehäuseteilen nicht vermeiden lassen. An einer 6 m langen Übertragungsstrecke dieser Art wurden Störeinkopplungen zwischen Sender- und Empfänger-Gehäuse bei zwei Varianten simuliert:

a) Massiver Potentialausgleich zwischen Gehäusen, Schirm jedoch am potentialgetrennten Ende nicht mit Gehäuse kontaktiert;

b) Schirm *beidseitig* mit Gehäuse kontaktiert; kein weiterer Potentialausgleich.

Bild 4.2-20 zeigt die Verbesserung durch den beidseitigen Schirmanschluß.

Anmerkung:

Die Einbrüche im hohen Frequenzbereich bedeuten nicht, daß an diesen Stellen der Schirmanschluß weniger wirksam wäre, sondern daß die Störeinkopplungen selbst Einbrüche erfahren. Im vorliegenden Falle lagen bei beidseitigem Schirmanschluß die Störeinkopplungen über 10 MHz kaum über dem Rauschen.

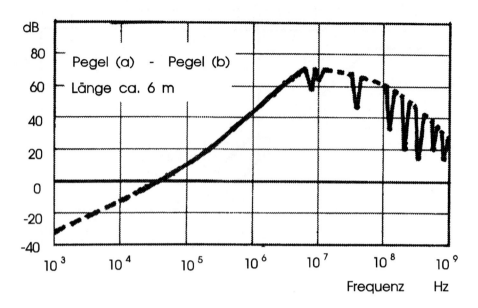

Bild 4.2-20: Verbesserung der Entkopplung durch beidseitigen Schirmanschluß an Gehäuse bei potentialgetrennter Signalschnittstelle

4.2.6   Primäre Verkopplung, Koppelfaktor; Entkopplung

Die Verkopplung von einem einzelnen störungsbehafteten Leiter (z. B. Schützsteuerleitung) auf den Schirm eines Signalkabels ist primär unsymmetrisch. Sind andere elektrische Leiter (Rückleiter, Potentialausgleichsleiter, insbesondere flächenhafte geerdete Leiter) weit entfernt, so verringern sich die wirksamen Koppelkapazitäten und Gegeninduktivitäten sowie die resultierenden Koppelfaktoren nur vergleichsweise wenig mit dem Abstand zwischen Störer und Signalkabel.

Eine deutliche Verringerung des Koppelfaktors erzielt man dadurch, daß sowohl Signalkabel als auch störungsbehaftete Leitungen *dicht über leitender Fläche* z. B. metallischen Kabelwannen) verlegt werden. Durch die elektrische Spiegelung an der leitenden Fläche werden Feldlinienverteilungen und Kopplungsverhältnisse erzielt, wie sie zwischen zwei symmetrischen Doppelleitungen bestehen (siehe hierzu Kapitel 4.1.3.5; Bild 4.1-6). Die dann zu erwartenden Koppelfaktoren k (Bild 4.2-21) ergeben sich näherungsweise als

$$k = \frac{\ln \sqrt{1 + 4h^2/a^2}}{\ln(4h/d)} .$$

a: Abstand zwischen den Kabeln
h: mittlere Leiterhöhe über Ebene
d: mittlerer Leiterdurchmesser

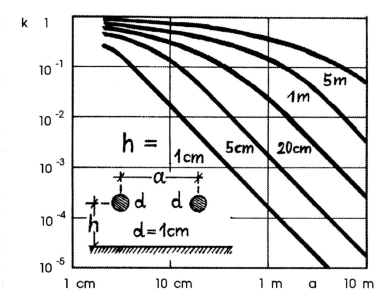

Bild 4.2-21: Primärer Koppelfaktor bei Verlegung über leitender Fläche

Man erkennt, daß für große Höhen über leitenden Flächen (entsprechend auch großen Abständen von Rückleitern) der Koppelfaktor sogar bis in den Meter-Bereich nur wenig mit dem Abstand zwischen Signalkabel und Störer abnimmt. Andererseits setzt für Abstände größer als die doppelte Höhe eine quadratische Verringerung des Koppelfaktors mit der Abstandsvergrößerung ein (Symmetrierung durch Spiegel-Wirkung an der leitenden Fläche). Die Wirkung ist in der Praxis etwas geringer; bei Verlegung dicht über leitender Fläche mit einem gegenseitigen Abstand von 30 cm sollte jedoch eine Entkopplung von 40 dB erreichbar sein.

4.2.7   Optische Busse, Netze

Bei faseroptischen Bussen wird die Information mit Hilfe von Lichtsignalen auf faserartigen Lichtwellenleitern (LWL) übertragen. Mit den heute erzielbaren niedrigen Dämpfungswerten

LWL selbst	:	4 dB/km (teilweise weniger),
Kupplungen	:	ca. 1 dB,
Spleiße	:	ca. 0,1 dB

sowie mit zulässigen Gesamtdämpfungen von etwa 20 dB (gegeben durch die Dynamik der lichtelektrischen Wandler) lassen sich faseroptische Busabschnitte mit

Längen bis zu einigen Kilometern realisieren. Bei detaillierter Planung sind noch gewisse Dämpfungs-Reserven zu berücksichtigen, z. B.: für Reparatur-Spleiße und insbesondere für die Alterung der Sende-Dioden (ca. 3 dB).

Auch hinsichtlich EMV bieten faseroptische Busse enorme Vorteile:

1) Entlang der Übertragungsstrecke findet keinerlei elektromagnetische Beeinflussung statt, da die Übertragung nicht im engeren Sinne elektrisch erfolgt.

2) Auch die Sende- und vor allem die Empfänger-Schaltungen arbeiten teilweise mit wesentlich höheren Leistungspegeln als manche mit rein elektrischen Signalen arbeitenden Systeme.

So betragen z. B. die ungefähren minimalen Empfänger-Eingangsleistungen bei

- Breitbandbussen, elektrisch   : -60 dBm,

- ETHERNET; optisch (SINEC H1FO[4]) : -30 dBm.

Anmerkung:
Die derzeit verfügbaren lichtelektrischen Wandler haben noch einen ziemlich mäßigen Wirkungsgrad, so daß der obige Vorteil (2) nur unvollkommen genutzt werden kann. Trotz hoher Empfangs-*Licht*leistung müssen die lichtelektrischen Wandler intern vergleichsweise geringe elektrische Leistungen verstärken. An dieser Stelle ist also auf störfesten Aufbau zu achten. Das Problem ist jedoch räumlich sehr eng umgrenzt und sollte daher leicht beherrschbar sein.

4.2.8   Signal-Dämpfung, -Verzerrung; Übertragungsgrenzen

Neben EMV-Problemen im engeren Sinne (Einkopplung von Störgrößen) ergeben sich bei der Informationsübertragung mit hohen Datenraten (hohen Frequenzen) über große Entfernungen auch übertragungsspezifische Probleme, insbesondere durch Signal-Dämpfung und -Verzerrung. Je nach Übertragungsverfahren (Codierung, Modulation, Signalerkennung) sind unterschiedliche maximale Dämpfungen und Verzerrungen zulässig. Bei Bussen müssen sowohl ungedämpfte als auch maximal gedämpfte Signale zuverlässig erkannt werden, so daß die maximal zulässige Dämpfung auch von der Dynamik der jeweiligen Empfänger mitbestimmt wird.

Dämpfung und Verzerrung ergeben sich aus den Ausbreitungskonstanten:

$$\gamma = \sqrt{(R' + j\omega L')\,(G' + j\omega C')} \;=\; \alpha + j\omega\tau' \,,$$

mit α : spezifische Dämpfung,

τ' : spezifische Laufzeit.

Für höhere Frequenzen und vernachlässigbare Querableitung G' , d.h. für

$$R' << \omega L',$$

$$G' << \frac{R'}{\Gamma^2} \quad ; \qquad \Gamma : \text{Wellenwiderstand,}$$

erhält man näherungsweise:

$$\alpha = \frac{1}{2} \cdot \frac{R'}{\Gamma} \; ;$$

$$\tau' = \frac{L'}{\Gamma} \cdot \left[1 + \frac{1}{8}\left(\frac{R'}{\omega L'}\right)^2 \right] .$$

Setzt sich das Signal aus Harmonischen zusammen (z. B. Rechteck), so resultiert insbesondere aus den Laufzeitunterschieden der einzelnen Harmonischen eine unsymmetrische Signalverzerrung (Bild 4.2-22).

Es sei:

f_1 : Grundschwingung (1. Harmonische),

n : Nummer der Harmonischen,

α_n : Spezifische Dämpfung der n-ten Harmonischen,

$\Delta\tau'_n$: Spezifische Laufzeitdifferenz der n-ten Harmonischen bezogen auf die Grundschwingung.

Berücksichtigt man ferner, daß im höheren Frequenzbereich R' mit der Wurzel der Frequenz zunimmt (Skineffekt), so erhält man:

$$\alpha_n \quad = \frac{1}{2} \cdot \frac{R'(f_1)}{\Gamma} \cdot \sqrt{n} \; ; \qquad R'(f_1) \sim \sqrt{f_1} \; ;$$

$$\Delta\tau'_n \quad = \frac{1}{8} \cdot \frac{(R'(f_1))^2}{(2\pi f_1)^2 \, L' \Gamma} \cdot \left(\frac{1}{n} - 1\right) .$$

Man erkennt u.a., daß sich die Harmonischen schneller ausbreiten als die Grundschwingung ($\Delta\tau'_n < 0$; für $n > 1$).

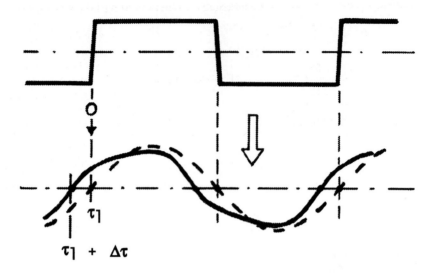

$$\tau_1 + \Delta\tau$$

Bild 4.2-22: Unsymmetrische Signalverzerrung durch Laufzeitunterschiede der Harmonischen

Bei Signalen mit schmalem Frequenzband interessiert nur die reelle Dämpfung der Grundfrequenz oder der Mittenfrequenz. Sie darf einen vom jeweiligen Übertragungssystem abhängigen maximalen Wert a_{max} nicht übersteigen,

$$a = \alpha l = \frac{1}{2} \frac{R'l}{\Gamma} \leq a_{max} .$$

(Hier ist zu berücksichtigen, daß sich in den vorangegangenen Formeln α in Neper/m ergibt; um α in dB/m zu erhalten, ist mit $20 \cdot {}_{10}\log e = 8{,}686$ zu multiplizieren.)

Wegen $\alpha \sim \sqrt{f}$ erhält man die Beziehung

$$l \leq \frac{a_{max}}{\alpha} \sim \frac{1}{\sqrt{f}} .$$

In Bild 4.2-23 ist dieser Sachverhalt quantitativ für eine 100-Ω-Doppelleitung und eine maximal zulässige Dämpfung von 10 dB dargestellt (Parameter: Leiterquerschnitt). Unterhalb des Skineffekt-Bereiches ist die spezifische Dämpfung und damit die maximale Übertragungslänge stückweise nicht von der Frequenz abhängig.

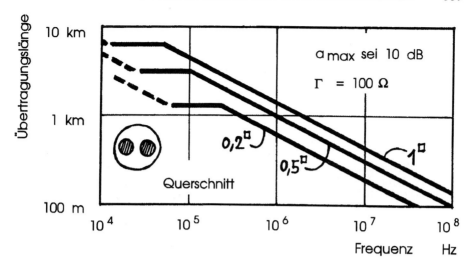

Bild 4.2-23: Maximale Frequenzen und Übertragungslängen bei gegebener maximal zulässiger Dämpfung

Für noch niedrigere Frequenzen ($\omega L' < R'$) nimmt die Dämpfung weiter ab. Hier werden die Verhältnisse jedoch verwickelt, da der Wellenwiderstand komplex wird. Wichtig ist, daß die Kurven in Bild 4.2-23 sich proportional zur maximal zulässigen Dämpfung nach oben oder unten verschieben. Für hochwertige Übertragungskabel werden die spezifischen Dämpfungen vom Hersteller angegeben (üblich z. B. in dB/100 m; Bild 4.2-24). Bei Kenntnis der maximal zulässigen Dämpfung kann damit die maximale Übertragungslänge (Verstärkerfeldlänge) leicht bestimmt werden.

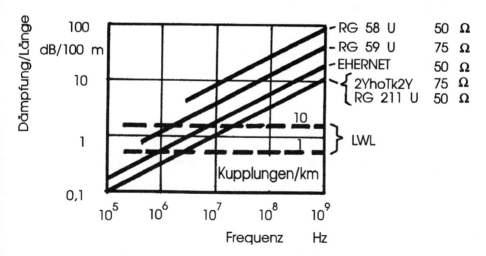

Bild 4.2-24: Spezifische Dämpfungen von HF-Koaxialkabeln und Lichtwellenleitern

Folgendes ist erkennbar:

- Mit hochwertigen Kabeln (etwa RG 211) können unter sonst gleichen Bedingungen 10-mal so große Entfernungen überbrückt werden wie mit anspruchslosen Kabeln (etwa RG 58).
- Lichtwellenleiter zeigen im Bereich oberhalb einiger 10 MHz einen weiteren deutlichen Vorteil gegenüber hochwertigen Koaxkabeln.

Anmerkung:

Es ist zu beachten, daß der Nutzen der dämpfungsarmen hochwertigen Kabel nicht durch zu hohe Busbelastung (Querwiderstände der angeschlossenen Teilnehmer) beeinträchtigt wird. Im allgemeinen ist dies sichergestellt, wenn die Querwiderstände oberhalb von einigen kΩ liegen.

4.2.9   Leiterplatten-Busse

Bei Leiterplatten-Bussen sind in sehr kurzen und mehr oder weniger gleichmäßigen Abständen (z. B. 2 cm) Bus-Teilnehmer angeschlossen.

Die Übertragungsparameter werden bestimmt
- durch die eigentlichen Leiterbahn-Parameter; R' , L' , C_0',
- in ganz entscheidendem Maße durch die zusätzliche spezifische Belastung infolge der angeschlossenen Teilnehmer, insbesondere die erhebliche zusätzliche spezifische Kapazität (z. B. 10 pF je Teilnehmer).

Das Übertragungsverhalten wird weiterhin bestimmt durch
- die Ausgangskennlinien der Treiber-Schaltungen,
- die Eingangskennlinien insbesondere der Clamp-Dioden,
- die durch die Widerstandsbeschaltungen an den Bus-Enden bewirkten Verschiebungen der Strom-Spannungs-Kennlinien.

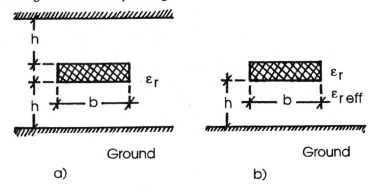

Bild 4.2-25: Leiterbahn-Anordnungen
      a) Stripline,   b) Mikro-Stripline

Die leiterbahnspezifischen Parameter ergeben sich aus der Geometrie der Leiterbahn-Anordnung und der relativen bzw. effektiven Dielektrizitätszahl ε_r bzw. $\varepsilon_{r\,eff}$ Bild 4.2-25).

Man erhält näherungsweise (für $0,2 < h/b < 5$) folgende leiterbahnspezifischen Parameter (Index 0):

<u>Stripline</u>   (Leiterbahn zwischen 2 Potential-Lagen):

$$C'_0 = (56\ \text{pF/m}) \cdot \varepsilon_r \cdot 1/\ln(1 + 4\ h/b),$$

$$\tau'_0 = (3,33\ \text{ns/m}) \cdot \sqrt{\varepsilon_r},$$

$$\Gamma_0 = 60\ \Omega \cdot (1/\sqrt{\varepsilon_r}) \cdot \ln(1 + 4\ h/b).$$

<u>Mikro-Stripline</u> (Leiterbahn über einer Potential-Lage):

Hier ist der Raum zwischen Hin- und Rückleiter nicht vollkommen durch das Dielektrikum ausgefüllt; deswegen muß eine effektive Dielektrizitätszahl $\varepsilon_{r\,eff}$ angesetzt werden:

$$C'_0 = (56\ \text{pF/m}) \cdot \varepsilon_{r\,eff} \cdot 1/\ln(1 + 7\ h/b),$$

$$\tau'_0 = (3,33\ \text{ns/m}) \cdot \sqrt{\varepsilon_{r\,eff}},$$

$$\Gamma_0 = 60\ \Omega \cdot (1/\sqrt{\varepsilon_{r\,eff}}) \cdot \ln(1 + 7\ h/b).$$

Dabei ist näherungsweise:

$$\varepsilon_{reff} = \frac{\varepsilon_r}{1 + \dfrac{(\varepsilon_r - 1)}{(\varepsilon_r + 1) \cdot \left(\frac{b}{h} + 1\right)}}.$$

Für übliche Werte, z. B.

$$\frac{h}{b} = 1, \quad \varepsilon_r = 4, \quad \text{d.h.} \quad \varepsilon_{r\,eff} = 3$$

erhält man die in Tabelle 4.2-2 aufgeführten Parameter.

$\frac{h}{b} = 1;\ \varepsilon_r = 4$	$C'_0/(\text{pF/m})$	$\tau'_0/(\text{ns/m})$	Γ_0/Ω
Stripline	140	6,7	48
Mikro-Stripline	80	5,8	72

Tabelle 4.2-2: Leiterbahnspezifische Parameter

Die effektiven Bus-Übertragungsparameter ergeben sich durch Berücksichtigung der zusätzlichen Kapazitäten und der Tatsache, daß gilt:

$$\tau' \sim \sqrt{C'},$$

$$\Gamma \sim 1/\sqrt{C'}.$$

Bei 10 pF je Busteilnehmer, d.h. pro 2 cm, ergibt sich die effektive spezifische Kapazität als

$$C' = C'_o + 500 \text{ pF/m},$$

und man erhält die in Tabelle 4.2-3 aufgeführten Parameter.

	$C'/(\text{pF/m})$	$\tau'/(\text{ns/m})$	Γ/Ω
Stripline	640	14,4	22,5
Mikro-Stripline	580	15,6	26,7

Tabelle 4.2-3: Effektive Bus-Übertragungsparameter

Damit wird für Leiterplatten-Busse - im Vergleich zur Punkt-zu-Punkt-Übertragung - folgendes deutlich:

- Die spezifischen Laufzeiten können sich bis auf das 3-fache erhöhen; dadurch können Grenzen hinsichtlich der Übertragungslänge bzw. der Signalverarbeitungsfrequenz erreicht werden.

- Die effektiven Wellenwiderstände können sich bis auf ein Drittel verringern; dadurch können Grenzen hinsichtlich der Belastbarkeit der Treiber-Schaltungen erreicht werden.

- Die Busse können an ihren Enden nicht mehr exakt mit dem Wellenwiderstand angepaßt werden; vielmehr müssen die Beschaltungen - gegen Bezugspotential sowie gegen Versorgungsspannung - und damit die resultierenden Strom-Spannungs-Kennlinien so optimiert werden, daß nach möglichst kurzer Zeit an allen Bus-Orten ein endgültiger definierter Signalzustand sichergestellt ist (z. B. graphisches Verfahren nach Bergeron).

Bei einer untersuchten Mikro-Stripline-Anordnung betrug der Koppelfaktor zwischen benachbarten Leiterbahnen etwa $k_0 = 0,15$. Durch Zwischenfügen beidseitig mit Bezugspotential kontaktierter Leiterbahnen dürfte sich der Koppelfaktor auf $k_1 = 0,05$ oder weniger reduzieren lassen.

Bei dicht belegten Bussen wird der Koppelfaktor wegen der hohen kapazitiven Belastung und der günstigeren Spannungsteilung kleiner. Es ist jedoch zu berücksichtigen, daß an den Steckplätzen der Busteilnehmer starke Verkopplungen über die Steckerstifte auftreten können. Hier empfiehlt sich die Zwischenfügung von Bezugspotential-Steckerstiften.

4.2.10   Zusammenfassung

Im folgenden seien wesentliche EMV-Maßnahmen für Signal-Übertragungsstrecken und -Busse kurz zusammengefaßt:

1) Parallelführung mit stark störungsbehafteten Leitungen (Schütz-Leitungen) über größere Längen als etwa 10 m ist zu vermeiden.

2) Bei wirklich enger Verkopplung mit starken Störquellen (Schütz-Leitungen) scheint Schirmung elektrischer Übertragungsstrecken unumgänglich.

   Bei koaxialer Übertragung wären also Triax-Kabel erforderlich (wie z. B. teilweise bei ETHERNET). Geschirmte symmetrische Übertragungsstrecken sind vermutlich wirtschaftlicher und konstruktiv einfacher zu realisieren.

3) Bei symmetrischen Übertragungsstrecken sind geeignete induktive Übertrager zu verwenden. Sie bieten neben echter Potentialtrennung wesentlich bessere Symmetrie und Entkopplung als symmetrische Widerstands-Beschaltungen gegen Bezugspotential bzw. Masse.

4) Koaxiale Systeme müssen *so dicht wie möglich* realisiert werden (Kopplungswiderstand).

5) Bei symmetrischen Systemen soll die Verdrillung so vollkommen wie möglich realisiert werden (Rest-Schleifen).

6) Leitungsschirme sollen in Verbindung mit Gehäuse-Schirmungen möglichst dichte Schirmhüllen bilden. Beim Anschluß der Leitungsschirme ist Rundumkontaktierung anzustreben (Kopplungswiderstand).

7) Leitungsschirme sind zumindest bei allen angeschlossenen Bus-Teilnehmern mit geeignetem Erdungssystem zu kontaktieren (metallene Kabelwannen); Busteilnehmer sollen über dasselbe Erdungssystem geerdet werden.

8) Buskabel sind dicht über leitenden Flächen zu verlegen (metallene Kabelwannen). In diesem Falle etwa folgende Abstände zu starken Störquellen Schütz-Leitungen) wahren:

bei geschirmten Systemen		30 cm;
(etwa ETHERNET-Triax)	:	d.h. durchführbar ;
bei ungeschirmten		theoretisch mehr als 1 m;
Systemen	:	d.h. problematisch .

9) Hinsichtlich EMV können optische Übertragungsstrecken (faseroptische Busse) mit großem Vorteil eingesetzt werden.

10) Können Einkopplungen nicht restlos verhindert werden, so müssen sie durch Maßnahmen auf höheren Ebenen korrigiert werden. Hierbei sollte berücksichtigt werden, daß die Dauer einzelner Stör-Bursts bei Schützen z. B. etwa 1 ms beträgt.

11) Wegen der Leitungsdämpfung werden bei großen Längen und hohen Frequenzen auch bei hochwertigen Kabeln physikalische Grenzen erreicht:

$$l_{max} \sim 1/\sqrt{f_{max}} \, .$$

12) Bei Leiterplatten-Bussen ist wegen der extremen Bus-Belastung sorgfältige Bauelementeauswahl (Leistung, Kennlinien, kleine Streukapazitäten) sowie Beschaltungsoptimierung erforderlich.

4.2.11   Literatur

[1] Johnson, Wayne: Electrical noise induced into coaxial cables in a factory environment (1 to 40 MHz). Ford Motor Co. Research Staff

[2] Plunkett, R.J.: An investigation into the crosstalk between cables as used in a typical naval environment. Admiralty Surface Weapons Establishment, Technical report TR-72-8, 1972

[3] Vance, E.F.: Coupling to Shielded Cables. John Wiley and Sons, Inc., 1978, ISBN 0-471-04107-6

[4] Industrielle Kommunikationsnetze, SINEC H1FO. Handbuch, Siemens, 1989

4.3 Besonderheiten der EMV in der Energietechnik

D. Anke

4.3.1. Einleitung

Unsere für den Netzbetrieb vorgesehenen elektrischen Geräte bzw. Betriebsmittel werden - zumindest schulmäßig - konzipiert für den Betrieb an einem idealen 230/400V-(220/380V)-Energieversorgungsnetz. Real ist dieses Energieversorgungsnetz aber keineswegs ideal. Es besitzt weder den Innenwiderstand bzw. die Netzimpedanz $Z_N = 0$ noch einen echten zeitlich sinusförmigen Verlauf der Spannung.

Änderungen gegenüber der idealen sinusförmigen Spannungszeitfunktion sind zurückzuführen auf das Zusammenwirken endlicher Netzimpedanzen $Z_N \neq 0$ mit impulsartigen, von Schalthandlungen verursachten Strombelastungen (Bild 4.3-1). Da derartige impulsartige Vorgänge gemäß Fouriertransformation durch ein zumindest theoretisch unendlich ausgedehntes Spektrum beschreibbar sind, werden sich Rückwirkungen von Schalthandlungen nicht nur auf den galvanisch angeschlossenen Leitungen, sondern auch als elektrische, magnetische und elektromagnetische Felder bemerkbar machen müssen. Über diese Felder entsteht selbst bei nicht galvanisch angekoppeltem Erdleiter eine Beeinflussung des Erdleiters, so daß dieser in eine EMV-Analyse stets einzubeziehen ist.

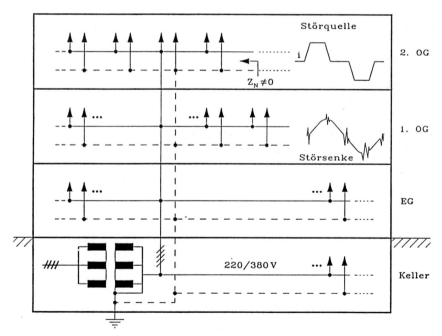

Bild 4.3-1: Gebäudeinstallation - Rückwirkungen von Schalthandlungen auf das Energieversorgungsnetz

Beschränkt man sich der Einfachheit halber auf einphasige Energieversorgungsnetze, so sind diese für EMV-Zwecke (Bild 4.3-2) zu beschreiben durch die Strom- und Spannungssituation auf den Leitern L1 (Phase 1), L2 bzw. N (Nulleiter) und L3 bzw. PE (Erdleiter). Damit ist dieses Einphasennetz allerdings aufgrund der Kirchhoffschen Maschen- und Knotengleichungen überbestimmt. Zur vollständigen Beschreibung genügen nämlich bereits zwei voneinander unabhängige Spannungs- und Stromangaben. Diese können Bild 4.3-2 beliebig entnommen oder durch geeignete Kombination gewonnen werden. Zwei Beschreibungsarten haben sich dabei eingebürgert :

Bild 4.3-2:
Ströme und
Spannungen in
einem Einphasennetz
unter Einbeziehung
des Leiters "Erde"

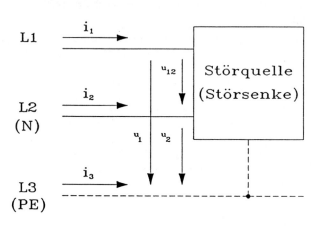

1. Beschreibung durch unsymmetrische Größen
→ einfache Meßbarkeit,   Funkentstörvorschriften (vgl. Kap.4.3.5)
$u_{us1} = u_1$; $u_{us2} = u_2$ bzw. $i_{us1} = i_1$; $i_{us2} = i_2$.   (4.3-1)

2. Beschreibung durch symmetrische und asymmetrische Größen
→ einfache Interpretation physikalischer Effekte.

Hier wird in einer von der Operations- und Differenzverstärkertechnik bekannten Weise zunächst das Geschehen zwischen den Nominalanschlüssen ohne parasitäre, feldgebundene Effekte erfaßt und dann die durch diese Effekte hervorgerufene Abweichung hinzugefügt.

Symmetrisch (nominal, normal, Differenztakt, differential mode):

$$u_s = u_{12} = u_1 - u_2 \quad \text{bzw.} \quad i_s = \frac{i_1 - i_2}{2} .$$ (4.3-2)

Asymmetrisch (Gleichtakt, common mode):

$$u_{as} = \frac{u_1 + u_2}{2} \quad \text{bzw.} \quad i_{as} = -i_3 = i_1 + i_2 .$$ (4.3-3)

Unsymmetrische und symmetrische/asymmetrische Größen sind miteinander verknüpft gemäß

$$u_{us1} = u_1 = u_{as} + \frac{u_s}{2} \; ; \quad u_{us2} = u_2 = u_{as} - \frac{u_s}{2} \; ;$$

$$i_{us1} = i_s + \frac{i_{as}}{2} \; ; \quad\quad i_{us2} = -i_s + \frac{i_{as}}{2} \; , \tag{4.3-4}$$

wobei direkt an den Anschlußklemmen einer Störquelle gilt:

$$i_{us1} \approx i_s \; ; \quad i_{us2} \approx -i_s \; .$$

Anders bei hohen Frequenzen und großer Entfernung von der Störquelle. Dort wird nach Kap. 4.3.3:

$$i_{us1} \approx i_{us2} \approx i_{as}/2 \; .$$

Sind Erdleiter bzw. Masseleiter strikt galvanisch von den Leitern L1 und L2 des Einphasennetzes getrennt, so spricht man von einer - zumindest gleichstrommäßig - symmetrischen Netzstruktur (balanced circuit) mit symmetrischer Übertragung. Wird hingegen einer der beiden Leiter durch den Erd- oder Masseleiter (KFz-Installation) verkörpert, so handelt es sich um eine unsymmetrische Netzstruktur (unbalanced circuit) mit unsymmetrischer Übertragung. Bei L2 = Masse-/Erdleiter wird dann

$$u_1 = u_{us} \; .$$

Ziel der nachstehenden Ausführungen ist es, aufbauend auf der Störungsursache "Schaltvorgang" sowie einer realen Netzbeschreibung unter Einbeziehung des Leiters "Erde", beispielhaft einige Störungen bezüglich Entstehung, Zeitfunktion und Spektrum zu analysieren. Zur Beurteilung der Störungsausbreitung werden die hierfür maßgebenden Netzparameter "Netzimpedanz" und "Dämpfung" diskutiert. Anschließend werden sich einige Bemerkungen zur Entstörung und zu Vorschriften.

4.3.2 Störungen im Energieversorgungsnetz

Im Energieversorgungsnetz sind grundsätzlich Dauerstörer und Kurzzeitstörer zu unterscheiden.

In die Rubrik der Dauerstörer fallen alle jene Betriebsmittel, die aufgrund ihrer schaltenden Betriebsweise stets wiederkehrende Störsignale verursachen. Hierzu gehören leistungselektronische Wandler, Kommutatormaschinen, aber auch Daten-verarbeitungssysteme. Die Störsignale sind meist recht gut meßtechnisch erfaßbar, es existieren genormte Emissonsgrenzwerte (DIN VDE 0871, 0875, 0879, [5]) und recht gut etablierte Vorstellungen zur Entstörung am Entstehungsort, d. h. direkt an der Störquelle.

Kurzzeitstörungen sind auf gelegentliche Schaltvorgänge im Energieversor-gungsnetz, aber auch auf externe Vorgänge wie z. B. direkten oder indirekten, d.h.

über Felder einwirkenden Blitzschlag zurückzuführen. Kurzzeitstörungen treten bezogen auf den Ort ihrer Auswirkung meist nur statistisch auf und sind selten einer lokalisierbaren Störquelle zuzuordnen. Gegenmaßnahmen sind, ausgenommen alle jene Problemfälle, die auf lokalisierbaren Ursachen beruhen, am Ort der Störungsauswirkung, also am Ort der Störsenke zu treffen. Dimensionierungsbasis hierfür sind statistisch abgesicherte Datenmaterialien oder Störfestigkeitsnormen (IEC 801, DIN VDE 0843, [5]).

4.3.2.1 Dauerstörer

4.3.2.1.1 Leistungselektronische Wandler

Bild 4.3-3 zeigt als Beispiel die Schaltung eines halbgesteuerten Gleichrichters in B2-Brückenschaltung [1]. Dieser gestattet durch geeignete Wahl des Durchschaltzeitpunktes der steuerbaren Ventile (hier: Zündwinkel α der Thyristoren) die Steuerung des arithmetischen Mittelwertes und damit des Gleichanteiles der Ausgangsspannung u_d. Wird für die Last eine sehr große Zeitkonstante $\tau = L/R \gg T_1 = 1/f_1$ (T_1: Periode der Netzspannung) und folglich ein ideal geglätteter Ausgangsstrom I_d angenommen, so zeigt sich gemäß Bild 4.3-4 am Ausgang des Wandlers ein geschaltetes Abbild der sinusförmigen Eingangsspannung u_1 und am Wandlereingang ein geschaltetes Abbild des Ausgangsgleichstromes I_d.

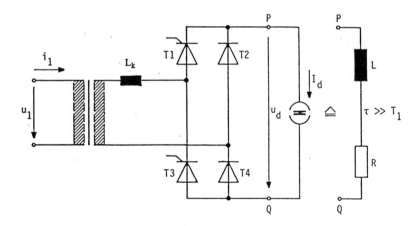

Bild 4.3-3: Halbgesteuerter Gleichrichter in B2-Brückenschaltung
(Transformator optional)

Die Fourieranalyse des zeitlich rechteckförmigen Eingangsstromes $i_1(t)$ liefert für den eingeschwungenen Zustand bei $\alpha = const.$ ein äquidistantes Linienspektrum mit den Frequenzen

$$f_n = n \cdot f_1 = n \cdot \frac{1}{T_1}; \quad n = 1, 3, 5, \dots \qquad (4.3\text{-}5)$$

und den Spektrallinienamplituden (Bild 4.3-5)

$$c_n = \frac{\hat{i}_1(t)}{I_d} = \left| \frac{4}{\pi \cdot n} \cdot \cos \left(n \cdot \frac{\alpha}{2} \right) \right| \quad ; \quad n = 1, 3, 5, \ldots \quad (4.3\text{-}6)$$

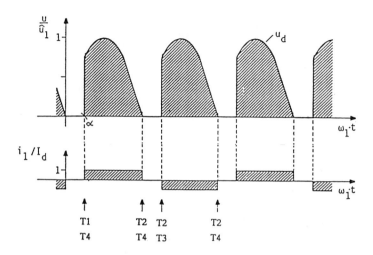

Bild 4.3-4: Halbgesteuerter Gleichrichter in B2-Brückenschaltung ($L_k = 0$),
Zeitfunktionen: Ausgangsspannung $u_d(t)$, Eingangsstrom $i_1(t)$

Neben der im speisenden Energieversorgungsnetz vorhandenen Frequenz f_1 treten nach Gl.(4.3-5) weitere Spektralkomponenten mit $f_n \neq f_1$ in Erscheinung - der leistungselektronische Wandler wird zum Generator ursprünglich nicht vorhandener und somit potentiell störender Spektralkomponenten. Handelt es sich dabei um tieffrequente Spektralkomponenten (< 20 kHz), so spricht man von Netzrückwirkungen. Höherfrequente Spektralanteile ordnet man dem Problembereich Elektromagnetische Unverträglichkeit zu. Bei der Netzrückwirkungsproblematik interessiert man sich in der Regel für einzelne Spektrallinien - im EMV-Bereich hingegen steht die Umhüllende des Spektrums im Zentrum des Interesses.

Die Existenz der neu generierten Spektrallinien ist beschreibbar durch die Angabe des Klirrfaktors der n-ten Spektrallinie

$$k_n = \frac{\text{Effektivwert n-te Spektrallinie}}{\text{Gesamteffektivwert}} = \frac{I_1(f_n)}{\sqrt{\sum\limits_{\nu=1}^{\infty} I_1^2(f_\nu)}} \quad (4.3\text{-}7)$$

oder globaler durch die Angabe des Gesamtklirrfaktors k bzw. des Grundschwingungsgehaltes g

$$k = \frac{\text{Effektivwert Oberschwingungen}}{\text{Gesamteffektivwert}} = \frac{\sqrt{\sum\limits_{\nu=2}^{\infty} I_1^2(f_\nu)}}{\sqrt{\sum\limits_{\nu=1}^{\infty} I_1^2(f_\nu)}} \; ; \qquad (4.3\text{-}8)$$

$$g = \frac{\text{Effektivwert Grundschwingung}}{\text{Gesamteffektivwert}} = \sqrt{1 - k^2} \; . \qquad (4.3\text{-}9)$$

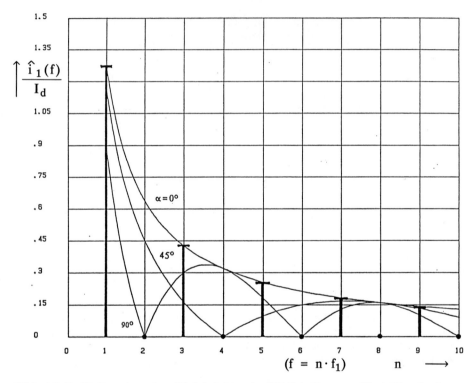

Bild 4.3-5: Halbgesteuerter Gleichrichter in B2-Schaltung – Umhüllende des
Spektrums für verschiedene Zündwinkel α, Spektrallinien für $\alpha = 0^\circ$

Der gelegentlich benutzte Begriff "Oberschwingungsverhältnis = Effektivwert n-te Oberschwingung / Effektivwert Grundschwingung" ist für $k < 0{,}1$ näherungsweise gleich dem Klirrfaktor k_n.

Umgekehrt wird die Zulässigkeit eventueller Spektrallinien in Grenzwertvorschriften (DIN VDE 0838, EN 60555, IEC 555) durch die Vorgabe zulässiger Klirrfaktoren bzw. Oberschwingungsverhältnisse festgelegt. Die nachstehende Tabelle zeigt als Auszug aus DIN VDE 0838 die zulässigen Spannungs-

Oberschwingungsverhältnisse für Haushaltsgeräte (Messung an einer symmetrischen Netzimpedanz mit Z_{Ns} = 0,4 Ω + jω · 0,8 mH). Werte für energietechnische Anlagen spezifiziert DIN VDE 0160.

Ordnungszahl n	Spannungs-Oberschwingungsverhältnis in %	
3	0,85	
5	0,65	
7	0,6	tragbare
9	0,4	Elektrowerk-
11	0,4	zeuge * 1,5
13	0,3	
15 ... 19 ungerade	0,25	
2	0,3	
4 ... 40 gerade	0,2	

Tabelle 4.3-1: Zulässige Spannungs-Oberschwingungsverhältnisse für Haushaltsgeräte nach DIN VDE 0838

Anmerkung: Die Tabelle beschreibt die zulässige Netzrückwirkung eines Prüflings und stellt kein Maß dar für die zu fordernde Störfestigkeit einer Störsenke. Angaben hierzu enthält DIN VDE 0839 Teil 1.

Trägt man $c_n(n,\alpha)$ nach Gl.(4.3-6) quasi kontinuierlich über n oder bei gegebener Grundfrequenz f_1 über f=n·f_1 auf, so erhält man einen guten Eindruck vom Frequenzgang des Spektrums. Bild 4.3-5, das eine entsprechende Darstellung für verschiedene Zündwinkel α enthält, zeigt, daß die aus Gl.(4.3-6) über die Bedingung max |cos (...)| = 1 ableitbare Beziehung

$$c_n(n,\alpha)\,|_{max} = c_n(n,\alpha=0) = \frac{4}{\pi \cdot n} \qquad (4.3\text{-}10)$$

die obere Begrenzung aller $|c_n(n,\alpha)|$-Kurven darstellt und somit als worst case-Erfassung des Spektrums zu interpretieren ist. Demgegenüber sind die einzelnen, individuellen Spektrallinien zumindest für EMV-Belange von untergeordneter Bedeutung, zumal diese so nur für α=const. und im eingeschwungenen Zustand existieren [7].

Praktische Messungen an einem halbgesteuerten Gleichrichter in B2-Brücken-schaltung zeigen die Bilder 4.3-6 und 4.3-7 [17]. Bild 4.3-6 zeigt den Versuchsaufbau, bestehend aus einer Magnetlast, einem kommerziellen halbgesteuerten B2-Gleichrichter sowie einer Kommutierungsinduktivität L_k gemäß Richtlinien des Gleichrichterherstellers. Letztere soll durch Limitierung von di/dt einem "Ventilkurzschluß" während der Stromkommutierung von Ventil zu Ventil entgegenwirken [1]. Dementsprechend reduziert L_k auch die Flankensteilheit der Stromimpulse, was sich nach Kap. 4.3.2.3 auch günstig auf die spektrale Ausdehnung des Stromspektrums auswirkt.

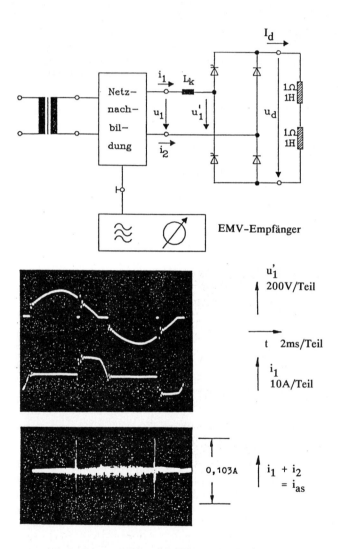

Bild 4.3-6: B2-Schaltung halbgesteuert - Versuchsanordnung

Mit dargestellt ist die für eine normgerechte Messung der (Funk-)Störspannung erforderliche Netznachbildung samt selektivem Empfänger (EMV-Empfänger, Funkstörempfänger). Der ebenfalls eingezeichnete Transformator war in diesem Untersuchungsbeispiel aufgrund einer FI-Absicherung des Labors erforderlich. Zusätzlich zum Versuchsaufbau sind Oszillogramme der symmetrischen Größen u'_1 und i_1 sowie der asymmetrischen Störgröße i_{as} angegeben. Erkennbar sind die beiden, durch das Zusammenwirken von Stromkommutierung und Kommutierungs-induktivität beeinflußten Kommutierungseinbrüche bei $\alpha \approx 140^O$ (Kommutierung des Stroms I_d von einer der beiden Dioden zu einem der Thyristoren) und bei $\alpha = 180°$ (Kommutierung des Stroms I_d von dem eben gezündeten Thyristor auf die Diodenserienanordnung). Bild 4.3-7 zeigt das nach DIN VDE 0875 gemessene Spektrum der unsymmetrischen Störspannungen zusammen mit der von dieser Norm vorgegebenen Emissionsgrenze. Die Meßresultate zeigen, daß ohne zusätzliche Entstörmaßnahmen, wie z. B. den Filtereinbau gemäß Kap. 4.3.4, eine unzulässige Überschreitung der Emissionsgrenze auftritt.

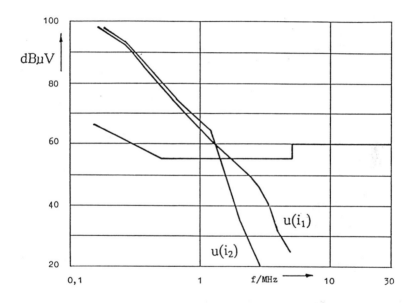

Bild 4.3-7: B2-Schaltung halbgesteuert ($U_1 = 220$ V, $I_d = 10$ A) –
Unsymmetrische Störspannung nach DIN VDE 0875,
Netzimpedanz $Z_{Nus} = 50\ \Omega \parallel 50\,\mu H$, Meßbandbreite B = 9 kHz,
Signalbewertung quasi-peak

Aber nicht nur gesteuerte Gleichrichter beeinflussen das Energieversorgungsnetz. Auch Wechselstromsteller - Dimmer bei Helligkeitssteuerung von Lampen - verursachen Störungen, wie das in Bild 4.3-8 wiedergegebene Meßresultat von der durch Wechselstromsteller gesteuerten Heizung eines Windkanals zeigt.

Bild 4.3-8:
Atmosphärischer Windkanal
an der Universität der
Bundeswehr München:
Spannung U_{L-N} = 220 V,
Gebläse 0,15 kA,
Heizung (Wechselstrom-
steller 3-phasig) 1,0 kA

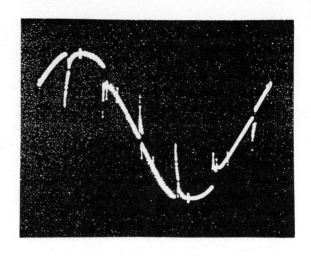

Bild 4.3-9:
Klemmenspannung
an einem Kfz-Lüftermotor
mit U = 12 V, n = 4800 min^{-1},
oberes Bild: I = 20 A,
unteres Bild: I = 5 A

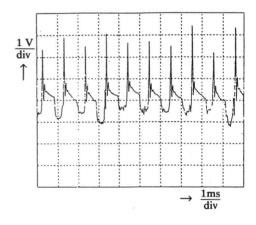

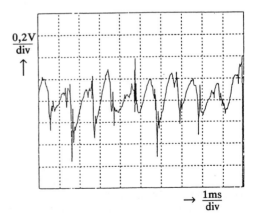

4.3.2.1.2 Kommutatormaschinen

Vergleichbar mit leistungselektronischen Wandlern, wo durch Halbleiterventile Ströme umgeschaltet bzw. kommutiert werden, wird auch in Kommutatormaschinen der Strom, nunmehr allerdings elektromechanisch durch das Zusammenwirken von Bürste und Kollektor, von Wicklungsstrang zu Wicklungsstrang des Ankers umgeschaltet. Diese Kommutierung verläuft selten ideal. Gerade in kleinen Maschinen, wo bedingt durch Maschinengeometrie und Kosten, geringer oder gar kein Kompensationsaufwand betrieben wird, aber auch in großen Maschinen mit weiten Betriebsdrehzahlbereichen, wo die Kompensation nur für einen engen Drehzahlbereich optimierbar ist, treten aufgrund nichtidealer Kommutierungsverläufe hohe induzierte Spannungsimpulse auf. Diese Spannungsimpulse sind eine Funktion der Geometrie und der elektrischen Eigenschaften des Kommutierungsapparates - Anzahl Pole, Anzahl Kollektorlamellen (Ankerspulen), Bürstenbreite und Länge - sowie eine Funktion des Betriebszustandes. Bild 4.3-9 zeigt hierzu als Meßbeispiel die Spannungsimpulse an einem Kfz-Lüftermotor. Die Bilder 4.3-10 und 4.3-11 zeigen für den gleichen Lüftermotor nach DIN VDE 0879 Teil 3 aufgenommene Störspannungsspektren ohne und mit eingebautem LC-Entstörfilter. Der bei 30 MHz erkennbare Sprung des Störspannungspegels ist auf eine durch die Meßnorm vorgegebene Änderung der Meßbandbreite B zurückzuführen. So ist B (f < 30 MHz) = 9 kHz und B (f > 30 MHz) = 120 kHz ([2],[14],[15]).

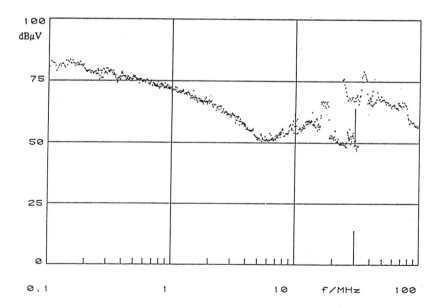

Bild 4.3-10: Kfz-Lüftermotor mit U=12 V, I=18 A, n=2600 min^{-1},
Störspannungsmessung nach DIN VDE 0879

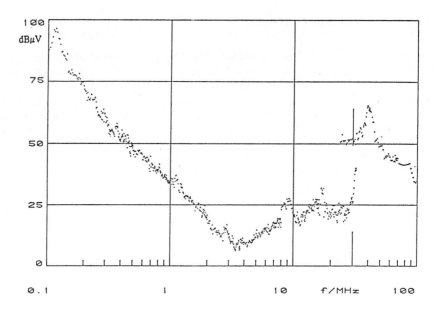

Bild 4.3-11: Kfz-Lüftermotor mit LC-Filter, $U = 12\,V$, $I = 18\,A$, $n = 2600\,min^{-1}$, Störspannungsmessung nach DIN VDE 0879

4.3.2.2 Kurzzeitstörungen

4.3.2.2.1 Schaltvorgänge im Energieversorgungsnetz

Kurzzeitstörungen werden im wesentlichen - Ausnahmen z. B. Blitzeinwirkungen - erzeugt durch Schalthandlungen im Energieversorgungsnetz. Hierzu gehören u. a. Schalthandlungen von Leistungsschaltern, Erdungsschaltern und Trennschaltern. Einige Beispiele lokalisierbarer Schalthandlungen sollen dies im folgenden veranschaulichen.

a) Leitungsabschaltung bei Leitungskurzschluß

Kritisch ist dieser Schaltvorgang aufgrund der hohen Abschaltströme und der in der Netzinduktivität gespeicherten Energie

$$W_m = \frac{1}{2} \cdot L \cdot I^2 \,.$$

Bild 4.3-12 ([8],[10]) zeigt ein Fallbeispiel. Die Sammelschiene eines 220/380-V-Niederspannungsnetzes wird über einen Transformator aus dem Mittelspannungsnetz gespeist. Von der Sammelschiene aus führen Leitungsabgänge zu den einzelnen Verbrauchern bzw. Betriebsmitteln. Jeder Leitungsabgang ist mit einer Abzweig-Schmelzsicherung geschützt. Tritt hinter der Abzweig-Schmelzsicherung - z. B. im Leitungsabgang 1 - ein Kurzschluß zwischen einem Leiter und dem

Nulleiter auf, so schmilzt die Sicherung nach Erreichen des Schmelz-i^2t-Wertes, es entsteht ein Lichtbogen, und der Strom beginnt zu fallen. Dem wirkt die Netzinduktivität entgegen aufgrund der in ihr gespeicherten magnetischen Energie durch Induzierung einer Spannungsüberhöhung. Der Lichtbogen verlischt erst nach Umsetzung der magnetischen Energie in Wärme. Die durch den Kurzschlußvorgang und dessen Abschaltung über eine Schmelzsicherung induzierte Überspannung steht an der Sammelschiene und somit auch bei den unbetroffenen Leitungsabgängen an. Amplitude und Dauer der Überspannung sind abhängig von der Größe der Netzinduktivität und damit der Leitungslänge, dem Kurzschlußort und dem eingesetzten Sicherungstyp. Ein Meßbeispiel zum zeitlichen Verlauf der Überspannung zeigt Bild 4.3-12.

Bild 4.3-12:
Leitungsabschaltung
bei Leitungskurzschluß:
$U_s = 220\,V$,
Si: Schmelzsicherung
10 A träge (500 V),
K: Kurzschluß,
M: Meßpunkt,
Überspannung
$\Delta u = 1700\,V$,
Halbwertszeit $T = 100\,\mu s$

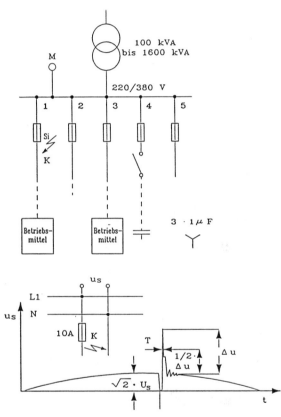

Entsprechend der Begriffsdefinition in Kap. 4.3.1 ist die so entstandene Transiente symmetrischer Natur. Aufgrund der Kopplungsgesetze zum Erdleiter (kapazitive, induktive Kopplung) entsteht aber auch eine Transiente zwischen Leiter und Erdleiter (unsymmetrische/asymmetrische Transiente). Ganz wesentlich für deren Größe ist das d(..)/dt-Verhalten der primären Entstehungsursache. Ist diese beispielsweise beschreibbar durch ein doppelexponentielles Verhalten mit geringer

Anstiegszeit und großer Halbwertszeit, so werden Amplitude und Dauer der asymmetrischen Transiente von der Anstiegsflanke der Entstehungsursache geprägt. Die Dauer der asymmetrischen Transiente ist also gering im Vergleich zu jener der symmetrischen Transiente.

b) Leitungsabschaltung / Entladung

Ist für Reparatur-/Wartungszwecke eine Energieversorgungsleitung freizuschalten, so wird diese zunächst von der Energiezufuhr abgetrennt und dann kurzgeschlossen. Letzteres ist erforderlich zum Abbau der in der Leitung gespeicherten kapazitiven Energie. Diese ist abhängig vom Trennungszeitpunkt bzw. genauer von der zum Trennungszeitpunkt existierenden Momentanspannung sowie von der Betriebskapazität der Leitung.

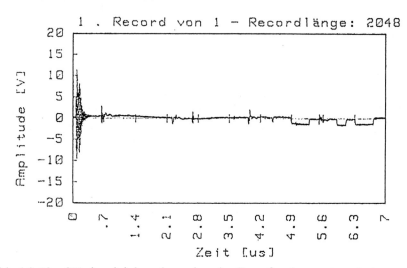

Bild 4.3-13: Störsignaleinkopplung in ein Prozeßrechnersystem bei
Entladung einer 20-kV-Leitung (Länge: 1,4 km),
Abtastintervall Transientenrecorder: 7 μs,
dargestellter Zeitbereich: Zeitangabe · Recordlänge

Ein Beispiel möge die Gößenordnung veranschaulichen :

Kabeltyp	: Einadriges VPE-Kabel mit längswasserdichtem Schirmbereich und PE-Außenmantel,
Nennquerschnitt	: $A = 150$ mm^2,
Betriebskapazität	: $C' = 0{,}26$ μF/km,
Betriebsinduktivität	: $L' \approx 0{,}6$ mH/km,
Kabellänge	: $l = 1{,}4$ km,
Spannung (eff. Wert)	: $U = 20$ kV,
max. kapazitive Energie	:

$$W_{cmax} = \frac{1}{2} \cdot l \cdot C' \cdot (\sqrt{2} \cdot U)^2 = 145{,}6 \text{ Ws} . \qquad (4.3\text{-}11)$$

Verzichtet man auf eine genauere wellentheoretische Analyse des Entladungsvorganges, so wird der beim Leitungskurzschluß fließende Entladestrom in erster Näherung nur begrenzt vom ohmschen Leitungswiderstand, dem Widerstand des Schalters sowie der Leitungsinduktivität. Verzichtet man auch auf die ohmschen Widerstände, so ergibt sich für den als Beispiel genannten Fall als maximaler Entladestrom

$$i_{max} \approx \frac{\sqrt{2} \cdot U}{\Gamma} = \sqrt{2} \cdot U \cdot \sqrt{\frac{C'}{L'}} = 589 \text{ A} \,. \tag{4.3-12}$$

Dieser Entladestrom führt zu hohen transienten Magnetfeldern und damit zur Gefahr induktiver Einkopplungen in andere Leitungssysteme. Bild 4.3-13 zeigt als Beispiel das Oszillogramm einer derartigen indukiven Störungseinkopplung in ein Prozeßrechnersystem bei Entladung der vorstehend als Beispiel aufgeführten Leitung.

c) Trennschaltung

Hohe Überspannungen sind auch beim Schalten freilaufender Leitungsteile mittels Trennschalter zu beobachten. Ursache hierfür sind Wanderwellen. Diese und die damit verbundenen Transienten werden entscheidend geprägt von den Eigenschaften des Trennschalters, den Wellenwiderständen der angeschlossenen Leitungen und den Leitungslängen. Bild 4.3-14 zeigt bei starker Vereinfachung - der Schalter wird als ideal angesetzt - ein Experiment zur Einführung in die Problematik. Eine Hochspannungsquelle U_0 wird über eine Leitung 1 (Wellenwiderstand Γ_1, Länge l_1, Laufzeit T_1) und einen Trennschalter S an eine Leitung 2 - (Wellenwiderstand Γ_2, Länge l_2, Laufzeit T_2) durchgeschaltet. Durch Schließen des Trennschalters wird eine nach rechts laufende Wanderwelle 2 mit der Amplitude

$$\Delta u_2 = U_0 \cdot \frac{\Gamma_2}{\Gamma_1 + \Gamma_2} \tag{4.3-13}$$

und eine nach links laufende Wanderwelle 1 mit der Amplitude

$$\Delta u_1 = -U_0 \cdot \frac{\Gamma_1}{\Gamma_1 + \Gamma_2} \tag{4.3-14}$$

hervorgerufen. Diese werden bei Widerstandsänderungen im weiteren Verlauf der Leitungen reflektiert mit dem Reflexionsfaktor

$$r = \frac{Z - \Gamma_L}{Z + \Gamma_L} \,, \tag{4.3-15}$$

Γ_L : Wellenwiderstand der Leitung,
Z : Abschlußwiderstand bzw. Wellenwiderstand der aufnehmenden
      Leitung.

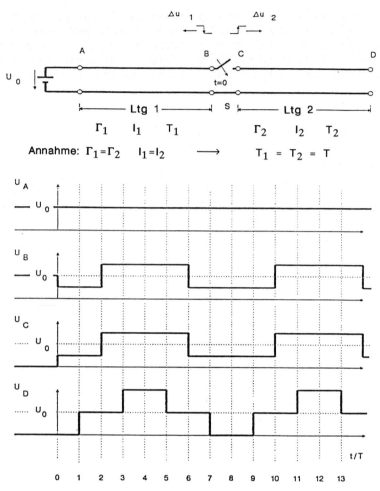

Bild 4.3-14: Leitungszuschaltung mit Trennschalter -
Ausbildung (ungedämpfter) Wanderwellen

So wird die Wanderwelle 2 nach der Laufzeit T_2 am rechten Leitungsende mit dem Reflexionsfaktor $r_D = 1$, die Wanderwelle 1 nach der Laufzeit T_1 am linken Leitungsende mit dem Reflexionsfaktor $r_A = -1$ reflektiert. Nach jeweils zweifacher Laufzeit treffen die Wanderwellen wieder am Trennschalter S ein und erfahren dort bei $\Gamma_1 \neq \Gamma_2$ eine erneute Reflexion mit

$$r_{A \to B} = \frac{\Gamma_2 - \Gamma_1}{\Gamma_2 + \Gamma_1} \quad , \qquad r_{D \to C} = \frac{\Gamma_1 - \Gamma_2}{\Gamma_1 + \Gamma_2} \qquad (4.3\text{-}16)$$

sowie später weitere Reflexionen an den jeweiligen Leitungsenden. Da reale

Schalter sowohl beim Schließen als auch beim Öffnen Vor- und Nachzündungen aufweisen, werden derartige Wanderwellen nicht nur einmal, sondern mehrfach angeregt. Allerdings werden diese entgegen der idealisierten Darstellung in Bild 4.3-14 infolge von Verlusten im Schalter und auf den Leitungen gedämpft verlaufen. Die zu beobachtenden realen Überspannungen sind Überlagerungsresultate vieler derartiger, gedämpft verlaufender Wanderwellen.

Komplizierter wird die Situation bei hohen Betriebsspannungen mit $U > \approx 70$ kV. Hier werden bevorzugt metallgekapselte gasisolierte Schaltanlagen mit SF_6-Gasisolation (Schwefelhexafluorid, innere elektrische Festigkeit ≈ 90 kV/cm [12] bei Betriebsdruck) eingesetzt. Bild 4.3-15 zeigt, wiederum unter Annahme eines idealen Schalters, die Situation. Die metallgekapselte Schaltanlage besteht aus der Spannungsquelle U_0, einer Leitung 1, dem Schalter S und einer Leitung 2. Am Ende der Leitung 2, d.h. am Schaltungspunkt D vollzieht sich der Übergang zur Freiluftinstallation. Aufgrund der geometrischen Ausdehnung von metallgekapselter Schaltanlage und Freiluftinstallation ist zu erwarten, daß $T_3 \gg T_2, T_1$. Entscheidend für die Ausbildung von Wanderwellen ist der geometriebedingte Wellenwiderstandsunterschied

$$\Gamma_1 \approx \Gamma_2 \lll \Gamma_3 .$$

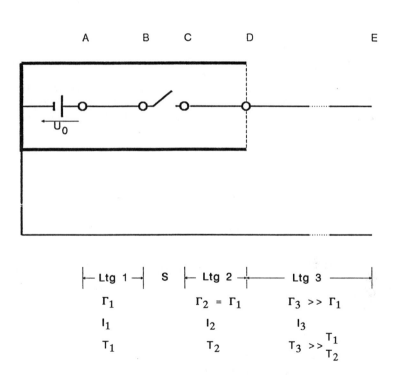

Bild 4.3-15: Prinzipdarstellung einer metallgekapselten SF_6-Schaltanlage mit angeschlossener Freileitung

Für eine von Schalter S nach rechts, also von C nach D laufende Wanderwelle stellt das Ende der Metallkapselung bei D nahezu eine Totalreflexion mit $r=1$ dar, so daß zunächst für $t<2 \cdot T_3$ im Bereich der Metallkapselung Schwingungen gemäß Bild 4.3-14 zu erwarten sind. Diese Schwingungen regen an der Schnittstelle D zur Freileitung eine weitere Wanderwelle an, die nach der Laufzeit T_3 am Leitungsende E mit $r=1$, nach nochmaliger Laufzeit T_3 am Leitungsende D mit $r=-1$ usw. reflektiert wird. Nach Bild 4.3-14 treten im Falle ungedämpfter Wanderwellen an D Spannungen bis $u_{Dmax}=2 \cdot U_0$ auf. Demzufolge können, ebenfalls unter der Voraussetzung von Dämpfungsfreiheit an E Spannungen bis $u_{Emax}=2 \cdot u_{Dmax}=4 \cdot U_0$ auftreten. Reale SF_6-Anlagen [4], [11] sind gekennzeichnet durch Vor- und Nachzündungen der Gasisolationsstrecke mit Durchschaltzeiten von 2 . . . 12 ns. Langsame Transiente mit Schwingungsfrequenzen <100 kHz, geprägt durch die Geometrie und Struktur des Gesamtsystems, werden überlagert von schnellen Transienten mit Schwingungsfrequenzen innerhalb 1 MHz ... 50 MHz, stammend von den Reflexionsvorgängen innerhalb der metallgekapselten Schaltanlage. Die zu beobachtenden Überspannungen liegen normalerweise im Bereich $< 2,5 \cdot U_0$. Die eben beschriebenen, durch Trennschaltung hervorgerufenen Transienten sind primär symmetrischer Natur. Ähnlich wie bei der Leitungskurzschlußabschaltung beschrieben, werden aber auch hier infolge von Feldkopplungen zur Erde asymmetrische Störgrößen generiert.

d) Transformator-Zuschaltung

Aufgrund der "magnetischen Vorgeschichte" eines Transformators können in diesem Remanenzen auftreten, die den magnetischen Kreis des Transformators bei ungünstigem Zuschaltzeitpunkt in die Sättigung treiben ("In-Rush-Effekt"). Als Konsequenz steigt der Strom über den Ansprechwert der Sicherung, es kommt wie im Kurzschlußfall zur Sicherungsabschaltung mit der Folge induzierter Überspannungen an der Netzinduktivität.

4.3.2.2.2 Netzstatistik

Die Qualität des Energieversorgungsnetzes an einem bestimmten Beobachtungspunkt wird von vielen der in Kap. 4.3.2.2.1 dargestellten Störursachen beeinflußt. Infolge der Entstehungsmechanismen, aber auch aufgrund der Störungsdämpfung im Leitungsnetz wird die Umgebung des Beobachtungspunktes von entscheidendem Einfluß sein. Die Norm IEC 801 / DIN VDE 0843 "Elektromagnetische Verträglichkeit von Meß-, Steuer- und Regeleinrichtungen der industriellen Prozeßtechnik" unterscheidet deshalb hinsichtlich der erforderlichen Störfestigkeit von elektrischen Betriebsmitteln vier Einsatzbereiche :

> Level 1 : gut EMV-geschützte Umgebung,
>   z. B. Computer-Raum,
> Level 2 : EMV-geschützte Umgebung,
>   z. B. Terminalraum,
> Level 3 : typischer Industriebereich,
>   z. B. Schaltwarte,

Level 4 : ungünstiger Industriebereich,
z. B. Hochspannungsschaltfeld.

Quantitative Daten zur Überspannungssituation in Deutschland wurden im Rahmen von ZVEI-Studien ermittelt. So zeigt Bild 4.3-16 [13] in einer EMV-Tafel-Darstellung gemäß DIN VDE 0847 die spektrale Maximalwertkurve über Spektren von 250 transienten Vorgängen.

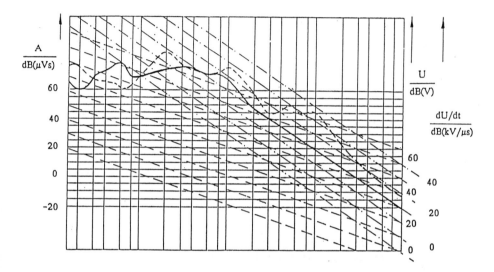

Bild 4.3-16: Amplitudendichte (EMV-Tafel) transienter Störspannungen im Niederspannungsnetz (-----unsymmetrisch, ———— symmetrisch)

Bild 4.3-17 [10] zeigt die Überspannungshäufigkeit $H(u > \hat{u})$ bezogen auf 1000 Beobachtungsstunden an insgesamt 40 Beobachtungsorten (Industrie: 14 Meß-stellen, Labore: 11 Meßstellen, Geschäftshäuser: 9 Meßstellen, Haushalt: 6 Meß-stellen). Nach [10] sind des weiteren Spannungssteilheiten von typisch 1 V/ns bis 10 V/ns sowie mittlere Impulsdauern von 0,8 μs entnehmbar.

4.3.2.3 Spektren

Bei Schaltvorgängen in elektrischen Netzen sind nach Kap. 4.3.2.1 und 4.3.2.2 pulsartige Spannungs- und Stromzeitfunktionen zu beobachten. Beschreibungsmerk-male sind neben der Amplitude (hier: norminiert = 1) die Impulsdauer t_i (50-%-Wert), die Anstiegszeit t_r, die Abfallzeit t_f und im Falle der Periodizität die Periodendauer T. Das für die EMV-Analyse und für viele Entstörmaßnahmen besonders interessante Spektrum ist bei Einzelimpulsen kontinuierlich, bei periodischen Pulsen diskret (Bild 4.3-5) und jeweils theoretisch unendlich

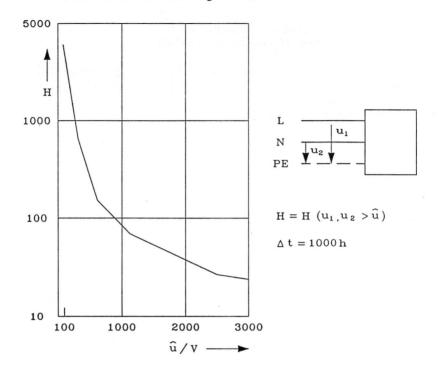

Bild 4.3-17: Unsymmetrische Störspannung im Niederspannungsnetz - Überspannungshäufigkeit H(u > û) / 1000 h

ausgedehnt. Bild 4.3-18 zeigt als Beispiel das Spektrum eines Einzelimpulses, hier ausgedrückt als Amplitudendichte gemäß

$$C(f) = \frac{d(Amplitude(f))}{df} \quad , \qquad 0 < f < \infty \ . \qquad (4.3\text{-}17)$$

Eine derartige Amplitudendichte läßt sich auch bei periodischen Pulsen trotz der dort auftretenden diskreten Spektrallinien definieren durch den Ansatz

$$C(f) = c_n \cdot T \ ; \qquad c_n : \text{Amplitude der n-ten Spektrallinie} \ . \qquad (4.3\text{-}18)$$

Im tiefen bis mittleren Frequenzbereich von Pulsspektren ist ein typisches $\sin(x)/x$ - Verhalten mit äquidistant verteilten spektralen Nullstellen längs der Frequenzachse erkennbar. Zwischen je zwei benachbarten Nullstellen ist das Spektrum kohärent. Für EMV-Belange interessiert allerdings weniger diese spektrale Feinstruktur als vielmehr das worst case-Verhalten, wie es durch die spektrale Umhüllende

$$C^*(f) = \max \left(C(f) \right)$$

beschreibbar ist. Für $f \rightarrow 0$ ist diese Umhüllende gleich der Tangente bei $f=0$, für

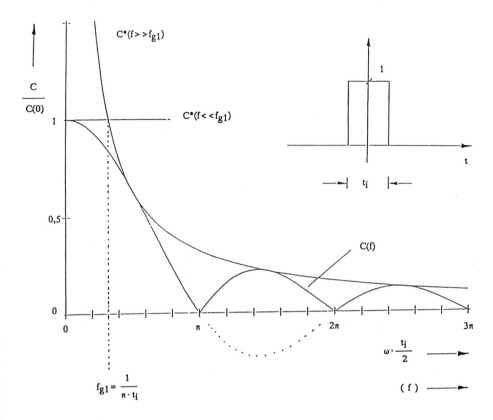

Bild 4.3-18: Spektrum (Amplitudendichte) eines Einzelimpulses

höhere Frequenzen ist sie eine an die Maxima der sin(x)/x - Kurve angepaßte Hyperbel. Der Schnittpunk beider Umhüllenden wird als erste Grenzfrequenz mit $f_{g1} = 1/(\pi t_i)$ bezeichnet. Die Impulsflanken werden erst im hohen Frequenzbereich, ab einer zweiten Grenzfrequenz f_{g2} bedeutsam. Letztere wird geprägt von der steileren der beiden Impulsflanken und lautet für den Fall $t_r < t_f$: $f_{g2} = 1/(\pi t_r)$. Verzichtet man bei der Ermittlung der spektralen Umhüllenden auf die Erfassung der weniger steilen Impulsflanke, so verursacht dies für $f > f_{g2}$ einen für EMV-Belange häufig vernachlässigbaren Fehler von max. 6dB. Mit dieser Vereinfachung lassen sich auch Spektren von recht unterschiedlichen Zeitfunktionen einfach anhand von Nomogrammen ermitteln. Bild 4.3-19 zeigt ein derartiges, auf der Amplitudendichtedefinition gemäß Gl.(4.3-17) beruhendes Nomogramm.

Anwendungsbeispiel:

Gegeben: Einzelimpuls bzw. Transiente mit $\hat{u} = 1000\,V$, $t_i = 1\,\mu s$, $t_r = t_f = 100\,ns$; gesucht : Umhüllende L_C^* des Betrages der Amplitudendichtefunktion in dBμVs;

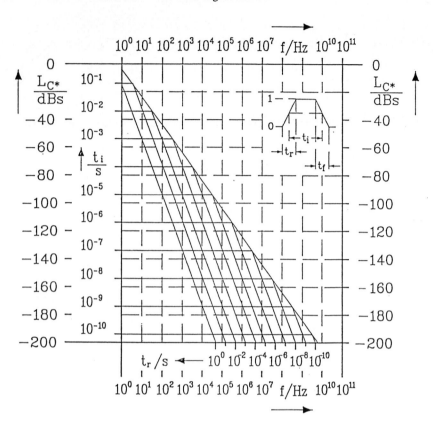

Bild 4.3-19: Nomogramm zur Bestimmung der Amplitudendichte

Lösung mit Bild 4.3-19:

$$L_C^* = 20 \cdot {}_{10}\log \frac{\hat{u} \cdot C^*}{1\,\mu Vs}\,dB\mu Vs = 20 \cdot {}_{10}\log \frac{\hat{u}}{1\,\mu V}\,dB\mu V + 20 \cdot {}_{10}\log \frac{C^*}{s}\,dBs$$

$$= 180\,dB\mu V + L_C^* \text{ (Amplitude = 1, Bild 4.3-19)}.$$

Die spektrale Ausdehnung der auf diese Weise ermittelten Umhüllenden des Amplitudendichtespektrums ist zumindest theoretisch unbegrenzt. Dennoch kann eine für die Praxis sinnvolle Abschätzung der maximalen spektralen Ausdehnung gefunden werden, wenn der Frequenzgang potentieller Beeinflussungswege mit in die Betrachtung einbezogen wird. So kann in vielen Beeinflussungsfällen gezeigt werden, daß

$$\text{Kopplung}\,\big|_{\text{worst-case}} \sim f\,.$$

Wird nun als relevante maximale Ausdehnung von Spektren jene Frequnz f_{max}

angegeben, ab der die Amplitude am Ort einer Störsenke abnimmt, so gilt gemäß nachstehender Tabelle bzw. deren grafischer Darstellung in Bild 4.3-20:

$$\text{obere Ausdehnungsgrenze:} \quad f_{max} = f_{g2} = \frac{1}{\pi t_r} \; ; \quad (t_r < t_f) \, . \tag{4.3-19}$$

Mit gleicher Philosophie läßt sich auch eine untere Ausdehnungsgrenze des Spektrums definieren:

$$f_{min} = f_{g1} = \frac{1}{\pi t_i} \, . \tag{4.3-20}$$

Bild 4.3-20:
  Spektrale Relevanz
  von Pulsspektren

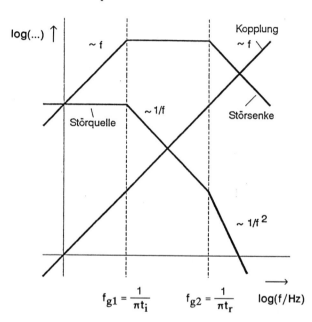

Frequenzbereich	Störquelle	Kopplung	Störsenke
$0 \ldots \ldots f_{g1}$	$C_q^* \approx$ const.	$\sim f$	$C_s^* \sim f$
$f_{g1} \ldots \ldots f_{g2}$	$C_q^* \sim 1/f$	$\sim f$	$C_s^* \approx$ const.
f_{g2}	$C_q^* \sim 1/f^2$	$\sim f$	$C_s^* \sim 1/f$

Tabelle 4.3-2: Frequenzabhängigkeit der Störquelle, Kopplung und Störsenke bei Pulsspektren

4.3.3 Netzverhalten

Die Störsignalausbreitung von der Störquelle in das angeschlossene Leitungsnetz wird von der HF-Impedanz Z_N des Leitungsnetzes und der Dämpfungskonstanten α im Leitungsnetz bestimmt. Ähnlich wie in Kap. 4.3.1 erläutert, sind auch die Leitungsnetzdaten unsymmetrisch oder zerlegt in symmetrische und asymmetrische

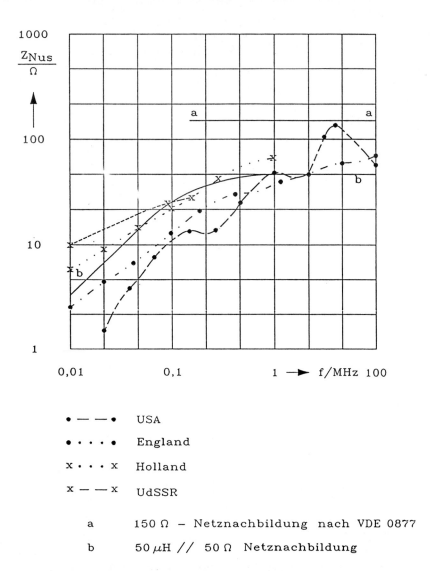

$$\bullet - - \bullet \quad \text{USA}$$

$$\bullet \cdot \cdot \cdot \bullet \quad \text{England}$$

$$\text{x} \cdot \cdot \cdot \text{x} \quad \text{Holland}$$

$$\text{x} - - \text{x} \quad \text{UdSSR}$$

a   150 Ω – Netznachbildung nach VDE 0877

b   50 μH // 50 Ω Netznachbildung

Bild 4.3-21: Unsymmetrische Netzimpedanz

Komponenten darstellbar. Zur Abschätzung physikalischer Verhaltensweisen wird dabei meist die symmetrische/asymmetrische, für Meßzwecke die unsymmetrische Darstellung bevorzugt.

Symmetrische und asymmetrische Leitungsbetrachtung unterscheiden sich im wesentlichen durch die Querleitwerte G'_s bzw. G'_{as}, die im ersten Fall weiteren Verbrauchern und Querabzweigungen (umgerechnet auf die Leitungslänge l) und im zweiten Fall den vergleichsweise wesentlich kleineren Isolationsquerleitwerten entsprechen. Für den Frequenzgang der Netzimpedanzen Z_N stellt dies keinen gravierenden Einflußfaktor dar. Unabhängig von der Art der Netzdarstellung ist die Netzimpedanz näherungsweise beschreibbar durch die Parallelschaltung einer Induktivität mit dem HF-Wellenwiderstand des Leitungssystems (bei allerdings ausgeprägten Resonanzen im Frequenzgang der Impedanz $Z_{Nas}(f)$). Bild 4.3-21 zeigt Meßbeispiele zur unsymmetrischen Netzimpedanz Z_{Nus} von Niederspannungsnetzen im Industrie- und Wohnbereich [5]. Ganz anders ist die Situation für die Dämpfungskonstante α. Bild 4.3-22 zeigt für das Rechenbeispiel einer Laborgebäudeinstallation das Resultat $\alpha_s \gg \alpha_{as}$.

Die symmetrische Dämpfungskonstante α_s ist also erheblich größer und nimmt zusätzlich mit der Frequenz zu. Damit besitzt die symmetrische Leitungsnetzkomponente Tiefpaßcharakter.

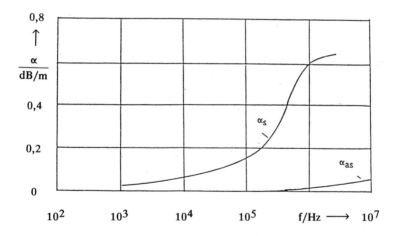

Bild 4.3-22: Dämpfungskonstante $\alpha(f)$ einer typischen Kabelinstallation
Verlustannahmen: $G'_s = (367 \ \Omega m)^{-1}$,   Stromabzweig 6 A / 10 m,
$G'_{as} = (90 \ k\Omega m)^{-1}$,   Verbrauchsmittelisolation nach VDE 0701

Ist die geometrische Ausdehnung einer Störquelle klein gegenüber den Wellenlängen der zu betrachtenden Frequenzen ($< 0,1 \cdot \lambda$), so kann allein das angeschlossene Leitungsnetz Störleistung übertragen. Bild 4.3-23 zeigt die Situation für ein Einphasennetz.

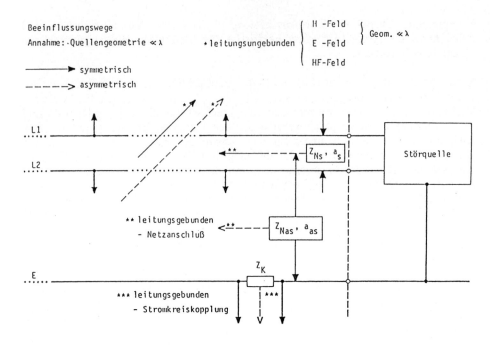

Bild 4.3-23: Ausbreitung von Störsignalen

Folgende Effekte sind zu erkennen :

* leitungsgebundene Ausbreitung - Netzanschluß:
  — symmetrische Komponente
    (starke mit der Frequenz zunehmende Dämpfung)
    → geringe Reichweite,
    → nur tieffrequente Störungskomponenten von Bedeutung,
    → Transiente hoher Amplitude und geringer Dauer werden gewandelt
      in Transiente geringerer Amplitude und größerer Dauer
      (Grund: Tiefpaßbegrenzung des Transientenspektrums);

  — asymmetrische Komponente
    (sehr geringe Dämpfung)
    → große Reichweite,
    → Dominanz gegenüber symmetrischer Komponente im Frequenz-
      bereich $\cong\ >$ 500kHz, damit $u_{as} \approx u_{us}$,
    → kaum Transientenabflachung, da kaum Bandbegrenzung des
      Transientenspektrums;

* leitungsgebundene Ausbreitung - Stromkreiskopplung:
  (mehrere Stromkreisanteile im Leiter "Erde")
    → nur asymmetrische Komponente von Bedeutung;

* leitungsungebundene Ausbreitung:

— symmetrische Komponente
(Dominanz im tiefen Frequenzbereich, kaum Ausbreitung im hohen Frequenzbereich)
$\rightarrow$ niederfrequente E-/H-Feldkopplung,
$\rightarrow$ hochfrequente elektromagnetische Abstrahlung in der Regel vernachlässigbar, da infolge starker Dämpfung zu geringe antennenwirksame Leitungsausdehnung;

— asymmetrische Komponente
(Dominanz im hohen Frequenzbereich, weite Ausbreitung)
$\rightarrow$ im Vergleich zur symmetrischen Komponente meist relativ geringe niederfrequente E-/H-Feldkopplung,
$\rightarrow$ hochfrequente elektromagnetische Abstrahlung, da infolge geringer Leitungsdämpfung große wirksame Antennenlänge (Anmerkung: Wirkleistungsabstrahlung bewirkt nunmehr Dämpfung der asymmetrischen Komponente).

Aufgrund vorstehender Überlegungen ist also zunächst zu erwarten, daß aufgrund der am Entstehungsort sicherlich viel größeren symmetrischen Komponente diese nahe am Entstehungsort und allgemein im tieferen Frequenzbereich dominiert. Im mittleren Frequenzbereich wird dann infolge der unterschiedlichen Dämpfung die Bedeutung der symmetrischen Komponente immer stärker zurückgedrängt, und die asymmetrische Komponente beginnt zu dominieren. Im hohen Frequenzbereich, wo mit vergleichbaren Größenordnungen von Leitungsgeometrie und Wellenlänge zu rechnen ist, wird allein die hochfrequente Abstrahlung als Resultat einer abgestrahlten asymmetrischen Komponente verbleiben.

4.3.4 Entstörung

In den Kapiteln 4.3.2.1 und 4.3.2.2 wurde gezeigt, daß, Einflüsse von Blitzeinwirkungen ausgenommen, Störungen im Energieversorgungsnetz zurückzuführen sind auf Schaltvorgänge. In Kapitel 4.3.2.3 wurde darüber hinaus gezeigt, daß die relevante spektrale Ausdehnung der Pulsspektren abschätzbar ist durch

$$f_{min} = \frac{1}{\pi \cdot t_i} \; ; \tag{4.3-19}$$

$$f_{max} = \frac{1}{\pi \cdot t_r} \; . \tag{4.3-20}$$

Eine allererste Entstörmaßnahme sollte deshalb immer darauf abzielen, die Schaltzeit t_r (Minimum von Anstiegs- bzw. Abfallzeit) so groß zu machen, wie es seitens der Anwendungsaufgabe gerade noch zulässig ist. Dies wirkt sich sowohl günstig aus auf das primäre symmetrische Störspektrum als auch, wie die Ausführung zu Kap. 4.3.2.2.1 (Abschaltung Leitungskurzschluß) zeigte, auf das als Folge verursachte asymmetrische Störspektrum. Im Bereich leistungselektronischer

Wandler bieten sich hierzu Beschaltungsnetzwerke (Entlastungsnetzwerke) an den aktiven Schaltern an [17]. Hierunter sind Beschaltungen zu verstehen, die sowohl das di/dt-Verhalten (Serieninduktivität, Kommutierungsinduktivität) als auch das du/dt-Verhalten (Parallel-RC-Netzwerk, TSE-Beschaltung) zu kleinen Werten hin korrigieren.

Als zweite Entstörmaßnahme, gleichermaßen gültig für Störquellen und Störsenken, ist der Filtereinbau, eventuell verbunden mit Überspannungsableiter, zu nennen [17]. Bei einer im wesentlichen unsymmetrischen Netzstruktur, wie z. B. einem Kfz-Netz, genügt bereits ein Filter, das nur gegen die unsymmetrische Störung wirkt (Bild 4.3-11). Im allgemeinen Fall wird man aber Filter installieren, die sowohl gegen die symmetrische als auch gegen die nach Kap. 4.3.3 in der Störpraxis wichtige asymmetrische Störkomponente wirken. Bild 4.3-24 zeigt ein derartiges Filter. Es enthält mit der stromkompensierten Drossel L und den C_y-Kondensatoren eine Filterkomponente gegen asymmetrische und mit den C_x-Kondensatoren sowie Streuanteilen der Drossel L eine Filterkomponente gegen symmetrische Störungen. Der Widerstand R soll bei abgeschaltetem Gerät den ladungsfreien Zustand (Personenschutz) der Kondensatoren gewährleisten.

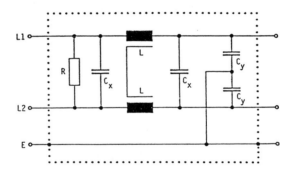

Bild 4.3-24: Netzfilter-Dimensionierungsbeispiel: $L=12\,mH$, $C_x=1\,\mu F$, $C_y=10\,nF$, Einfügungsdämpfung a_s, $a_{as}(50\,\Omega)_{max}=60\,dB$

Spezifiziert wird von den Herstellern dieser Filter in der Regel die Einfügungsdämpfung in 50-Ω-Meßsystemen, was zwar gute Filtervergleiche erlaubt, aufgrund der in der Regel von 50 Ω abweichenden Netz- und Geräteimpedanzen aber nur bedingt Aufschluß über die tatsächlich erreichbare Dämpfung erteilt, wie auch in Kapitel 3.3.3.3 bereits ausgeführt wurde. Kontrollmessungen sind deshalb unvermeidbar.

Generell sollte bei hohen Abschlußimpedanzen (netz- oder geräteseitig) ein Filter mit Quer-C-Eingang zur Störstromteilung, bei niedrigen Abschlußimpedanzen (netz- oder geräteseitig) ein Filter mit Längs-L-Eingang zur Störspannungsteilung herangezogen werden (Bild 4.3-25).

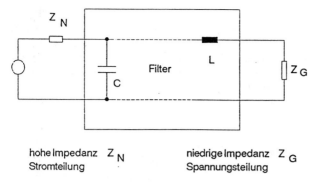

hohe Impedanz Z_N
Stromteilung

niedrige Impedanz Z_G
Spannungsteilung

Bild 4.3-25: Entstörfilter – Wahl der Eingangsschaltung

parasitäre Kopplung

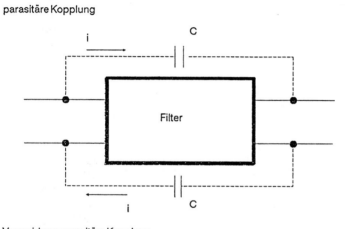

Vermeidung parasitäre Kopplung

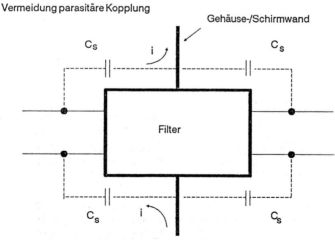

Bild 4.3-26: Einfluß der Filterinstallation

Große Aufmerksamkeit ist dem Filtereinbau zu widmen. So ist bei schlecht installierten Filtern, die ohne Schirmwand zwischen Ein- und Ausgang eingebaut werden, im Bereich hoher Frequenzen eine Degradierung der Filterdämpfung infolge parasitärer, kapazitiver Kopplungen zwischen Ein- und Ausgang zu verzeichnen (Bild 4.3-26). Wie sich dies auswirkt, zeigt Bild 4.3-11 am Beispiel des nicht HF-gerechten Filtereinbaus in einen Lüftermotor.

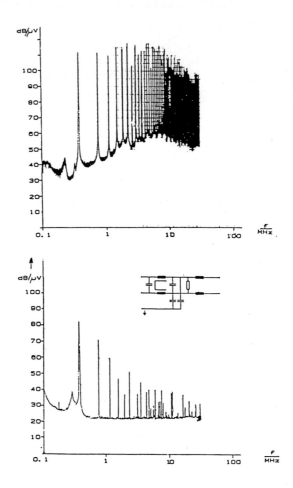

Bild 4.3-27: Schaltnetzteil mit 400 kHz Taktfrequenz – unsymmetrische Störspannung nach DIN VDE 0871 (Meßbandbreite: 9kHz, quasi-peak-Bewertung), oben: ohne Netzfilter, unten: mit Netzfilter

Bild 4.3-27 zeigt die Auswirkung des Filtereinbaus in ein "schnelles" Schaltnetzteil mit 400 kHz Taktfrequenz. Wie diese Messung zeigt, sind Filtermaßnahmen im Bereich tiefer Frequenzen aufgrund der dann erforderlichen Filterbaugröße uneffektiv. Störprobleme leistungselektronischer Systeme sind dort primär vermeidbar durch die Wahl geeigneter Steuerkonzepte [3], [16], [17], [18]. Speziell für Schaltnetzteile, Lampenvorschaltgeräte u. ä. bietet die Halbleiterindustrie integrierte Steuerbausteine an. Gekennzeichnet sind diese durch Begriffe wie "power factor controller" oder "aktives Oberwellenfilter".

4.3.5 Vorschriften [6]

Elektromagnetische Verträglichkeit - EMV - ist ein Umwelt- und Schnittstellenproblem. Zur Beherrschung eines derartigen Problems bedarf es Normen und Vorschriften, die zulässige Störsignalemissionen, erforderliche Störfestigkeiten und die dazu erforderliche Meßtechnik spezifizieren. Nachstehend sind nun einige, die EMV-Problematik im Bereich der Energieversorgung ansprechende Normen aufgeführt :

Netzrückwirkung (EMV für f < $\approx$ 20 kHz)

DIN VDE 0160
Bestimmungen für die Ausrüstungen von Starkstromanlagen mit elektrischen Betriebsmitteln (Oberschwingungen im Netzrückwirkungsbereich),

DIN VDE 0838, EN 60 555, (IEC 555)
Rückwirkungen in Stromversorgungsnetzen, die durch Haushaltsgeräte und durch ähnliche Einrichtungen verursacht werden,

DIN VDE 0846
Meßgeräte zur Beurteilung der elektromagnetischen Verträglichkeit (im Niederspannungsbereich).

EMV - Emissionen

DIN VDE 0871, EN 55011
Funk-Entstörung von Hochfrequenzgeräten (z. B. leistungselektronische Wandler mit Taktfrequenzen > 10 kHz),

DIN VDE 0873
Maßnahmen gegen Funkstörungen durch Anlagen der Elektrizitätsversorgung und elektrischer Bahnen,

DIN VDE 0875, EN 55014
VDE-Bestimmungen für die Funkentstörung von elektrischen Betriebsmitteln und Anlagen (z. B. leistungselektronische Wandler mit Taktfrequenzen < 10 kHz),

DIN VDE 0879
Funkentstörung von Fahrzeugen und Fahrzeugausrüstungen.

EMV-Störfestigkeit

DIN VDE 0843 / IEC 801
Elektromagnetische Verträglichkeit von Meß-, Steuer- und Regeleinrichtungen in der industriellen Prozeßtechnik,

DIN 40 839 / ISO TR 7637
Elektromagnetische Verträglichkeit in Kraftfahrzeugen,

SAE J 1113a
Electromagnetic susceptibility - procedures for vehicle components
(exept aircraft).

Militärische Vorschriften

VG 95371 ... 95379
(nahezu) komplettes EMV-Normenwerk,

STANAG 1008 NAV (ed.7)
Characteristics of shipboard electrical power systems in warships of the
NATO.

4.3.6 Literatur

[1] Anke, D.: Leistungselektronik. Oldenbourg-Verlag, München 1986

[2] Anke, D.: Störsignalemission permanent erregter Gleichstrommotoren z. B.
in Kraftfahrzeugen. PTB-Bericht E-20, 1981

[3] Anke, D., Schmidt, F.: EMV-Analyse von Wechselrichterkonzepten. 3. Int.
Makroelektronik-Konferenz, München 1986

[4] Boeck, W., Witzmann, R.: Main influences of the fast transient development
in gas-insulated substations (GIS). 5th. Int. Symp. on High Voltage
Engineering, Braunschweig 1987

[5] Bull, J.: Impedance of supply mains at radio frequencies. EMC-Symposium,
Montreux 1975

[6] DIN VDE Taschenbuch, Elektromagnetische Verträglichkeit, Band 1-3.
(Nr. 515 ... 517). Beuth Verlag, VDE Verlag 1989

[7] Kloss, A.: Harmonics caused by power converters in dynamic operating
conditions. IEEE-EMC-Symposium, Baltimore 1980

[8] Meissen, W.: Überspannung in Niederspannungsnetzen. etz 104(1983), H.7/8,
S. 343-346

[9] Meissen, W.: Transiente Netzüberspannungen. etz 107 (1986), H.2, S. 50-55

[10] Meissen, W.: Kurzzeit-Überspannungen in Niederspannungsnetzen. EMV-88, Hüthig-Verlag, 1988

[11] Meppeling, J., Remde, H.: Elektromagnetische Verträglichkeit bei SF_6 - gasisolierten Schaltanlagen. Brown Boveri Technik 9-86, S. 498-502

[12] Philippow, E.: Taschenbuch Elektrotechnik, Systeme der Energietechnik (Bd. 6). Carl Hanser Verlag, München 1982

[13] Rehder, H.: Störspannungen in Niederspannungsnetzen. etz 107 (1986), H.5 S. 50-55

[14] Sack, J., Schmeer, H.: Computer-aided analysis of the RFI-voltage generation by small commutator motors. 6th. Int. Conf. on EMC 86, Zürich

[15] Sack, J.: Störspannungsemission kleiner Gleichstrom-Kommutatormaschinen im Bereich der Hörfrequenzen. Diss. Universität der Bundeswehr München 1985

[16] Handbuch Elektromagnetische Verträglichkeit. VDE-Verlag 1987

[17] Wilhelm, J., Anke, D., Schaller, R., Sammet, W. u.a.: Elektromagnetische Verträglichkeit (EMV). Expert-Verlag, 4. Auflage 1989

[18] Zach, F.: Leistungselektronik. Springer-Verlag, 3. Auflage 1990

4.4   Besonderheiten der EMV in der Kfz-Technik

K. H. Gonschorek

Die Behandlung der EMV in der Kfz-Technik in einem speziellen Kapitel ergibt sich aus der besonderen Problematik für diesen Bereich. Die besondere Problematik ist dabei in mehrerlei Hinsicht gegeben.

1. Als erster Punkt ist das Risikopotential zu nennen. Kraftfahrzeuge, speziell Pkw's, werden auf öffentlichen Straßen und Wegen mit zum Teil erheblichen Geschwindigkeiten eingesetzt. Der Ausfall einer sicherheitskritischen Funktion kann sowohl für den Fahrer selbst als auch für unbeteiligte Dritte unvorhersehbare Folgen haben. Da nur bedingt vorhersehbar ist, welche elektromagnetischen Belastungen von außen auf die elektrischen und elektronischen Geräte zukommen, müssen diese gegen fast alle denkbaren elektromagnetischen Angriffe gehärtet sein.

2. Kraftfahrzeuge, hier werden alle mobilen Systeme eingeschlossen, verfügen über ihre eigenen Stromversorgungen. Da aber diese Netze hochfrequenztechnisch gesehen keine beliebig kleinen Innenwiderstände besitzen, teilen sich transiente und auch zeitharmonische Signale einer Quelle vielen anderen Geräten mit. Die Einleiterverkabelung bei Nutzung der Fahrzeugzelle als Rückleiter mit all ihren Nachteilen ist heute noch Stand der Technik.

3. Mobile Systeme verfügen in den meisten Fällen über Empfangsanlagen, für Fahrzeuge der Ordnungs- und Hilfskräfte sind diese Empfangsanlagen für ihre Einsatzsteuerung nötig, in privaten Fahrzeugen erhöhen sie den Komfort. Die Aufgabe der Empfangsanlagen ist es, aus der elektromagnetischen Umwelt das gewünschte Signal herauszufiltern, zu verstärken und seine Information hörbar zu machen. Fallen Störsignale des eigenen Fahrzeugs in den gewünschten Empfangskanal, so kann der Empfang in unzulässiger Weise gestört werden.

4. Werden über fahrzeugeigene Antennen hochfrequente Signale ausgesandt, so bilden sie in aller Regel für die elektrischen und elektronischen Systeme des Fahrzeugs starke elektromagnetische Beanspruchungen. Im gesamten Frequenzbereich von 1,8 bis ca. 900 MHz sind Funkaussendungen vom eigenen Fahrzeug aus denkbar. Die Leistungen, die von den Antennen abgestrahlt werden, liegen in den Amateurbändern bei 100 W und in den Bändern der Ordnungskräfte und des Funktelefons bei 5 bis 10 W. Die Beanspruchung der elektronischen Fahrzeugkomponenten muß in zweifacher Hinsicht betrachtet werden. Die Abstrahlungen erzeugen starke elektromagnetische Felder am Ort der Geräte. Zum anderen wird im allgemeinen die Fahrzeugzelle als Gegengewicht der Antenne benutzt, so daß die hochfrequenten Ströme an der Einspeisestelle der Antenne direkt auf die Struktur eingekoppelt werden.

5. Eine oft übersehene Problematik, die sich nicht einfach in den Bereich des Ungesetzlichen verschieben läßt, sind die Manipulationen des Halters an

seinem Fahrzeug. Diese Manipulationen reichen von der unsachgemäßen Errichtung von Empfangs- und Sendeantennen über den Einbau von Sicherheitssystemen, der Installation von Hochwattverstärkeranlagen bis hin zum Austausch konventioneller Zündanlagen durch elektronische Eigenbausysteme. Diese Änderungen können so weit gehen, daß die Maßnahmen des Herstellers zur Erreichung der EMV zunichte gemacht werden.

Die nachfolgenden Ausführungen sollen mehr die zu lösenden Aufgaben und die Gegebenheiten darstellen als fertige Lösungen bieten. Der Anspruch, ein fertiges Konzept für die EMV eines Kraftfahrzeuges zu bieten, wäre sicherlich an dieser Stelle nicht zu erfüllen. Einige Grundsätze lassen sich aber mit aller Klarheit herausstellen:

- Die Einleiterverkabelung darf nur noch für passive Kleinlastverbraucher verwendet werden.

- Der Ansatz eines Faradayschen Käfigs für die Fahrzeugzelle ist nur noch bedingt für den Blitzeinschlag erlaubt.

- Fahrzeugrechner mit ihren Komponenten sind mit geschirmten Leitungen zu verkabeln; die Schirme sind beidseitig aufzulegen.

- Die EMV auf der Komponenten- und der Geräteebene sichert noch nicht die EMV des Kraftfahrzeugs.

- Ein Kraftfahrzeug muß eine Fremdstörfestigkeit von 100 V/m im Frequenzbereich von 10 kHz bis 10 GHz aufweisen.

4.4.1 Belastung der elektronischen Komponenten durch Schwankungen, Überspannungen und Kurzzeitunterbrechungen der Spannungsversorgung

Die elektrischen und elektronischen Komponenten eines Kraftfahrzeuges werden an ihren Netzeingängen durch das Verhalten der Versorgungsspannung hohen Belastungen ausgesetzt. Im Normalbetrieb können diese Belastungen darin bestehen, daß kapazitive Verbraucher zu- oder induktive Verbraucher abgeschaltet werden. Die mit den Schalthandlungen verbundenen Spannungseinbrüche und Spannungsspitzen dürfen in den Geräten nur zu kurzzeitigen Beeinflussungen führen, wie z. B. Knackgeräusch im Rundfunkempfang oder kurzzeitigem Absenken der Helligkeit der Instrumentenbeleuchtung. Schon das kurzzeitige Aufleuchten einer Diode in einer Überwachungselektronik wird als unzulässig betrachtet.

Neben diesen Anforderungen für den Normalbetrieb werden aber wesentlich weitergehende Forderungen an die Zerstörfestigkeit in abnormalen Betriebszuständen gestellt. Folgende Situationen müssen in Ansatz gebracht werden:

- Kurzschluß in der Verkabelung,
- Auslösung von Sicherungen,
- Falschpolung der gesamten Versorgung an der Batterie,
- Kurzzeiteinbrüche der Versorgung aufgrund von Wackelkontakten,
- mit Zündaussetzern und Nachzündungen verbundene Spannungsüberhöhungen,
- Spannungsüberhöhungen bei Starterbetrieb mit Fremdversorgungen,
- Spannungstransiente durch unvorhergesehenes Abtrennen großer induktiver Lasten,
- negative Spannungsspitzen beim Abschalten der Zündung,
- Spannungsüberhöhungen durch einen Generatorbetrieb abgeschalteter Gleich-
  strommotore,
- Spannungsabsenkungen beim Startvorgang.

Eine Störung der elektrischen und elektronischen Geräte während der Dauer der Beeinflussung wird im allgemeinen akzeptiert. In einer definierten Zeit nach dem Wegfall der Beeinflussung muß das Gerät aber ohne jede Herabsetzung seiner spezifizierten Eigenschaften wieder funktionieren.

Die Risiken, die mit den Abnormalitäten der Spannungsversorgung verbunden sind, werden in aller Regel durch sehr harte Vorgaben an die Zulieferer auf der Geräteebene abgefangen. Im Bild 4.4-1 ist exemplarisch für die von den Automobilherstellern an die Zulieferer vorgegebenen Anforderungen der Verlauf eines negativen Transients angegeben, der das Risiko des Abschaltens induktiver Lasten abfangen soll, Bild 4.4-2 stellt den Prüfimpuls für die Nachbildung eines Versorgungsspannungseinbruchs dar, der durch Einschalten des Starter-Stromkreises bei Verbrennungsmotoren entsteht.

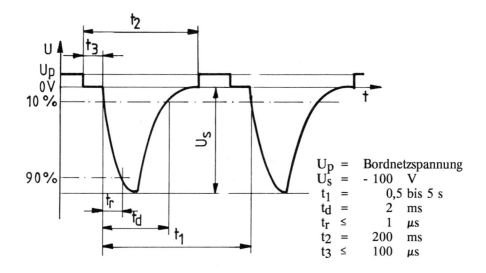

Bild 4.4.-1: Negativer Testimpuls zur Nachbildung des Abschaltens einer induktiven Last [2]

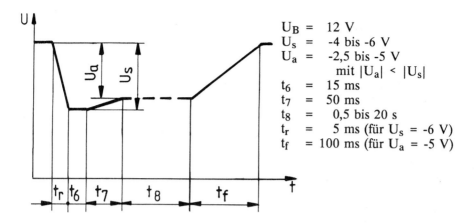

$$U_B = 12 \text{ V}$$
$$U_s = -4 \text{ bis } -6 \text{ V}$$
$$U_a = -2,5 \text{ bis } -5 \text{ V}$$
$$\text{mit } |U_a| < |U_s|$$
$$t_6 = 15 \text{ ms}$$
$$t_7 = 50 \text{ ms}$$
$$t_8 = 0,5 \text{ bis } 20 \text{ s}$$
$$t_r = 5 \text{ ms (für } U_s = -6 \text{ V)}$$
$$t_f = 100 \text{ ms (für } U_a = -5 \text{ V)}$$

Bild 4.4-2: Versorgungsspannungseinbruch durch das Einschalten des Starter-
Stromkreises [3]

Eine umfangreiche Darstellung der Anforderungen an die netzzeitige Störfestigkeit
sowie Grenzwerte für die Störaussendung sind der Vorschrift DIN 40 839 [2] zu
entnehmen.

Zwei Effekte, die bei der Belastung mit transienten Signalen in der Versorgungsspannung im Kraftfahrzeug auftreten können, sollten zusätzlich beachtet werden:

1. Durch Resonanzen in der Verkabelung können sich zusätzliche Beeinflussungen ergeben.

2. Überkopplungen im System in empfindliche Signalkreise hinein sollten dadurch gemindert werden, daß man, in Anlehnung an die Kabelkategorien im
militärischen Bereich, auch im zivilen Bereich Kabel stark störender Kreise und
Kabel empfindlicher Kreise separiert, also getrennt führt.

4.4.2 Fern-Entstörung

Aus der schon angesprochenen Problematik des unbestimmten und stets wechseln-
den Einsatzortes ergeben sich auch besondere Anforderungen an die Funkstöraussendungen eines Kraftfahrzeuges. Die Grenzwerte und Meßverfahren zum
Nachweis sowie die Maßnahmen zur Begrenzung der hochfrequenten Störaussendungen sind in der Vorschrift VDE 0879 Teil 1 [3] zusammengefaßt. Der
Titel "Fern-Entstörung von Fahrzeugen; Fern-Entstörung von Aggregaten mit Verbrennungsmotoren" weist schon darauf hin, daß mit den Festlegungen der
Vorschrift die Beeinflussung des Funkempfangs in der weiteren Umgebung
(Abstand zum Fahrzeug größer als 10 m) vermieden werden soll.

4.4.2.1 Grenzwerte

Die zuvor genannte Vorschrift legt Grenzwerte für die maximal zulässigen Funk-störfeldstärken im Frequenzbereich von 30 bis 250 MHz fest, die durch *elektrische Impulse* (wie z.B. Zünd-, Schalt- oder Kommutierungsvorgänge) in Fahrzeugen oder Aggregaten mit Verbrennungsmotoren erzeugt werden. Danach dürfen in einem Abstand von 10 m von den Außenabmessungen des Fahrzeuges keine Funkstörfeldstärken erzeugt werden, die größer sind als die Werte der im Bild 4.4-3 dargestellten Grenzwertkurve.

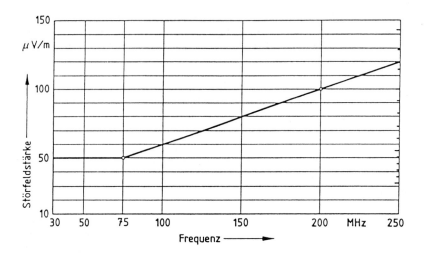

Bild 4.4-3: Grenzwertkurve für breitbandige elektromagnetische Störaus-sendungen von einem Kraftfahrzeug [3]

Die Einhaltung der Grenzwerte ist mit einem Funkstörmeßempfänger nach VDE 0876 Teil 1 (bewertet) nachzuweisen.

Die Vorschrift bezieht sich eindeutig auf Breitbandstörsignale, herrührend von elektrischen Impulsen. So ist der gesamte Frequenzbereich von 30 bis 250 MHz zu untersuchen. Wenn dabei aber die Einhaltung der Grenzwertvorgaben festgestellt wird, genügt die Protokollierung der Ergebnisse bei festgelegten Frequenzen, wobei von diesen Frequenzen um ± 5 MHz abgewichen werden darf. Die Festlegungen gestatten damit den Nachweis bedingt auch auf einem Freigelände. Durch die zulässigen Abweichungen von den spezifizierten Frequen-zen wird sichergestellt, daß man Sendern ausweichen kann, die auf den Meßfrequenzen arbeiten.

Elektrische Betriebsmittel, die in Kraftfahrzeuge an das Bordnetz über vorhandene Steckdosen angeschlossen werden können, müssen zusätzlich die Grenzwerte der Vorschrift VDE 0875 einhalten.

4.4.2.2 Nachweis

Die Einhaltung der Grenzwertvorgaben ist über die elektrische Komponente der Funkstörfeldstärke nach VDE 0877 Teil 2 mit einem Störmeßempfänger und einer symmetrischen Antenne nach VDE 0876 Teil 1 nachzuweisen. Das Fahrzeug ist auf einer leitenden Ebene aufzustellen. Die Meßantenne ist 3 m hoch über dem Boden anzuordnen. Der horizontale Abstand zwischen Meßantenne und Außenabmessungen des Fahrzeugs beträgt 10 m. Es ist mit horizontaler und vertikaler Polarisation zu messen.

Die Betriebsarten und -zustände der Fahrzeuge und der elektrischen Einrichtungen sind eindeutig in der Vorschrift festgelegt. Sollen die Messungen auf einem Freigelände durchgeführt werden, darf bei Niederschlag (z. B. Regen, Schnee) nicht gemessen werden.

Listenverfahren

Aus der Erfahrung, daß Funkstöraussendungen im Hochfrequenzbereich, erzeugt durch elektrische Impulse, sich durch geeignete Entstörmittel begrenzen lassen, ist das sogenannte Listenverfahren entstanden. Dieses Listenverfahren (Fern-Entstörung nach Liste) besagt, daß Hochspannungszündanlagen von Verbrennungsmotoren als fernentstört gelten, wenn sie mit Funk-Entstörmitteln nach Liste (in der Vorschrift enthalten) ausgerüstet sind.

Bei Anwendung dieses Verfahrens kann auf die Funkstörfeldstärkemessung verzichtet werden. Das Verfahren reduziert damit die aufwendige Messung in einer Absorberhalle oder auf einem Freigelände auf die Messung leitungsgeführter Größen an Komponenten. Die von den Entstörmitteln einzuhaltenden Qualitätsmerkmale sind im Kapitel 5 der Vorschrift eingehend beschrieben. Die Meßverfahren zur Feststellung des Dämpfungsverhaltens von Funk-Entstörmitteln für Hochspannungszündanlagen sind in VDE 0879 Teil 4 festgelegt.

Besteht Anlaß zur Annahme, daß durch die Beschaltung die Funk-Entstörung nicht ausreicht, so ist der Nachweis über eine Feldmessung zu erbringen.

4.4.3 Eigen-Entstörung

Im Gegensatz zur Fern-Entstörung des letzten Kapitels, die sich auf die Funkstörungen in der weiteren Umgebung bezieht, beschreibt man mit der Eigen-Entstörung von Kraftfahrzeugen alle Maßnahmen im Fahrzeug und an den elektrischen und elektronischen Komponenten, die einen genügend störungsfreien Funkempfang mit eingebauten bzw. in direkter Verbindung stehenden Funkanlagen gewährleisten. Während die Anforderungen an die Fern-Entstörung sich ausschließlich auf die von elektrischen Impulsen erzeugten Störsignale beziehen, werden bei der Eigen-Entstörung auch die von Taktsignalen interner Rechner erzeugten Schmalbandstörsignale betrachtet.

Die Teile 2 und 3 der Norm VDE 0879 behandeln diesen Bereich der Eigen-Entstörung. Teil 2 legt die Anforderungen in Form von maximal zulässigen Störspannungen an den Antennen der Funkempfangsanlagen im Frequenzbereich 150 kHz bis 12 GHz fest. Teil 3 behandelt die Problematik der von den fest installierten elektrischen und elektronischen Geräten an ihren Leitungsschnittstellen abgegebenen hochfrequenten Störspannungen. So kann man den Teil 2 als Systemvorschrift und den Teil 3 als Gerätevorschrift betrachten.

Die in den Normenteilen auch angesprochenen Aggregate und Arbeitsmaschinen ohne eigene Antennen und Empfangsanlagen werden im folgenden nicht weiter betrachtet.

4.4.3.1 Grenzwerte

Um einen genügend störungsfreien Funkempfang zu gewährleisten, darf die von den verschiedenen Störquellen herrührende *Leerlaufspannung* in den AM-Empfangsbereichen (LW, MW, KW) am Ende des Antennenkabels die in der Tabelle 4.4-1 angegebenen Werte nicht überschreiten. Im UKW-Bereich und den Empfangsbereichen mobiler Funksysteme beziehen sich die Werte der Tabelle auch auf die Störspannung über einem auf die Wellenimpedanz der Antenne angepaßten Lastwiderstand. Es handelt sich um Grenzwerte, die in der Diskussion sind.

Empfangsbereich	Breitbandstörsignale erzeugt von Hochspannungszündanlagen	Schmalbandstörsignale erzeugt von Taktgeneratoren
LW	10 dBµV	6 dBµV
MW	6 "	0 "
KW	6 "	0 "
UKW	15 "	6 "
mobile Systeme	15 "	0 "

Tabelle 4.4-1: Grenzwerte für die Störspannung an den fahrzeugeigenen Antennen

4.4.3.2 Nachweis

Die von den elektrischen Einrichtungen des Fahrzeugs erzeugten hochfrequenten Störungen sind grundsätzlich an den fahrzeugeigenen Empfangsantennen am Ende des Antennenkabels zu messen. Als Masseanschluß ist der Masseanschluß des eingebauten Empfängers zu benutzen. Der Störspannungsmeßempfänger ist batteriegespeist zu betreiben. In der Vorschrift wird ein abgeschirmter Raum empfohlen, der für Messungen im UKW-Bereich mit Absorbern ausgekleidet sein sollte. Die Erfahrung lehrt, daß Messungen im Freifeld bei den nachzuweisenden Störspannungen nicht mehr möglich sind. Die Störspannungen sind mit einem Funkstörspannungsmeßempfänger nach VDE 0876 Teil 1 zu messen. Für die Messungen im AM-Funkbereich ist dem Empfänger ein selektiver, hochohmiger Meßvorsatz vorzuschalten, im UKW-Bereich und für mobile Systeme ist eine Impedanzanpassung vorzusehen.

4.4.3.3 Hinweise für die Funk-Entstörung

In der Vorschrift VDE 0879 Teil 2 werden in einem besonderen Kapitel Hinweise gegeben, wie auftretende Funkstörungen systematisch untersucht werden sollten und welche Maßnahmen dagegen zu ergreifen sind.

Als Koppelwege von der Störquelle zum Empfänger werden aufgeführt:

* Einwirkung in die Antenne,
* Einkopplung in das Antennenkabel,
* Einkopplung über die Stromversorgungsleitungen (Einströmung),
* Direkteinkopplung in den Empfänger (Einstrahlung),
* Einkopplungen über alle an den Empfänger angeschlossenen Leitungen.

4.4.4 Störfestigkeit der elektronischen Komponenten gegen hochfrequente elektromagnetische Störsignale

Die Nutzsignale der Funkdienste stellen im allgemeinen die härtesten Anforderungen an die Störfestigkeit der elektrischen und elektronischen Komponenten eines Fahrzeuges. Betrachtet man die Beeinflussungsmöglichkeiten der elektrischen und elektronischen Komponenten eines Kraftfahrzeuges durch gewollte Hochfrequenzaussendungen autorisierter Funkdienste, so sind vier Problembereiche zu nennen:

1. HF-Abstrahlungen von Feststationen,
2. HF-Abstrahlungen von Antennen des eigenen Fahrzeuges,
3. Elektromagnetische Felder von Mobilstationen und von Handsprechfunkgeräten,
4. HF-Felder von Radar- und Richtfunkanlagen.

In einer von der Forschungsvereinigung Automobiltechnik initiierten Studie [4] werden ausführlich Aussagen zu diesen Problembereichen gemacht. In den folgenden vier Kapiteln werden die wesentlichen Ergebnisse kurz beleuchtet.

Auf die Höhe der auf ein Fahrzeug einwirkenden elektromagnetischen Felder hat der Fahrzeughersteller nur sehr bedingt einen Einfluß. Die Grundforderung an die Störfestigkeit muß darum lauten:

Alle sicherheitsrelevanten Komponenten müssen ohne Fehlfunktion in allen elektromagnetischen Feldern, die auf öffentlichen Straßen und Wegen auftreten können, einwandfrei arbeiten.

Inwieweit nichtsicherheitsrelevante Komponenten Störungen zeigen dürfen, ist mehr eine verkaufspolitische als eine technische Frage.

4.4.4.1 HF-Abstrahlungen von Feststationen

Im Kapitel "Grundlagen der EMV", im Abschnitt 1.1.2.2, wurden bereits Aussagen über hochfrequente Felder von ortsfesten Sendeanlagen gemacht. Dort wurde eine recht einfache Beziehung zur Bestimmung der elektrischen Feldstärke bei bekannter effektiver Strahlungsleistung angegeben. Setzt man für einen Mittelwellensender eine effektive Strahlungsleistung von 10 MW an, so läßt sich für einen Abstand von 100 m eine Feldstärke von E = 180 V/m abschätzen.

Im Bild 4.4-3 sind Feldstärkewerte als Funktion des Abstandes von der Antenne für verschiedene Funkdienste aufgetragen [4].

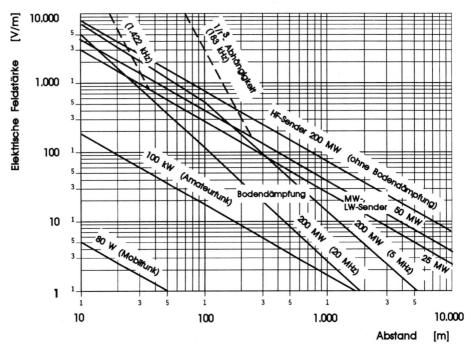

Bild 4.4-3: Elektrische Feldstärkewerte als Funktion des Abstandes für verschiedene Funkdienste

4.4.4.2 HF-Abstrahlungen von Antennen des eigenen Fahrzeuges

Bei der Betrachtung der Abstrahlungen vom eigenen Fahrzeug sind zwei Beeinflussungsbereiche zu betrachten.

1. Durch die HF-Abstrahlungen von der Antenne treten hohe Felder an verschiedenen Punkten am und im Fahrzeug auf. Der Ansatz der Karosserie als geschirmter Bereich (Faraday-Käfig) ist selbst für den Kurzwellenbereich kaum erlaubt. Die hochfrequenten Felder dringen über die verschiedenen Öffnungen in den Innenraum ein. Aufhängungen der Türen und der Motorhaube, die elektrisch undefinierte Verbindung der Karosserieteile führen allenfalls zu Feldverzerrungen.

2. In aller Regel wird die Fahrzeugkarosserie als Gegengewicht für die Antennen benutzt. Der in die Antennen hineinfließende HF-Strom wird in seiner Summe auch über die Fahrzeugstruktur fließen. Betrachtet man den ungünstigen Fall der Installation einer Antenne an der Regenrinne zwischen zwei Fahrzeugtüren, so wird ein sehr großer HF-Strom über den Holm zwischen den Türen fließen. Dieser Strom erzeugt in seiner unmittelbaren Umgebung um sich herum wiederum ein niederimpedantes Magnetfeld.

Zur Illustration der zuvor beschriebenen HF-Felder werden die Abstrahlungen von einer $5\lambda/8$-Antenne bei 144 MHz betrachtet. Die Fahrzeugantenne sei in der Mitte des Fahrzeugdaches installiert und strahle eine Leistung von 100 W ab.

In 80 cm Entfernung (Fahrzeugkante) vom Fußpunkt der Antenne tritt eine Feldstärke von ca. $E = 60$ V/m auf. Die Oberflächenstromdichte auf der Karosserie beträgt an dieser Stelle ca. $J = 200$ mA/m. In der Fahrzeugzelle ist noch mit Feldstärken von mehr als 20 V/m zu rechnen. Für den Holm zwischen zwei Fahrzeugtüren läßt sich ein hochfrequenter Strom von $I = 100$ mA abschätzen. Das Magnetfeld im Inneren des Fahrzeugs in 10 cm Abstand vom Holm ergibt sich damit zu $H = 160$ mA/m.

Legt man die Anforderungen an die Festigkeit der elektrischen und elektronischen Komponenten fest, so sind die zuvor abgeschätzten Werte als Basis heranzuziehen.

4.4.4.3 Elektromagnetische Felder von Mobilstationen und von Handsprechfunkgeräten

Der Fall der HF-Abstrahlungen vom eigenen Fahrzeug stellt eine sehr harte Beanspruchung für die Elektronik des Fahrzeuges dar. Unter dem Aspekt der für die Abstrahlung benötigten Karosserieströme und deren Verschleppung über die Verkabelung ist diese Aussage sicherlich richtig. Betrachtet man das hochfrequente elektromagnetische Feld, so ergibt sich kaum ein Unterschied zwischen dem eigenen Fahrzeug und einem auf der Gegenfahrbahn vorbeifahrenden Fahrzeug. Im Bild 4.4-4 ist das elektromagnetische Feld (E-Feld) in 80 cm Höhe über

Grund, das bei 14 MHz und einer Sendeleistung von 100 W erzeugt wird, als Funktion des Abstandes vom sendenden Fahrzeug dargestellt.

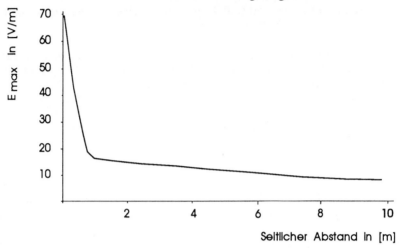

Bild 4.4-4: Elektrische Feldstärke in 80 cm Höhe über Grund für den Betrieb einer Antenne auf dem Dach eines Pkw bei 14 MHz als Funktion des Abstandes vom Fahrzeug (abgestrahlte Leistung P_{ab} = 100 W)

Hochfrequente Felder von Portabelstationen (Handsprechfunkgeräten) sind sicherlich aufgrund der geringen Sendeleistungen (i. a. $\leq$ 5 W) unkritischer als die Felder von an der Regenrinne befestigten Mobilantennen. Denkbar ist aber auch der Fall, daß durch mangelndes Verständnis oder Leichtsinn Portabelgeräte in der Fahrzeugzelle selbst in Betrieb gesetzt werden. Untersuchungen über die sich dann im Fahrzeug ergebenden HF-Felder sind nicht bekannt.

4.4.4.4 HF-Felder von Radar- und Richtfunkanlagen

Die von Radar- und Richtfunkantennen in Hauptstrahlrichtung erzeugten hochfrequenten Felder lassen sich für Flächenantennen nach der Theorie von Bickmore und Hansen [5] recht einfach abschätzen. Siehe hierzu auch [4].

Nach dieser Theorie wird zwischen zwei Bereichen, dem Strahlbildungsbereich (Fresnelzone) und dem Fernfeld (Fraunhoferzone), unterschieden. Der Übergang von einem Bereich in den anderen geschieht bei

$$r_0 = \frac{2\,D_1\,D_2}{\lambda}\,,$$

D_1, D_2 = größter bzw. kleinster Durchmesser der Antennenfläche.

Für das Fernfeld errechnet sich die elektrische Feldstärke zu

$$E = \frac{1}{r} \sqrt{\frac{\Gamma_0 \, P \, G}{4\,\pi}} \quad ,$$

Γ_0 = 377 Ω,   P = abgestrahlte Leistung,
G = Gewinn als Faktor,   r = Abstand von der Antenne.

Ist der Gewinn nicht bekannt, kann er aus

$$G = \frac{41000}{\Delta\varphi \; \Delta\vartheta}$$

abgeschätzt werden. $\Delta\varphi$ ist der horizontale Öffnungswinkel, $\Delta\vartheta$ der vertikale Öffnungswinkel der Hauptkeule des Antennendiagramms.

Im Strahlbildungsbereich ergeben sich Maxima und Minima der elektrischen Feldstärke. Für runde Parabolantennen tritt das absolute Maximum

$$r = 0{,}1 \; r_0$$

auf und hat den Wert

$$E_{max} = 6{,}4 \; E_0 \; .$$

E_0 ist die Feldstärke am Ort $r = r_0$.

Betrachtet man eine runde Parabolantenne mit einem Durchmesser von 60 cm, von der bei 10 GHz eine Spitzenleistung von 100 kW mit einem Gewinn von 30 dB abgestrahlt wird, so ergeben sich die nachfolgenden Verhältnisse. Der Übergang zwischen Strahlbildungsbereich und Fernfeld ergibt sich zu r_0 = 24 m. Für diesen Punkt errechnet man eine elektrische Feldstärke von E_0 = 9,1 kV/m. Die maximale Feldstärke tritt bei $r = 0{,}1 \cdot r_0$ = 2,4 m auf und beträgt 58 kV/m. Nun ist aber kaum zu erwarten, daß, außer in krassen Fehlbedienungssituationen, sich Verhältnisse ergeben, in denen diese maximale Feldstärke am Ort sicherheitskritischer Elektroniken auftritt. Setzt man andererseits das 1/r-Gesetz für die Abstandsabhängigkeit im Fernfeld an, so sind noch in 240 m Entfernung von der Antenne Feldstärken von ca. 1 kV/m zu erwarten.

Die Richtung der Hauptkeule des Antennendiagramms kann im allgemeinen aus dem Antennenaufbau und der Antennenausrichtung abgeleitet werden. Geht man davon aus, daß in einem verantwortungsbewußten Umgang der Hauptstrahl nicht auf eine befahrene Straße gerichtet wird, dann ergibt sich trotzdem noch ein Beeinflussungspotential in der näheren Umgebung der Anlage durch Nebenkeulen, Streu-, Durch- und Überstrahlung [4].

4.4.4.5 Störfestigkeitsgrenzwerte und Meßverfahren

Umfangreiche Aussagen über die Beeinflussungsproblematik durch hochfrequente elektromagnetische Strahlung, Störfestigkeitsgrenzwerte und Meßverfahren sind in der Vorschrift DIN 40 839 Teil 4 (Entwurf 4.90) enthalten. Die Vorschrift definiert Meßverfahren für die Komponenten-, Geräte- und die Systemebene (gesamtes Fahrzeug).

Als mögliche Meßverfahren werden

> die Messung in einer TEM-Zelle,
>
> die Messung in einer Streifenleitung,
>
> die Stromeinspeisung in Kabelbäume und
>
> die Feldnachbildung in einer Absorberhalle

behandelt. Für jedes zugelassene Meßverfahren werden der Meßaufbau beschrieben und die Störfestigkeitsgrade mit Prüfgrößen angegeben. Die nachfolgende Tabelle 4.4-2 (Tabelle 4 der zitierten Norm) gibt die Störfestigkeitsgrade für die Prüfung in einer Absorberhalle wieder.

Störfestigkeitsgrad	elektrische Feldstärke in V/m
0	keine Anforderungen
1	25
2	50
3	100
4	150
5	200

Tabelle 4.4-2: Störfestigkeitsgrade für Prüfungen in einer Absorberhalle

Der Nachweis der Prüffeldstärke wird nach der Referenzfeldmethode geführt. Die Referenzfeldmethode wird definiert als Meßmethode, bei der vor der eigentlichen Messung für jede Meßfrequenz zunächst ohne Prüfaufbau die Ausgangsleistung des Verstärkers ermittelt wird, welche die gewünschte Feldstärke ergibt.

Welches Meßverfahren mit welchem Störfestigkeitsgrad zur Anwendung kommt, sowie die tatsächlichen Prüfbedingungen einschließlich Meßaufbau sind in einem Prüfbericht im Detail zu dokumentieren.

4.4.5 Literatur

[1] Birnbaum, U.: Das EMV-Zentrum der VW AG. Impulse 9, Dezember 1989, S. 43-50

[2] DIN 40 839: Elektromagnetische Verträglichkeit (EMV) in Kraftfahrzeugen.
Teil 1: Leitungsgeführte Störgrößen auf Versorgungsleitungen im 12-V-Bordnetz. Ausgabe 12.88.
Teil 2: Leitungsgeführte Störgrößen auf Versorgungsleitungen im 24-V-Bordnetz. Entwurf 9.89,
Teil 3: Eingekoppelte Störungen auf Geber- und Signalleitungen im 12-V-Bordnetz.
Entwurf 5.90,
Teil 4: Eingestrahlte Störgrößen.
Entwurf 4.90,
Beuth Verlag, Berlin

[3] VDE 0879: Funk-Entstörung von Fahrzeugen, von Fahrzeugausrüstungen und von Verbrennungsmotoren.
Teil 1: Fern-Entstörung von Aggregaten mit Verbrennungsmotoren.
Ausgabe 6.79,
Teil 2: Eigen-Entstörung von Kraftfahrzeugen.
Entwurf 8.88,
Teil 3: Eigen-Entstörung: Messungen an Fahrzeugausrüstungen.
Ausgabe 4.81,
Teil 4: Meßverfahren für das Dämpfungsverhalten von Funk-Entstörmitteln für Hochspannungszündanlagen.
Entwurf 8.89,
Beuth Verlag, Berlin

[4] Gonschorek, K.H.: Elektromagnetische Umwelt eines Kraftfahrzeugs. Studie der Forschungsvereinigung Automobiltechnik, FAT-Schriftenreihe

[5] Bickmore, R.W., Hansen, R.C.: Antenna Power Densities in the Fresnel Region. Proc. IRE, Dec. 1959, Seiten 2119 und 2120

5. EMV-Meßtechnik

Der Nachweis der EMV stellt besondere Anforderungen an die EMV-Meßtechnik und die elektromagnetische Umwelt während der Messung. Der Frequenzbereich, in dem die EMV sichergestellt werden muß, reicht von 0 Hz bis in den hohen GHz-Bereich hinein, die zu messenden Amplituden erstrecken sich von Nanovolts bis zu mehreren Kilovolts. Im Zeitbereich müssen Impulse mit Anstiegszeiten von wenigen Nanosekunden gemessen und erzeugt werden. Entsprechend der Einteilung der Störmodelle in Störquelle, Übertragungsweg und Störsenke gehören Messungen von Störaussendungen, Dämpfungen und Übertragungsfunktionen sowie Störfestigkeiten zum Spektrum der EMV-Meßtechnik. Sie muß einerseits der Physik des zu messenden Prozesses gerecht werden, aber andererseits auch reproduzierbare Ergebnisse liefern. Um all diesen Ansprüchen zu genügen, muß ein EMV-Labor, das die ganze Bandbreite möglicher EMV-Messungen durchführen will, über eine entsprechend ausgestattete Absorberhalle und einen umfangreichen und teuren Meßgerätepark verfügen. Die in der EMV-Meßtechnik zu bearbeitenden Aufgaben bestehen in

- der Untersuchung von bestehenden Unverträglichkeiten,
- dem Aufspüren von Kopplungspfaden,
- dem Nachweis der Einhaltung spezifizierter Grenzwerte aus Normen, gesetzlichen Vorschriften und Lastenheften,
- elektromagnetischen Sachstandsaufnahmen,
- Grundsatzuntersuchungen.

5.1 Überblick

S. Keim

In diesem Überblickskapitel sollen in einer Wiederholung der zur Diskussion stehende Frequenzbereich und die typischen Ausbreitungswege elektromagnetischer Signale mit den zugehörigen EMV-Meßverfahren näher dargestellt werden. Die zu erfassenden Störsignale werden auf ihre Eigenschaften hin untersucht und klassifiziert.

5.1.1 Einleitung

Die moderne EMV-Meßtechnik gründet sich, historisch gesehen, auf die Funkstörmeßtechnik. Der Schutz des Funkempfangs vor Störsignalen elektrischer und elektronischer Geräte führte schon sehr früh zu gesetzlich festgeschiebenen Anforderungen an das Störverhalten dieser Geräte.

Die alleinige Betrachtung der Störaussendung genügt bei modernen Geräten der Nachrichten- und Datentechnik heute aber nicht mehr. Zunehmende Packungsdichten und die enge Nachbarschaft von Sende- und Empfangsein-richtungen machen zusätzliche Festlegungen auch über die Störfestigkeit gegen Beeinflussungssignale notwendig.

5.1.2 Frequenzspektrum

Bild 5.1-1 zeigt das gesamte elektromagnetische Frequenzspektrum mit den dazugehörenden Wellenlängen.

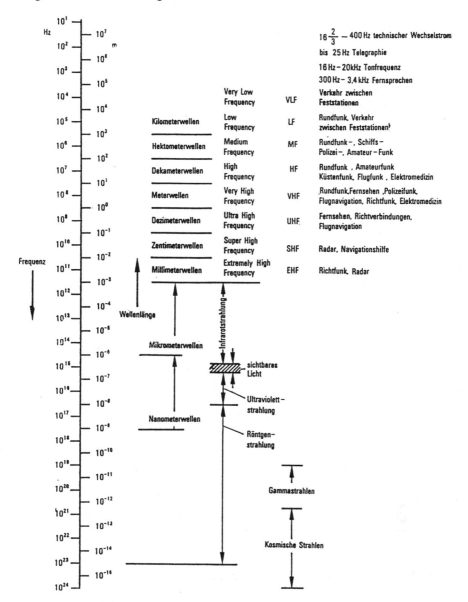

Bild 5.1-1: Frequenz- und Wellenlängenbereiche elektromagnetischer Signale

Die im Bild 5.1-1 implizit dargestellten Nutzer des Frequenzspektrums haben zum einen das Recht der ungestörten Nutzung des Ihnen zugewiesenen Bereichs. Zum anderen erzeugen Sie für Ihre Aufgaben elektromagnetische Signale, die für unbeteiligte elektrische und elektronische Geräte eine Gefährdung bilden können. Entsprechend dieser Gefahrenpotentiale unterscheidet man zwischen Störaussendungen und Störfestigkeit.

Unter der Störaussendung versteht man die ungewollte Aussendung elektromagnetischer Energie auf Leitungen und über den Raum, die in anderen Geräten Störungen erzeugen kann.

Unter der Störfestigkeit versteht man die Immunität elektrischer und elektronischer Geräte gegen die Einwirkung leitungsgeführter und strahlungsgebundener Störsignale.

5.1.3 Wege elektromagnetischer Kopplungen

Die typischen Wege für abgehende und ankommende Störsignale sind in Bild 5.1-2 für ein Gerät dargestellt.

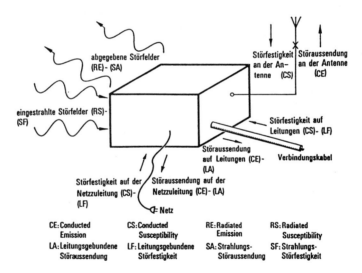

Bild 5.1-2: Typische Wege für abgehende und ankommende Störungen

Die EMV-Meßtechnik hat also nicht nur die Störaussendungen zu messen und die Störfestigkeiten von Geräten und Systemen zu ermitteln, sie muß auch in der Lage sein, die Kopplungswege quantitativ zu beschreiben. Bei Kabeln ist insbesondere der Kopplungswiderstand, bei Gehäusen bzw. Räumen die Schirmdämpfung von besonderer Bedeutung. Filter werden nach der Einfügungsdämpfung beurteilt.

Die leitungsgebundenen Störsignale können galvanisch, induktiv oder kapazitiv aus- oder eingekoppelt werden. Ungewollte Abstrahlung tritt zumeist durch Undichtigkeiten an Gehäuseschirmen auf oder wird durch schlecht gemasste Leitungsschirme sowie undichte Steckverbindungen hervorgerufen.

Bild 5.1-3 zeigt eine Übersicht über die EMV-Meßverfahren.

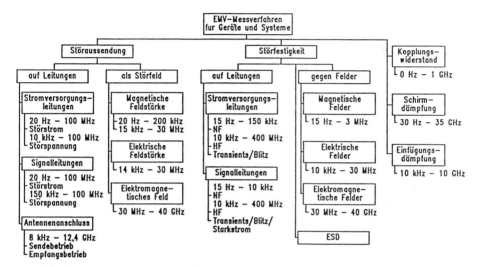

Bild 5.1-3: EMV-Meßverfahren, Überblick

5.1.4 Eigenschaften der Störsignale

Grundsätzlich sind Störsignale bezüglich ihres Frequenzspektrums und ihrer zeitlichen Dauer und Häufigkeit zu betrachten (Bild 5.1-4). Man unterscheidet zwischen

- Dauerstörsignalen und
- Kurzzeitstörsignalen.

Bei Dauerstörsignalen muß außerdem zwischen Störsignalen auf diskreten Frequenzen und Störsignalen mit breitbandigem Frequenzspektrum unterschieden werden. Bei den Kurzzeitstörsignalen sind Amplitude, Anstiegszeit, Impulsdauer und Wiederholungsfrequenz entscheidende Kriterien für ihre Störwirkung. Die spezifische Wirkung der Störsignale muß darum bereits bei der meßtechnischen Erfassung richtig bewertet werden. Beim Auftreten eines einzelnen Störimpulses muß z. B. unterschieden werden, ob er nur zu einem Knack während einer Sprachübertragung führt oder durch Beeinflussung des Rechnerprogramm-Ablaufs den Totalausfall einer Datenverarbeitungsanlage bewirken kann.

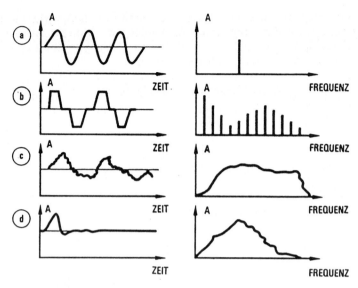

Bild 5.1-4: Typische Störsignale
   a) oberwellenfreies Sinussignal,
   b) nichtsinusförmiges Dauersignal,
   c) verrauschtes Dauersignal,
   d) Einzelimpuls

Besondere Beachtung ist der Beeinflussung der Funktion eines Gerätes oder Systems zu schenken, die durch impulsartige Vorgänge (z. B. beim Betätigen elektromechanischer Schalter) im Mikro- oder Nanosekundenbereich hervorgerufen werden kann. Hierzu gehören insbesondere die Entladung statischer Elektrizität von Materialien und des menschlichen Körpers bei der Berührung von Bedienelementen oder Frontplatten sowie transiente Störgrößen, wie sie bei Schaltvorgängen auf Wechselstromversorgungsleitungen entstehen.

5.1.5 Erfassung und Nachbildung von Störsignalen

Zur Erfassung und Nachbildung von Störsignalen sind spezielle Meßeinrichtungen erforderlich.

Die Erfassung der Störsignale geschieht im allgemeinen mit Meßempfängern, die die Spannung, in Abhängigkeit von der Frequenz, als Spitzenwert, Mittelwert oder als Quasi-Spitzenwert mit einer speziellen Impulsbewertung nach C.I.S.P.R. (Comite International Special des Perturbations Radioelectriques) [1] anzeigen.

Mit Hilfe geeigneter Ankoppeleinrichtungen (z. B. Leitungsnachbildungen, Stromwandlerzangen) können leitungsgebundene Störspannungen und Störströme gemessen werden. Störfeldstärken werden mit Hilfe von Antennen gemessen.

Die Nachbildung von sinusförmigen Störsignalen, z. B. auf diskreten Frequenzen, erfolgt mit Hochfrequenzsendern und Verstärkern mit Leistungen bis zu 2 kW, in Sonderfällen bis zu 10 kW.

Um die Wirkungen von Mikrosekunden- und Nanosekunden-Impulsen sowie von Entladungen statischer Elektrizität zu simulieren, werden Impulsgeneratoren mit spezieller Impulsform, Wiederholfrequenz und entsprechenden Innenwiderständen verwendet.

5.1.6 Prüfverfahren

Bezüglich der Prüfverfahren kann unterschieden werden zwischen genormten Prüfverfahren und orientierenden Messungen.

5.1.6.1 Genormte Prüfverfahren

Das Ziel der Normung ist, reproduzierbare Meßergebnisse zu erhalten. Außerdem sind die einzuhaltenden genormten Grenzwerte stets mit den entsprechenden Prüfmethoden gekoppelt.

Im Bild 5.1-5 sind die EMV-VDE-Normen (ohne die Kraftfahrzeuge betreffenden Normen) dargestellt. Die Störfestigkeitsnormen sind z. Zt. noch Entwürfe.

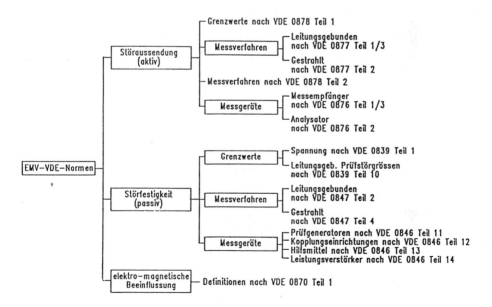

Bild 5.1-5: EMV-VDE-Normen

Um dem Anpruch der Reproduzierbarkeit gerecht zu werden, werden optimale Bedingungen angestrebt durch Festlegungen für

1. Meßverfahren,
2. Meßaufbau,
3. Meßeinrichtungen / Meßgeräte,
4. Meßgelände,
5. Einstellung der Meßgeräte,
6. einzustellende Betriebsarten des Gerätes,
7. Grenzwerte, Störfestigkeitskriterien.

5.1.6.2 Orientierende Meßmethoden

Orientierende Meßmethoden werden z. B. während der Entwicklungsphase und bei Abhilfemaßnahmen angewandt. Genormte Meßplätze sind für orientierende Messungen im allgemeinen nicht erforderlich, da häufig nur Relativmessungen durchgeführt werden.

Beispiele für orientierende Prüfungen mit nicht genormten Prüfeinrichtungen bzw. Prüfmethoden sind

- Messungen in der Streifenleitung bzw. TEM-Zelle nach FTZ 12 TR 1 [2],

- Messungen mit von VDE 0877 abweichenden Meßentfernungen,

- Peak-Bewertung für schnelle Übersichtsmessungen mit Hilfe eines Spektrumanalysators.

5.1.7 Literatur

[1] CISPR Pub. 16 (1987):   CISPR specification for radio interference measuring apparatus and measurement methods

[2] FTZ 12 TR 1
Ausgabe 6.87:   Elektromagnetische Verträglichkeit von Anschalteinrichtungen und Endstelleneinrichtungen und privaten Fernmeldeeinrichtungen

5.2 Störaussendungsmessungen

S. Keim

5.2.1 Allgemeines

Bei der Betrachtung der EMV-Meßtechnik der "Störaussendungen" muß man sich darüber im klaren sein, daß es sich bei den zu messenden Größen nicht um Nutzsignale handelt, sondern um störende Nebenpegel, d.h. Störpegel, die eigentlich nicht vorhanden sein sollten.

Von einer Störquelle gehen im allgemeinen leitungsgebundene und strahlungsgebundene elektromagnetische Störungen aus (Bild 5.2-1). Die Ausbreitung über Leitungen kann durch die Messung des Störstromes $I_{Stö}$ und der Störspannung $U_{Stö}$ nachgewiesen werden. Störströme erzeugen besonders in Leiterschleifen und Spulen auch magnetische Störfelder $H_{Stö}$. Der Einfluß von magnetischen und elektrischen Störfeldern auf die nächste Umgebung wird auch als induktive bzw. kapazitive Kopplung bezeichnet.

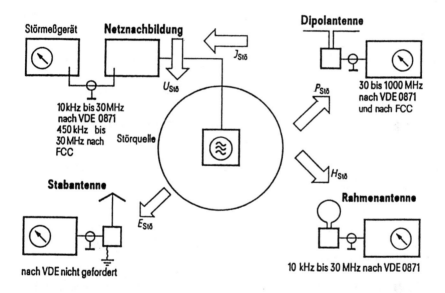

Bild 5.2-1: Störmeßtechnik

In genügend großer Entfernung von der Störquelle sind das magnetische und das elektrische Störfeld über den Wellenwiderstand des freien Raumes miteinander verknüpft. Man spricht dann vom elektromagnetischen Störfeld oder von der Störstrahlung $P_{Stö}$.

Die EMV-Meßtechnik muß sich an diese physikalischen Gegebenheiten anpassen. Die von der Störquelle ausgehenden Störströme rufen am Netz-Scheinwiderstand einen Spannungsabfall hervor, der als Störspannung erfaßbar ist. Um hier zu reproduzierbaren Meßergebissen zu kommen, werden entsprechende Nachbildungen, sog. Netznachbildungen, für Starkstrom- und Datenübertragungsnetze benutzt.

Magnetische und elektrische Störfelder werden mit Hilfe von Rahmen- bzw. Dipolantennen in Verbindung mit einem Störmeßgerät ermittelt.

Ausbreitung und Messung von Funkstörungen

In dem Frequenzbereich unter 30 MHz werden Funkstörungen vorwiegend als Funkstörspannungen und Funkstörströme auf Leitungsnetzen fortgeleitet und durch Kopplung mit den Antennen auf Funkempfangsanlagen übertragen.

Die Abstrahlung von einem elektrischen Betriebsmittel wird im Frequenzbereich unter 30 MHz durch die Messung der magnetischen Feldstärke erfaßt.

Oberhalb von 30 MHz erfolgt die Ausbreitung vorwiegend durch die direkte Abstrahlung von dem elektrischen Betriebsmittel einschließlich seiner Anschlußleitungen. Das Störverhalten wird im Frequenzbereich von 30 MHz bis 1000 MHz durch die Messung der elektrischen Feldstärke und/oder der Störleistung auf Leitungen erfaßt. Oberhalb 1 GHz wird die Störstrahlungsleistung gemessen.

Bewertungen

Eine Fernmeldeanlage z. B. muß die Grenzwerte nach VDE 0878 Teil 1 [3] Grenzwertklasse B einhalten. Dabei wird streng zwischen Impulsstörungen (breitbandig) und schmalbandigen, sinusförmigen Störungen unterschieden, deren Grenzwerte etwa 12 dB niedriger liegen, da für das menschliche Ohr Einzelimpulse bzw. Impulsfolgen weit weniger störend wirken als eine sinusförmige Dauerstörung.

Untersuchungen haben gezeigt, daß das Geräusch eines 1-kHz-Dauertons (schmalbandig gemessen) und eine Impulsfolge von 1 kHz (breitbandig gemessen) erst dann denselben Störeindruck vermitteln, wenn die Anzeige für den breitbandigen Impulsstörer etwa 12 dB höher ist.

Die Funkstörmeßempfänger besitzen deshalb sowohl einen Quasispitzenwertdetektor für breitbandige Bewertung als auch einen Mittelwertdetektor für schmalbandige Bewertung (nach CISPR Pub. 16 bzw. VDE 0876 Teil 1 [1] und Teil 3 [2]).

Der zeitliche Aufwand für eine komplette Messung mit CISPR-Bewertung ist beträchtlich, insbesondere bei vollautomatischen Empfangssystemen, da zur Einschwingzeit der Filter (t = 1/Bandbreite) noch die Zeit dazukommt, die für die CISPR-Bewertung benötigt wird.

Breitband - Schmalband

Für breitbandige und schmalbandige Störgrößen sind gesonderte Grenzwerte angegeben, so daß beim Messen zwischen beiden Arten unterschieden werden muß. Dafür stehen zwei Verfahren zur Verfügung. Bei Schiedsmessungen wird Verfahren 1 nach VDE 0878 Teil 1 [3] (Quasispitzenwertdetektor) angewendet.

Verfahren 1: Es wird nur ein Quasispitzenwertdetektor verwendet. Zur Beurteilung wird das Störmeßgerät um seine Bandbreite oberhalb und unterhalb der Meßfrequenz verstimmt.

Bei einer Verringerung des Meßwertes um mehr als 3 dB gilt die Störgröße als schmalbandige Störgröße. Tritt bei Verstimmung eine Verringerung des Meßwertes von nicht mehr als 3 dB auf, dann gilt die Störgröße als breitbandige Störgröße.

Verfahren 2: Die Störgröße wird sowohl mit einem Mittelwertdetektor als auch mit einem Quasispitzenwertdetektor gemessen. Der Vergleich der Störpegel ergibt folgende Bewertung:

Für breitbandige Störgrößen ist der Quasispitzenwert größer als der Mittelwert.

Die Anzeige bei Messung mit dem Quasispitzenwertdetektor wird mit den Grenzwerten für breitbandige Störgrößen verglichen.

Die Anzeige bei Messung mit dem Mittelwertdetektor wird den Grenzwerten für schmalbandige Störgrößen zugeordnet.

5.2.2 Störaussendungen auf Leitungen

Die Meßverfahren für die Ermittlung der Störaussendungen auf Leitungen werden eingeteilt in

- Messung der Funk-Störspannung,
- Messung des Störstromes auf Leitungen und Kabeln.

Mit diesen Meßverfahren soll der Amplitudenverlauf einer Störspannung bzw. eines Störstromes als Funktion der Frequenz ermittelt werden.

Funkstörspannungs-Messung

Zur Messung der Funkstörspannung wird eine Impedanznachbildung mit Meßausgang, eine sog. Netznachbildung (Bild 5.2-2), verwendet. Anstelle des Meßausganges kann auch ein getrennter Tastkopf (Eingangswiderstand ≥ 1500 Ohm) benutzt werden.

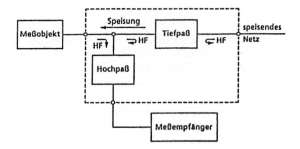

Bild 5.2-2: Blockschaltbild einer Netznachbildung

Die Meßverfahren für die Ermittlung der Funkstörspannung auf Leitungen werden eingeteilt bezüglich der Leitungsarten:

- Stromversorgungsleitungen AC und DC,
- Fernmelde-, Signal- und Steuerleitungen.

Bei den Methoden ist insbesondere darauf zu achten, welche Komponente der Spannung erfaßt werden muß. Man unterscheidet unsymmetrische und asymmetrische Funkstörspannung.

Die unsymmetrische Funkstörspannung wird gemessen auf

- Stromversorgungsleitungen und
- unsymmetrisch betriebenen Fernmelde-, Signal- und Steuerleitungen.

Die asymmetrische Funkstörspannung wird gemessen auf

- symmetrisch betriebenen Fernmelde-, Signal- und Steuerleitungen.

Bei der Messung der unsymmetrischen Funkstörspannung wird die Störspannung zwischen einer Ader und einer Bezugsmasse erfaßt, während die asymmetrische Funkstörspannung die Störspannung der elektrischen Mitte gegen die Bezugsmasse beschreibt.

Meßanordnung und Anschluß des Prüflings nach VDE 0877 Teil 1 [4]

Für die Messung der Funkstörspannung muß der Prüfling über die vorgeschaltete Netznachbildung in Betrieb genommen werden. Hierzu ist der Prüfling auf einem mindestens 80 cm hohen Tisch aus nichtleitendem Material in einem Abstand von 40 cm vor einer geerdeten, leitenden Fläche (Metallwand) von mindestens 2 m · 2 m Größe als Bezugsmasse in einem Abstand von mindestens 80 cm zu anderen geerdeten Metallflächen anzuordnen.

Der kürzeste Abstand zwischen Gehäuse des Prüflings und seinem Anschluß an der Netznachbildung muß 80 cm betragen. Die Verbindungsleitung zwischen dem Prüfling und der Netznachbildung ist parallel zu der Metallwand in einem Abstand von 40 cm auf dem Tisch zu verlegen. Typprüfungen sind mit ungeschirmten 1 m langen Netzleitungen auszuführen. Hierzu kann es erforderlich sein, daß vorhandene Netzleitungen gekürzt oder ausgewechselt werden müssen.

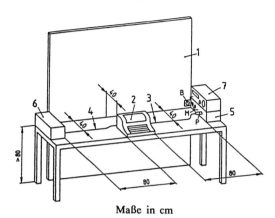

Maße in cm

1	Metallwand, mindestens 2 m × 2 m
2	Prüfling (Fernschreiber)
3	Netzanschlußleitung
4	Fernmeldeanschlußleitung
5	V–Netznachbildung
6	Δ–Netznachbildung
7	Funkstörmeßempfänger (wird nacheinander an die verschiedenen Netznachbildungen geschaltet)
B	Anschluß: Bezugsmasse
M	Anschluß: Funkstörmeßempfänger
P	Anschluß: Prüfling

Bild 5.2-3: Funkstörspannungsmessung nach DIN 57 877 Teil 1/ VDE 0877 Teil 1 (Meßanordnung für einen Prüfling mit getrennt verlegten Anschlußleitungen)

Bei Prüflingen mit mehreren angeschlossenen oder anschließbaren und nicht zusammen verlegten Leitungen sind diese in entgegengesetzten Richtungen möglichst entkoppelt unter den gleichen, oben angegebenen Bedingungen anzuordnen. Bild 5.2-3 zeigt die Meßanordnung am Beispiel der Vermessung eines Fernschreibers.

Messung mit HF-Stromwandlern

HF-Stromwandler ermöglichen durch die gemeinsame Umschließung eines Leitungsbündels die unmittelbare Messung der nach außen wirksamen asymmetrischen Komponente des Störstromes, Bild 5.2-4 [5]. Das Auftrennen der Leitung ist hier

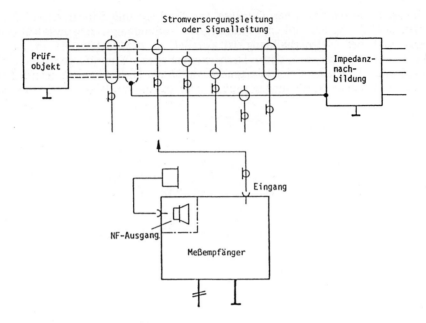

Bild 5.2-4: Messung von Störströmen

nicht erforderlich. Unsymmetrische Störströme können hiermit leicht unter Betriebs-bedingungen von symmetrischen Nutz- und Betriebsströmen getrennt werden.

Erfolgt die Messung unter definierten Betriebsbedingungen, so kann nach VDE 0878 Teil 1 [5] über einen fiktiven Abschlußwiderstand von 150 Ohm die Funk-störspannung berechnet werden.

5.2.3 Störaussendungen über Felder

Funkstörfeldstärke

Im Frequenzbereich von 10 kHz bis 30 MHz wird die Abstrahlung durch die Messung der magnetischen Feldstärke mit einer Rahmenantenne im Nahfeld und Übergangsfeld erfaßt.

Oberhalb von 30 MHz erfolgt die Ausbreitung vorwiegend durch direkte Abstrahlung der Geräte, einschließlich der Anschlußkabel. Im Frequenzbereich von 30 MHz bis 1 GHz wird die elektrische Feldstärke (Übergangs- und Fernfeld) mit einem Dipol gemessen.

Das Feld wird, je nach der Entfernung d von der Sendeantenne, unterteilt in [8]

- Nahfeld   : $d \leq 0,1\ \lambda$ (λ: Wellenlänge),
- Übergangsfeld : $d = (0,1\ ...3)\ \lambda$,
- Fernfeld   : $d > 3\ \lambda$.

Allein das elektromagnetische Fernfeld ist homogen. Die magnetische und die elektrische Komponente stehen dabei senkrecht zueinander und bilden eine Ebene senkrecht zur Ausbreitungsrichtung. Die Impedanz des freien Raumes (Feldwellenwiderstand) ist dabei eine Konstante: $\Gamma_0 = E/H = 377\ \Omega$.

Nah- und Übergangsfeld sind mehr oder weniger stark inhomogen. Der Feldwellenwiderstand weicht erheblich von Γ_0 ab. Näherungsweise nimmt die Feldstärke im Nahfeld etwa mit der 3. Potenz, im Übergangsfeld etwa mit der 2. Potenz und im Fernfeld etwa linear mit der Entfernung ab.

Dies gilt jedoch nur, wenn die Abmessungen des Gerätes (einschließlich Kabel) klein gegen die Wellenlänge und die Meßentfernung sind.

Magnetische Störfeldstärke

Die magnetische Störfeldstärke H in dBμA/m wird, wie bereits ausgeführt, mit einem Funkstörmeßempfänger und einer Rahmen-Antenne im Frequenzbereich von 10 kHz bis 30 MHz nur schmalbandig gemessen.

In der Funkstörmeßtechnik ist es üblich, auch die magnetische Feldstärke als elektrische Feldstärke anzugeben, da mit in dBμV kalibrierten Meßempfängern gearbeitet wird.

Der logarithmische Umrechnungsfaktor lautet (abgeleitet aus $H = E/\Gamma_0$):

$$H \text{ (in dB}\mu\text{A/m)} = E \text{ (in dB}\mu\text{V/m)} - 51,5 \text{ (dB}\Omega\text{)}.$$

Elektrische Störfeldstärke

Die elektrische Störfeldstärke E (in dBμV/m) wird mit einem Funkstörmeßempfänger und einem Dipol bzw. dipolartigen Antennen im Frequenzbereich 30 MHz bis 1 GHz gemessen.

Die mit einem Meßempfänger gemessene Antennenspannung (Einheit μV), multipliziert mit dem Antennenfaktor A_F (Einheit 1/m), ergibt die Feldstärke. Dieser Faktor A_F ist abhängig vom Antennengewinn. In logarithmischer Darstellung muß also zum Anzeigewert des Meßempfängers noch der frequenzabhängige Antennenfaktor A_F der verwendeten Antenne addiert werden:

$$E \text{ (in dB}\mu\text{V/m)} = U \text{ (in dB}\mu\text{V)} + A_F \text{ (in dB(1/m))}.$$

Die in den Normen angegebenen Grenzwerte gelten nur für die dort ebenfalls angegebenen Meßentfernungen (z. B. 30 m, 10 m, 3 m).

Reproduzierbare Messungen sind nur dann möglich, wenn die Messungen unter den gleichen Voraussetzungen erfolgen. Das Freigelände bzw. die geschirmten Räume (mit Absorbern), die Anordnung der Geräte mit den zugehörigen Kabeln und die Meßentfernung müssen deshalb exakt übereinstimmen. Eine einfache Umrechnung von Meßwerten verschiedener Meßentfernungen ist für einen echten Vergleich nicht zulässig.

Meßanordnung zur Durchführung von Funkstörfeldstärkemessungen nach VDE 0877 Teil 2 [7] (Bild 5.2-5)

Frequenzbereich 10 kHz bis 30 MHz

Als bevorzugte Meßentfernung wird 3 m empfohlen. Die Höhe der Empfangsantenne (Rahmenunterkante) über dem Erdboden soll 1 m betragen. Die mit ihrer Fläche senkrecht zum Erdboden angeordnete Rahmenantenne ist so auszurichten, daß die maximale Feldstärke angezeigt wird.

In diesem Frequenzbereich wird nur die magnetische Feldstärke des Prüflings selbst gemessen. Es brauchen keine anderen als die für den Betrieb des Prüflings notwendigen Leitungen angeschlossen zu werden. Die Anordnung dieser Leitungen ist beliebig.

Zur Erfassung des maximalen Störvermögens ist bei jeder Meßfrequenz in der horizontalen Abstrahlungsrichtung zu messen, in der die höchste magnetische Störfeldstärke auftritt; die Richtung der höchsten Abstrahlung wird z. B. durch Drehen des Prüflings gefunden.

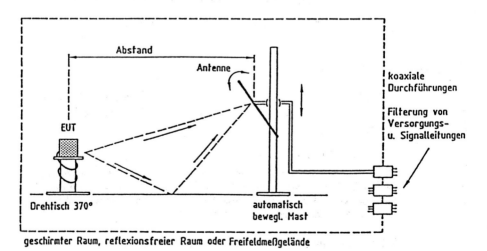

Bild 5.2-5: Messung der Funkstörfeldstärke

Obwohl nach VDE 0877 Teil 2 [7] die Meßentfernung 3 m bevorzugt wird, ist in VDE 0871 [9] und VDE 0878 Teil 1 [3] der Grenzwert für 30 m vorgegeben. Der 3-m-Grenzwert ist empfohlen. Er ist außerdem auch "schärfer" als der 30-m-Grenzwert.

Messungen in 30 m Entfernung in einem Freigelände sind aber in vielen Fällen nicht möglich, da die Störungen aus der Umgebung höher sind als der nachzuweisende Grenzwert.

Deshalb verfährt man folgendermaßen:

a) Die Messungen erfolgen in 3 m, 6 m und 10 m Entfernung. Die ermittelten Feldstärkewerte werden graphisch aufgetragen und der Meßwert auf 30 m zeichnerisch extrapoliert. Dieses Verfahren ist bei vielen zu messenden Störlinien sehr zeitintensiv.

b) Die Messung erfolgt in einer Absorberhalle. Siehe hierzu 5.2.8.2 .

Frequenzbereich 30 MHz bis 1000 MHz

Als bevorzugte Meßentfernungen werden 3 m, 10 m oder 30 m empfohlen. Bei einer gegebenen Meßentferung sind die Antennenhöhen (Antennenmittelpunkt über Erdboden) so zu wählen, daß Nullstellen infolge der Überlagerung des vom Prüfling ausgehenden direkten und des am Boden reflektierten Strahls vermieden werden.

Die Störfeldstärke ist bei vertikaler und horizontaler Polarisation der Meßantenne zu messen. Der größere der beiden Werte ist maßgebend. Es ist bei bestimmungsgemäßem Gebrauch bzw. bei Simulation der üblichen Betriebszustände und bei normaler Belastung, bei Nennspanung und Nennfrequenz zu prüfen. Der Prüfling wird auf einem nicht leitenden Tisch mit 0,8 m Höhe in seinen Gebrauchslagen aufgestellt.

Prüflinge, die normalerweise auf dem Boden stehen, sollen während der Messung bis zu einer Höhe von 0,15 m isoliert über dem Boden aufgestellt werden.

Die vom Prüfling abgehenden Leitungen werden

- bei auf dem Tisch stehenden Prüflingen in Höhe der Tischplatte,
- bei auf dem Boden stehenden Prüflingen in der Höhe ihres Austrittspunktes aus dem Prüfling, mindestens aber in 0,1 m Höhe über dem Boden, auf eine Länge von 1,5 m waagerecht, anschließend senkrecht zum Boden geführt (Bild 5.2-6).

Es ist darauf zu achten, daß die weiterführenden Leitungen nicht zur Gesamtstrahlung beitragen, z. B. durch Verlegung der Leitungen unterhalb der leitenden

Bodenfläche, durch Bedämpfung mit Ferritabsorbern, durch Einfügen von Entkopplungsnetzwerken, z. B. Netznachbildungen, deren Masseanschluß mit der leitenden Fläche verbunden ist. Sind mehrere Leitungen vorhanden oder anschließbar, so sind diese geradlinig in etwa gleichen Winkelabständen innerhalb eines Halbkreises anzuordnen (siehe Bild 5.2-6).

Zur Erfassung des maximalen Störvermögens ist bei jeder Meßfrequenz in der horizontalen Abstrahlrichtung (bei horizontaler und vertikaler Polarisation der Meßantenne) zu messen, in der die höchste elektrische Störfeldstärke auftritt, z. B. durch Drehen des Prüflings.

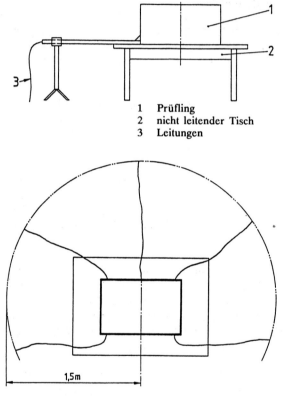

1   Prüfling
2   nicht leitender Tisch
3   Leitungen

Anordnung mehrerer Leitungen eines Prüflings

Bild 5.2-6: Messung der Funkstörfeldstärke, Meßaufbau nach VDE 0877 Teil 2

5.2.4 Störstrahlungsleistung

Im Frequenzbereich oberhalb 1 GHz wird die Störstrahlungsleistung (Freiraumstrahlung ohne Bodenreflexion) mittels der Substitutionsmethode nach dem Entwurf VDE 0871 Teil 1/8.85 [8] ermittelt. Dazu werden Hornantennen eingesetzt, die die getrennte Messung der Vertikal- und Horizontalkomponenten des Feldes ermöglichen. Bild 5.2-7 zeigt das Meßverfahren.

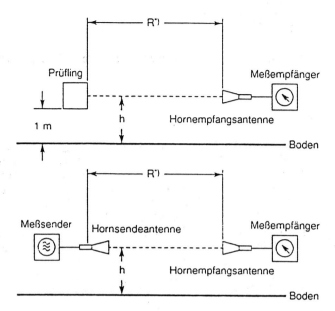

*) Anmerkung: Zur Festlegung des Abstands R wird den Angaben des Antennenherstellers entsprechend entweder der Einspeisungspunkt oder die Öffnung als Meßpunkt verwendet.

Bild 5.2-7: Messung der Störstrahlungsleistung

Ein kleiner Prüfling wird auf einen nichtmetallischen Drehtisch mit einer Höhe von 1 m gestellt. Die Hornantenne wird im gewählten Abstand auf eine Höhe eingestellt, die der Mitte des Prüflings entspricht. Der Prüfling wird dann horizontal um 360° gedreht und der höchste Anzeigewert am Meßempfänger bei der Prüffrequenz aufgezeichnet.

Anstelle des Prüflings wird dann eine Hornsendeantenne aufgestellt und mit einem Meßsender so gespeist, daß sich die gleiche Anzeige einstellt. Die Leistung an den Eingangsklemmen der Sendeantenne zuzüglich Antennengewinn G (in dB) des Horns abzüglich des Gewinns eines Halbwellendipols (der mit 2 dB angesetzt werden kann) ergibt die Störstrahlungsleistung:

$$P = A + G - 2 \text{ dB} .$$

Da die Prüfung bei vielen zu messenden Störlinien zeitaufwendig ist, werden alternativ dazu auch andere Meßverfahren angewendet. So kann man z. B. den Grenzwert der Funkstörstrahlungsleistung P in einen Feldstärkegrenzwert E umrechnen nach der Bezeichnung [6]

$$E = \sqrt{\frac{\Gamma_o}{4\pi} \cdot \frac{\sqrt{P \cdot G}}{d}}$$

und eine Feldstärkemessung, wie im Frequenzbereich unter 1 GHz, durchführen.

5.2.5 Funkstörleistung

Da die Messung der Funkstörfeldstärke mit einem nicht geringen Aufwand an Investitionen verbunden ist, hat man stets nach einfacheren Meßverfahren zur Beurteilung des Störverhaltens von Geräten gesucht. Eine dieser Methoden ist die Messung der Funkstörleistung auf Leitungen im Frequenzbereich von 30 MHz bis 1000 MHz nach VDE 0877 Teil 3 [10]. Der Anwendungsbereich ist aber auf solche elektrischen Betriebsmittel beschränkt, deren Hochfrequenzenergie vorwiegend von angeschlossenen Leitungen abgestrahlt wird. Sind die Abmessungen des Prüflings ohne angeschlossene Leitungen größer als 1/10 der Wellenlänge der Meßfrequenz, so kann das Gerät zur direkten Strahlung angeregt werden. In diesem Fall ist das Ergebnis einer Feldstärke- oder Störstrahlungsleistungsmessung für die Beurteilung des Störverhaltens von höherem Aussagewert.

Ein Beispiel für die Meßanordnung ist in Bild 5.2-8 dargestellt.

Die vom Prüfling über angeschlossene Leitungen abgegebene Funkstörleistung wird mit der Absorptions-Meßwandlerzange ermittelt.

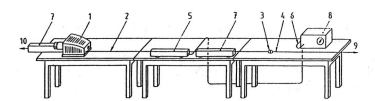

1 Prüfling (Projektor)
2 Netzleitung
3 Steckvorrichtung (falls benötigt)
4 Verlängerung der Leitung 2 (falls benötigt)
5 Absorptions-Meßwandlerzange
6 Verbindungskabel zum Funkstörmeßempfänger
7 Zusatzabsorber
8 Funkstörmeßempfänger
9 Anschluß Stromversorgung
10 Fernbedienungsleitung (abgeschlossen mit Zusatzabsorber 7)

Bild 5.2-8: Beispiel einer Meßanordnung zur Störleistungsmessung

Durch Verschieben der Zange längs der Leitung wird bei jeder Meßfrequenz auf maximale Leistungsabgabe angepaßt. Da das Maximum der Funkstörleistung durch Verschieben der Absorptions-Meßwandlerzange bei jeder Meßfrequenz durchgeführt werden muß, ist die Prüfmethode mit großem zeitlichem Aufwand verbunden. Auch ist beim Messen darauf zu achten, daß beim Verschieben der Absorptions-Meßwandlerzange keine Meßfehler durch kapazitiven Einfluß der Bedienperson auftreten.

5.2.6 Prüfablauf

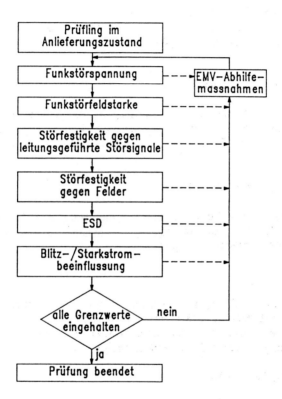

Bild 5.2-9: Ablauf von EMV-Prüfungen

Bei der Durchführung einer kompletten EMV-Prüfung gibt es mehrere Vorgehensweisen (Bild 5.2-9):

1. Es wird zunächst nur eine IST-Wert-Feststellung durchgeführt. Erst nachdem alle Meßergebnisse vorliegen, werden EMV-Abhilfemaßnahmen durchgeführt. Danach erfolgt eine neue IST-Feststellung. Diese Prozedur wird so oft wiederholt, bis alle Grenzwerte eingehalten sind.

2. Nach jeder Teilprüfung, bei der Grenzwertüberschreitungen auftreten, werden sofort Abhilfemaßnahmen durchgeführt. Erst wenn bei allen vorangegangenen Prüfungen keine Grenzwertüberschreitungen mehr auftreten, wird die nächste Prüfung in Angriff genommen.

3. Beide beschriebenen Vorgehensweisen stellen nun aber nicht die wirtschaftlich optimale Lösung dar. Um diese zu erreichen, ist die Mitarbeit des EMV-Prüfingenieurs erforderlich, der aufgrund seiner Erfahrungen entscheidet, ob überhaupt und wenn ja, welche Abkürzungswege möglich sind, z. B. "Nachprüfungen nur in einem eingeschränkten Frequenzbereich".

Im allgemeinen beginnt man mit den Störaussendungs-Prüfungen und geht dann zu den Störfestigkeits-Prüfungen über, wobei hier evtl. zerstörende Beeinflussungsprüfungen an den Schluß gelegt werden.

5.2.7 Meßunsicherheiten / Reproduzierbarkeit

Das Problem der Meßunsicherheiten und damit der Reproduzierbarkeit der Ergebnisse wurde schon mehrfach angesprochen. In den folgenden Ausführungen werden verschiedene Einflußgrößen in ihrer Auswirkung näher beleuchtet.

5.2.7.1 Meßfehler nach VDE 0877

Meßfehler können u.a. durch Fehlanpassung, ungenügenden Störabstand und Anzeigefehler des Funkstörmeßempfängers entstehen. Besondere Fehlerquellen können schlechte Kabelverbindungen sein.

Meßgenauigkeit

Die Fehlergrenze für Sinusspannungen darf ± 2 dB nicht überschreiten. Die durch das Zubehör entstehenden zusätzlichen Fehler dürfen nicht dazu führen, daß die vorgenannten Fehlergrenzen überschritten werden. Die Fehlergrenze für Funkstörfeldstärkemessungen darf ± 3 dB nicht überschreiten.

Übersteuerungskontrolle

Bei durch Impulse verursachten Funkstörungen können Meßfehler durch Übersteuerung der Meßeinrichtung entstehen. Die Übersteuerung äußert sich in einer zu geringen Anzeige der Meßgröße.

Fremdstörungen durch leitungsgeführte oder freie elektromagnetische Felder

Der durch Fremdstörungen verursachte Meßfehler soll kleiner als 1 dB sein. Diese Forderung ist gewährleistet, wenn Fremdstörungen, die bei abgeschaltetem Prüfling gemessen werden, 20 dB unter der gemessenen Funkstörfeldstärke liegen oder nicht meßbar sind.

Zur Vermeidung von Fremdstörungen können Funkstörfeldstärkemessungen in ausreichend reflexionsfreien Absorberräumen durchgeführt werden. Der Einfluß von Fremdstörungen kann auch durch Verringerung der Meßentfernung vermindert werden.

5.2.7.2 Reproduzierbarkeit

Wenn man von Reproduzierbarkeit spricht, wird dies meistens auf die Meßeinrichtungen und Meßgeräte bezogen. Es gibt aber auch Fälle, in denen unterschiedliche Meßergebnisse auf den Prüfling selbst zurückzuführen sind. Nachstehend sind einige Beispiele zu diesem Thema wiedergegeben:

FUNKSTÖRSPANNUNGS-MESSUNG
Frequenzbereich: 150 kHz – 30 MHz
Prüfbestimmungen: VDE 0871

FUNKSTÖRSPANNUNGS-MESSUNG
Frequenzbereich: 150 kHz – 30 MHz
Prüfbestimmungen: VDE 0871

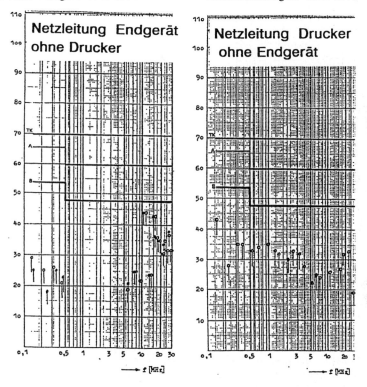

Bild 5.2-10: Ergebnisse einer Funkstörspannungs-Messung: Geräte separat geprüft

● Vergleich: Gerät - Anlage

Beide betrachteten Geräte - Endgerät und Drucker - halten, für sich allein gemessen, den Grenzwert "B" nach VDE 0871 für die Funkstörspannung auf der Netzleitung ein, Bild 5.2-10.

Wird jetzt aber der Drucker an das Endgerät angeschlossen, so steigt die Funkstörung auf der Netzleitung des Endgerätes über den Grenzwert an, siehe Bild 5.2-11.

FUNKSTÖRSPANNUNGS-MESSUNG
Frequenzbereich: 150 kHz - 30 MHz
Prüfbestimmungen: VDE 0871

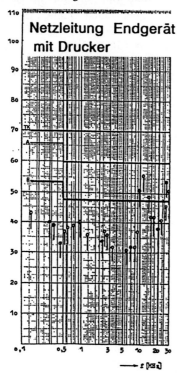

Bild 5.2-11: Funkstörspannungs-Messung: Geräte zusammen geprüft

● Anzahl der Prüflinge

Bei diesem Beispiel wurde die Zunahme der Feldstärke bei steigender Prüflingsanzahl - bis max. 6 Stück - ermittelt. Wie man aus Bild 5.2-12 ersehen kann, ist die Zunahme bei den verschiedenen Oberwellenfrequenzen noch recht unterschiedlich. Im ungünstigsten Fall muß man mit einer linearen Zunahme der Feldstärke rechnen, hier z. B. bei 185 MHz.

Störfeldstärke

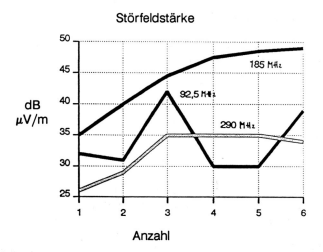

Bild 5.2-12: Zunahme der Störfeldstärke bei mehreren gleichen Prüflingen

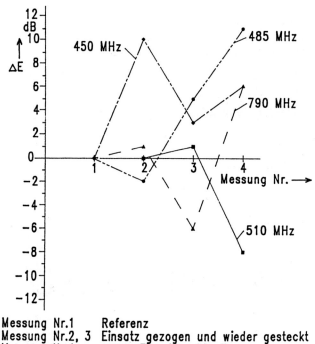

Messung Nr.1   Referenz
Messung Nr.2, 3 Einsatz gezogen und wieder gesteckt
Messung Nr.4   gegen Einsatz geklopft

Bild 5.2-13: Erschütterungsempfindlichkeit des Prüflings

● Erschütterungsempfindlichkeit

Bei einem 2 m hohen Gerät mit einschiebbaren Einsätzen hing die Reproduzierbarkeit vom Massekontakt des Einsatzes ab. Die diversen Zustände sind in Bild 5.2-13 wiedergegeben.

Die nicht eindeutigen mechanischen Verhältnisse führten zu Feldstärkeänderungen bis zu 11 dB.

● Bauteilestreuung

Ein Gerät aus der Serie zeigte Grenzwertüberschreitungen, obwohl am Labormuster ein Sicherheitsabstand von ≥ 20 dB eingehalten worden war (Bild 5.2-14 und Bild 5.2-15).

Ursache war der Quarzoszillator verschiedener Hersteller. Die steile Anstiegs- und Abfallflanke mit entsprechenden Über- und Unterschwingungen (Bild 5.2-16) führten zu der enormen Feldstärkeanhebung. Für die Funktion des Gerätes waren beide Oszillatoren gleichbedeutend.

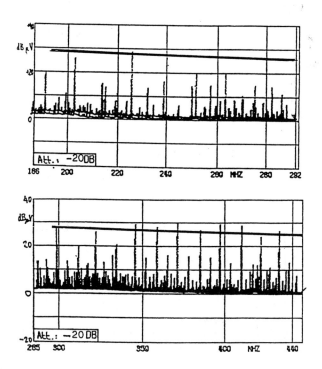

Bild 5.2-14: Oberwellenpegel des Quarzoszillators der Fa. Motorola

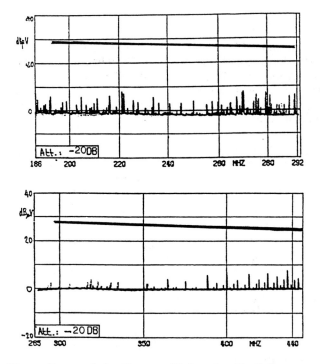

Bild 5.2-15: Oberwellenpegel des Quarzoszillators der Fa. Seiko

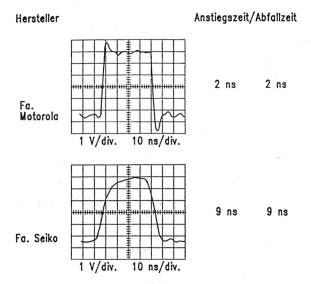

Bild 5.2-16: Merkmale der Quarzoszillatoren

● **Alterung**

Die EMV-Messungen werden üblicherweise an Prototypen oder ersten Seriengeräten durchgeführt. Bei späteren Nachmessungen kann jedoch infolge eines evtl. Alterungsprozesses an Übergangswiderständen das ehemalige Meßergebnis nicht mehr reproduziert werden. In Bild 5.2-17 ist die Änderung des Kopplungswiderstandes eines Steckers mit dem Parameter Klimabeanspruchung dargestellt.

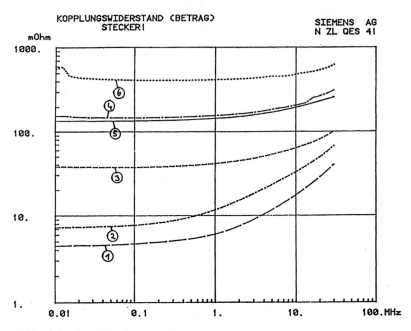

Reihenfolge der Klimabeanspruchung:
1 Anfangsmessung
2 Messung nach 4 Tagen Lagerung in SO_2
3 Messung nach 4 Tagen Lagerung in H_2S
4 Messung nach 6 Tagen Lagerung in SO_2
5 Messung nach 6 Tagen Lagerung in H_2S
6 Messung nach 21 Tagen Lagerung in 40° C / 92 % rel. Feuchte

Bild 5.2-17: Änderung des Kopplungswiderstandes durch Klimabeanspruchung

Nicht reproduzierbare Meßergebnisse können u.a. auch verursacht werden durch

● Resonanzeffekte in geschirmten Kabinen,
● Resonanzeffekte in der Prüflingsverkabelung,
● unterschiedliche Masseverhältnisse,
● zu große Wobbelgeschwindigkeit des Meßempfängers bzw. Meßsenders.

Insbesondere ist zu beachten, daß jegliche Änderung, sei sie vom Standpunkt des Entwicklers auch noch so klein, Auswirkungen auf die EMV-Eigenschaften haben kann und deshalb eine spätere Nachprüfung evtl. zu anderen Meßergebnissen führt. Die nachstehend wiedergegebene Mitteilung der VDE-Prüfstelle zeigt, daß man sich dieser Problematik bewußt ist (Bild 5.2-18).

Oktober 1986
VDE-Prüfstelle

Dem Prüfer über die Schulter geschaut: Funk-Entstörung

Änderungen
Oft wird die gegenseitige Beeinflussung und Rückwirkung zwischen Funk-Entstörungs- und Sicherheitsmaßnahmen nicht berücksichtigt. Wird z. B. ein Teil eines Gerätes nachträglich geändert, um den Bestimmungen der Sicherheitsprüfung zu entsprechen, wird vergessen,

die Auswirkung dieser Änderungen auf die Funk-Entstörung zu kontrollieren. (Dies gilt auch umgekehrt.)

Bild 5.2-18: Gegenseitige Beeinflussung

5.2.8 Meßeinrichtungen

5.2.8.1 Freifeld-Meßgelände

In VDE 0877 Teil 2 [7] sind die Anforderungen an ein Freifeld-Meßgelände beschrieben:

Meßgelände für den Frequenzberich 10 kHz bis 30 MHz

Für Messungen der magnetischen Feldstärke eignet sich als Meßgelände eine zwischen Prüfling und Meßantenne von leitenden Gegenständen freie Fläche. Ein Meßgelände mit leitender Bezugsfläche, bei dem geringere Ausbreitungsdämpfungen als auf einem Gelände ohne leitende Bezugsflächen nicht auszuschließen sind, kann jedoch zumindest für orientierende Messungen auch in dem Frequenzbereich unter 30 MHz verwendet werden. Bei Meßentfernungen über 3 m kann der Einfluß von Leitungen gegenüber der eigentlichen Störquelle im allgemeinen nicht vernachlässigt werden. Dies kann orientierend durch die Messung des Abfalls der Feldstärke mit zunehmender Meßentfernung festgestellt werden.

Meßgelände für den Frequenzbereich 30 MHz bis 1000 MHz

Für Messungen der elektrischen Feldstärke im Frequenzbereich von 30 MHz bis 1000 MHz eignet sich als Meßgelände eine freie möglichst gut leitende ebene Fläche, z. B. Metallfolie, ersatzweise Maschendraht, über der die Ausbreitung elektromagnetischer Wellen nicht behindert wird.

Das Meßgelände, auf dem sich keine störenden reflektierenden Aufbauten (Zäune, Bäume) befinden dürfen, sollte mindestens so groß sein wie eine Ellipse, deren große Achse gleich dem 2-fachen und deren kleine Achse gleich dem $\sqrt{3}$-fachen der Meßentfernung ist (Bild 5.2-19). Der Prüfling wird in einem Brennpunkt dieser Ellipse, die Meßantenne in dem anderen aufgestellt.

1   Prüfling
2   Funkstörmeßempfänger
3   Meßantenne
4   Stromversorgungsleitung
5   Meßentfernung

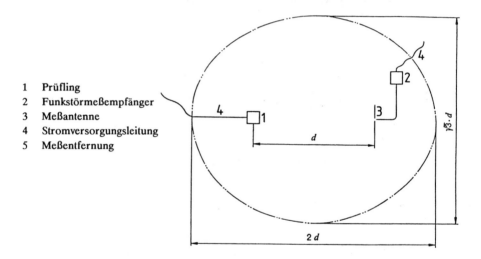

Bild 5.2.-19: Freifeld-Meßplatz nach VDE 0877 Teil 2

5.2.8.2 Geschirmte Kabine / Absorber-Kabine

Die Feldstärkemessung auf dem Freigelände ist jedoch mit Schwierigkeiten verbunden, da stets störende Fremdfelder von Funkdiensten vorhanden sind. Die Bilder 5.2-20 und 5.2-21 zeigen den Umgebungspegel in der "Echinger Heide" nördlich von München. Wie man sieht, liegen viele Pegel weit über dem nachzuweisenden Grenzwert B nach VDE 0871/6.78 [9]. Um dies zu vermeiden, ist es vorteilhaft, die Messungen in einer geschirmten Kabine durchzuführen. Diese wirkt wie ein Faradayscher Käfig und stellt einen "sauberen elektromagnetischen Raum" dar, der nicht mit Fremdfeldern "verseucht" ist.

Eine weitere Notwendigkeit für eine geschirmte Kabine ist auch durch die Prüfung der "Störfestigkeit gegen Felder" gegeben.

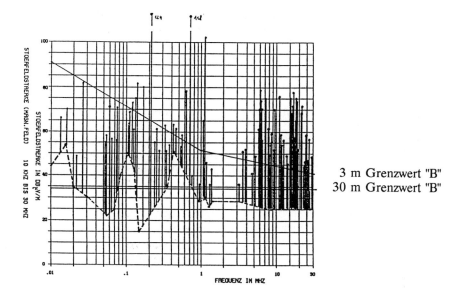

Bild 5.2-20: Umgebungspegel "Echinger Heide"

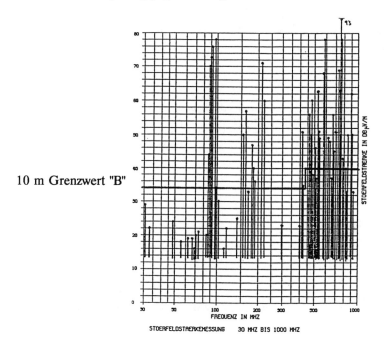

Bild 5.2-21: Umgebungspegel "Echinger Heide"

Die Anwendung geschirmter Räume hat schon immer zu erheblichen Meinungsver-schiedenheiten geführt. Die Verwendung einer lediglich geschirmten Meßkabine (Faraday-Käfig) wird jedoch Schwierigkeiten mit sich bringen, insbesondere wegen der Reflexion der abgestrahlten Energie von den Wänden der schirmenden Meßkabine. Aufgrund dieser Reflexion werden in der Meßkabine Resonanzen, Feldstärkeerhöhungen und Nullstellen auftreten.

Um dies zu vermeiden, ist eine Auskleidung der Meßkabine mit absorbierendem Material erforderlich. Diese Hochfrequenz-Absorber bestehen in den meisten Fällen aus Polyurethanschaum, welcher mit Kohlenstoff getränkt ist. Kohlenstoff bzw. Graphit hat die Eigenschaft, Hochfrequenzenergie zu absorbieren und in Wärme umzuwandeln. Die Pyramidenform der Absorber hat die Aufgabe, über einen möglichst großen Frequenzbereich eine hohe Reflexionsdämpfung zu erzielen. Bei den meisten Anwendungsfällen ist ein Kompromiß zwischen Absorbergröße und Frequenzbereich zu treffen. In reflexionsarmen Meßkabinen haben diese Hochfrequenzdämpfungsmaterialien unterhalb 100 MHz nur wenig Wirkung. Damit in solchen Meßkabinen ausreichende Dämpfungswerte bei 100 MHz erreicht werden können, müssen die Absorber mindestens 1 Meter Bauhöhe haben. Oberhalb 100 MHz werden durch den Einsatz von Hochfrequenzabsorbern in den Meßkabinen die Meßfehler durch Reflexionen erheblich reduziert. Diese Art von Meßkabinen (sog. anechoic chamber) mit den eingebauten Hochfrequenzabsorbern werden zur Zeit bei den EMV-Prüfstellen bevorzugt verwendet.

Die Bilder 5.2-22, 5.2-23 und 5.2-24 zeigen als Beispiel die Merkmale "Schirm-dämpfung, Reflexionsdämpfung und Normierte Felddämpfung" einer derartigen Absorberkabine.

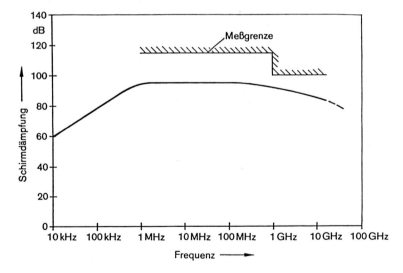

Bild 5.2-22: Schirmdämpfung einer Meßzelle (11 m × 9,9 m × 6 m)
für einen Meßabstand von ≥ 2,5 m von der Schirmwand

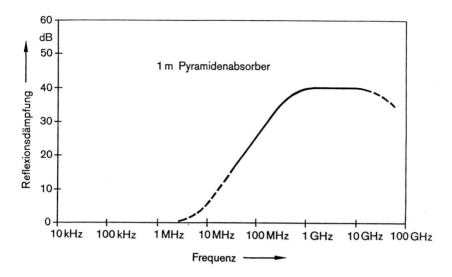

Bild 5.2-23: Reflexionsdämpfung in der Meßzelle (11 m × 9,9 m × 6 m) für einen Abstand von ≥ 2,5 m von der Schirmwand

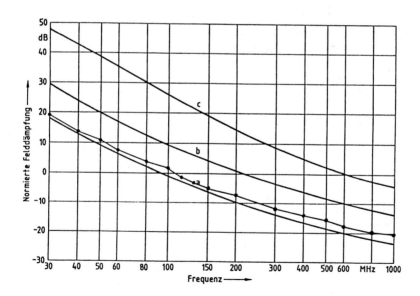

a: d = 3 m, h_e = 0,5 bis 1,5 m   b: d = 10 m, h_e = 1,0 bis 4,0 m
c: d = 30 m, h_e = 1,0 bis 4,0 m

Bild 5.2-24: Normierte Felddämpfung

5.2.9 Meßgeräte

5.2.9.1 Funkstörmeßempfänger

Schaltungsprinzip

Ein Funkstörmeßempfänger besteht im wesentlichen aus einem selektiven HF-Empfänger (einschließlich ZF-Verstärkung) mit definiertem Durchlaßbereich und ausreichendem Übersteuerungsbereich sowie aus einer Anzeigeeinrichtung mit Bewertung.

VDE/CISPR-Empfänger

Unter Bewertung versteht man die Umwandlung der frequenzabhängigen elektrischen Werte in eine Anzeige, die dem physiologischen Störeindruck (akustisch oder visuell) entspricht.

Die Bewertung erfolgt durch die Selektionskurve des Funkstörempfängers, die definierten elektrischen Zeitkonstanten im Meßgleichrichterkreis und die definierte mechanische Zeitkonstante des Anzeigeinstrumentes.

Bei den sogenannten "Quasi-Peak"-Empfängern (CISPR-Empfängern), die Gleichrichterkreise mit einem festgelegten, relativ kleinen Verhältnis der Entladezeit zur Aufladezeit besitzen, werden langsame Impulsfolgefrequenzen minderbewertet. Die Minderbewertung langsamer Impulsfolgefrequenzen bis zu Einzelknacken ist in den VDE-Publikationen festgelegt.

MIL-Empfänger

Reine Spitzenwertmesser (MIL-Empfänger) besitzen Gleichrichterkreise ("Peak"-Detektor), bei denen das Verhältnis der Entladezeit zur Aufladezeit sehr groß ist. Bei diesen ist die Anzeige unabhängig von der Impulsfolgefrequenz. Es wird auch bei langsamen Impulsfolgefrequenzen der Spitzenwert des ZF-Impulses als Effektivwert zur Anzeige gebracht.

Die Anzeige ist bei diesen Empfängern direkt proportional der Meßbandbreite. MIL-Empfänger besitzen verschiedene Bandbreiten.

Spektrumanalysator

Der Spektrumanalysator hat den Vorteil der schnellen Bilddarstellung des gemessenen Frequenzspektrums. Besonders die seit 1977 auf dem Markt angebotenen mikroprozessorgesteuerten digitalen Spektrumanalysatoren sind durch ihr reichhaltiges Angebot von Auflösebandbreiten, Speicherfunktionen usw. für viele Messungen mit Vorteilen verbunden.

Die Anwendung des Spektrumanalysators in der Funkstörmeßtechnik ist aber begrenzt bei der Messung von Breitbandsignalen. Hier wird die korrekte Messung erschwert durch die fehlende Vorselektion vor der ersten Mischstufe, wodurch Übersteuerungen auftreten können.

Vorteile hat der Spektrumanalysator durch die Sofort-Bildschirmdarstellung des gesamten Frequenzbereichs, welches insbesondere bei Abhilfemaßnahmen sehr hilfreich ist.

Bei den EMV-Messungen legt der erfahrene EMV-Ingenieur großen Wert auf die Hilfe eines Lautsprechers oder eines Kopfhörers zur Identifikation der Störquelle. Diese Meßmöglichkeit ist beim Spektrumanalysator nicht vorhanden.

Rechnergesteuerter Empfangsmeßplatz

Moderne EMV-Meßempfänger sind die logische Weiterentwicklung der früheren "Hand-Empfänger". Die Automatisierung der Messung selbst und die automatische Auswertung der Meßergebnisse wird heute mit einem rechnergesteuerten Empfangsmeßplatz durchgeführt. Dazu sind notwendig:

- rechnergesteuerte Meßempfänger,
- rechnergesteuerte Plotter oder Drucker,
- geeignete Steuerrechner mit spezieller Software.

Es muß allerdings klar gesagt werden, daß rechnergesteuerte Messungen nicht immer schneller ablaufen als manuelle Messungen. Das primäre Ziel einer Rechnersteuerung ist nicht eine möglichst kurze Meßzeit, sondern das Ermitteln vollständiger, reproduzierbarer und einwandfrei dokumentierbarer Meßwerte.

Trotzdem werden alle Mittel genutzt, um Meßzeit einzusparen. Zum Beispiel werden Messungen, die überdurchschnittlich viel Zeit benötigen, wie die CISPR-Messung, erst dann durchgeführt, wenn entschieden werden muß, ob der Prüfling die Messung bestanden hat oder nicht. In der Praxis bedeutet dies, daß die Störemission zunächst mit der viel schnelleren Spitzenwertanzeige untersucht wird und nur die Messungen, die Werte in der Nähe des Grenzwertes ergeben haben, mit der CISPR-Anzeige wiederholt werden.

5.2.9.2 Netznachbildungen

Eine Netznachbildung hat die Aufgabe, den Prüfling mit dem Betriebsstrom zu versorgen, die an seinen Klemmen anstehende Störspannung zum Funkstörmeßempfänger weiterzuleiten und die Anschlußklemmen für Hochfrequenz mit einer genormten Impedanz zu belasten.

Sie stellt insofern eine elektrische Weiche mit einem möglichst niedrigen Widerstand für den Betriebsstrom und einer definierten HF-Impedanz dar, die zusätzlich einen Schalter enthält, der nacheinander die einzelnen Pfade über einen Trennkondensator an den Empfängereingang zu legen erlaubt. Ein Tiefpaß hält Fremdstörungen aus dem Speisenetz fern (siehe Bild 5.2-2).

V-Netznachbildung

Netznachbildungen für unsymmetrische Funkstörungen werden V(Vau)-Netznachbildungen genannt, da die beiden für zwei Leiter eines Betriebsstromkreises erforderlichen Nachbildwiderstände V-förmig angeordnet sind. V-Netznachbildungen werden bei Stromversorgungsnetzen verwendet.

Δ-Netznachbildung

Netznachbildungen für symmetrische und asymmetrische Funkstörspannungen werden Δ(Delta)-Netznachbildungen genannt, da die Nachbildwiderstände im Dreieck geschaltet sind.

Für Messungen an Fernmeldeleitungen sind erhöhte Symmetriedämpfungen erforderlich gegenüber der Δ-Netznachbildung nach VDE 0876 Teil 3 [2]. In diesem Fall wird die asymmetrische Funkstörspannung der Fernmelde-Doppelleitung gegen die Bezugsmasse mit einer Tl-Netznachbildung nach VDE 0878 Teil 1 [3] gemessen.

5.2.9.3 Tastkopf

Ein Tastkopf dient zur Störspannungsmessung auf Leitungen und an Klemmen, wenn der Einsatz einer Netznachbildung nicht möglich ist. Durch einen besonders günstigen Aufbau ist die als Parallel-Leitwert wirkende (schädliche) Eingangsstreukapazität auf ein Minimum gesenkt; dies kann bei Messungen an hochohmigen oder Resonanz-Kreisen (die auch als einfache Leitung in einem Schaltschrank vorkommen können) bedeutungsvoll sein.

Aus Sicherheitsgründen ist im Tastkopf ein hochwertiger "Berührungsschutzkondensator" (Y-Kondensator) eingebaut.

5.2.9.4 Stromzange (HF-Stromwandler)

HF-Stromwandler ermöglichen durch die gemeinsame Umschließung eines Leitungsbündels die unmittelbare Messung der nach außen wirksamen unsymmetrischen Komponente des Störstromes. Gegen den Einfluß elektrischer Störfelder ist die Stromzange geschirmt.

Unsymmetrische Störströme können hiermit leicht unter Betriebsbedingungen von symmetrischen Nutz- und Betriebsströmen getrennt werden. Der Vorteil von Stromzangen besteht darin, daß ohne Leitungsauftrennung gemessen werden kann. Bei hohen Betriebsströmen besteht die Gefahr der Übersteuerung durch Sättigungserscheinungen. Deshalb wird im Datenblatt einer Stromzange auch stets der maximal zulässige Betriebsstrom angegeben.

5.2.9.5 Absorptions-Meßwandlerzange

Eine Absorptions-Meßwandlerzange ist eine Kombination aus einem HF-Stromwandler und einem Absorber, der als HF-Belastungwiderstand dient. Mit ihr kann die HF-Störleistung auf einer Leitung im Frequenzbereich von 30 bis 1000 MHz ermittelt werden.

5.2.9.6 Meßspule

Das magnetische Störfeld an der Oberfläche von Geräten wird mit einer Normspule gemessen.

Folgende Meßverfahren werden z. Zt. verwendet:

Spule $\emptyset$ = 5 cm	f (in MHz)	Wdg.	R (in Ω)	Meßentf. d (in cm)	Grenzwert
Australien	0,01 - 12	9	75	0	< - 70 dBm
Finnland	0,15 - 30	1	75	10 ... 100	< - 100 dBm
CEPT	0,10 - 30	5	50	5	< - 90 dB μA/m
DBP	0,01 - 20	5	50	0	< - 60 dBm

Ein echter Vergleich der Grenzwerte ist wegen der in Abschnitt 5.2.3 beschriebenen Zusammenhänge nicht möglich. Mit solchen Spulen sollte maximal bis 3 MHz gemessen werden, da bei höheren Frequenzen Eigenresonanzen auftreten.

5.2.9.7 Meßantennen

Bei den EMV-Prüfungen werden üblicherweise folgende Antennen benutzt:

Rahmenantennen	20 Hz -	30 MHz
Stabantennen	10 kHz -	30 MHz
Parallel-Element-Antenne	10 kHz -	30 MHz
Dipole (Breitbanddipol = Bikonische	20 MHz -	300 MHz
Antenne = Doppelkonusantenne)		
Aktive Empfangsdipole	20 MHz -	1000 MHz
Logarithmisch-periodische Antennen	20 MHz -	1000 MHz
Konisch-logarithmisch-periodische Spiralantennen	200 MHz -	10 GHz
Doppelsteg-Horn-Antennen	200 MHz -	18 GHz
Standard Gain Horn-Antennen	1 GHz -	40 GHz

Bei der Messung der Funkstörfeldstärke erhält man den Feldstärkepegel (in dBμV/m) durch Addition des Antennenfaktors AF (in dB 1/m) zu der am Antennenfußpunkt gemessenen Spannung U (in dBμV). Bei einer gegebenen Feldstärke gibt eine Meßantenne umso mehr Spannung ab, je kleiner der Antennenfaktor ist. Der Antennenfaktor ist umgekehrt proportional zum Antennengewinn. Breitbandige Meßantennen besitzen große Antennenfaktoren, schmalbandige Meßantennen kleine Antennenfaktoren.

Bild 5.2-25: Absorberhalle 20 m × 13 m × 8 m

5.2.10 Beispiel eines EMV-Meßlabors

Die EMV-Eigenschaften von Geräten, Anlagen und Systemen müssen heute im Frequenzbereich von 0 Hz bis 40 GHz erfaßt werden können. Dies gilt sowohl für die Störaussendung als auch für die Störfestigkeit. Wie schon in Bild 5.1-3 erläutert, kommen dazu noch die Prüfungen Kopplungswiderstand, Schirmdämpfung und Einfügungsdämpfung. Deshalb ist die Ausstattung eines EMV-Meßlabors auch mit entsprechend hohen Investitionen verbunden.

Als Beispiel für Investitionen soll eine Absorberkabine dienen:

Bei der aus Bild 5.2-25 ersichtlichen Kabine mit den Außenabmessungen 20 m × 13 m × 8 m, ausgekleidet mit 1 m großen Pyramidenabsorbern und einer Drehscheibe mit 4 m Durchmesser, betrug der Anschaffungswert ca. 2 Mill. DM (ohne Gebäudekosten) im Jahr 1988.

5.2.11 Zusammenfassung

Die EMV-Meßtechnik hat die klassischen Meßverfahren der Funkstörschutztechnik übernommen und bezüglich Frequenzbereich erweitert sowie die Meßverfahren der Störfestigkeit hinzugefügt.

Bei der Anwendung dieser Meßverfahren wurden praktische Erfahrungen gesammelt, die zu ihrer Verbesserung führten. Ihre Standardisierung und Normung wurde weiter vorangetrieben. Genormte Prüfverfahren sind notwendig, um reproduzierbare Meßergebnisse zu erreichen.

Insbesondere konnte bei der Messung der Störaussendung durch halbautomatische und durch rechnergesteuerte Empfangsmeßplätze die Erfassung von EMV-Daten rationalisiert sowie die Meßunsicherheit gesenkt werden.

5.2.12 Literatur

[1] VDE 0876 Teil 1/9.78: Geräte zur Messung von Funkstörungen, Funkstörmeßempfänger mit bewerteter Anzeige und Zubehör

[2] VDE 0876 Teil 3/6.87: Funkstörmeßempfänger mit Mittelwertanzeige

[3] VDE 0878 Teil 1/12.86: Funk-Entstörung von Anlagen und Geräten der Fernmeldetechnik, Allgemeine Bestimmungen

[4] VDE 0877 Teil 1/3.87:   Messungen von Funkstörungen, Messen von Funkstörspannungen

[5] VG 95 373 Teil 10:   Elektromagnetische Verträglichkeit von Geräten, Meßverfahren für Störströme

[6] Warner, A.:   Taschenbuch der Funk-Entstörung. VDE-Verlag, Berlin 1965

[7] VDE 0877 Teil 2/2.85:   Messen von Funkstörungen, Messen von Störfeldstärken

[8] VDE 0871 Teil 1/8.85: Entwurf   Funk-Entstörung von Hochfrequenzgeräten für industrielle, wissenschaftliche, medizinische und ähnliche Zwecke (ISM-Geräte)

[9] VDE 0871/6.78:   Funk-Entstörung von Hochfrequenzgeräten für industrielle, wissenschaftliche, medizinische (ISM) u.ä. Zwecke

[10] VDE 0877 Teil 3/4.80:   Das Messen von Funkstörungen, das Messen von Funkstörleistungen auf Leitungen

5.3   Störfestigkeitsmessungen

K. Rippl

5.3.1   Einleitung

5.3.1.1   Überblick

Störfestigkeitsmessungen dienen dazu, den Nachweis zu erbringen, daß "eine elektrische Einrichtung bestimmte Störgrößen ohne Fehlfunktion ertragen" kann [1], [2]. Da die Umweltbedingungen für die zu prüfende elektrische Einrichtung (im allgemeinen ein elektronisches Gerät oder System), zum Zeitpunkt der Prüfung i.a. nicht vorhanden sind, muß die Störfestigkeitsmessung diese Verhältnisse so gut wie möglich simulieren.

Die für ein Gerät oder System gestellten EMV-Anforderungen beziehen sich heute in steigendem Maße auch auf die Störfestigkeit, die Lieferbedingungen enthalten meistens auch Forderungen für deren meßtechnischen Nachweis.

Die folgenden Abschnitte sollen eine repräsentative Übersicht über den derzeitigen Stand der Technik bei Störfestigkeitsmessungen geben. Sie beziehen sich auf zivile und militärische Vorschriften wie DIN, VDE, IEC, MIL und VG.

Allein die konstruktive Auslegung eines Gerätes nach EMV-Gesichtspunkten bietet noch nicht die endgültige Gewähr für die Einhaltung der Störfestigkeitsforderungen, da der Erfolg der Maßnahmen oft von nicht deutlich erkennbaren Details abhängt. So ist die Prüfung erst der letzte Nachweis der Störfestigkeit an einem Muster vor Übergabe an den Kunden (Qualifikationsprüfung).

Auch im Laufe der Entwicklung elektronischer Geräte wird die Prüfung der Störfestigkeit häufig angewandt, um den Grad der Störfestigkeit möglichst früh zu erkennen und um Maßnahmen frühzeitig einleiten zu können. Die Messungen erfolgen meist nach bestimmten Normen, Vorschriften und Standards oder nach speziell zugeschnittenen Verfahren. Entsprechend den Beeinflussungswegen zwischen Störquelle und Störsenke erfolgen die Prüfungen

- leitungsgeführt oder
- gegen Felder.

Die Form der Prüfstörsignale ist entweder

- sinusförmig (ohne und mit Modulation) oder
- impulsförmig (Spikes, ESD).

Die Frequenzbereiche reichen von 30 Hz bis 18 (40) GHz, die Amplituden für

Spannungen   von Volt   bis kV,

Ströme   von mA   bis kA,
Feldstärken (elektrisch)   von V/m   bis kV/m,
           (magnetisch)   von mA/m bis mehrere A/m.

Um sicherzustellen, daß der Prüfling bei seinem Einsatz in seiner elektromagneti-
schen Umgebung zufriedenstellend funktioniert, müssen zu seiner Prüfung solche
Prüfstörgrößen angewandt werden, die die unterschiedlichen Eigenschaften der in
Wirklichkeit zu erwartenden vielfältigen Störgrößen ersetzen.

Bei der Prüfung sollen für den Prüfling hinsichtlich Aufbau und Betriebsweise die
gleichen Voraussetzungen für das Zustandekommen von Fehlfunktionen gegeben
sein wie beim bestimmungsgemäßen Betrieb.

Während der Beaufschlagung des Prüflings mit den Prüfstörsignalen wird die
Funktion überwacht. Je nach Spezifikation sind dabei die Störkriterien unterschiedlich definiert.

Zur Beurteilung der Funktionsstörung wird die Reaktion des Prüflings herangezogen und mit der Abweichung vom Sollwert verglichen. Bei analogen Ausgangssignalen kann dies z. B. die Abweichung eines Spannungswertes vom Sollwert sein,
bei digitalen Signalen z. B. eine bestimmte Bit-Fehlerrate.

Im allgemeinen wird eine Funktionsminderung in gewissen Grenzen noch toleriert,
während eine Fehlfunktion nicht zulässig ist, ebenso ein Funktionsausfall, der nur
noch mit technischen Maßnahmen wieder behebbar ist.

5.3.1.2 Störgrößen

Als Störgröße wird eine elektromagnetische Größe bezeichnet, die in einer elektrischen Einrichtung eine unerwünschte Beeinflussung hervorrufen kann [1]. Sie
kann eine Störspannung, ein Störstrom, eine Störfeldstärke, Leistungsdichte oder
allgemein ein Störsignal sein. Diese Störgröße wirkt im Beeinflussungsfall auf eine
Störsenke und bewirkt dort eine Funktionsstörung.

Störgrößen können unerwünscht erzeugt sein, wie z. B. die Ober- und Nebenwellen
eines Senders. Eine Störgröße kann aber auch eine Nutzgröße sein, wie z. B. das
beabsichtigt abgestrahlte Sendesignal eines Rundfunksenders, das auf der ihm
zugewiesenen Frequenz Informationen überträgt. In jedem Fall repräsentiert die
Störgröße den echten Beeinflussungsfall, wie er bei einem Gerät oder System im
normalen Gebrauch auftreten kann.

5.3.1.3 Simulation der Störgrößen

Da der echte Beeinflussungsfall in den meisten Fällen nicht vorhanden ist, wenn
ein Gerät oder ein System auf seine Störfestigkeit geprüft wird, müssen geeignete

Simulationsmöglichkeiten gefunden werden, die alle möglichen Beeinflussungsfälle so gut wie möglich berücksichtigen.

So können z. B. Automobile nicht an allen auf der Welt existierenden Strahlungsquellen wie Rundfunk-, Fernseh- oder Radarsendern vorbeifahren, um so die Störfestigkeit gegen Felder zu prüfen. Diese Versuche werden deshalb besser in speziell dafür eingerichteten EMV-Versuchslabors durchgeführt. Die Simulation aller dieser vorkommenden Randbedingungen stellt dabei oft erhebliche Ansprüche an den Einsatz von Generatoren, Verstärkern, Antennen etc. sowie an den Meßaufbau und den Betrieb des Prüflings. Insbesondere bei der Erzeugung von Strahlungsfeldern ist es oft schwierig, die geforderte Feldstärke im gesamten Volumen eines größeren Prüflings bis auf die zulässigen Toleranzen konstant zu halten. Meist ist hier nur eine sektorielle Bestrahlung möglich.

Weit weniger technische Probleme bereitet die Störfestigkeitsprüfung kleinerer Einheiten, also einzelner Geräte, die erst nach dem Test in ein System eingebaut werden. Für den Gerätehersteller ist die Prüfung auf dieser Ebene die Bestätigung für die Erfüllung der Geräte-Spezifikation. Für den Systemverantwortlichen ergibt sich jedoch als weitere Schwierigkeit, daß einzelne Geräte oft anders auf Störgrößen reagieren als nach dem Zusammenschalten im System. Die Simulation auf Geräteebene sollte also möglichst alle die Randbedingungen von Systemen, in die das Gerät eingebaut werden wird, sowohl im Prüfaufbau als auch im Grenzwert mit berücksichtigen.

Diese Überlegungen müssen im Normalfall bereits bei der EMV-Analyse durchgeführt worden sein, so daß die Prüfung nur noch gegen einen bestimmten Grenzwert (in Volt, Ampere, V/m etc.) der EMV-Spezifikation erfolgt, der an einen bestimmten Aufbau und an ein Prüfverfahren gekoppelt ist. Die genauen Bedingungen sind in einer Prüfanweisung niedergelegt, die spätestens zu Beginn der Prüfung vorliegen soll.

Bei Störfestigkeitsmessungen in Systemen ist der Grenzwert oft nicht als Absolutwert definiert, sondern er hängt von dem allgemein auftretenden Störpegel an einem Testpunkt ab. Es wird dann nur noch die Einhaltung eines bestimmten Verhältnisses zwischen dem vorhandenen Störsignal und dem Prüfstörsignal überprüft, der sogenannte "Störsicherheitsabstand" [3], [4]. Für wichtige Funktionen elektronischer Baugruppen im System werden z. B. 6 dB Störsicherheitsabstand gefordert. Die Erzeugung der Störsignale erfolgt entweder wie bei Geräte-Prüfungen oder, im Falle der Prüfung der Störfestigkeit gegen Felder, mit systemeigenen Sendeantennen mit entsprechend höheren Sendeleistungen. Zweck dieser Prüfungen ist es also festzustellen, ob die Elektronik auch bei den um den Störsicherheitsabstand erhöhten Störpegeln noch funktioniert. Die eingekoppelte Prüfstörgröße muß also nicht direkt gemessen werden, es wird nur die Funktion des Prüflings direkt überwacht, so daß kein zusätzlicher schaltungstechnischer Aufwand zur Überwachung erforderlich ist. Als Nachteil ist zu werten, daß bei dieser Methode z. B. die doppelte Feldstärke erzeugt werden muß (das entspricht der 4-fachen Sendeleistung des Prüfgenerators), um 6 dB Störsicherheitsabstand nachzuweisen.

Eine Besonderheit stellt die Prüfung der Störfestigkeit elektrischer Anzünd- und Zündmittel (EED) dar (siehe [5] und [6]). Auch hier werden die Prüfstörgrößen entweder nach ähnlichen Meßverfahren wie bei den Gerätetests oder von den betroffenen Systemen selbst erzeugt. Als Grenzwert gilt dabei ein Störsicherheitsabstand von

10 dB für funktionskritische EED und
20 dB für sicherheitskritische EED.

Als Bezug wird dabei der No-Fire-Wert des Merkmals Strom, Spannung oder Leistung des EED verwendet. Er wird mittels Meßreihen und statistischer Auswerteverfahren bestimmt [7].

Das Prinzip der Messung beruht darauf, daß die eingekoppelte Störgröße mit Hilfe einer speziellen Sensorik direkt am EED gemessen wird. Die Übertragung zur Auswerte-Einheit erfolgt dann, ohne nennenswerten Einfluß auf die Einkopplungsbedingungen, mittels einer Lichtwellenleiter-Telemetrie. Die Meßergebnisse können also abgelesen und unter Einbeziehung der Feldstärke-Korrektur zwischen Prüffeldstärke und geforderter Feldstärke direkt zum No-Fire-Wert der EED in Beziehung gesetzt werden. Dies ermöglicht auch die Anwendung von Prüfstörsignalen, die kleiner sind als der geforderte Grenzwert. Aufgrund der hohen Anforderungen für EED (z. B. 1000 W/m^2 Leistungsdichte) wäre sonst die Prüfung mit den in EMV-Labors gebräuchlichen Sendeleistungen in den meisten Fällen nicht möglich.

5.3.2   Meßverfahren Störfestigkeit

5.3.2.1   Störfestigkeit gegen leitungsgeführte Störgrößen

Grundsätzlich wird unterschieden zwischen Prüfungen auf

- Stromversorgungsleitungen,
- Signal und Steuerleitungen,
- Leitungsschirmen.

Die Einspeisung der Prüfstörsignale erfolgt über Ankoppelnetzwerke, symmetrisch oder unsymmetrisch, als sinusförmige oder impulsförmige Störgrößen. Die entsprechenden Meßverfahren sind in der MIL-STD [8], den VG-Normen [9], [4] und den VDE-Vorschriften [10] beschrieben. Die Bilder 5.3-1 und 5.3-2 zeigen typische Meßanordnungen für den Test CS 02 nach [6] und LF 02 G aus [9]. In Tabelle 5.3-1 ist eine Auflistung der verschiedenen Vorschriften zu finden, die Meßverfahren zur Ermittlung der Störfestigkeit gegen leitungsgeführte Störgrößen enthalten.

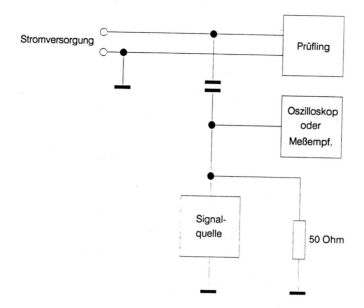

Bild 5.3-1: Prinzipielle Meßanordnung für den Test CS 02 nach MIL-STD 462

Die Prüfverfahren beruhen, bis auf geringe Unterschiede, auf demselben Prinzip. Die Prüfstörgröße wird über Kopplungseinrichtungen (siehe Abschnitt 5.3.3.4) auf die betreffende Leitung eingepeist. Bei Stromversorgungs- und Signalleitungen wird dem Nutzpegel ein Störsignal überlagert. Die Einspeisung erfolgt, je nach Frequenzbereich, symmetrisch, unsymmetrisch oder asymmetrisch. Zweck der Simulation ist es, mögliche Schwankungen der Stromversorgung oder Störquellen im System nachzubilden. Im Falle der Einkopplung von Störgrößen auf Kabelschirme überlagert sich das Prüfstörsignal, entsprechend durch die Schirmwirkung reduziert und verformt, ebenfalls dem Nutzpegel. Dabei wird indirekt eine Prüfung der Schirmwirkung der Kabelschirme vorgenommen. Da Hin- und Rückleiter gleichzeitig beaufschlagt werden (Gleichtakt), ergibt sich im Nutzsignalkreis ein zusätzlich um den Wert der Gleichtaktunterdrückung reduziertes Störsignal.

Die Grenzwerte der Prüfstörgrößen nach DIN VDE sind z. B. in [11] festgelegt. Je nach Umgebungsklasse, die für den späteren Einsatzort des Prüflings als repräsentativ gilt, kommen verschiedene Prüfstörgrößen zur Anwendung.

Für Meß-, Steuer- und Regeleinrichtungen in der industriellen Prozeßtechnik [12] wird als Prüfstörsignal ein Burst definiert, der in seiner Amplitude je nach Schärfegrad zwischen 0,5 kV und 4 kV auf Stromversorgungsleitungen und zwischen 0,25 kV und 2 kV auf Signalleitungen betragen kann (siehe Bild 5.3-3). Die Vorschrift läßt auch andere Amplituden zu, die aufgrund der Umgebungsbedingungen festzulegen sind. Diese Nanosekunden-Pulspakete werden auch nach VG-Norm angewandt [13].

Kurzbe-zeichnung	Vorschrift	Frequenz-bereich	Störgrößen	Sonstiges
CS 01	MIL-STD 462	30 Hz - 50 kHz	Spannung, Leistung	
CS 02	MIL-STD 462	50 kHz-400 MHz	Spannung, Leistung	
CS 06	MIL-STD 462	Spike	Spannung	10 μs
LF 01 G	VG 95 373 T14	30 Hz-150 kHz	Spannung, Strom	
LF 02 G	VG 95 373 T14	10 kHz-400 MHz	Spannung, Strom	
LF 03 G	VG 95 373 T14	Spike	Spannung	Mikro-sekunden
LF 04 G	VG 95 373 T14	Spike	Spannung	Nano-sekunden
---	VDE 0847 T2	15 Hz-150 kHz	Spannung	für Netze
---	VDE 0847 T2	10 kHz-150MHz	Spannung	asymmetrisch
---	VDE 0847 T2	100 kHz-300 MHz	Spannung	unsymmetrisch
---	VDE 0847 T2	10 MHz-60 MHz	Spannung	Koppelstrecke, asymmetrisch
---	VDE 0847 T2	Impulse	Spannung	1,2/50 μs
---	VDE 0847 T2	Impulse	Spannung	10/700 μs
---	VDE 0847 T2	Burst Impulse	Spannung	5/50 μs

Tabelle 5.3-1: Übersicht der Störfestigkeits-Meßverfahren gegen leitungsgeführte Störgrößen nach verschiedenen Vorschriften

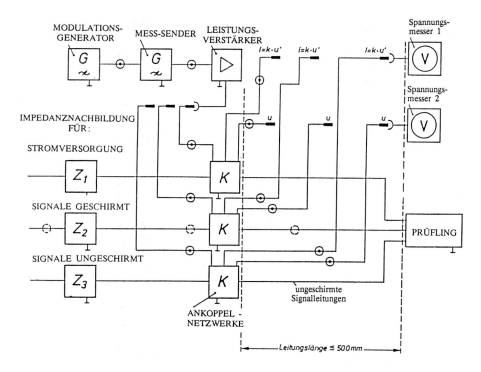

Bild 5.3-2: Prinzipielle Meßanordnung zur Messung der Störfestigkeit gegen schmalbandige Störsignale an den Anschlüssen für Leitungen und Schirme nach VG 95 373 Teil 14

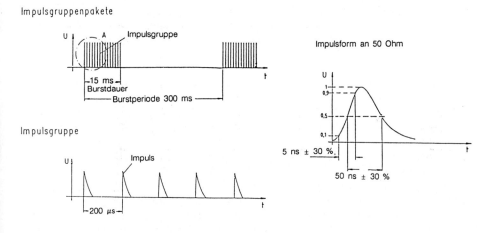

Bild 5.3-3: Signalform des Burst-Impulses

Die wohl bekannteste Impulsform ist der sogenannte MIL-Spike nach MIL-STD 461 [14] (siehe Bild 5.3-4). Dieser Mikrosekunden-Impuls wird auch nach VG-Norm [15] angewandt, allerdings mit anderen Spitzenspannungen. Er besitzt folgende typische Parameter:

Scheitelspannung: 10 V bis 1500 V einstellbar,
Pulsfrequenz   :   1 bis 12 Hz, 50 Hz, 100 Hz.

Weiterhin existiert als Prüfstörgröße noch der schnelle MIL-Spike (τ = 150 ns).

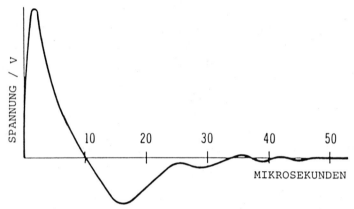

Bild 5.3-4: Impulsform des Spike nach MIL-STD 461

Die Grenzwerte für Geräte nach VG-Norm sind in [16] (Störströme) und [17] (Störspannungen) definiert. Bei der Einspeisung der Prüfstörsignale ist es unerläßlich, die eingekoppelte Maximalleistung zu begrenzen, um den Prüfling nicht zu zerstören. Dies kann dadurch erfolgen, daß der Innenwiderstand des Prüfgenerators festgelegt wird oder daß das Prüfstörsignal vor Einspeisung in die Meßanordnung an einem definierten Belastungswiderstand eingestellt wird (z. B. beim Test CS 06 nach MIL-STD 462 an 5 Ω).

Nach VG [9] wird die eingespeiste Leistung dadurch begrenzt, daß Spannung und Strom gleichzeitig am Ankoppelnetzwerk gemessen werden. Der Beeinflussungspegel ist dann so einzustellen, daß entweder der Grenzwert des Stromes oder der Spannung für die geforderte Grenzwertklasse erreicht wird (s. auch Bild 5.3-2).

Beim Stromzangen-Einkoppel-Verfahren, auch als BCI-Test bekannt (Bulk Current-Injection Test, nach [18]) auch als Test DCSO2 bezeichnet, wird eine bestimmte Störleistung, die als Vorwärtsleistung in einem mit 50 Ω abgeschlossenen Kalibrierkreis (Jig) definiert ist, in den Kabelbaum zum Prüfling eingespeist. In Bild 5.3-5 ist der Meßaufbau dargestellt. Die Vorwärtsleistung wird über Richtkoppler gemessen und soll unabhängig von der Anpassung des Leiterkreises eingespeist werden.

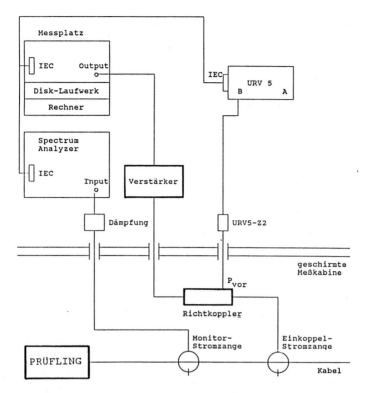

Bild 5.3-5: Meßaufbau zum Stromzangen-Einkoppelverfahren (BCI-Test)

Das Verfahren ist im Frequenzbereich 50 kHz bis 400 MHz definiert. Wegen der Ausbildung von Resonanzen ist jedoch die Reproduzierbarkeit ab ca. 100 MHz nicht mehr gegeben. Das Verfahren wird auf Geräte- und Systemebene angewandt, wobei es auf Systemebene meist zum Nachweis des Störsicherheitsabstandes verwendet wird, ohne dabei vorgegebene Grenzwerte des Prüfstörstromes anzuwenden.

5.3.2.2 Störfestigkeit gegen elektromagnetische Felder

Die Störfestigkeit gegen elektromagnetische Felder wird nach [19] auch als Störfestigkeit gegen gestrahlte Störgrößen bezeichnet. Darunter fallen in der Regel sinusförmige Prüf-Störsignale im Frequenzbereich 30 Hz bis (heute) maximal 40 GHz. Nach anderen Standards, [14] Test RS 04, werden auch transiente Störfelder angewandt. Tabelle 5.3-2 zeigt eine Übersicht zu Störfestigkeits-Meßverfahren gegen elektromagnetische Felder nach verschiedenen Vorschriften. Die Tabelle bringt zum Ausdruck, daß abhängig vom Frequenzbereich bei den verschiedenen Tests

Kurzbe-zeichnung	Vorschriften	Frequenzbereich	Störgrößen	Sonstiges
RS 01	MIL-STD 462	30 Hz-50 kHz	Magnetfeld	konzentriert
RS 02	MIL-STD 462	MIL-Spike + Netzfrequenz	Magnetfeld	Kabeltest + Gehäusetest
RS 03	MIL-STD 462	14 kHz-40 GHz	EM-Feld	mit Antennen
RS 04	MIL-STD 462	14 kHz-30 MHz	E-Feld	in Streifen-leitung
SF 01G	VG 95373 T13	30 Hz-200 kHz	Magnetfeld	konzentriert
SF 02G	VG 95373 T13	30 Hz-3 MHz	Magnetfeld	
SF 03G	VG 95373 T13	30 MHz-1 GHz	EM-Feld	
SF 04G	VG 95373 T13	1 GHz-40 GHz	EM-Feld	
SF 05G	VG 95373 T13	1 GHz-40 GHz	EM-Feld	extrem hoch (in Vorbereitung)
--	VDE 0843 T3	27 MHz-500 MHz	EM-Feld	entsprechend IEC 801-3
--	VDE 0847 T4	15 Hz-3 MHz	Magnetfeld	konzentriert
--	VDE 0847 T4	15 Hz-3 MHz	Magnetfeld	
--	VDE 0847 T4	10 kHz-200 MHz	E-Feld	
--	VDE 0847 T4	1 MHz-150 MHz	EM-Feld	TEM-Zelle
--	VDE 0847 T4	30 MHz-1 GHz	EM-Feld	

EM-Feld = elektromagnetisches Feld

E-Feld   = elektrisches Feld

Tabelle 5.3-2: Übersicht zu Störfestigkeits-Meßverfahren gegen elektromagnetische Felder nach verschiedenen Vorschriften

- Magnetfelder,
- elektrische Felder,
- elektromagnetsche Felder

als Prüfstörgrößen erzeugt werden. Die genauen Beschreibungen der Meßverfahren sind in der MIL-STD [18], den VG-Normen [3], [20] und VDE [21] enthalten. Bild 5.3-6 zeigt als Beispiel die Meßanordnung für den Test SF 03G nach VG.

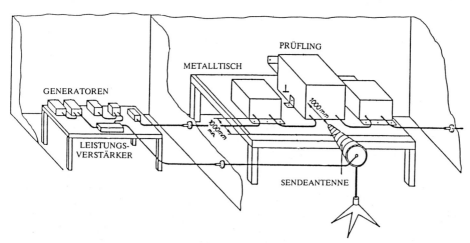

Bild 5.3-6: Meßaufbau für Störfestigkeitsprüfungen gegen elektromagnetische Felder

5.3.2.3 Störfestigkeit gegen Entladung statischer Elektrizität

Diese Prüfungen sollen im Labor die Fälle simulieren, in denen sich ein Bediener beim Berühren des Gerätes statisch entlädt oder daß diese Entladung in der Nähe des Gerätes stattfindet. Es sollen auch die Fälle simuliert werden, bei denen sich zwei unterschiedlich geladene Geräte in der Nähe des Prüflings berühren. Nach [22] werden die Grenzwerte der Prüfspannung in Schärfegrade eingeteilt, die von den zu erwartenden Umweltbedingungen wie folgt abgeleitet sind:

Schärfegrad	Prüfspannung
1	2 kV
2	4 kV
3	8 kV
4	15 kV

Die Einkopplung der Prüfstörsignale erfolgt mit einer ESD-Entladepistole entweder direkt durch einen Überschlag zwischen Prüfspitze und Prüflingsgehäuse oder durch Einleitung ohne Überschlag.

Bei der direkten Entladung liegt der Prüfling isoliert in 10 cm Höhe über einer Massefläche, die auch als Bezugsfläche für den ESD-Generator dient. Für größere Anlagen muß der Meßaufbau entsprechend den üblichen Betriebsbedingungen modifiziert werden. Der Schutzleiter kann dann z. B. als Massepotential dienen. Die Meßpunkte sind so auszuwählen, daß der normale Betriebsfall möglichst gut nachgebildet wird.

Die Nachbildung von Entladungen in der Nähe des Prüflings ist die einzige Möglichkeit, ESD-Effekte auch bei Geräten mit nichtleitenden Gehäusen zu simulieren. Es werden Einzelentladungen simuliert (mindestens 10 mit je 1 Sekunde Pause). Die Entladungspunkte müssen vorher definiert werden. Sie können auch in der Nähe des Prüflings auf der Masseplatte sein.

Die Reaktion des Prüflings kann eine vorübergehende Funktionsstörung sein oder zum Ausfall führen, der nur noch durch technische Maßnahmen rückgängig gemacht werden kann. Die VG-Norm [9] definiert die Störfestigkeit gegen statische Entladungen als "Störfestigkeit gegen Nanosekunden-Impulse elektrostatischer Entladungen, LF 05G". Die Grenzwerte sind nach [15] in 4 Grenzwertklassen zwischen 5 kV und 20 kV Scheitelwert eingeteilt. Die Impulsform kann nur in speziell für die Kalibrierung des Prüfgenerators definierten Kalibriereinrichtungen erzeugt werden, da sie von den Umgebungseinflüssen des Prüfaufbaus stark abhängig ist (Leitungsführung, geometrische Anordnung).

5.3.3   Meßgeräte

5.3.3.1   Übersicht

Meßgeräte zur Ermittlung der Störfestigkeit sind Generatoren und Leistungsverstärker, Sendeantennen und Ankoppeleinrichtungen, die zur Erzeugung und Übertragung des Prüfstörsignals benötigt werden. Außerdem sind Geräte zur Überwachung des erzeugten Prüfstörsignals notwendig, wie z. B. Feldstärke-Meßsonden, Monitorstromzangen, anzeigende Meßgeräte für die erzeugte Leistung wie breitbandige Volt-, Ampere- und Wattmeter einschließlich der notwendigen Tastköpfe oder Richtkoppler.

5.3.3.2   Meßsender und Prüfgeneratoren

Sie erzeugen die Prüfsignale zum Nachweis der Störfestigkeit. Prüfgeneratoren sind genau in den VG-Normen [13] und in den DIN-Vorschriften [23] beschrieben. Die folgenden Beispiele dieses Abschnitts stellen eine repräsentative Auswahl dar.

Die für die EMV-Versuche wichtigen Parameter wie Frequenz und Ausgangsleistung (falls erforderlich) werden mit anzeigenden Meßgeräten im Prüfaufbau direkt
gemessen, so daß eine Kalibrierung bezüglich dieser Größen nicht unbedingt erforderlich ist. Trotzdem muß die Funktion regelmäßig überprüft werden.

Meßsender im Frequenzberich 30 Hz bis 30 MHz

Meßsender im unteren Frequenzbereich dienen zur Ansteuerung von Leistungsverstärkern, die vorwiegend zum Nachweis der Störfestigkeit auf Leitungen benutzt
werden, jedoch ab $\geq$ 10 kHz auch zur Erzeugung von Prüf-Feldstärken verwendet
werden können. Die Ausgangsleistung soll $\geq$ 10 dBm sein, um die handelsüblichen Verstärker aussteuern zu können. Ab $\geq$ 10 kHz ist Modulierbarkeit in
AM und FM vorgesehen, wobei die höchste Modulationsfrequenz nicht niedriger
als die halbe Ausgangsfrequenz sein soll. Ober- und Nebenwellen sollen um
mindestens 30 dB, besser um 60 dB, gedämpft werden. Der Innenwiderstand am
Ausgang soll 50 Ω betragen, jedoch auch bei Kurzschluß darf keine Zerstörung
eintreten. Die Frequenzanzeigegenauigkeit soll bei 2 % liegen, Geräte mit
Ziffernanzeige sind genauer (10^{-4}).

Meßsender im Frequenzbereich 25 MHz bis 10 GHz

Meßsender im oberen Frequenzbereich werden bis 400 MHz zur Ansteuerung von
Leistungsverstärkern zum Nachweis der Störfestigkeit auf Leitungen und gegenüber
elektromagnetischen Feldern verwendet, über 400 MHz nur noch zur Erzeugung
von Prüffeldstärken. Die Ausgangsleistung soll $\geq$ 10 dBm betragen.

Dabei ist AM/FM-Modulierbarkeit erforderlich, um die verschiedenen Störsignale
von Kommunikationssystemen nachbilden zu können. Ab 1 GHz ist auch Puls-
Modulierbarkeit (bis 100 kHz Pulsfolgefrequenz) z. B. zur Simulation von Radar-
signalen als Störsignale notwendig. Der Oberwellenabstand soll mindestens 20 bis
30 dB betragen, der Nebenwellenabstand mindestens 40 bis 60 dB. Die Genauigkeit der Frequenzanzeige soll bei $\pm$ 2 % bis zu $\pm$ 1 % liegen.

Impulsgeneratoren

In den EMV-Vorschriften nach MIL, VG und DIN VDE sind die Anforderungen
an verschiedene Impulsgeneratoren festgelegt, die zum Nachweis der Störfestigkeit
(vorwiegend auf Leitungen) eingesetzt werden. Solche Impulsgeneratoren erzeugen
Impulse im ns- oder μs-Bereich mit definierten Anstiegs- und Rückenhalbwert-
zeiten, teilweise auch Impulspakete (bursts).

Die Tabelle 5.3-3 zeigt eine repräsentative Übersicht häufig verwendeter Prüfgeneratoren und deren Zuordnung.

Vorschrift	Spitzenwert	Impulsform	Kurzbezeichnung	Pulsfolgefrequenz	Innenwiderstand
MIL-STD 461	600 V	$t_r \approx 2\ \mu s$ $\tau \approx 10\ \mu s$	MIL-Spike	1 ... 10 Hz	0,5 Ω
MIL-STD 461	200 V	$t_r \approx 10\ ns$ $\tau_r = 150\ ns$	MIL-Spike, fast		
VG95377 T12 und DIN VDE 0846 T11	10 bis 1500 V	$t_r < 2\ \mu s$ $\tau = 5...10\ \mu s$	Mikrosekundenimpulse Kenn- Nr. 1224	1 ... 12 Hz, 50 Hz, 100 Hz	≤ (0,5 Ω + jω 5 μH)
VG95377 T12	10 V ... 30 kV	$t_r = 7..10\ ns$ $\tau = 80...$ 120 ns	Nanosekundenimpulse Kenn- Nr. 1225	1 Hz ... 10 kHz	≤ 100 Ω
DIN VDE 0846 T11	0,5 kV bis 3,0 kV	1,2/50 μs	Hybridgenerator		2 Ω
DIN VDE 0846 T11	0,5 kV bis 5 kV	10/700 μs	Mikrosekundenimpulse	einzeln und wiederholt	15 Ω
DIN VDE 0846 T11	0,25 kV bis 4 kV	5/50 ns	Burstgenerator	300 ms Burst Periode: 2,5 kHz Burstlänge: 15 ms	50 Ω

Tabelle 5.3-3: Übersicht zu Ausgangssignalen von Impulsgeneratoren
nach MIL, VG- und DIN-Vorschriften

5.3.3.3 Leistungsverstärker

Leistungsverstärker sind in den meisten Fällen erforderlich, um die bei Störfestigkeitsmessungen notwendigen hohen Beeinflussungspegel zu erreichen. Sie werden den Generatoren nach Abschnitt 5.3.3.2 nachgeschaltet und speisen die Sendeantennen oder Ankoppel-Einrichtungen. Leistungsverstärker sind z. B. in [24] und [25] genau beschrieben. In EMV-Labors werden üblicherweise Leistungsverstärker mit den folgenden Merkmalen benutzt:

Leistungsbereiche :   10 W,   100 W,   1 kW,   2 kW;

Ansteuerleistung   :   0 dBm bis 10 dBm;

Eingangsimpedanz :   50 Ω;

Frequenzbereich   :   30 Hz   bis   150 kHz
                      10 kHz bis   30 MHz (200 MHz)
                     200 MHz bis   500 MHz
                     500 MHz bis   1 GHz
                       1 GHz bis   2 GHz
                       2 GHz bis   4 GHz
                       4 GHz bis   8 GHz
                       8 GHz bis 26,5 GHz *)
                    26,5 GHz bis   40 GHz *);

*) in diesen Bereichen sind Ausgangsleistungen von < 20 W üblich.

Oberwellen-Abstand   :   ≥ 25 dB;

Ausgangsimpedanz   :   50 Ω;

Schutz gegen Fehlanpassung.

Die Verstärker müssen in der Lage sein, auch bei extremer Fehlanpassung am Ausgang einwandfrei zu funktionieren. Die Verstärkung soll im spezifizierten Frequenzbereich möglichst konstant sein. Werden Leistungsmeßsender verwendet [13], [23], so kann teilweise der Einsatz von Leistungsverstärkern entfallen.

5.3.3.4 Ankoppelnetzwerke

Ankoppelnetzwerke, auch Kopplungseinrichtungen genannt, dienen als Hilfsmittel zur Einleitung von Beeinflussungsgrößen auf den Prüfling. Dabei soll die Impedanz an der Einkoppelstelle möglichst nicht verändert werden. Der speisende Generator soll so gut wie möglich an den Eingang des Ankoppelnetzwerkes angepaßt sein.

Je nach Frequenzbereich und Ankopplungsart kommen die verschiedensten Bauarten zur Anwendung, wie Transformatoren, Kondensatoren, Stromzangen und kapazitive Koppelzangen. Je nach Prüfvorschrift werden Gleichtakt- oder Gegentaktstörsignale eingespeist (siehe auch [26], [27]).

Der Übertrager nach MIL-STD 462 [8] bzw. VG [26] wird zur seriellen Einkopplung sinusförmiger Spannungen im Frequenzbereich 30 Hz bis 150 kHz verwendet, sowie für Mikrosekundenimpulse. Handelsübliche Übertrager können sekundär bis 100 A Nennstrom führen. Diese Übertrager sind mit einer zweiten sekundären Monitorwicklung mit gleicher Windungszahl ausgestattet, die es erlaubt, die eingekoppelte Spannung quasi direkt am Prüfling zu messen.

Das Übersetzungsverhältnis beträgt typisch 2:1. Die Primärseite ist dafür ausgelegt, daß Verstärker mit ≤ 5 Ω Quellimpedanz daran angeschlossen werden können. Um Rückwirkungen auf das Netz zu vermeiden, werden parallel zur Stromversorgungsquelle Kopplungskondensatoren geschaltet, die für hohe Frequenzen einen Kurzschluß darstellen, jedoch nicht für die Netzfrequenz. Bei Gleichspannungsnetzen können die Kondensatoren beliebig groß sein, um den Stromfluß des Störsignals auch schon bei niedrigen Frequenzen zu unterstützen. Bild 5.3-7 zeigt den Übertrager (Fa. Solar).

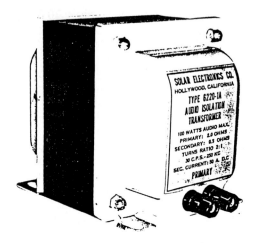

Type 6220-1A

Bild 5.3-7: Übertrager zur Einkopplung von Störsignalen nach MIL und VG

Bei hohen Nutzströmen des Prüflings entsteht an der Sekundärwicklung ein Spannungsabfall, der die Versorgungsspannung am Prüfling herabsetzen würde. Da die Prüfung jedoch in den meisten Fällen bei Nennspannung erfolgen soll, wird die Versorgungsspannung soweit erhöht, daß sich auch bei in Serie geschalteter Transformatorwicklung die normale Betriebsspannung einstellt. Der hier beschriebene Übertrager ist nur bis ca. 250 kHz verwendbar, da sich sonst Verzerrungen des eingekoppelten Störsignals ergeben.

Bei Frequenzen über 10 kHz ist die Anwendung von Kopplungseinrichtungen mit Kondensator-Ankopplung möglich. Je nach Norm und Frequenzbereich werden z. B. Koppelkondensatoren von ≥ 1 μF oder 1 bis 2 nF verwendet [26].

Die Kopplungseinrichtung besteht aus dem genannten Kondensator sowie aus einem Hochpaß zum Leistungsverstärker, Hochpaß zum Meßausgang und Tiefpaß zur Stromversorgung (siehe Bild 5.3-8). So wird verhindert, daß die Netzspannung auf den Verstärkerausgang oder den Eingang des Meßgerätes gelangt und daß das Störsignal in die Stromversorgungseinheit abfließt.

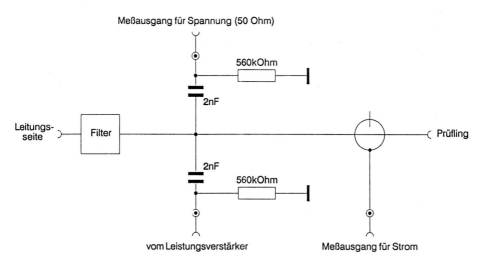

Bild 5.3-8: Kopplungseinrichtung

Um Reproduzierbarkeit zu gewährleisten, sind die Anordnungen der Kabel, der Kopplungseinrichtung und die Meßumgebung genau festzulegen.

Einkoppel-Stromzangen werden zur Einspeisung von Störströmen auf geschirmten und ungeschirmten Stromversorgungs- und Signalleitungen verwendet (siehe auch Abschnitt 5.3.2.1). In der Regel wird die Stromzange um den kompletten Kabelbaum gelegt. Dabei ist es nicht erforderlich, die Leitung aufzutrennen, da die Stromzange aufklappbar ist. Deshalb wird sie bevorzugt bei Systemmessungen eingesetzt. Handelsübliche Stromzangen haben folgende Charakteristika:

Frequenzbereich   50 kHz bis   30 MHz,
Frequenzbereich   2 MHz bis   400 MHz,
maximale Leistung 100 W (200 W kurzzeitig).

Zur kapazitiven Einkopplung von transienten Störgrößen in Kabelbäume findet die kapazitive Koppelstrecke nach [12], [26] und [27] Anwendung. Auch hier wird der Kabelbaum nicht aufgetrennt. Sie besteht aus einer Masse-Bezugsfläche und einer aufklappbaren Einheit, in die die zu prüfende Leitung, isoliert von dieser Elektrode, über eine Strecke von mindestens 1 m gelegt wird. Die Koppelkapazität zwischen Kabel und Koppelstrecke beträgt 50 bis 200 pF. Es können Kabelbäume mit Durchmessern von 4 bis 40 mm aufgenommen werden.

Auch in MIL-STD 462 [8] ist eine ähnliche Anordnung beschrieben, die beim Test RS 04 eingesetzt wird.

5.3.3.5 Sendeantennen und Wellenleiter

Die bei Störfestigkeitsmessungen verwendeten Sendeantennen strahlen die ihnen zugeführte Hochfrequenzenergie in den Raum ab, in dem sich der Prüfling befindet. Im Gebrauch sind magnetische Antennen (Leiterschleifen) und elektrische Antennen (kurze Monopole oder Dipole) sowie diverse Sonderformen.

Wegen des weiten Frequenzbereichs werden in der Regel Breitbandantennen verwendet, also keine exakt angepaßten Strahler. Um dieses Verhalten zu verbessern, werden die Antennen teilweise über Widerstände zwangsangepaßt.

Um die in den Normen geforderten Störfeldstärken mit den zur Verfügung stehenden Sendeleistungen zu erzeugen, ist es notwendig, die Meßentfernung klein zu halten. Typische Meßentfernungen zwischen Sendeantenne und Vorderkante Prüfling sind 1 m oder 3 m. Dadurch ergeben sich im Prüflingsvolumen häufig, abhängig von der Sendefrequenz, Nahfeldbedingungen. Das bedeutet, daß, je nach Antennenart, entweder die magnetische oder die elektrische Feldstärke überwiegt. Ein Umrechnen über die Formel

$$\frac{E}{H} = \Gamma_0 \qquad (\Gamma_0 = 377 \; \Omega)$$

ist dann nicht zulässig.

Setzt man als Grenze (für kleine Strahler) die Bedingung für den Nahfeld/Fernfeld-Übergang bei

$$d = \frac{\lambda}{2\pi} \, ,$$

so ist die Fernfeld-Bedingung im Meßaufbau bei z. B. 1 m Meßentfernung erst bei Frequenzen > 48 MHz gegeben. Bei 3 m Meßentfernung ist dies bereits ab 16 MHz der Fall.

Zur Erzeugung von elektrischen Störfeldstärken, wie z. B. nach MIL-STD 461 gefordert, werden verschiedene Sonderformen von Antennen verwendet, die inzwischen handelsüblich sind.

E-Feld-Generator

Diese Antenne ist z. B. in [19] beschrieben. Sie kann unsymmetrisch (10 kHz - 30 MHz) und symmetrisch gespeist werden (10 kHz - 150 MHz). Sie besteht aus zwei parallelen Stäben, zwischen denen sich das E-Feld aufbaut. Die Feldverteilung ist sehr inhomogen. Zur Anpassung wird ein Leistungswiderstand parallel geschaltet. Ein oder zwei Ringkerntrafos transformieren die Impedanz in den 50-Ω-Bereich. Dieser Antennentyp ist bis einige kW Belastbarkeit handelsüblich.

Streifenleitung

Die Streifenleitung besteht aus zwei parallelen Platten, die an einem Ende gespeist und am anderen Ende mit einem Leistungswiderstand abgeschlossen werden [21]. Das Prinzip ist ähnlich dem des E-Feld-Generators, wobei die Transformation auf 50 Ω über die schrägen Teile der Platten erfolgt. In diesem offenen Wellenleiter ist der Bereich homogener Feldstärken größer als beim E-Feld-Generator. Die elektrische Feldstärke ergibt sich, wie beim Plattenkondensator, aus

$$E = \frac{U}{d} \, .$$

Das Feld breitet sich als transversale Welle aus, wenn die Leitung lang genug ist (λ << l) und die Höhe h << λ ist. Bei höheren Frequenzen entstehen andere Moden, die nicht mehr einfach vorhersagbar sind. Deshalb ist die Verwendbarkeit der Streifenleitung durch deren obere Grenzfrequenz eingeschränkt. Außerdem soll nicht mehr als etwa ein Drittel der Höhe ausgenutzt werden. In [27] wird auch ein Abstand des Prüflings von der Kante mit 200 mm vorgeschrieben.

Die Anordnung strahlt auch nach außen und darf deshalb nur in geschirmten Räumen verwendet werden. Wegen der Rückwirkung der Umgebung sollen diese Schirmräume möglichst groß sein (Mindestabstand zur Wand > 1 m). Praktische Versuche haben gezeigt, daß die Messungen mit bisher handelsüblichen Feldsonden, wegen der Randeffekte, schlecht reproduzierbare Ergebnisse liefern. Die Feldstärke wird deshalb besser über die Umrechnung der anliegenden Spannung an den Platten bestimmt.

TEM-Zelle (auch Crawford-Zelle)

Sie leitet ihren Namen von der Art der Wellenausbreitung TEM (Transversal-Elektro-Magnetisch) ab bzw. von ihrem Erfinder. Wie bei der Streifenleitung stehen E- und H-Feld im Prüflingsvolumen senkrecht zueinander, d.h. es herrschen Freifeldbedingungen. TEM-Zellen werden so konstruiert, daß Eingangs- und Ausgangswiderstand etwa 50 Ω betragen.

Die Bauform des rechteckigen koaxialen Wellenleiters erlaubt den Betrieb auch außerhalb von Schirmräumen, da sich das Feld nur im geschirmten Innenraum ausbildet (s. auch Bild 3.3-12).

Die Nutzung des Innenraums als Prüflingsvolumen ist auf ein Drittel der Höhe begrenzt.

Die Feldstärke berechnet sich nach der Formel

$$E = \frac{\sqrt{P \cdot \Gamma_L}}{d} \, ,$$

E = elektrische Feldstärke,
P = Sendeleistung,
Γ_L = Wellenwiderstand (50 Ω),
d = Plattenabstand.

Der zweite Halbraum kann zur aktuellen Feldstärkemessung genutzt werden, wenn symmetrisch zum Prüfling eine Meßsonde eingebracht wird. Die obere Grenzfrequenz ist, wie bei der Streifenleistung, durch den Abstand zwischen Außenleiter und Innenleiter (Septum) bedingt. Oberhalb der Grenzfrequenz treten Resonanzen auf, die die Vorherbestimmung der Feldstärke am Ort des Prüflings unmöglich machen. Nach [28] sind folgende Abmessungen und Grenzfrequenzen definiert:

Zellenhöhe	90 cm	30 cm	18 cm
Grenzfrequenz	100 MHz	300 MHz	500 MHz

Durch den Einsatz von Absorbermaterialien im Innern kann die Grenzfrequenz etwas erhöht werden [29].

Bikonische Dipolantenne

Diese Antenne, die häufig zur Messung von Störaussendungen benutzt wird, wird auch als Sendeantenne in Hochleistungsausführung gerne verwendet. Sie zeichnet sich durch ihren breiten Frequenzbereich (20 MHz bis 200 MHz) aus. Die Bauform ist genau festgelegt (1,38 m Spannweite), siehe Bild 5.3-9. Wegen ihrer Größe ist sie auch in kleinen Meßräumen gut anwendbar. Sie wird wenig von der Meßumgebung beeinflußt. Allerdings ist das Stehwellenverhältnis in weiten Bereichen ziemlich schlecht. Zur Bestrahlung größerer Prüflinge ist sie nicht besonders gut geeignet, jedoch stellt sie in vielen Fällen einen guten Kompromiß zwischen Größe und erzeugter Feldstärke in diesem kritischen Frequenzbereich dar.

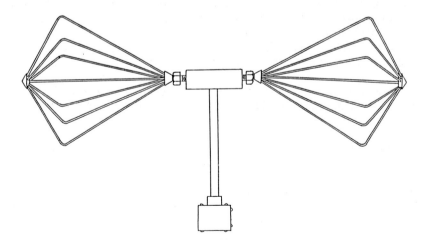

Bild 5.3-9: Zeichnung der bikonischen Antenne

Logarithmisch-periodische Antenne

Im Frequenzbereich 200 MHz bis 1 GHz wird häufig eine Anordnung von gekoppelten Dipolen verwendet, die sich neben ihrer geringen Abmessungen und ihrer Breitbandigkeit auch durch ein gutes Stehwellenverhältnis (< 2:1), gutes Vor-Rück-Verhältnis (10 dB bis 30 dB) und einen Gewinn von 7 bis 8 dB auszeichnet. Die stabile Anschlußtechnik ermöglicht auch den Anschluß von Leistungsverstärkern.

Doppelsteg-Horn-Antenne

Wie die logarithmische Spiralantenne wird sie ebenfalls im Frequenzbereich 200 MHz bis 2 GHz verwendet, jedoch auch als weitere Ausführungsform im Frequenzbereich 1 GHz bis 18 GHz.

Im Vergleich zu Standard-Gain-Hörnern, die maximal für eine Oktave geeignet sind, liegt ihr Gewinn (zwischen 5 und 13 dB) einige dB darunter. Vorteilhaft sind der weite Frequenzbereich und die breite Bestrahlungsfläche.

Magnetspulen

Zur Erzeugung magnetischer Feldstärken werden verschiedene Spulenformen verwendet. Nach MIL-STD 462 [8] ist im Frequenzbereich 30 Hz bis 30 kHz eine Spule mit 12 cm Durchmesser definiert. In einer Entfernung von 5 cm zum Prüfling erzeugt diese Spule eine magnetische Flußdichte von 50×10^{-5} Tesla pro Ampere Stromfluß. Die beschriebene Spule kann bis 5 A Dauerstrom und 50 A Spitzenstrom vertragen.

In [20] werden ähnliche Spulen im Frequenzbereich 30 Hz bis 200 kHz zur Prüfung der Störfestigkeit gegen konzentriert einwirkende Magnet-Felder auf Gerätegehäuse angewandt.

Eine weitere Möglichkeit nach [20] ist die Verwendung eines Beeinflussungsrahmens zur Erzeugung von magnetischen Nahfeldern. Die Kantenlänge des Rahmens soll dabei nicht größer als 2 m sein, damit auch bei der oberen spezifizierten Frequenz von 3 MHz keine Resonanzen auf dem Leiter auftreten.

5.3.3.6 Feldstärke-Meßsonden

Zur Überwachung der bei Störfestigkeitsmessungen erzeugten Störfelder werden in der Regel kalibrierte Meßsonden eingesetzt, die den Betrag der Feldstärke oder Leistungsdichte möglichst richtungsunabhängig (isotrop) anzeigen sollen (Bild 5.3-10).

Diese Eigenschaft wird dadurch erreicht, daß die gleichgerichteten Ausgangsspannungen dreier senkrecht zueinander angeordneter Dipole in Serie geschaltet werden, so daß die Summenspannung dem Betrag der Feldstärke proportional ist:

$$E = \sqrt{E_x^2 + E_y^2 + E_z^2}\,.$$

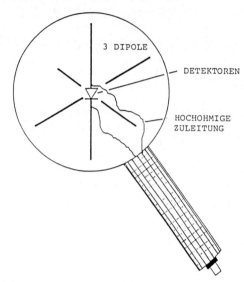

Bild 5.3-10: Prinzipieller Aufbau einer typischen Feldstärkesonde

Handelsübliche Feldstärke-Meßsonden sind kleine tragbare Meßgeräte, deren Sensorköpfe räumlich von den Auswerte-Einheiten abgesetzt sind. Um möglichst wenig auf das zu messende Feld einzuwirken, werden die Meßwerte im günstigsten Fall über eine Lichtwellenleiter-Telemetrie übertragen. Auch hochohmige Leitungsverbindungen stören das Feld im Sensorbereich nur unwesentlich. Die Kalibriermethoden sind bisher in Deutschland noch nicht einheitlich festgelegt. Die zur Kalibrierung erzeugten Standardfelder werden in TEM-Zellen oder mit Standard-Antennen erzeugt. Im zweiten Fall sind möglichst reflexionsfreie Räume erforderlich, um die Einflüsse der Umgebung zu eliminieren.

5.3.4   Ausrüstung eines modernen Meßlabors für Störfestigkeitsmessungen

5.3.4.1   Allgemeines

Anhand von Beispielen soll erklärt werden, wie ein modernes Meßlabor für Störfestigkeitsmessungen ausgerüstet sein muß, um den Ansprüchen möglichst vieler, heute gültiger Vorschriften zu genügen. Die Darstellung erhebt keinen Anspruch auf Vollständigkeit, soll jedoch einen ersten Eindruck über den notwendigen Aufwand geben.

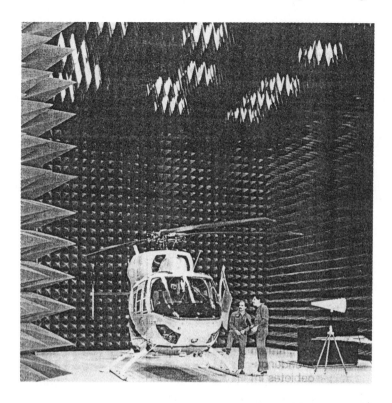

Abmessungen	
Raum (lichte Maße)	
(L × B × H)	16 m × 11,5 m × 8,5 m
Haupttor (B × H)	6,9 m × 6 m

Schirmung	
Hersteller	Siemens

Dämpfung	
Elektr. Feld	100 dB für 100 kHz – 10 GHz

Magnet. Feld	dB	50	90	110
	bei kHz	10	100	1.000

Absorber	
Hersteller	Emerson & Cuming
Absorber	VHP36 NRL/Länge 92 cm

Reflexions-	dB	19	40	50	64
dämpfung	bei MHz	120	500	1.000	10.000

Bodenbelastbarkeit	
auf 7 m breiter Fahrspur	60 t
Übriger Bereich	2 t/m²
Einbaumöglichkeit für Rollenprüfstand	

Abgasabsauganlage	
Förderleistung	150 m³/min

Kran: Tragfähigkeit	7 t

Der Raum ist vollklimatisiert.

CO_2-Feuerlöschanlage fest installiert

Versorgung u. a.:
Stromversorgung 220 V/50 Hz; 380 V/50 Hz; 115 V/400 Hz
Preßluft
Wasseranschluß mit Ablauf

Raum Nr. 2: Kontrollraum für Meßraum Nr. 1
Lichte Maße
(L × B × H)   5,1 m × 4,6 m × 3 m

Bild 5.3-11: Innenansicht und technische Daten der großen Absorberkammer
bei MBB Ottobrunn

5.3.4.2 Geschirmte Kabinen/Absorberhallen

Zu den wichtigsten Einrichtungen eines Meßlabors für Störfestigkeitsmessungen gehören geschirmte Kabinen. Die beabsichtigte Erzeugung von Störfeldstärken zur Prüfung der Störfestigkeit ist nur in abgeschirmten Räumen durchzuführen, um die Störung von Funkdiensten und eine ungewollte Beeinflussung benachbarter Elektronik, auch von Überwachungsgeräten für den Prüfling, zu vermeiden.

Nach VG [30] müssen die Schirmräume so dämpfen, daß die Forderungen des Hochfrequenzgerätegesetzes und seiner Durchführungsbestimmungen erfüllt werden. Diese Bedingungen sind von der installierten Leistung, den Antennen und den örtlichen Gegebenheiten abhängig. Da die Metallwände einer Kabine zu unerwünschten Feldreflexionen führen und so die Homogenität des Störfeldes beeinträchtigen, ist die Auskleidung der Kabine mit Absorbern dringend zu empfehlen. Als Mindestgröße zur Messung von Geräten mit den Maßen 2 m Höhe und 1 m × 1 m Grundfläche soll der lichte Innenraum zwischen den HF-Absorbern 4 m in der Höhe und 5 × 7 m in der Grundfläche sein.

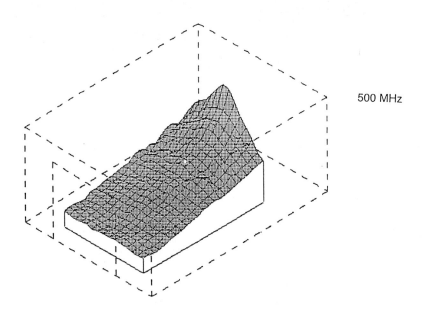

500 MHz

Bild 5.3-12: Feldverteilung in der Absorberhalle; Meßwerte mit Bodenabsorbern

Leitungen zur Zuführung von Versorgungsspannungen sowie Hilfsleitungen müssen durch Funk-Entstörfilter nach außen entkoppelt sein. Auch bei Prüfung der

Störfestigkeit auf Leitungen sind die gesetzlichen Vorschriften zu beachten. So darf
z. B. keine Rückwirkung auf das öffentliche Netz entstehen oder der Prüfling als
Strahler für die eingespeiste Hochfrequenz wirken. Es sind deshalb auch hier
Schirmkabinen zu empfehlen.

Wichtig für den Betrieb der Prüflinge ist auch die Infrastruktur. Dazu gehören
z. B. Druckluftanschluß, Klimatisierung, Abgas-Absauganlage etc. Die große Absorberhalle der Fa. MBB, Ottobrunn bei München (Bild 5.3-11) liefert ein gutes
Beispiel für die notwendigen Installationen.

Um die erzeugte Feldstärke im Prüflingsvolumen exakt zu bestimmen, ist es notwendig, die Feldstärkeverteilung im Innenraum für verschiedene Standorte der Sendeantennen und des Prüflings genau zu vermessen. Dies erfolgt ohne den Prüfling
im leeren Meßraum. Bild 5.3-12 zeigt als Beispiel die Feldverteilung bei 500
MHz in dieser Halle. Diese Messungen können bei Bedarf für andere Konfigurationen jederzeit wiederholt werden. In kleineren Meßräumen ist diese Messung im
leeren Raum nur bedingt möglich. Es werden deshalb meist die Gewinndaten der
Sendeantennen zur Bestimmung der erzeugten Störfeldstärken benutzt.

5.3.4.3 Störfestigkeitsmeßplätze

Diese rechnergesteuerten Meßplätze enthalten die über IEC-Bus steuerbaren
Generatoren und Umschalteinheiten sowie Geräte zur Erfassung der Beeinflussungsgrößen und der Überwachungssignale vom Prüfling.

Bei MBB existieren derartige Meßplätze für

- Störfestigkeit gegen leitungsgebundene Störsignale,
- Störfestigkeit gegen elektromagnetische Felder,
- Störfestigkeit gegen Impulse.

Störfestigkeitsmeßplatz für Feldbeeinflussung

Es gibt drei Möglichkeiten zur Regelung der zu erzeugenden Feldstärke:

(1) Sondenmessung

   Hierbei wird während der Bestrahlung des Prüflings eine Sonde zur Messung
   der momentanen Feldstärke aufgestellt. Dieser Meßwert wird zur Steuerung
   der Sendeantennen-Leistung verwendet.

(2) Leistungsgesteuerte Messung mit vermessenen Felddaten

   Hierbei wird mit Hilfe einer "Leermessung" das Feld vorher im leeren Raum
   erzeugt, und die dazu benötigten Antennen-Leistungen werden abgespeichert.

(3) Leistungsgesteuerte Messung mit gerechneten Felddaten

Hierbei wird mit Hilfe des jeweiligen Antennengewinns die Leistung zur Erzeugung des Feldes berechnet und dann in die Sendeantenne eingespeist.

Am Beispiel des **Meßplatzes für Feldbeeinflussung** sei gezeigt, welche Geräte dazu erforderlich sind und welche Parameter beachtet bzw. eingestellt werden müssen.

Meßgeräte - Digitalmultimeter UDS-5
      - Scanner UVZ
      - HP-Rechner Serie 300
      - Thinkjet Printer
      - Doppeldiskettenlaufwerk
      - Funktionsgenerator HP 8165A
      - Sweeper HP 8341A
      - Funktionsgenerator HP 8116A
       (optional für externe Modulation).

Modulation - AM-Modulation $\geq$ 10 MHz
      - PM-Modulation 50 % $\geq$ 10 MHz
      - AM-Modulation < 10 MHz
       (mit externem Generator)
      - PM-Modulation 50 % < 10 MHz
       (mit externem Generator)
      - PM-Modulation alle Tastverhältnisse
       (mit externem Generator).

Frequenz: 10 kHz . . . 18 GHz.

* Schrittweiten:

Frequenzband:	Normwert:
(1) 14 kHz . . . 100 kHz	1 kHz
(2) 100 kHz . . . 1 MHz	10 kHz
(3) 1 MHz . . . 10 MHz	50 kHz
(4) 10 MHz . . . 50 MHz	100 kHz
(5) 50 MHz . . . 100 MHz	250 kHz
(6) 100 MHz . . . 220 MHz	500 kHz
(7) 220 MHz . . . 1 GHz	1 MHz
(8) 1 GHz . . . 4 GHz	4 MHz
(9) 4 GHz . . . 10 GHz	10 MHz
(10) 10 GHz . . . 18 GHz	15 MHz

* Schritte pro Frequenz-Oktave:

Normwert: 100 Schritte pro Oktave.

* Maximale Ansteuerleistung des Generators:

Frequenzband: Normwert:

(1)   10 kHz . . . 220 MHz   -7 dBm
(2) 220 MHz . . . 500 MHz   0 dBm
(3) 500 MHz . . .   1 GHz   0 dBm
(4)   1 GHz . . .   2 GHz   0 dBm
(5)   2 GHz . . .   4 GHz   0 dBm
(6)   4 GHz . . .   8 GHz   0 dBm
(7)   8 GHz . . . 12,4 GHz   0 dBm
(8) 12,4 GHz . . . 18 GHz   0 dBm

* Generatoransteuerleistung zu Beginn der Messung:

Normwert: -30 dBm.

* Richtkoppler

Frequenzband: Normkoppler:

(1)   10 kHz . . . 200 MHz   Werlatone C1460
(2) 220 MHz . . . 500 MHz   2×Microlab FXR
(3) 500 MHz . . .   1 GHz   2×Microlab FXR
(4)   1 GHz . . .   2 GHz   NADRA 3022 (+20 dB)
(5)   2 GHz . . .   4 GHz   NADRA 3022 (+20 dB)
(6)   4 GHz . . .   8 GHz   NADRA 3024 (+20 dB)
(7)   8 GHz . . . 12,4 GHz   NADRA 27001
(8) 12,4 GHz . . . 18 GHz   NADRA 27001

* Leistungsbegrenzung und maximale Verstärkerausgangsleistung:

Frequenzband: Normwert:

(1)   10 kHz . . . 220 MHz   1000 W
(2) 220 MHz . . . 500 MHz   500 W
(3) 500 MHz . . .   1 GHz   500 W
(4)   1 GHz . . .   2 GHz   200 W
(5)   2 GHz . . .   4 GHz   200 W
(6)   4 GHz . . .   8 GHz   200 W
(7)   8 GHz . . . 12,4 GHz   200 W
(8) 12,4 GHz . . . 18 GHz   200 W.

* Modulationsgrad:

Normwert: 80 %.

* Modulationsfrequenz:

Normwert: 1 kHz.

* Feldstärke:

Normwert: 50 V/m.

* Startfrequenz:

Normwert: 500 kHz.

* Stopfrequenz:

Normwert: 1 GHz.

* Verwendete Sonde:

Folgende Sonden stehen zur Auswahl:

Modell:	Frequenzband:
NARDA 8661	300 kHz . . . 1 GHz
NARDA 8621C	300 MHz . . . 26 GHz
AIT 10 V/m	650 kHz . . . 1 GHz
AIT 100 V/m	250 kHz . . . 1 GHz
AIT 1000 V/m	300 kHz . . . 500 MHz
AIT 300 V/m	500 kHz . . . 1 GHz
AIT Aktiv	1 kHz . . . 3 MHz.

Die Reaktion des Prüflings auf die Feldbeeinflussung kann bei geeigneter Adaption auf dem Protokoll dokumentiert werden. Es stehen 4 Kanäle zur Verfügung, die vom Rechner verarbeitet werden können.

Zu den Meßplätzen gehören auch Antennen und Verstärker sowie das koaxiale Kabelnetz und die LWL-Steuerleitungen zwischen Rechner, Generatoren und Verstärkern. Die genaue Beschreibung würde jedoch den Rahmen dieses Kapitels sprengen.

5.3.5   Zusammenfassung

Die Ausführungen dieses Kapitels haben gezeigt, wie vielfältig und umfangreich die Meßeinrichtungen und Meßaufbauten sein müssen, welche Meßgeräte verwendet werden und wie zu verfahren ist, um Störfestigkeitsmessungen richtig durchführen zu können.

Die Simulation der Störgrößen erfolgt entweder leitungsgeführt oder als elektrisches, magnetisches oder elektromagnetisches Feld. Abhängig vom Frequenzbereich sind dabei spezifische Techniken und Meßmittel anzuwenden.

Die Reduzierbarkeit der Meßergebnisse hängt von der exakten Ausführung der Meßaufbauten sowie von den gleichen Umgebungsbedingungen ab, z. B. von der Art der Einspeisung der Prüfstörsignale über Ankoppelnetzwerke oder den Reflexionsbedingungen in den geschirmten Räumen.

Während die Reproduzierbarkeit bei leitungsgeführten Messungen i.a. gut zu realisieren ist, ergibt sich bei gestrahlten Störgrößen, ab Frequenzen von einigen MHz, oft die Schwierigkeit, daß die Umgebungsbedingungen in verschiedenen Meßräumen unterschiedlich sind.

Bei den Prüfungen ist es daher wichtig, umgebungsbedingte Resonanzen zu kennen und zu eliminieren. Die Kenntnis darüber ist nur durch punktweise Messung der Feldstärkeverteilung im leeren Meßraum zu erhalten.

Bei der Umsetzung der Ergebnisse in allgemeingültige Aussagen für die Störfestigkeit des Prüflings, unter anderen als den meßtechnisch untersuchten Bedingungen, muß aufgrund dieser Einflüsse ein Sicherheitszuschlag einkalkuliert werden.

Trotz dieser physikalisch bedingten Toleranzen sind Messungen das zuverlässigste Mittel, um zu einer Aussage über die Störfestigkeit des Prüflings zu gelangen. Dabei sollte jedoch der theoretische Hintergrund durch entsprechende Analyse der Randbedingungen nicht vernachlässigt werden.

5.3.6 Literatur

[1]   DIN VDE 0870 Teil 1E: EMB Begriffe; Änderung 1 (08.87)

[2]   DIN VDE 0839 Teil 1E: EMV; Verträglichkeitspegel der Spannung in Wechselstromnetzen und Nennspannung bis 1000 V (11.86)

[3]   VG 95 370 Teil 13: EMV von und in Systemen: Meßverfahren für Störsicherheitsabstände gegenüber systemeigenen Feldstärken (11.87)

[4]   VG 95 370 Teil 14: EMV von und in Systemen: Meßverfahren für Störsicherheitsabstände gegenüber leitungsgeführten Störgrößen (12.87)

[5]   VG 95 378: EMV von elektrischen Anzünd- und Zündmitteln (EED)

[6]   VG 95 379: EMV von Anzünd- und Zündkreisen mit elektrischen Anzünd- und Zündmitteln (EED) in Systemen

[7]   VG 95 378 Teil 3: EMV von elektrischen Anzünd- und Zündmitteln (EED): Grundlagen zur Ermittlung von Kennwerten (12.86)

[8]   MIL-STD 462: Electromagnetic Interference Characteristics, Measurement of; Notice 5; Aug. 1986

[9]   VG 95 373 Teil 14: EMV von Geräten: Meßverfahren für Störfestigkeit gegen leitungsgeführte Störsignale (11.82)

[10]   DIN VDE 0847 Teil 2E: Meßverfahren zur Beurteilung der EMV, Störfestigkeit gegen leitungsgeführte Störgrößen (10.87)

[11]   DIN VDE 0839 Teil 10E: EMV; Beurteilung der Störfestigkeit gegen leitungsgeführte und gestrahlte Störgrößen (01.90)

[12]   DIN VDE 0843 Teil 4E: EMV von Meß-, Steuer- und Regeleinrichtungen in der industriellen Prozeßtechnik:
Störfestigkeit gegen schnelle transiente Störgrößen (Burst); identisch mit IEC 65 (CO) 39 (09.87)

[13]   VG 95 377 Teil 12: EMV; Meßeinrichtungen und Meßgeräte; Meßsender, Leistungsmeßsender, Pulsgeneratoren (10.85)

[14]   MIL-STD 461 C: Electromagnetic Emission and Susceptibility Requirements for the Control of Electromagnetic Interference (Aug. 86)

[15]   VG 95 373 Teil 24: EMV von Geräten: Grenzwerte für Störfestigkeit gegen leitungsgeführte Störgrößen (12.83)

[16]   VG 95 373 Teil 20: EMV von Geräten: Grenzwerte für Störströme (12.86)

[17]   VG 95 373 Teil 21: EMV von Geräten: Grenzwerte für Störspannungen (04.87)

[18]   DEF STAN 59-41 (Part 3)/2; Electromagnetic Compatibility; Ministry of Defence, UK (06.86)

[19]   DIN VDE 0847 Teil 4E: Meßverfahren zur Beurteilung der elektromagnetischen Verträglichkeit; Störfestigkeit gegen gestrahlte Störgrößen (01.87)

[20]   VG 95 373 Teil 13: EMV von Geräten: Meßverfahren für Störfestigkeit gegen Felder (06.78)

[21]   DIN VDE 0843 Teil 3: EMV von Meß-, Steuer- und Regeleinrichtun-
         gen in der industriellen Prozeßtechnik; Störfestigkeit gegen elektromag-
         netische Felder; Anforderungen und Meßverfahren; identisch mit IEC
         801-3, (02.88)

[22]   DIN VDE 0843 Teil 2E: EMV von Meß-, Steuer- und Regeleinrichtun-
         gen in der industriellen Prozeßtechnik; Störfestigkeit gegen die Entla-
         dung statischer Elektrizität; Anforderungen und Meßverfahren; identisch
         mit IEC 801-3, Aug. 1984 (01.91)

[23]   DIN VDE 0846 Teil 11E: Meßgeräte zur Beurteilung der elektromagne-
         tischen Verträglichkeit; Prüfgeneratoren (01.90)

[24]   DIN VDE 0846 Teil 14E: Meßgeräte zur Beurteilung der elektromagne-
         tischen Verträglichkeit; Leistungsverstärker (01.90)

[25]   VG 95 377 Teil 16: EMV; Meßeinrichtungen und Meßgeräte; Leistungs-
         verstärker (08.80), Vornorm

[26]   VG 95 377 Teil 15: EMV; Meßeinrichtungen und Meßgeräte; Meßhilfs-
         mittel (10.88)

[27]   DIN VDE 0846 Teil 12E: Meßgeräte zur Beurteilung der elektromagne-
         tischen Verträglichkeit; Kopplungseinrichtungen (01.90)

[28]   Crawford, M. L. et al: Generation of Standard EM-Fields Using TEM
         Transmission Cells. IEEE Trans. EMC (1974)

[29]   Crawford, M. L. et al: Expanding the Bandwidth of TEM Cells for EMC
         EMC Measurements. IEEE Trans. EMC (1987)

[30]   VG 95 377 Teil 10: EMV; Meßeinrichtungen und Meßgeräte; EMV-
         Meßeinrichtungen (11.87)

6. Normung auf dem Gebiet der EMV

A. Kohling

6.1 Übersicht zur EMV-Normung

Basierend auf der Notwendigkeit, Regeln für das ungestörte Zusammenspiel elektrischer und elektronischer Einrichtungen verschiedenster Hersteller außerhalb der funktionellen Schnittstellenbeschreibungen aufzustelllen, entstanden und entstehen in den unterschiedlichsten Gremien Normen und Vorschriften zur Sicherstellung der Elektromagnetischen Verträglichkeit. In Teilbereichen der EMV, wie z. B. der Funk-Entstörung, liegen bewährte, in jahrzehntelanger Anwendung erprobte Normen vor. Die Normungsaktivitäten zu der gesamten Querschnittsaufgabe EMV sind national und international meist jüngeren Datums, wobei in den letzten Jahren ein Trend von der Grundsatznorm hin zur produktspezifischen Norm verstärkt zu erkennen ist. Dies führte zu einer Vielzahl sich oft nur im Detail unterscheidender Normen, die selbst dem erfahrenen EMV-Ingenieur den Überblick und die Anwendung erschweren. Eine weitere Koordination der EMV-Normungstätigkeit ist sowohl national als auch international geboten. Vielleicht gelingt diese anspruchsvolle Aufgabe dem TC 110 der CENELEC, das zur normativen Umsetzung der EMV-Rahmen-Richtlinie [1] der EG gegründet wurde. Mit dem Erlaß dieser Richtlinie wurde die EMV zum Schutzziel deklariert, dem jede elektrische und elektronische Einrichtung genügen muß. Diese EMV-Rahmenrichtlinie ist wie jede EG-Richtlinie in den Mitgliedsstaaten in nationales Recht umzusetzen. In der Bundesrepublik Deutschland erfolgt diese Umsetzung mittels des EMV-Gesetzes.

Die Mehrzahl der angesprochenen Aktivitäten sind noch nicht abgeschlossen, somit müssen sich einige der folgenden Aussagen auf Prognosen beschränken.

6.2 Nationale EMV-Normung

In der Bundesrepublik liegt der Schwerpunkt der EMV-Normung für zivile Anwendung im K 767 (K 760 alt) der Deutschen Elektrotechnischen Kommission im DIN und VDE (DKE). EMV-Normen für militärische Anwendung entstehen in Form der Verteidigungsgerätenormen (VG) in der Verantwortung der Normenstelle Elektrotechnik (NE), der Normenstelle Marine (NM) und der Normenstelle Luftfahrt (NL) im DIN. Aber auch Interessenverbände wie z. B. NAMUR, VDMA usw. arbeiten entsprechende Papiere aus. In der nationalen Normung anderer Staaten ist vor allem die MIL-STD 461 als die klassische EMV-Norm zu nennen.

6.2.1 Nationale EMV-Normung für zivile Anwendungen

Der Schwerpunkt der nationalen EMV-Normung für zivile Anwendungen liegt in den Unterkomitees des K 760 der Deutschen Elektrotechnischen Kommission. Dieses Komitee befindet sich zur Zeit (Juli 1991) im Rahmen der Neuordnung der nationalen EMV-Normungsaktivitäten im Umbruch.

Bild 6-1 zeigt zur Erinnerung die in Kürze der Vergangenheit angehörende Struktur des K 760.

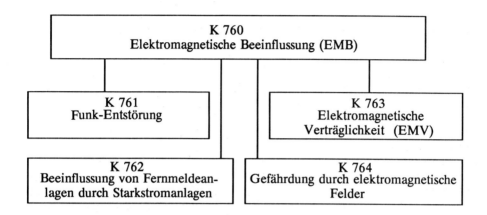

Bild 6-1: Themenbezogene Zuständigkeiten im ehemaligen K 760 der DKE

Die eingeleitete Neustrukturierung sieht die Zusammenfassung der Aktivitäten des K 761, K 762 und K 763 im neu gegründeten K 767 vor. Bild 6-2 zeigt grobstrukturiert die geplante Arbeitsaufteilung des K 767 in Unterkomitees mit querschnittsorientierten Grundlagenaufgaben und produktspezifischen Zuständigkeiten.

Die geplanten Zuständigkeiten der Unterkomitees für die verschiedenen Normenreihen sind in Bild 6-3 zu ersehen. Als Spiegelkomitee zur WG04 im SC65A der IEC befaßt sich das Komitee 921.3 der DKE mit der EMV-Normung für die industrielle Prozeßtechnik. Hier wurden die IEC-Publikationen 801 übersetzt und als VDE 0843 veröffentlicht. Von CENELEC, dem Europäischen Komitee für elektrotechnische Normung, wurden die IEC-Publikationen 801 zu Harmonisierungsdokumenten erklärt.

Die Anwendung von EMV-Normen erfolgt heute bis auf die Funk-Entstörung auf freiwilliger Basis bzw. auf einer vertraglichen Regelung zwischen Partnern. Die Funk-Entstörung, auf die später eingegangen wird, ist in der Bundesrepublik durch den Gesetzgeber geregelt. Die EMV-Richtlinie der EG und die sich daraus ergebenden Folgen werden ebenfalls in einem späteren Kapitel behandelt.

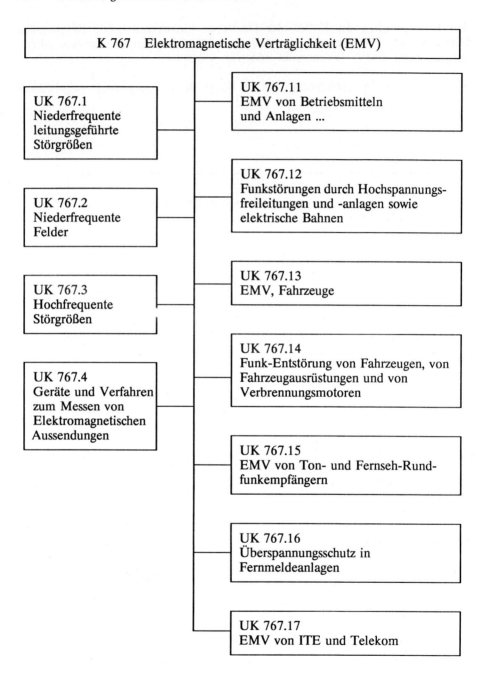

Bild 6-2: Geplante Neustrukturierung und Arbeitsaufteilung im K 767 der DKE

	K 767	UK 767.1	UK 767.2	UK 767.3	UK 767.4	UK 767.11	UK 767.12	UK 767.13	UK 767.14	UK 767.15	UK 767.16	UK 767.17	UK 921.3
DIN VDE 0228			*										
DIN VDE 0838		*											
DIN VDE 0839		*		*									
DIN VDE 0843													*
DIN VDE 0845											*		
DIN VDE 0846		*		*									
DIN VDE 0847				*									
DIN VDE 0870	*												
DIN VDE 0871						*							
DIN VDE 0872										*			
DIN VDE 0873							*						
DIN VDE 0875						*							
DIN VDE 0876					*								
DIN VDE 0877					*								
DIN VDE 0878												*	
DIN VDE 0879								*					
DIN 40839								*					

Bild 6-3: Geplanter Zusammenhang zwischen derzeitigen Normen und
Unterkomitees

6.2.2 Nationale EMV-Normung für militärische Anwendung

In der Normenstelle Elektrotechnik (NE) im DIN werden die Verteidigungsgeräte-Normen (VG) VG 95370ff "Elektromagnetische Verträglichkeit" und VG 96900ff "Schutz gegen nuklearen elektromagnetischen Impuls (NEMP) und Blitzschlag" ausgearbeitet. Die VG-Normen zur elektromagnetischen Verträglichkeit stellen ein sehr umfassendes Normenwerk dar, an dessen Vervollständigung noch gearbeitet wird. In VG 95372 wird eine umfasssende Übersicht gegeben und gezeigt, welche Teile bereits erschienen sind (Bild 6-4). VG 96900 gibt eine äquivalente Übersicht zum Thema NEMP und Blitz (Bild 6-5). Umfang und Vielfalt dieser Normenreihe mögen den EMV-Neuling beim ersten Hinsehen erschrecken, aber diese Vielfalt bietet dem erfahrenen EMV-Planer die Möglichkeit, ausgewählte, an die elektromagnetischen Einsatzbedingungen und taktischen Anforderungen angepaßte Lösungen zu formulieren. Die Teile von VG 95375, 376 und VG 96907 geben sehr hilfreiche Anregungen und sollten auch von Entwicklern und Konstrukteuren industrieller Einrichtungen zu Rate gezogen werden.

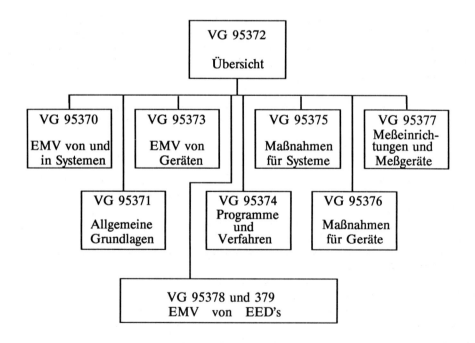

Bild 6-4: Übersicht zur VG-Normenreihe 95370ff
          "Elektromagnetische Verträglichkeit"

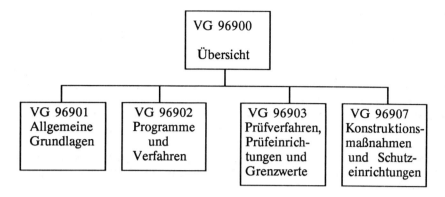

Bild 6-5: Übersicht zur VG-Normenreihe 96900ff "Schutz gegen NEMP und Blitzschlag"

6.3   Internationale EMV-Normung

Jeder Hersteller, jeder Betreiber wird von der Querschnittsthematik EMV gefordert. Folgerichtig beschäftigen sich die unterschiedlichsten Interessengruppen mit der EMV und den Normen bzw. Richtlinien zur Sicherstellung der Elektromagnetischen Verträglichkeit. Daraus resultieren, vergleichbar mit den nationalen Gegebenheiten, auch internationale Aktivitäten in den verschiedensten Organisationen mit allgemeinen Aufgaben wie der Internationalen Elektrotechnischen Kommission (IEC) und den internationalen Organisationen mit Spezialaufgaben unterschiedlichster privater, staatlicher oder halbstaatlicher Träger. Als Beispiele seien hier genannt:

CCITT
Internationaler beratender Ausschuß für den Telegraphen- und Fernsprechdienst

CCIR
Internationaler beratender Ausschuß für den Funkdienst

Beide Ausschüsse sind über die internationale Fernmeldeunion (UIT = ITU) den Vereinten Nationen angegliedert.

CIGRE
Internationale Hochspannungskonferenz

ECMA
Europäischer Verband von Herstellern von Rechenanlagen

ETSI
Europäisches Normungsinstitut für Fernmeldegeräte

Die Personengefährdung durch elektromagnetische Felder wird international von der Weltgesundheits-Organisation WHO intensiv behandelt, die Meßtechnik soll in der IEC ausgearbeitet werden.

In der IEC laufen die Hauptaktivitäten in CISPR, im TC 77 (Electromagnetic compatibility between electrical equipment including networks) und im TC 65 (Industrial process measurement and control equipment), aber viele weitere Produktkomitees widmen sich verstärkt der EMV-Normung. Deshalb wurde in der IEC das "Advisory committee on electromagnetic compatibility" (ACEC) als Koordinierungsgremium zwischen den TCs der IEC und den anderen internationalen Organisationen gegründet. Im Rahmen der Harmonisierung fließen IEC-Publikationen in das nationale Normenwerk ein und lösen bestehende nationale Normen ab.

Dieser kurze Überblick deutet die Vielfalt der Papiere an. Deshalb soll hier als Beispiel für typische EMV-Normen nur auf die CISPR-Publikationen und die IEC-Publikationen 801 verwiesen werden, wobei der Normenreihe IEC 801 Teil 1 bis 6 besondere Bedeutung zukommt, da die einzelnen Teile sowohl von IEC als auch von CENELEC zur Basis-Norm erklärt wurden; die Originaltitel der sechs Teile lauten:

IEC-Publikation 801

Electromagnetic compatibility for industrial-process measurement and control equipment

- Part 1: General introduction, 1984

- Part 2: Electrostatic discharge requirements, 1991-04

- Part 3: Immunity to radiated radio-frequency fields,
  Draft 5 - Second Edition, TC65 (Secretariat) 150

- Part 4: Electrical fast transient/burst requirements, 1988

- Part 5: Draft, Surge Immunity requirements, TC65 (Secretariat) 137

- Part 6: Draft, Immunity to conducted disturbances, induced by
  radio frequency fields above 9 kHz, TC65 (Secretariat) 144

6.4 EG-Richtlinien und Europäische Normung zur EMV

Zur Vermeidung von Handelshemmnissen innerhalb der Europäischen Gemein-schaft (EG) liegt die "Richtlinie des Rates vom 3. Mai 1989 zur Angleichung der Rechtsvorschriften der Mitgliedsstaaten über die Elektromagnetische Verträg-lichkeit" [1] vor. Mit dem Erlaß dieser Richtlinie am 3. Mai 1989 wurde die Elektromagnetische Verträglichkeit zum Schutzziel deklariert, dem jedes elektrische und elektronische Gerät genügen muß, wenn es ab 1.1.1992 innerhalb der EG in Verkehr gebracht wird oder in Betrieb genommen werden soll. Eine Übergangsfrist bis 31.12.1995 wurde später zugestanden [2]. Entsprechend der neuen Konzeption enthält diese Richtlinie keine technischen Details, sondern nennt globale Schutzziele, die unter der Anwendung von Europa-Normen (EN) zu erreichen sind. Mit dem Entwurf dieser Richtlinie erging von der EG-Kommission ein Mandat an CENELEC mit dem Auftrag, die zum Erreichen der Ziele erforderliche Normung rechtzeitig auszuarbeiten. Basierend auf diesem Hintergrund wurde Anfang 1989 das Technische Komitee TC 110 der CENELEC, dem Europäischen Komitee für elektrotechnische Normung, gegründet. Dessen Aufgabe ist es, nun den Richtlinieninhalt mit technischem Leben zu erfüllen. Dabei wäre es optimal, wenn mit dem Inkrafttreten der Richtlinie alle Normen vorhanden wären. Im Bereich der Informationstechnik wurde dazu als Instrument zur schnelleren Vorlage einer erforderlichen Norm die Europäische Vornorm ENV geschaffen, die in einem vereinfachten, schnelleren Verfahren ausgearbeitet werden kann, allerdings auch eine deutliche Einschränkung der Mitwirkungsmöglichkeiten der nationalen Komitees zur Folge hat.

Unabhängig von der gesetzlichen Regelung in den EG-Mitgliedsstaaten ist jede Europäische Norm von den 12 EG-Staaten und den EFTA-Staaten, die der Norm in CEN/CENELEC zugestimmt haben, zu übernehmen. Bereits bestehende nationale Normen zum gleichen Thema werden im Rahmen der Harmonisierung abgelöst. Bild 6-6 zeigt den Zusammenhang der nationalen und europäischen Normung mit der EG zur Umsetzung einer EG-Richtlinie.

Die Meldung nationaler Normungsvorhaben und -entwürfe an CEN/CENELEC bewirkt nach deren Annahme als europäisches Normenvorhaben eine Stillhalteverpflichtung, d. h. es dürfen in den Mitgliedsländern von CEN/CENELEC keine nationalen Normen zum gleichen Thema herausgegeben werden (Vilamoura-Verfahren). Eine Einflußnahme auf die Normung ist also nur durch die Mitarbeit in CEN/CENELEC möglich.

6.4.1 EMV-Rahmenrichtlinie der EG

Im folgenden soll nun mit einigen Zitaten aus der EMV-Rahmenrichtlinie [1] etwas vertieft auf diese eingegangen werden. Wie eingangs bereits erwähnt, wurde mit dem Erlaß der Richtlinie die EMV zum Schutzziel deklariert.

Danach obliegt es den Mitgliedsstaaten zu gewährleisten, daß die Funkdienste sowie die Vorrichtungen, Geräte und Systeme, deren Betrieb Gefahr läuft, durch die von elektrischen und elektronischen Geräten verursachten elektromagnetischen Störungen behindert zu werden, gegen diese Störungen ausreichend geschützt werden.

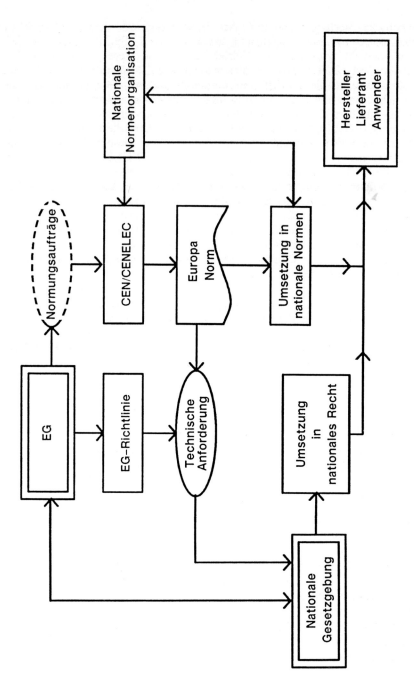

Bild 6-6: Rechtsangleichung und Normenharmonisierung in der EG

elektrische Energie gegen elektromagnetische Störungen zu sorgen, die diese Netze und demzufolge die durch diese Netze gespeisten Geräte beeinträchtigen können.

Mit harmonisierten verbindlichen Anforderungen zur Sicherstellung der EMV soll auch für dieses Querschnittsthema eine einheitliche Binnenmarktsituation geschaffen werden, um den freien Verkehr elektrischer und elektronischer Geräte zu gewährleisten.

Die Schutzanforderungen sind in Artikel 4 der Richtlinie formuliert und lauten sinngemäß:

Geräte, die elektromagnetische Störungen verursachen können oder deren Betrieb durch diese Störungen beeinträchtigt werden kann, müssen so hergestellt werden, daß

a) die Erzeugung elektromagnetischer Störungen soweit begrenzt wird, daß ein bestimmungsgemäßer Betrieb von Funk- und Telekommunikationsgeräten sowie sonstigen Geräten möglich ist,

b) die Geräte eine angemessene Festigkeit gegen elektromagnetische Störungen aufweisen, so daß ein bestimmungsgemäßer Betrieb möglich ist.

Dabei ist der Definition von Geräten nach Artikel 1 besondere Beachtung zu widmen, denn im Sinn dieser Richtlinie sind Geräte:

alle elektrischen und elektronischen Apparate, Anlagen und Systeme, die elektrische und/oder elektronische Bauteile enthalten.

In Anlage III der Richtlinie werden die Schutzanforderungen unter Hinweis auf noch zu erstellende Europa-Normen näher erläutert und folgende Einrichtungen, ohne Anspruch auf Vollständigkeit, ausdrücklich genannt:

a) private Ton- und Fernseh-Rundfunk-Empfänger,
b) Industrieausrüstungen,
c) mobile Funkgeräte,
d) kommerzielle mobile Funk- und Funktelefongeräte,
e) medizinische und wissenschaftliche Apparate und Geräte,
f) informationstechnologische Geräte,
g) Haushaltsgeräte und elektronische Haushaltsausrüstungen,
h) Funkgeräte für die Luft- und Seeschiffahrt,
i) elektronische Unterrichtsgeräte,
j) Telekommunikationsnetze und -geräte,
k) Sendegeräte für Ton- und Fernsehrundfunk,
l) Leuchten und Leuchtstofflampen.

Entsprechend Artikel 10 der Richtlinie ist die Übereinstimmung elektrischer Einrichtungen mit den Schutzanforderungen durch eine EG-Konformitätserklärung des

Herstellers zu bescheinigen und das EG-Konformitätszeichen CE auf dem "Gerät" oder entsprechend Begleitpapieren anzubringen (Bild 6-7).

Die Bestimmungen über die EG-Konformitätserklärung und das EG-Konformitätszeichen sind in Anhang I der Richtlinie enthalten und lauten:

EG-Konformitätserklärung muß folgendes enthalten:

- die Beschreibung des betreffenden Gerätes oder der betreffenden Geräte,
- die Fundstelle der Spezifikation, in bezug auf die die Übereinstimmung erklärt wird, sowie ggf. unternehmensinterne Maßnahmen, mit denen die Übereinstimmung der Geräte mit den Vorschriften der Richtlinie sichergestellt wird,
- die Angaben des Unterzeichners, der für den Hersteller oder seinen Bevollmächtigten rechtsverbindlich unterzeichnen kann,
- ggf. die Fundstelle der von einer gemeldeten Stelle ausgestellten EG-Baumusterbescheinigung.

EG-Konformitätszeichen:

- Dieses Zeichen ist ggf. durch das Kennzeichen der gemeldeten Stelle zu ergänzen, die die EG-Baumusterbescheinigung ausgestellt hat.
- Das EG-Konformitätszeichen besteht aus dem Kurzzeichen CE und der Jahreszahl des Jahres, in dem das Zeichen angebracht wurde.
- Fallen Geräte unter andere Richtlinien, die das EG-Konformitätszeichen vorsehen, so weist die Verwendung des EG-Zeichens auch auf die Übereinstimmung mit den betreffenden Anforderungen dieser anderen Richtlinien hin.

Bild 6-7: EG-Konformitätszeichen

Die Konsequenzen für Hersteller und Betreiber sind dem Artikel 3 der Richtlinie zu entnehmen, wobei die zugehörigen Termine in Artikel 12 genannt sind. Danach müssen die Mitgliedsstaaten der EG alle erforderlichen Vorkehrungen treffen, damit die in Artikel 2 der Richtlinie bezeichneten "Geräte" nach dem 31.12.91 nur dann in Verkehr gebracht oder in Betrieb genommen werden können, wenn sie bei einwandfreier Installierung und Wartung sowie bestimmungsgemäßem Betrieb den in der Richtlinie festgelegten Schutzanforderungen entsprechen. Eine Übergangsfrist bis 31.12.1995 wurde von der EG-Kommission zugebilligt [2].

Eine solche Übergangsfrist ist notwendig, um eine Nachqualifikation auslaufender Produktserien zu vermeiden.

Stellt ein EG-Mitgliedsstaat fest, daß ein mit CE gekennzeichnetes "Gerät" die Schutzanforderungen nicht erfüllt, müssen vom Staat alle erforderlichen Maßnahmen ergriffen werden, um das Inverkehrbringen des betreffenden Gerätes rückgängig zu machen oder zu verbieten oder seinen Verkehr einzuschränken.

6.4.2 EMV-Gesetz

In der Bundesrepublik Deutschland sind Gesetze zur Funk-Entstörung seit über 40 Jahren Realität. Mit der EMV-Rahmenrichtlinie werden nun vom Gesetzgeber auch Anforderungen an die Störfestigkeit von Produkten gestellt, deren Anwendung bisher allein in der Verantwortung des Herstellers lag. Die Umsetzung der Richtlinie in deutsches Recht erfolgt durch ein "EMV-Gesetz" [3], das sowohl das Hochfrequenzgeräte- als auch das Funkstörgesetz ablösen soll.

Verstöße gegen das EMV-Gesetz und somit gegen die EMV-Rahmenrichtlinie werden entsprechend der laufenden Diskussion als Ordnungswidrigkeit gelten. Zu erwartende Geldbußen werden vermutlich weit über den im Hochfrequenzgerätegesetz [4] genannten 10.000,-- DM liegen.

Auf die amtsinternen Vorlagen kann und soll zu diesem Zeitpunkt noch nicht näher eingegangen werden, obwohl entsprechend der Zusage der Regierungsvertreter die betroffenen Industrieverbände bereits in den Meinungsbildungsprozeß einbezogen wurden.

6.5 Struktur der EMV-Europa-Normen

Wie bereits erwähnt, wurde zur normativen Umsetzung der EG-Rahmenrichtlinie das TC 110 der CENELEC gegründet. Der Vollständigkeit halber sei auch hier die Struktur des TC 110 erläutert. Bild 6-8 zeigt die Aufteilung des TC 110 in 3 Arbeitskreise (Working Groups, WG) und in das SC 110 A sowie deren Aufgaben. Die Aufgabe der WG 1 besteht in der Formulierung von sogenannten "Generic Standards". In der WG 2 arbeiten zur Zeit drei Projektgruppen (Task Forces) an den im Bild 6-8 gezeigten Themen. Die WG 3 bearbeitet das klassische Beeinflussungsthema, die Beeinflussung von Telekommunikationseinrichtungen durch energietechnische Einrichtungen.

Informationstechnische Einrichtungen und CISPR-Angelegenheiten werden im SC 110 A bearbeitet.

Telekommunikationseinrichtungen werden bei ETSI behandelt. Für die Thematik "Gefährdung durch elektromagnetische Felder" ist das neu gegründete TC 111 der CENELEC zuständig.

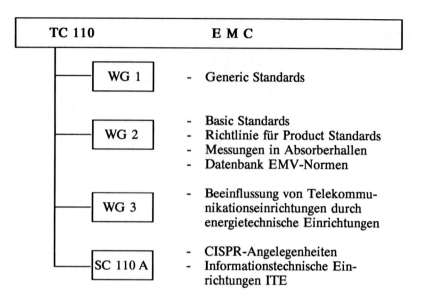

Bild 6-8: Struktur des TC 110 in CENELEC

Die folgenden Erläuterungen beschränken sich auf die Aktivitäten im TC 110, das keine eigenen neuen Normen kreieren soll, sondern bei der Formulierung von Europa-Normen zur EMV auf bestehende Normen von IEC, CISPR und CENELEC zurückgreifen soll. Sich ergebender Handlungsbedarf für die Erstellung neuer Normen ist gemeinsam mit den internationalen Spiegelgremien zu klären. Bereits in Bild 6-8 ist die beschlossene Dreiteilung des Normenwerkes in "Basic Standards", "Generic Standards" und "Product/Product Family Standards" zu erkennen. Bild 6-9 zeigt den gewünschten Zusammenhang zwischen den drei Normenpaketen.

6.5.1 Basic Standards

In diesem Normenpaket sollen, basierend auf bestehenden IEC-, CISPR- und Europa-Normen, grundsätzliche phänomenbezogene Anforderungen und Meßverfahren festgeschrieben bzw. angeboten werden.

Diese Normen sollen keine Grenzwerte, weder für Emission noch für Immunität, und keine Performance-Kriterien enthalten. Wenn notwendig, sollen lediglich auf den Eigenschaften der Meßgeräte oder der Meßverfahren beruhende Grenzwertbereiche angegeben werden. Die zur Zeit diskutierten Phänomene und die dazugehörigen Störfestigkeitsmeßverfahren sind unter der Angabe möglicher Referenzdokumente in Bild 6-10 aufgelistet.

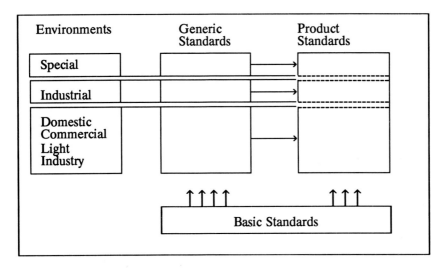

Bild 6-9: Zusammenhang zwischen "Basic, Generic and Product Standards"

6.5.2 Generic Standards

In diesen Normen werden, basierend auf den "Basic Standards", die Anforderungen an Produkte für deren Einsatz in bestimmten elektromagnetischen Klimata festgelegt. Folgende typische Umgebungen werden genannt:

- Wohnbereiche, Bürobereiche und Leichtindustrie,
- Industriebereich,
- Spezialbereiche.

In getrennten Papieren werden Emission und Immunität behandelt, Grenzwerte gefordert und grundsätzliche Performancekriterien zugeordnet.

Folgende vier Entwürfe liegen vor (Stand Juli 1991)

pr EN 50081-1 Generic Emission Standard:
                Domestic, Commerical and Light Industry,
pr EN 50082-1 Generic Immunity Standard:
                Domestic, Commerical and Light Industry,
pr EN 50081-2 Generic Emission Standard:
                Industrial Environment,
pr EN 50082-2 Generic Immunity Standard:
                Industrial Environment.

"Generic Standards" gelten für all die elektrischen Einrichtungen, die nicht durch einen "Product oder Product Family Standard" erfaßt sind.

Lfd.Nr.	Phänomen	Referenz-Dokument
	Niederfrequente Phänomene auf Leitungen	
1	Oberschwingungen	
2	Spannungsschwankungen	IEC 1000-2-1 + 2
3	Spannungseinbrüche und -unterbrechungen	IEC 1000-2-1 + 2
4	Mittelpunktsverschiebungen	
5	Frequenzvariation	
6	Signalspannungen auf Stromversorgungsleitungen	
8	Hochfrequente Phänomene auf Leitungen	
	Blitz 1,2/50 μs – 8/20 μs: Spannung/Strom	IEC 801-5
9	Burst n × 5/50 ns	IEC 801-4
10	Ring waves 0,5 μs/100 kHz	
11	gedämpfte Welle 0,1 und 1 MHz	IEC/SC77B(Sec)73
12	Strominjektion	
13	Blitz 10/700 μs (Telekom.)	CCITT
14	Blitz 1,2/50 μs (Telekom.)	CCITT
15	sinusförmige Spannung	IEC 801-6
	Niederfrequente Strahlung	
16	Netzfrequente Magnetfelder	IEC/SC77B(Sec)72
17	gepulste Magnetfelder	IEC/SC77B(Sec)72
18	elektrische Felder	IEC/SC77B(Sec)72
	Hochfrequente Strahlung	
19	Magnetfelder	
20	elektrische Felder	
21	elektromagnetische Felder	IEC 801-3
	Sonstige	
22	Entladung statischer Elektrizität ESD	IEC 801-2

Bild 6-10: Liste grundsätzlicher elektromagnetischer Phänomene und zugehörige
Störfestigkeitsmeßverfahren

Für die Reaktion von Prüflingen auf Störfestigkeitstests sind drei verschiedene Performancekriterien (A, B und C) genannt, deren grundsätzliche Aussagen lauten zur Zeit:

A) Der Prüfling muß während des Tests den beabsichtigten Betriebszustand beibehalten. Unterhalb des spezifischen Störfestigkeitslevels ist keine Funktionsminderung oder Funktionsstörung erlaubt.

B) Der Prüfling muß nach dem Test den beabsichtigten Betriebszustand beibehalten. Während des Tests ist eine Funktionsminderung erlaubt. Funktionsänderungen und eine Änderung gespeicherter Daten ist nicht zulässig.

C) Vorübergehende Funktionsstörungen sind erlaubt, wenn der gewählte Betriebszustand automatisch oder durch erneuten Start wieder erreicht wird.

In einer autorisierten vollständigen sinn- und wortgetreuen deutschen Übersetzung können die Wortwahl und die definierten Begriffe von obiger Beschreibung abweichen, aber zur abrundenden Erläuterung der laufenden Normungsaktivitäten ist dieser, die wichtigsten Aussagen wiedergebende Auszug unerläßlich.

6.5.2.1 Wohnbereiche, Bürobereiche und Leichtindustrie

Unter der Annahme eines einheitlichen, definierten elektromagnetischen Klimas und typischer Näherungen zwischen potentiellen Störsenken und Störquellen sind folgende Einrichtungen ohne Anspruch auf Vollständigkeit beispielhaft aufgezählt:

- Wohnbereich, z. B. Häuser, Eigentumswohnungen usw.,
- Einzelhandel, z. B. Geschäfte, Supermärkte usw.,
- Geschäftsbereiche, z. B. Büros, Banken usw.,
- öffentliche Einrichtungen, z. B. Kinos, Gasthäuser, Diskotheken usw.,
- Außenbereiche, z. B. Tankstellen, Parkplätze, Sportanlagen usw.,
- Leichtindustrie, z. B. Werkstätten, Labors usw.

Alle Gebiete, die über einen öffentlichen Niederspannungsanschluß versorgt werden, fallen unter die obige Definition.

In Bild 6-11 sind die 20 verschiedenen Anforderungen an Geräte für den Einsatz im Wohnbereich, Bürobereich und Leichtindustrie aufgelistet. Die Grenzwerte sind in den "Generic Standards" angegeben.

6.5.2.2 Industriegebiet

Die Definition des Industriegebietes ist nicht identisch mit der uns bekannten, vom Katasteramt ausgewiesenen Nutzung eines Gebietes, denn dies ist eine auf die Bundesrepublik Deutschland beschränkte Regelung.

Entscheidendes Kriterium für die Zuordnung ist der Anschluß an einen Verteilungstransformator, welcher ausschließlich Industriebetriebe versorgt bzw. nur den eigenen Betrieb. pr EN 50081-2 und pr EN 50082-2 nennen insgesamt 22 unterschiedliche Störfestigkeits- und Störaussendungsanforderungen (siehe Bild 6-12).

Lfd.Nr.	Phänomen	Referenz-Dokument
Störaussendungen		
1	NF auf Stromversorgungsleitungen	EN 60555-2 u. 3
2	Funk–Entstörung	EN 55022 u. 55014
Störfestigkeit		
	Wechselstromversorgungsleitungen	
3	Spannungseinbrüche	DS 5104
4	Spannungsunterbrechung	DS 5104
5	Spannungsschwankungen	
6	Blitz	IEC 801-5, TC 65(Sec)137
7	Sinusförmige HF	IEC 801-6, TC 65(Sec)144
8	Burst	IEC 801-4
	Gleichstromversorgungsleitungen	
9	Spannungseinbrüche	IEC, TC 77(Sec)61
10	Spannungsschwankungen	
11	Blitz	IEC 801-5, TC 65(Sec)137
12	Sinusförmige HF	IEC 801-6, TC 65(Sec)144
13	Burst	IEC 801-4
	Signal- und Steuerleitungen	
14	50 Hz Gleichtaktspannung	CCITT K20
15	Sinusförmige HF	IEC 801-6, TC 65(Sec)144
16	Burst	IEC 801-4
	Gerät bzw. Gehäuse	
17	NF–Magnetfeld	IEC/TC77B(Sec)72
18	ESD	IEC 801-2
19	Elektromagnetisches Feld	IEC 801-3, TC65(Sec) 150
20	EM–Feld 1,89 GHz gepulst	

Bild 6-11: Übersicht zu dem Inhalt pr EN 50081-1 und pr EN 50082-1

Lfd. Nr.	Phänomen	Referenz-Dokument
	Störaussendungen	
1	Funk-Entstörung	EN 55011 u. 55022
	Störfestigkeit	
	Wechselstromversorgungsleitungen	
2	Spannungseinbrüche	DS 5104
3	Spannungsunterbrechung	DS 5104
4	Spannungsschwankungen	DS 5104
5	Netzoberschwingungen	IEC /TC 77B(sec)62
6	Blitz	IEC 801-5, TC 65(Sec)137
7	Sinusförmige HF	IEC 801-6, TC 65(Sec)144
8	Burst	IEC 801-4
	Gleichstromversorgungsleitungen	
9	Spannungseinbrüche	DS 5104
10	Spannungsänderungen	
11	Blitz	IEC 801-5, TC 65(Sec)137
12	Sinusförmige HF	IEC 801-6, TC 65(Sec)144
13	Burst	IEC 801-4
	Signal-, Steuer- und Telefonleitungen und Busse	
14	50 Hz Gleichtaktspannung	CCITT K20
15	Blitz	IEC 801-5, TC 65(Sec)137
16	Sinusförmige HF	IEC 801-6, TC 65(Sec)144
17	Burst	IEC 801-4
	Gerät bzw. Gehäuse	
18	NF-Magetfeld	IEC/TC77B(Sec)72
19	ESD	IEC 801-2
20	Elektromagnetisches Feld	IEC 801-3, TC65 (Sec) 150
21	EM-Feld 1,89 GHz gepulst	
22	Erdanschluß sinusförmige HF	IEC 801-6, TC 65(Sec)144

Bild 6-12: Übersicht zu dem Inhalt pr EN 50081-2 und pr EN 50082-2

6.5.3   Product/Product Family Standards

In diesen Normen werden die Anforderungen für bestimmte Produkte oder Produktfamilien geregelt.

Folgende Produktfamilien sind dabei zur Zeit ohne Anspruch auf Vollständigkeit aufgeführt, dabei sind im Anhang von TC110 (Sec) 34A [5] jeweils typische Einrichtungen der einzelnen Produktfamilien aufgelistet:

- Haushalts- und Bürogerät (ohne ITE),

- Industriegerät (ohne ITE),

- Informationstechnische Einrichtungen (ITE) und Telekommunikationsgeräte,

- rundfunk- und fernsehtechnische Geräte,

- Geräte für Fahrzeuge,

- Geräte für die Energieversorgung,

- Medizingeräte,

- Meßgeräte.

Die ersten Entwürfe für Produkt-Standards mit Störfestigkeitsanforderungen liegen für den Bereich "Informationstechnische Einrichtungen (ITE)" vor:

pr EN 55101-2 Electrostatic Discharge Requirements for ITE,
pr EN 55101-3 Immunity to Radiated Fields (ITE).

Weitere Normen werden in den verschiedenen Produktgremien entstehen.

Eine der wichtigsten Aufgaben von Produktnormen ist die produktspezifische Festlegung von Störfestigkeitskriterien.

6.5.4   Europa-Normen zur Funk-Entstörung

CENELEC übernimmt für die Funk-Entstörung in der Regel die CISPR-Publikationen, d. h. VDE-Bestimmungen zur Funk-Entstörung werden zukünftig alle den Europa-Normen bzw. den CISPR-Publikationen entsprechen. Bild 6-13 zeigt den Zusammenhang zwischen bereits gültigen bzw. zur Zeit im Entwurf vorliegenden ENs und VDE-Bestimmungen zur Funk-Entstörung, wobei der Schluß zu CISPR-Publikationen über die Endnummer der EN 550xx erfolgt.

Umfangreiche Änderungen ergeben sich im Geltungs- und Anwendungsbereich der VDE 0871. Bild 6-14 zeigt die Grenzwertphilosophie der EN 55011.

	VDE 0871	VDE 0872	VDE 0875 (Teil 1)	VDE 0875 (Teil 2)	VDE 0878 (Teil 3)
EN 55011	x				
EN 55013		x			
EN 55014			x		
EN 55015				x	
EN 55020		x			
EN 55022					x

Bild 6-13: Zusammenhang zwischen VDE und EN

EN 55011			
Klasse A		Klasse B	
Industriegebiet bzw. Niederspannungsnetz, das keine Wohngebäude versorgt		Wohngebiet bzw. Niederspannungsnetz, das Wohngebäude versorgt	
Gruppe 1	Gruppe 2	Gruppe 1	Gruppe 2
HF für innere Funktion	HF für Behandlung von Material	HF für innere Funktion	HF für Behandlung von Material

Bild 6-14: Einteilung von Geräten in Klassen und Gruppen nach EN 55011

6.6   Normenübersicht

In den vorangegangenen Kapiteln wurde die Vielfalt der EMV-Normung angedeutet. Danach sind die unterschiedlichsten Sortierkriterien vorstellbar. Die folgende Einteilung und Aufzählung soll einen Überblick geben, in dem nationale,
internationale, zivile und militärische Normen eingeteilt werden in die Themen

* Definition,
* Programme und Verfahren,
* Aufbau- und Konstruktionsrichtlinien,
* Grenzwerte,
* Prüf- und Meßverfahren,
* Meßgeräte und Meßeinrichtungen,
* Gefährdung.

Diese Aufzählung kann nicht vollständig sein, sondern soll sich auf die wichtigsten, bekanntesten und interessantesten Normen beschränken. Die gewählte Einteilung trifft nicht für alle Normen zu, da gerade in den letzten Jahren die Themen Grenzwerte, Prüf- und Meßverfahren sowie Meßgeräte/Meßeinrichtungen des öfteren in ein und derselben Norm zusammengefaßt werden. In diesen Fällen wird die entsprechende Norm unter der Rubrik Grenzwerte aufgeführt.

6.6.1 Definitionen

* DIN VDE 0870 Teil 1
  Elektromagnetische Beeinflussung (EMB), Begriffe

* VG 95371 Teil 2
  Elektromagnetische Verträglichkeit, Allgemeine Grundlagen, Begriffe

* VG 96901 Teil 1
  Schutz gegen Nuklearen Elektromagnetischen Impuls (NEMP)
  und Blitzschlag; Grundlagen, Begriffe

* DIN IEC 50
  Internationales Elektrotechnisches Wörterbuch (div. Teile)

* MIL-STD-463
  Definitions and System of Units, Electromagnetic Interference and Electromagnetic Compatibility Technology

6.6.2 Programme und Verfahren

* VG 95374 Teil 1 bis 5
  Elektromagnetische Verträglichkeit
  Programme und Verfahren

* VG 96902 Teil 1 bis 3
  Schutz gegen NEMP und Blitzschlag
  Programme und Verfahren

* MIL-E-6051
  Electromagnetic Compatibility Requirements, Systems

6.6.3 Aufbau- und Konstruktionsrichtlinien

* VDE 0874
  VDE-Leitsätze für Maßnahmen zur Funk-Entstörung
  (wurde zurückgezogen)

* VG 95375/76 jew. Teil 1 bis 6
  Elektromagnetische Verträglichkeit
  Grundlagen und Maßnahmen für die Entwicklung von Systemen/Geräten

* VG 95907 Teil 1 und 2
  Schutz gegen NEMP und Blitzschlag
  Konstruktionsmaßnahmen und Schutzeinrichtungen

* MIL-HDBK-419
  Grounding, Bonding and Shielding for Electronic Equipment and Facilities

* VDE 0185
  Blitzschutzanlage

* IEEE Std 518
  IEEE Guide for the Installation of Electrical Equipment to Minimize Electrical
  Noise Inputs to Controllers from External Sources

6.6.4 Grenzwerte

* VDE 0838 → EN 60555
  Rückwirkungen in Stromversorgungsnetzen, die durch Haushaltsgeräte und
  durch ähnliche elektrische Einrichtungen verursacht werden

* VDE 0843 → IEC 801
  Elektromagnetische Verträglichkeit von Meß-, Steuer- und Regeleinrichtungen
  in der industriellen Prozeßtechnik

* VDE 0871 → EN 55011 → CISPR 11
  Funk-Entstörung von Hochfrequenzgeräten für industrielle, wissenschaftliche,
  medizinische (ISM) und ähnliche Zwecke

* VDE 0872 → EN 55013/20 → CISPR 13/20
  Funk-Entstörung von Ton- und Fernseh-Rundfunkempfängern

* VDE 0873
  Maßnahmen gegen Funkstörungen durch Anlagen der Elektrizitätsversorgung
  und Bahnen

* VDE 0875 → EN 55014/15 → CISPR 14/15
  Funk-Entstörung von elektrischen Betriebsmitteln und Anlagen

* VDE 0878
Funk-Entstörung von Anlagen und Geräten der Fernmeldetechnik bzw. neuerdings "Elektromagnetische Verträglichkeit von Einrichtungen der Informationsverarbeitungs- und Telekommunikationstechnik"

* DIN VDE 0879
Funk-Entstörung von Fahrzeugen, von Fahrzeugausrüstungen und von Verbrennungsmotoren

* VG 95370 Teile 22 bis 26
Elektromagnetische Verträglichkeit
Elektromagnetische Verträglichkeit von und in Systemen

* VG 95373 Teile 20 bis 25 und 60
Elektromagnetische Verträglichkeit von Geräten

* MIL-STD-461 C
Electromagnetic Emission and Susceptibility Requirementss for the Control of Electromagnetic Interference

* MDS-201-0004
Electromagnetic Compatibility Standard for Medical Devices

* BS 1597
Specification for Radio Interference Suppression on Marine Installations

* IEC Publication 533
Electromagnetic Compatibility of Electrical and Electronic Installations in Ships

* CISPR 11
Limits and methods of measurement of radio interference characteristics of industrial, scientific and medical (ISM) radio frequency equipment (excluding surgical diathermy apparatus)

* CISPR 22
Limits and methods of measurement of radio interference characteristics of information technology equipment

6.6.5 Prüf- und Meßverfahren

* VDE 0847
Meßverfahren zur Beurteilung der elektromagnetischen Verträglichkeit

* VDE 0877
Messen von Funkstörungen

* VG 95370 Teile 10 bis 16
  Elektromagnetische Verträglichkeit
  Elektromagnetische Verträglichkeit von und in Systemen

* VG 95373 Teile 10 bis 15 und 40/41
  Elektromagnetische Verträglichkeit
  Elektromagnetische Verträglichkeit von Geräten

* MIL-STD-462
  Measurement of Electromagnetic Interference Characteristics

* CISPR 16
  CISPR specification for radio interference measuring apparatus and measurement methods

* NSA 65/6; National Security Agency
  Spec. for R. F. Shielded Enclosures for Communications Equipment

* MIL-STD-285
  Method of Attenuation Measurements for Enclosures, Electromagnetic Shielding for Electronic Test Purposes

6.6.6   Meßgeräte und Meßeinrichtungen

* VDE 0846
  Meßgeräte zur Beurteilung der elektromagnetischen Verträglichkeit

* VDE 0876
  Geräte zur Messung von Funkstörungen

* VG 95377 Teile 10 - 16
  Elektromagnetische Verträglichkeit
  Meßeinrichtungen und Meßgeräte

6.6.7   Gefährdung

* VDE 0848
  Gefährdung durch elektromagnetische Felder

* B.R. 2924
  Handbook for Radio Hazards in the Naval Service

* MIL-STD-1385
  General Requirements for Preclusion of Ordnance Hazards in Electromagnetic Fields

* ANSI C 95.1
Safety level of electromagnetic radiation with respect to personnel

6.7 Literatur

[1] Richtlinie des Rates vom 03. Mai 1989 zur Angleichung der Rechtsvorschriften der Mitgliedsstaaten über die elektromagnetische Verträglichkeit (89/336/EWG). Amtsblatt der Europäischen Gemeinschaften Nr. L 139/19 vom 23.05.89

[2] Vorschlag für eine Richtlinie des Rates zur Änderung der Richtlinie 89/336/EWG des Rates vom 3. Mai 1989 zur Angleichung der Rechtsvorschriften der Mitgliedsstaaten über die elektromagnetische Verträglichkeit. (91/C162/08). Amtsblatt der Europäischen Gemeinschaften Nr.: C 162/7 vom 21.06.91

[3] Gesetz über die elektromagnetische Verträglichkeit (EMV-Gesetz). Arbeitspapier des Bundesministers für Post und Telekommunikation

[4] Verfügung 523 vom 18.08.1969 im Amtsblatt des Bundesministers für das Post- und Fernmeldewesen Nr. 113 "Gesetz über den Betrieb von Hochfrequenzgeräten nebst Verwaltungsanweisungen mit 4 Anlagen"

[5] Guide for Setting up EMC Product Standards Based on Basic and Generic EMC Standards. CENELEC/TC110(Sec.)34A, Nov. 1990

Sachverzeichnis